全彩印刷
移动学习版

五笔打字与电脑办公从入门到精通

文杰书院 策划 张明辉 李岩松 编著

人民邮电出版社
北京

图书在版编目（CIP）数据

五笔打字与电脑办公从入门到精通 / 张明辉，李岩松编著. -- 北京 : 人民邮电出版社，2017.12
ISBN 978-7-115-46939-7

Ⅰ. ①五… Ⅱ. ①张… ②李… Ⅲ. ①五笔字型输入法－基本知识②办公自动化－应用软件－基本知识 Ⅳ. ①TP391.14②TP317.1

中国版本图书馆CIP数据核字(2017)第262224号

内容提要

本书以通俗易懂的语言、精挑细选的实用技巧、翔实生动的操作案例，全面介绍了五笔打字与电脑办公的相关知识和操作技巧。

全书共17章。第1章主要介绍电脑办公的基础知识，包括电脑办公的优势、常用办公设备，以及个性化办公环境的设置方法等；第2～3章主要介绍五笔打字的相关知识，包括汉字输入法、五笔编码的基础知识、五笔字型键盘分布、字根、汉字拆分原则，以及使用五笔字型输入汉字和词组的具体方法等；第4～14章主要介绍利用Office软件进行电脑办公的具体方法，包括使用Word编辑基本文档、使用Excel制作电子表格、使用PowerPoint设计演示文稿等；第15～17章主要介绍电脑办公的高级知识，包括局域网的组建、办公设备和辅助办公软件的使用，以及电脑安全与病毒防范的具体方法等。

本书不仅适合电脑办公的初、中级用户学习使用，也可以作为各类电脑培训班学员的教材或辅导用书。

◆ 策　　划　文杰书院
编　　著　张明辉　李岩松
责任编辑　张　翼
责任印制　马振武

◆ 人民邮电出版社出版发行　　北京市丰台区成寿寺路11号
邮编　100164　　电子邮件　315@ptpress.com.cn
网址　http://www.ptpress.com.cn
北京画中画印刷有限公司印刷

◆ 开本：700×1000　1/16
印张：19
字数：384千字　　2017年12月第1版
印数：1－4 000册　　2017年12月北京第1次印刷

定价：49.80元

读者服务热线：(010)81055410　印装质量热线：(010)81055316
反盗版热线：(010)81055315
广告经营许可证：京东工商广字第8052号

Preface 前言

随着电脑的广泛使用，电脑办公已经普及到社会的各行各业。为帮助读者快速提升电脑办公能力，以便在日常的学习和工作中学以致用，我们编写了《五笔打字与电脑办公从入门到精通》一书。

本书内容

根据初学者的学习习惯，本书采用由浅入深、由易到难的方式进行讲解，同时配备同步视频教程和大量相关学习资料，供读者学习。全书结构清晰，内容丰富，主要包括以下 4 个方面。

1. 电脑办公快速入门

本书第 1 章介绍了电脑办公的基础知识、日常办公设备、个性化办公环境的设置方法等内容。

2. 认识与使用五笔打字输入法

本书第 2 章～第 3 章，介绍了汉字输入法、输入法的状态条、在记事本中输入汉字、汉字的五笔编码基础知识、熟悉五笔字型键盘布局和字根、字根之间的关系、汉字拆分的原则、输入键面汉字、输入键外汉字、用简码输入汉字以及输入固定词组的方法等内容。

3. 使用 Office 2016 进行办公

本书第 4 章～第 14 章，介绍了 Word 文档的基本编辑、Word 文档的图文混排、Word 文档中表格与图表的应用、Word 文档高级排版、Excel 2016 表格的基本制作、美化工作表、公式和函数的应用、数据分析与汇总、数据的高级分析、应用 PowerPoint 制作演示文稿，以及幻灯片的高级编辑与放映的方法等内容。

4. 局域网、辅助办公软件以及电脑安全与病毒防范

本书第 15 章～第 17 章，介绍了局域网办公与上网应用、办公设备及辅助办公软件，以及电脑安全与病毒防范的方法等内容。

二维码视频教程学习方法

为了方便读者学习，本书以二维码的方式提供了大量视频教程。读者使用手机上的微信、QQ 等软件的“扫一扫”功能扫描二维码，即可通过手机观看视频教程。

扩展学习资源下载方法

除同步视频教程外，本书还额外赠送了 4 部相关学习内容的视频教程、6 本电子书以及 700 个精选 Office 办公模板。读者可以使用微信扫描封面二维码，关注“文杰书院”公众号，发送“46939”，将获得资源下载链接和提取码。将下载链接复制到任何浏览器中并访问下载页面，即可通过提取码下载本书的扩展学习资源。

读者还可以访问文杰书院的官方网站（http://www.itbook.net.cn）获得更多学习资源。

答疑解惑

如果读者在使用本书时遇到问题，可以加入答疑 QQ 群 128780298 或 185118229，也可以发送邮件至 itmingjian@163.com 进行交流和沟通，我们将竭诚为您答疑解惑。

创作团队

本书由文杰书院组织编写，参与本书编写工作的有张明辉、李岩松、李军、袁帅、文雪、肖微微、李强、高桂华、蔺丹、张艳玲、李统财、安国英、贾亚军、蔺影、李伟、冯臣、宋艳辉等。

我们真切希望读者在阅读本书之后，可以开拓视野，增强实践操作技能，并从中学习和总结操作的经验和规律，达到灵活运用的水平。鉴于编者水平有限，书中纰漏之处在所难免，热忱欢迎读者批评、指正，以便我们日后能为您编写更好的图书。

编者

2018 年 1 月 8 日

Contents 目录

第 4 章 Word 文档的基本编辑——编写公司月度工作计划

本章视频教学时间 / 8 分钟 23 秒

第 5 章 Word 文档的图文混排——设计产品宣传彩页

本章视频教学时间 / 8 分钟 37 秒

第 6 章 Word 文档中表格与图表的应用

本章视频教学时间 16 分 16 秒

第 7 章 Word 文档高级排版——制作创业计划书

本章视频教学时间 / 10 分钟 37 秒

第8章 Excel表格的基本制作——管理员工信息

本章视频教学时间 / 11分钟7秒

第9章 美化Excel工作表——办公采购报价表

本章视频教学时间 / 6分钟33秒

第10章 Excel公式和函数的应用

本章视频教学时间 / 14分钟38秒

第 11 章 Excel 数据分析与汇总

本章视频教学时间 / 7 分钟 5 秒

第 12 章 Excel 数据的高级分析

本章视频教学时间 / 6 分钟 31 秒

第15章 网络办公

本章视频教学时间 / 7 分钟 3 秒

第16章 办公设备及辅助办公软件

本章视频教学时间 / 6 分钟 37 秒

第17章 电脑安全与病毒防范

本章视频教学时间 / 6 分钟 7 秒

扩展学习资源

（下载方法请见前言“扩展学习资源下载方法”）

赠送资源 1 《新手学电脑从入门到精通》视频教程

赠送资源 2 《Office 2010电脑办公》视频教程

赠送资源 3 《计算机组装维护与故障排除》视频教程

赠送资源 4 《常用工具软件应用》视频教程

赠送资源 5 《电脑操作与应用技巧精选》电子书

赠送资源 6 《电脑办公软件应用技巧精选》电子书

赠送资源 7 《电脑上网应用技巧精选》电子书

赠送资源 8 《电脑组装与维护及故障排除》电子书

赠送资源 9 《安装操作系统与驱动程序》电子书

赠送资源 10《电脑硬件故障与排除》电子书

赠送资源 11 700个精选Office办公模板

第 1 章

电脑办公快速入门

本章视频教学时间 / 2 分钟 39 秒

重点导读

本章主要介绍电脑办公的基础知识、日常办公设备方面的知识与技巧，同时讲解打造个性化办公环境的方法。本章最后针对实际的工作需求，讲解将程序锁定到任务栏、设置文件默认的打开软件以及让桌面字体变大的方法。通过本章的学习，读者可以初步掌握电脑方面的知识，为深入学习 Office 2016 和五笔打字知识奠定基础。

本章主要知识点

- ✓ 认识电脑办公
- ✓ 日常办公设备
- ✓ 打造个性化的办公环境
- ✓ 将程序锁定到任务栏

1.1 认识电脑办公

本节视频教学时间 / 22 秒

电脑办公是一种办公方式，指在日常工作中，以电脑为中心，采用一系列现代化的办公设备和先进的通信技术，广泛、全面、迅速地收集、整理、加工、存储和使用信息，为科学管理和决策服务，从而达到提高办公效率的目的。

电脑办公的优势包括以下几点。

1. 电脑办公规范了企业管理，提高了员工的工作效率

通过电脑办公的工作系统，各种文件、申请、单据的审批、签字、盖章等工作都可在网络上进行，节省了大量时间。同时由于系统设定的工作流程是可以变更的，可以随时根据企业自身的实际情况来设计个性化的流程，一些弹性较大的工作也可以井然有序地进行。

2. 电脑办公节省了大量的企业运营成本

电脑办公最主要的特色之一就是无纸化办公，无纸化办公帮助企业降低了办公耗材成本；工作审批流程的规范可为员工节省大量工作时间，从而节省了人力成本；完善的信息交流渠道可以大幅降低电话费及差旅费用。

3. 电脑办公消除了信息孤岛、资源孤岛

电脑办公的协同性可以彻底消除由于企业内部各业务系统相互独立、数据不一致、信息共享程度不高、管理分散、维护工作量大等因素形成的一个个“信息孤岛”“资源孤岛”，实现资源的有效共享。

4. 电脑办公实现了知识传播

电脑办公可以实现企业对其最重要资产——知识的高效管理、积累、沉淀、传播、应用，摆脱人员流动造成的知识流失。

5. 电脑办公打破了时间与空间的束缚

电脑办公全面支持移动办公，各级领导和员工能够跨越时空障碍，使用联网的平板电脑或智能手机，随时随地无缝协同、轻松办公。

6. 电脑办公提供了全程跟踪和管控

电脑办公可以全面记录业务处理的全过程，浏览和跟踪业务进展状态，并根据需要进行监督和预警，落实风险管理和内部控制。

7. 电脑办公提高了企业的竞争力、凝聚力

电脑办公使员工与上级沟通更方便，信息反馈更畅通，为发挥员工的智慧和积极性提供了舞台，从而有效地增强了企事业的凝聚力与核心竞争力。

1.2 日常办公设备

本节视频教学时间 / 49 秒

办公设备（Office Equipments），泛指与办公室相关的设备。办公设备有狭义

概念和广义概念的区分。狭义概念指多用于办公室处理文件的设备，例如，人们熟悉的传真机、打印机、复印机、投影仪、碎纸机、扫描仪等，还有台式计算机、笔记本、考勤机、装订机等。广义概念则指所有可以用于办公室工作的设备和器具，这些设备和器具在其他领域也被广泛应用，包括电话、程控交换机、小型服务器、计算器等。

1.2.1 电脑办公设备

常见电脑办公硬件设备包括台式电脑、笔记本电脑、一体机电脑、平板电脑、智能手机、智能穿戴设备等。

常见电脑办公设备

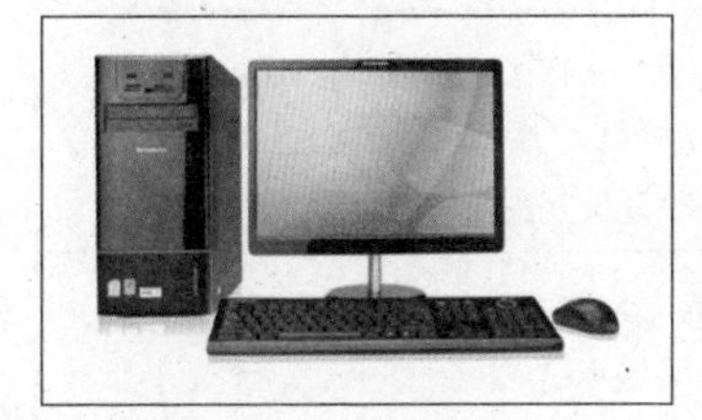

台式电脑

笔记本电脑

一体机电脑

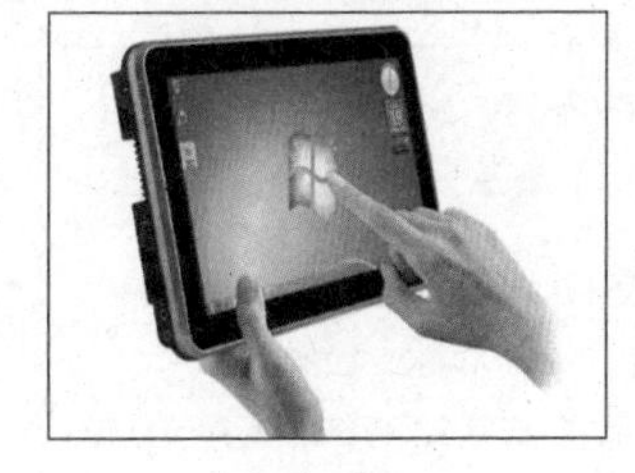

平板电脑

智能手机

智能穿戴设备

1.2.2 常见的外部设备

常见的外部设备包括打印机、复印机、扫描仪、传真机、投影仪等。

常见的外部设备

打印机

复印机

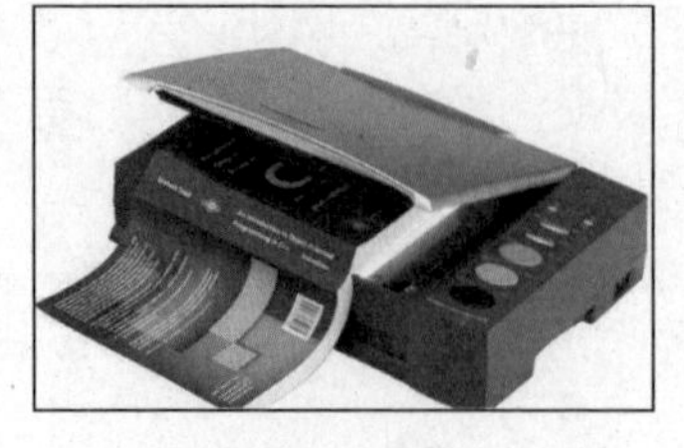

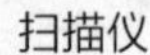

扫描仪　　传真机　　投影仪

1.2.3 办公电脑的推荐硬件配置

办公用途不同，电脑的配置也有差异。以下仅针对常见的两类用途推荐配置，推荐的原则是“不求最新，只求最合适”。

下表是一台专门用来处理图形图像电脑的硬件配置单。

处理器：Intel 酷睿 i7-7700
显卡：Quadro K620 图形工作站专业级显卡
内存：8GB DDR4 2400 推荐品牌：海盗船 / 金士顿 / 威刚
主板：B250 主板 推荐品牌：华硕 B250M-AD3/ 技嘉 B250M-Power/ 微星 B250M BAZ00KA
硬盘：128GB 固态硬盘 有更大存储需求的用户加一块机械硬盘组成双硬盘
电源：400W 额定电源 购买电源时认准 3C 安全强制认证

在上表的配置单中，处理器为 intel 最新架构 i7-7700，性能强劲、发热低；图形设计专业显卡 Quadro K620，针对 200 多款图形专业软件优化，强劲的渲染加速能力可以提高用户的工作效率。不算机箱和外设，这套配置价格在 5 600 元左右（截至本书出版前）。

下表为一台影音视频制作电脑的配置单。

处理器：酷睿 i7-4770K，最新 Haswell 架构，第四代 i7，四核八线程，主频 3.5GHz（可自动睿频到 3.9GHz），缓存 8MB
显卡：技嘉 GV-N65TD5-1GI，显存 1GB，【GTX650Ti 版本】
内存：金士顿骇客神条 16GB，DDR3-1600 8G，2 条
主板：映泰 Hi-Fi Z87W，大板，Z87 芯片组，4 条 DDR3 插槽，2 条显卡插槽
SSD 硬盘：威刚 SP900 128GB 2.5 英寸 7mm，SATA3 固态硬盘，ASP900S7-128GM 机械硬盘：西部数据 1TB SATA3，缓存 64MB（蓝盘）
电源：长城 HOPE-6000DS，额定 500W，最高 600W，双 12V 供电（240W+240W）

在上表的配置单中，i7 + Z87 主板可以使 SSD 固态硬盘 + HDD 机械硬盘组成混合硬盘，也就是把 SSD 硬盘的一部分容量作为 HDD 硬盘的缓存区来使用，这样对于提升整体性能有很大的帮助。不算机箱和外设，这套配置价格在 5 800 元左右（截至本书出版前）。

1.2.4 常用的电脑办公软件

办公软件是指可以进行文字处理、表格制作、幻灯片制作、图形图像处理、简单数据库处理等方面工作的软件，包括微软 Office 系列、金山 WPS 系列、永中 Office 系列、红旗 Office 等，如下图所示。

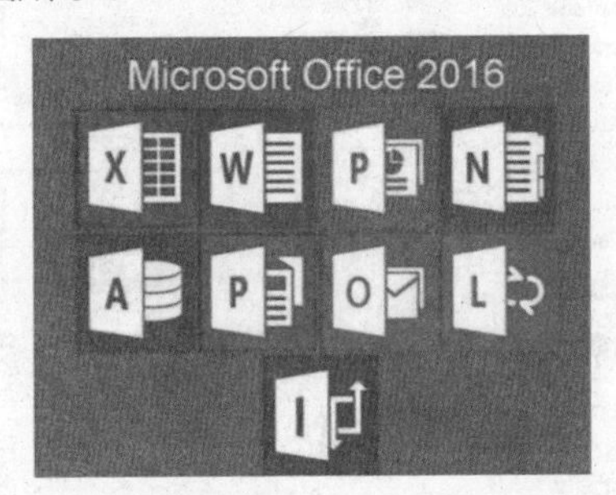

微软 Office

金山 WPS

目前办公软件的应用范围很广，大到社会统计，小到会议记录，只要是数字化的办公，就离不开办公软件的鼎力协助。办公软件正朝着操作简单化、功能细化等方向发展，讲究大而全的 Office 系列和专注于某些功能深化的小软件并驾齐驱。另外，政府用的电子政务、税务用的税务系统、企业用的协同办公软件等都可以被称为办公软件，办公软件不再只局限于传统的打打字、做做表格之类的软件。

办公软件有多种分类方法，可以按平台进行分类，也可以从品牌的角度进行分类。随着 Bring your own device（BYOD）风潮的进化和发展，智能手机与类书平板的出现带来了平台的差异。在 2007 年前，能使用办公软件的平台都是桌面电脑，因此办公软件的平台只有 Windows、Mac OS X 和 Linux 三种；2007 年后，随着移动互联网科技的发展，苹果公司重新定义了手机，手机开始逐渐具备电脑的功能，办公软件率先出现在了诺基亚的塞班系统和 iPhone 的手机系统。2015 年又发布了 Android 6.0 平台、Blackberry 10 平台和微软自主开发的 Windows 10 Mobile 平台。按照平台进行划分，办公软件可以分为以下 3 类。

1. 桌面电脑

Windows、Mac OS X 和 Linux。

2. 类书平板

Android 4.4、5.1、6.0，iOS 9 和 Windows 10。

3. 智能手机

Android 4.4、5.0、5.1，iOS 9，Windows 10 Mobile，黑莓。

1.3 实战案例——打造个性化的办公环境

本节视频教学时间 / 1 分钟 28 秒

组装好需要的办公硬件之后，启动电脑，用户就可以开始使用电脑办公了。在办公之前，用户还可以根据自己的使用习惯设置个性化的电脑办公环境。

1.3.1 添加快捷方式图标

如果经常使用某个程序或需要打开某个窗口，则可以在桌面上为其添加快捷方式图标，方便下次使用。下面详细介绍添加快捷方式图标的方法。

1 单击【开始】按钮

在电脑系统桌面上，单击【开始】按钮，在弹出的开始菜单中，将鼠标移至【所有程序】菜单上，如图所示。

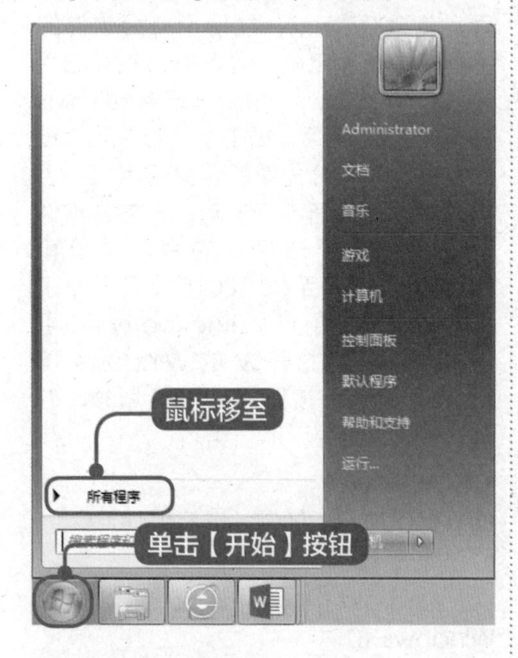

2 右键单击程序名称

在弹出的所有程序菜单中，鼠标右键单击准备创建快捷方式图标的程序，在弹出的菜单中选择【发送到】菜单项，在弹出的子菜单中选择【桌面快捷方式】菜单项，如图所示。

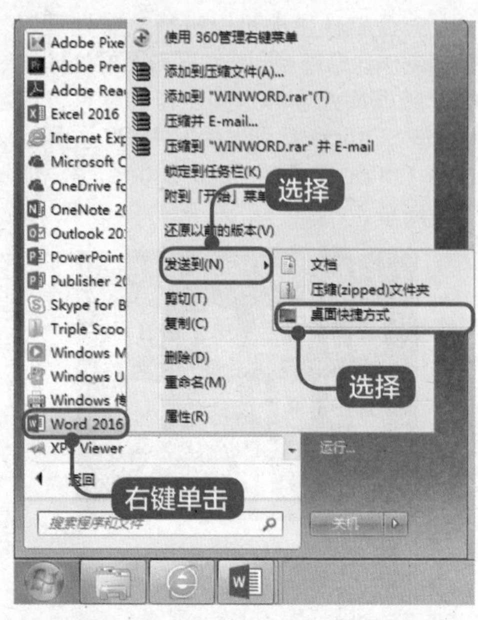

3 快捷方式图标添加完成

通过以上步骤即可在电脑桌面上添加该程序的快捷方式图标，如图所示。

提示

如果要把电脑桌面上的图标都清理掉，只留下一个空白的桌面背景，可以右键单击电脑桌面的空白处，在弹出的快捷菜单中选择【查看】菜单项，在弹出的子菜单中勾选择【显示桌面图标】菜单项。

1.3.2 设置桌面背景

启动电脑后，出现在用户眼前的就是系统桌面，也叫桌面，用户完成各种工作都是在桌面上进行的。

用户可以根据自己的喜好修改桌面背景图案。下面详细介绍修改桌面背景的操作方法。

1 单击【开始】按钮

在电脑的系统桌面上，单击【开始】按钮，在弹出的【开始】菜单中单击【控制面板】菜单项，如图所示。

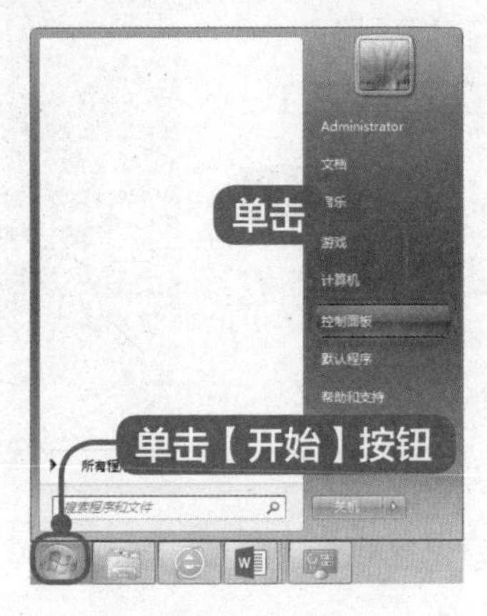

2 打开【控制面板】窗口

打开【控制面板】窗口，在【查看方式】选项中选择【类别】选项，在【外观和个性化】区域中单击【更改桌面背景】链接，如图所示。

3 进入【桌面背景】界面

打开【桌面背景】窗口，选择准备应用的背景选项，单击【保存修改】按钮，如图所示。

4 完成桌面背景的更改

可以看到此时电脑的桌面背景图案已经更改。通过上述操作即可完成修改桌面背景的操作，如图所示。

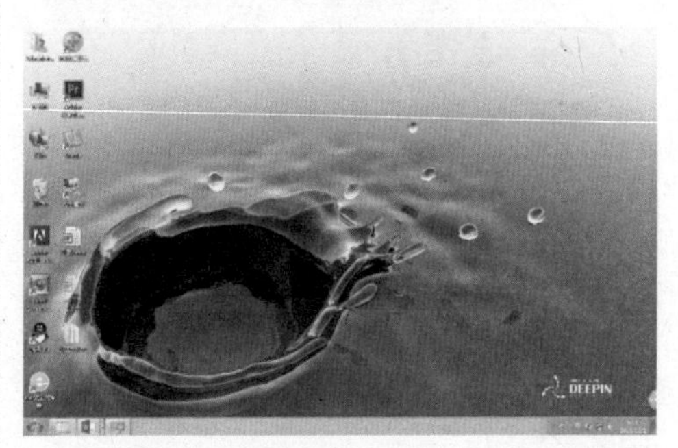

提示

在【控制面板】窗口中的【外观和个性化】区域中，单击【更改主题】链接，即可进行更改主题的操作。

1.3.3 使用“开始”菜单选择启动程序

如果电脑桌面上没有某个程序的快捷图标，那么用户可以使用【开始】菜单来启动该程序。下面详细介绍使用【开始】菜单选择启动程序的方法。

1 单击【开始】按钮

在电脑系统桌面上，单击【开始】按钮，在弹出的开始菜单中，将鼠标移至【所有程序】菜单上，如图所示。

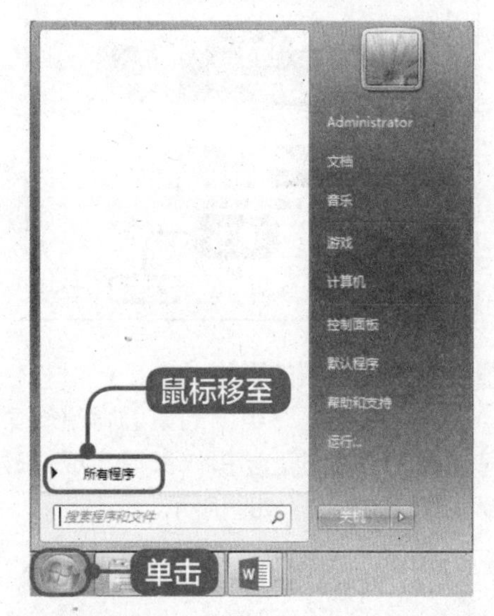

2 单击程序名称

在弹出的所有程序菜单中，单击准备启动的程序名称，如图所示。

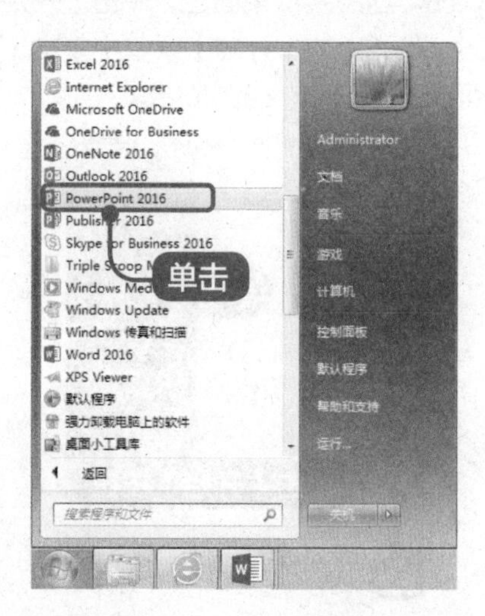

3 打开程序

通过上述操作即可完成使用开始菜单打开程序的操作，如图所示。

本节将介绍如何将程序锁定到任务栏以及设置文件默认打开软件的具体方法。

技巧1 • 将程序锁定到任务栏

用户可以将程序锁定到任务栏。下面详细介绍将程序锁定到任务栏的方法。

1 单击【开始】按钮

在电脑系统桌面上，单击【开始】按钮，在弹出的开始菜单中，将鼠标移至【所有程序】菜单上，如图所示。

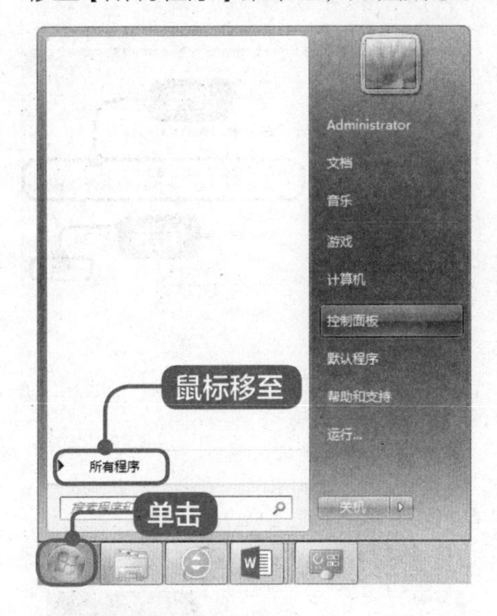

2 右键单击程序名称

在弹出的所有程序菜单中，鼠标右键单击程序名称，在弹出的菜单中选择【锁定到任务栏】菜单项，如图所示。

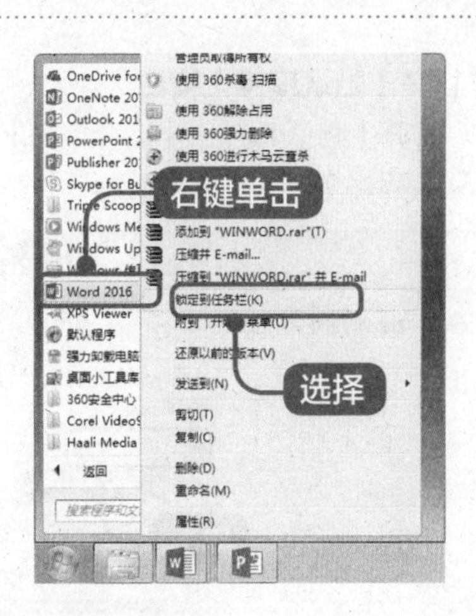

3 完成锁定操作

通过上述操作即可完成将程序锁定到任务栏的操作，如图所示。

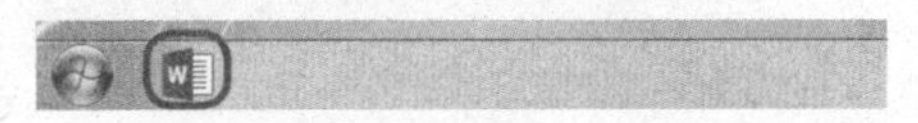

技巧2 • 设置文件默认的打开软件

用户可以将文件的默认打开软件设置成符合自己需要的软件，以方便以后的工作。

1 单击【开始】按钮

在电脑系统桌面上，单击【开始】按钮，在弹出的开始菜单中单击【默认程序】按钮，如图所示。

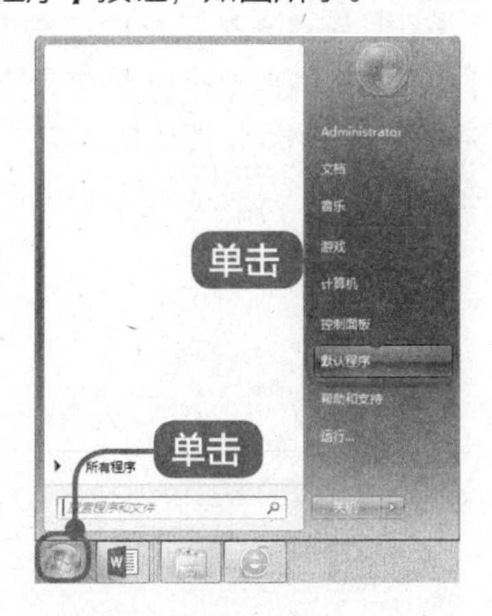

2 打开【默认程序】窗口

打开【默认程序】窗口，单击【设置默认程序】链接，如图所示。

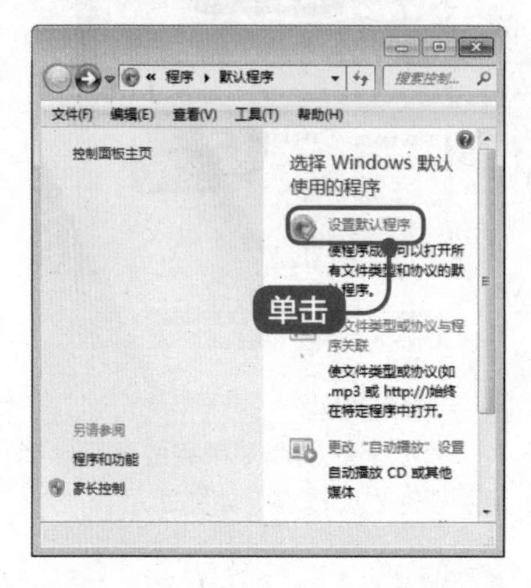

3 进入【设置默认程序】窗口

进入【设置默认程序】界面，在【程序】列表中选择一个程序，选择【将此程序设置为默认值】选项，单击【确定】按钮即可完成设置文件默认的打开方式的操作，如图所示。

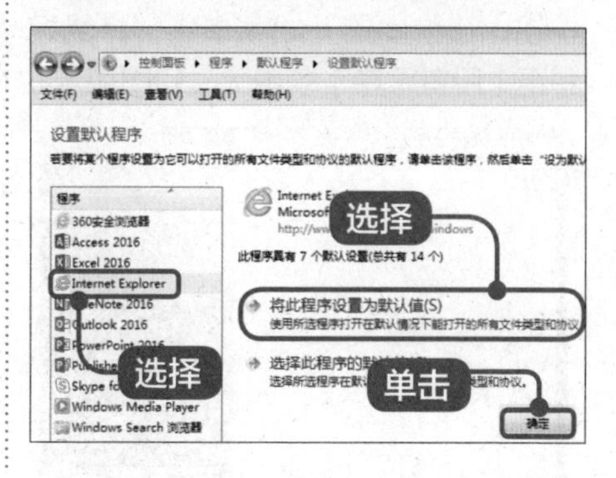

除了使用【开始】菜单启动程序之外，用户还可以在【开始】菜单中玩系统自带的小游戏。单击【开始】按钮，在弹出的菜单中单击【游戏】文件夹，在展开的【游戏】文件夹中可以选择准备玩的游戏，如图所示。

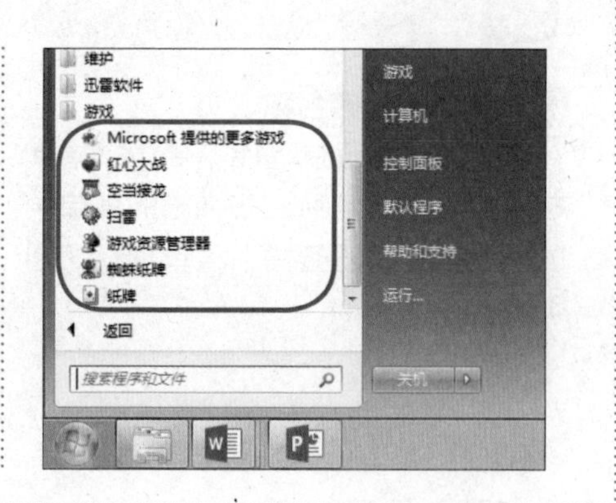

第 2 章

五笔打字很简单

本章视频教学时间 / 7 分钟 59 秒

重点导读

本章主要介绍汉字输入法、输入法的状态条、汉字的五笔编码基础等方面的知识与技巧，同时讲解熟悉五笔字型键盘布局和字根等内容，本章最后针对实际的工作需求，讲解添加与删除输入法、把五笔字型输入法设置为默认输入法等方法。通过本章的学习，读者可以掌握五笔打字的基础知识，为深入学习 Office 2016 和五笔输入法知识奠定基础。

本章主要知识点

✓ 汉字输入法

✓ 输入法的状态条

✓ 汉字的五笔编码基础

✓ 熟悉五笔字型键盘布局和字根

2.1 汉字输入法

本节视频教学时间 / 2 分钟

中文输入法又称为汉字输入法，是指为了将汉字输入计算机或手机等电子设备而采用的编码方法，是中文信息处理的重要技术。中文输入法从 1980 年发展起来，经历了以下几个阶段：单字输入、词语输入、整句输入。汉字输入法编码可分为音码、形码、音形码、形音码、无理码等。

2.1.1 常见的汉字输入法

广泛使用的中文输入法有拼音输入法、五笔字型输入法、二笔输入法、郑码输入法等。

2.1.2 安装五笔字型输入法

如果准备在电脑中使用五笔字型输入法，首先需要安装五笔字型输入法。下面以安装“搜狗五笔输入法”为例，介绍安装五笔字型输入法的操作方法。

1 双击安装包图标

在电脑中找到准备安装的搜狗五笔字型输入法的程序安装包，双击该安装程序图标，如图所示。

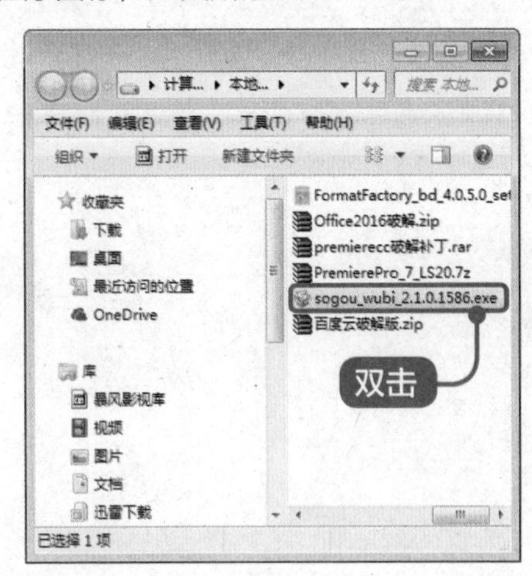

2 打开安装界面

进入【搜狗五笔输入法 2.1 正式版安装】界面，单击【下一步】按钮，如图所示。

3 进入【许可证协议】界面

进入【许可证协议】界面，单击【我接受】按钮，如图所示。

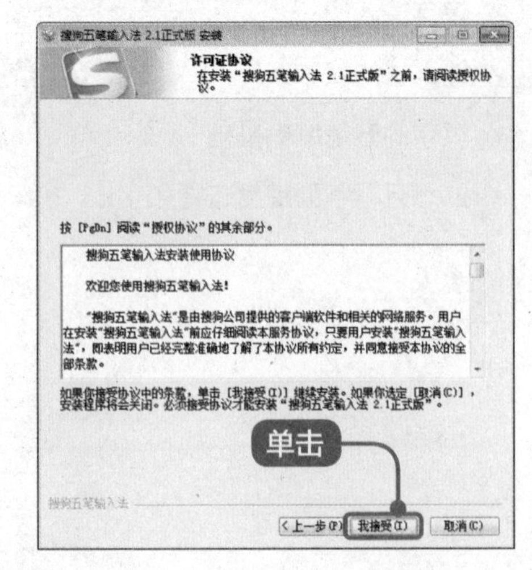

4 进入【选择安装位置】界面

进入【选择安装位置】界面，在【目标文件夹】文本框中输入安装位置，单击【下一步】按钮，如图所示。

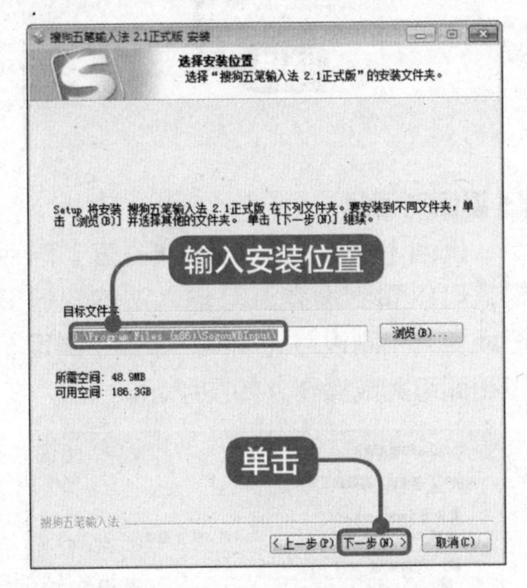

5 进入【选择"开始"菜单】文件夹

进入【选择"开始"菜单】文件夹，单击【安装】按钮，如图所示。

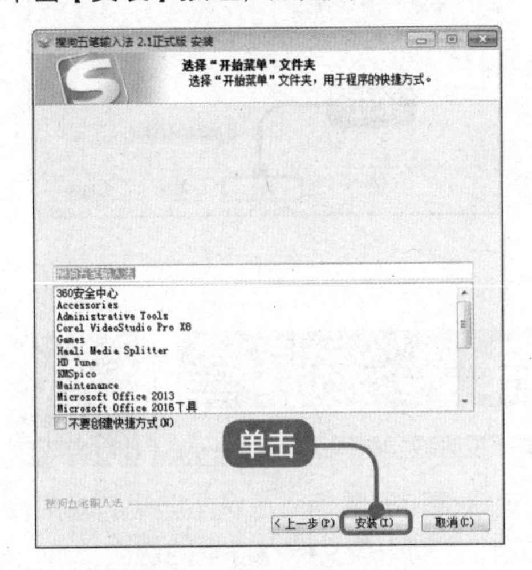

6 进入安装完成界面

进入【正在完成"搜狗五笔输入法2.1正式版"安装向导】界面，单击【完成】按钮即可完成搜狗五笔输入法的安装，如图所示。

2.1.3 认识五笔字型输入法状态条

搜狗五笔字型输入法状态条如图所示。状态条中包括【切换中/英文】按钮五，【全/半角】按钮，【中/英文标点】按钮，【软键盘】按钮，【登录通行证】按钮，【菜单】按钮。

2.1.4 设置五笔输入法快捷键

安装完五笔输入法之后，用户还可以对五笔输入法设置自己习惯使用的快捷键。

1 鼠标右键单击输入法按钮

在电脑桌面的任务栏中，鼠标右键单击输入法按钮，在弹出的快捷菜单中选择【设置】菜单项，如图所示。

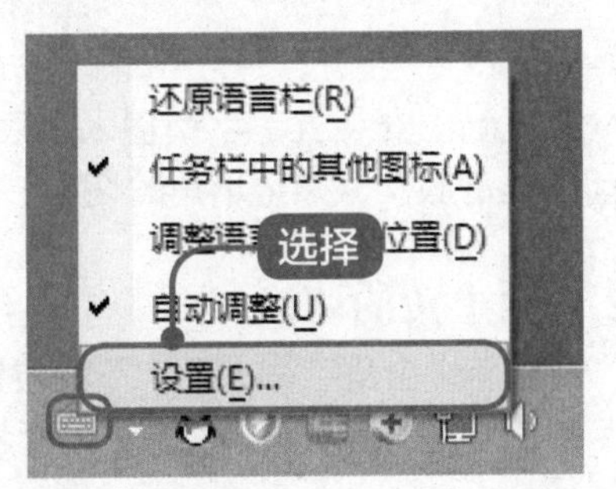

2 弹出【文本服务和输入语言】对话框

弹出【文本服务和输入语言】对话框，选择【高级键设置】选项卡，在【输入语言的热键】列表中选中搜狗五笔输入法，单击【更改按键顺序】按钮，如图所示。

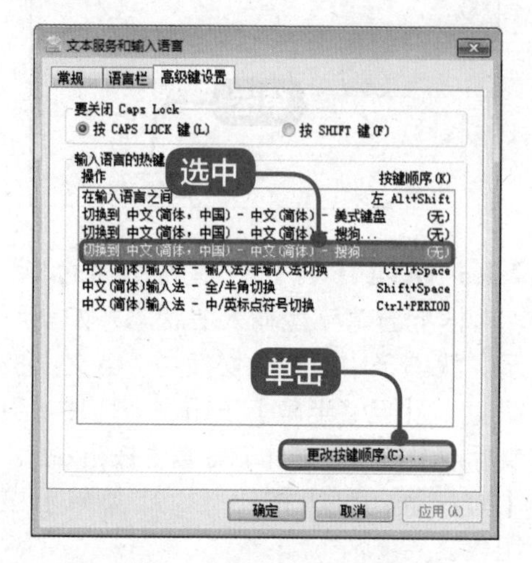

3 弹出【更改按键顺序】对话框

弹出【更改按键顺序】对话框，勾选【启用按键顺序】复选框，在该区域的两个下拉列表中选择按键，单击【确定】按钮，如图所示。

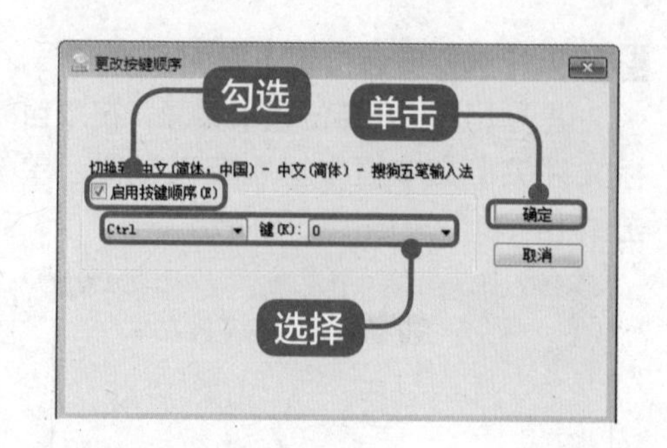

4 返回对话框

返回【文本服务和输入语言】对话框，可以看到搜狗五笔输入法的快捷键已经变为刚刚设置的按键，单击【确定】按钮即可完成操作，如图所示。

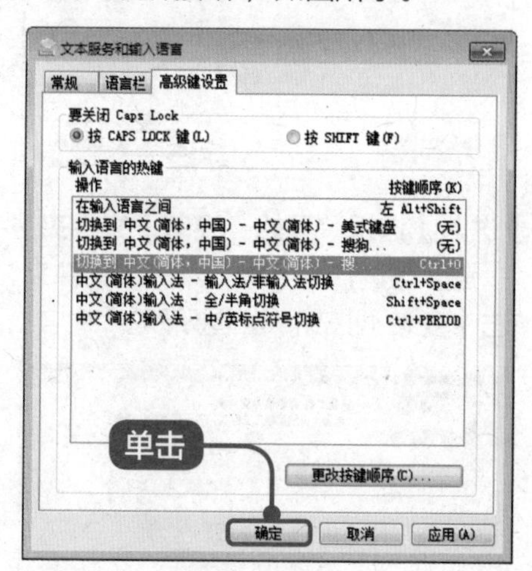

2.2 输入法的状态条

本节视频教学时间 / 56 秒

在电脑中安装五笔字型输入法后，用户可以使用五笔输入法状态条进行输入文字前的准备操作，如全半角的切换、中英文的切换和中英文标点符号的切换。

2.2.1 全半角的切换

在电脑中全角字符占 2 字节的位置，半角字符占 1 字节的位置，根据需要可以切换字符的全角 / 半角输入状态。下面将详细介绍全角 / 半角切换的方法。

1 打开电脑记事本

打开电脑记事本，将输入法切换到搜狗五笔字型输入法，输入半角字符，单击【全/半角】按钮，如图所示。

2 再次输入字符

再次在记事本上输入字符，输入的即为全角字符。通过上述操作即可完成切换全半角的操作，如图所示。

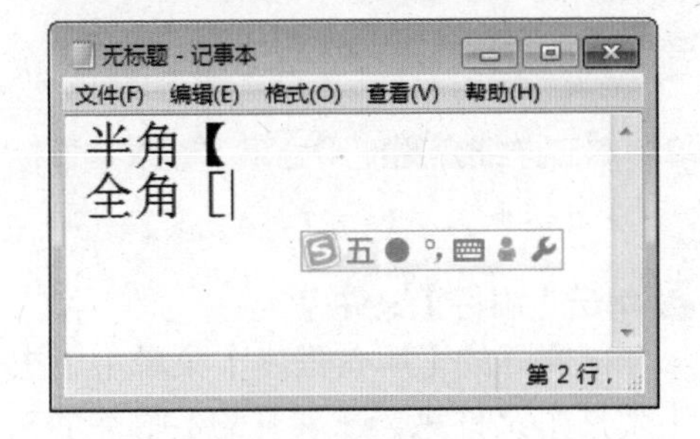

2.2.2 中英文的切换

在电脑中进行中文输入的过程中，如果准备输入英文字符，就需要切换到英文输入状态。下面介绍切换中/英文输入状态的操作方法。

1 打开电脑记事本

打开电脑记事本，将输入法切换到搜狗五笔字型输入法，输入中文汉字，单击【切换中/英文（左Shift）】按钮五，如图所示。

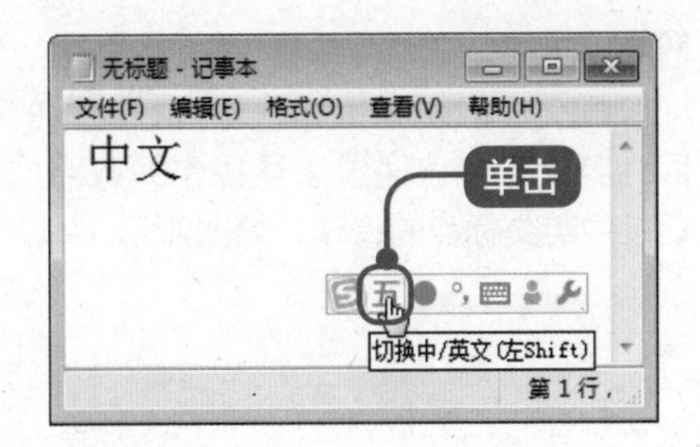

2 输入英文

状态条已变为英文状态，在记事本中即可输入英文，如图所示。

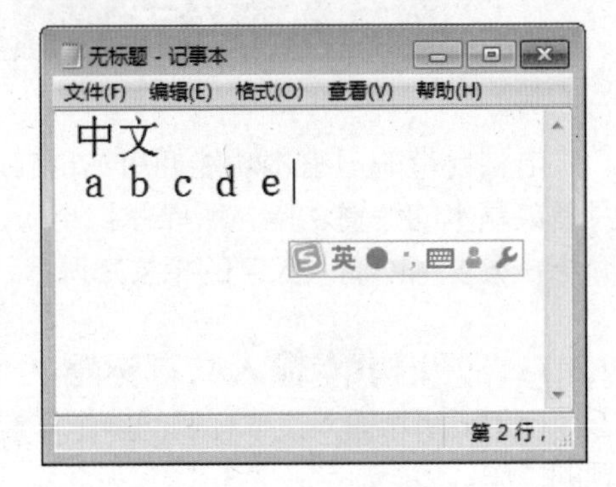

2.2.3 中英文标点的切换

除了全半角和中英文的切换之外，用户还可以将中英文标点进行切换。

1 打开电脑记事本

打开电脑记事本，将输入法切换到搜狗五笔字型输入法，输入中文标点，单击【中/英文标点（Ctrl+.）】按钮，如图所示。

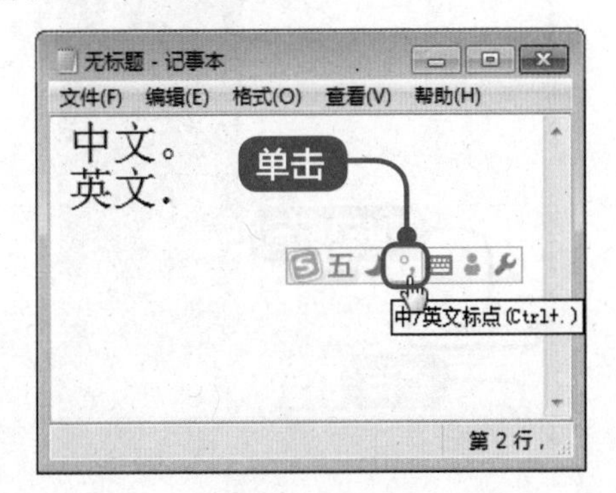

2 输入英文

再次在记事本上输入标点，输入的即为英文标点。通过上述操作即可完成切换中英文标点的操作，如图所示。

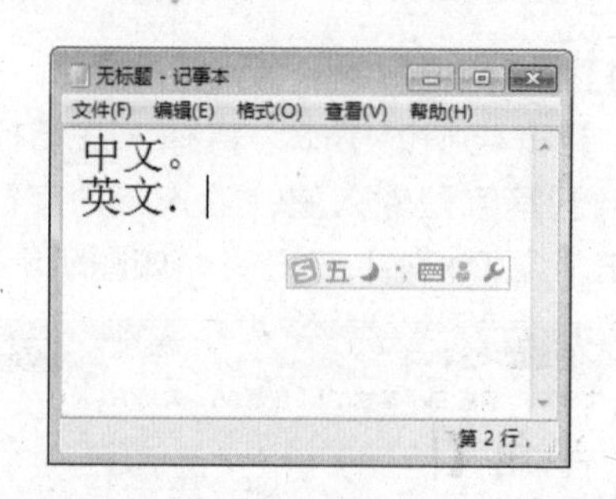

2.3 实战案例——在记事本中输入汉字

本节视频教学时间 / 59 秒

电脑自带的记事本功能拥有 Word 所没有的优点：打开速度快，文件小。它只具备最基本的编辑功能，所以体积小巧，启动快，占用内存少，容易使用。本节将介绍在记事本中输入汉字的相关知识。

2.3.1 打开记事本输入文章标题

使用记事本输入文章标题的操作非常简单。本节详细介绍使用记事本输入文章标题的操作。

1 单击【开始】按钮

在电脑系统桌面上，单击【开始】按钮，在弹出的开始菜单中，将鼠标移至【所有程序】菜单上，如图所示。

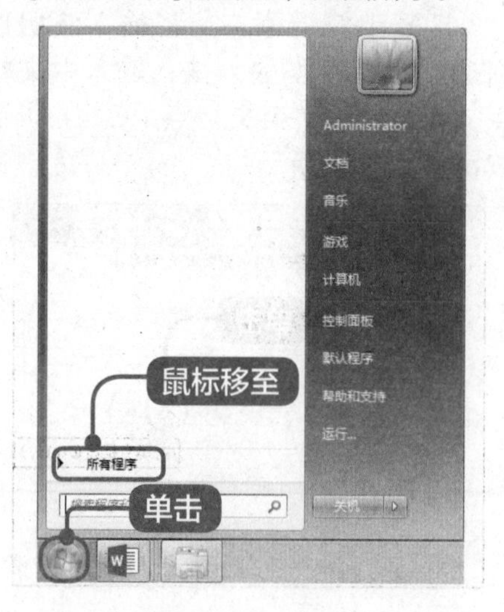

2 单击【附件】文件夹

在展开的【所有程序】菜单中单击【附件】文件夹，在展开的【附件】文件夹中单击【记事本】程序，如图所示。

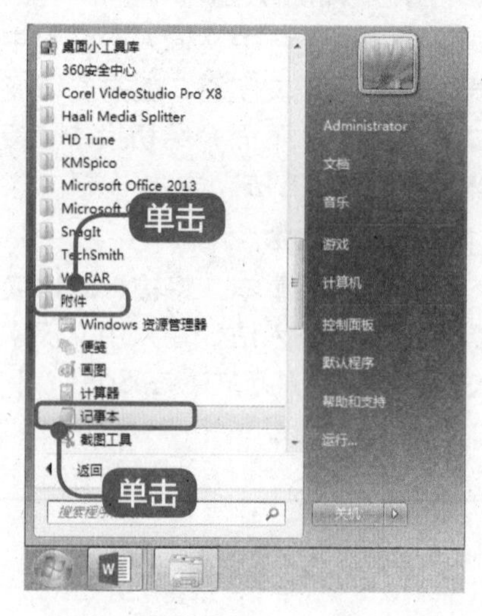

3 输入文章标题内容

打开记事本程序，选择五笔输入法，输入文章标题“大海”（编码为“DDIT”），如图所示。

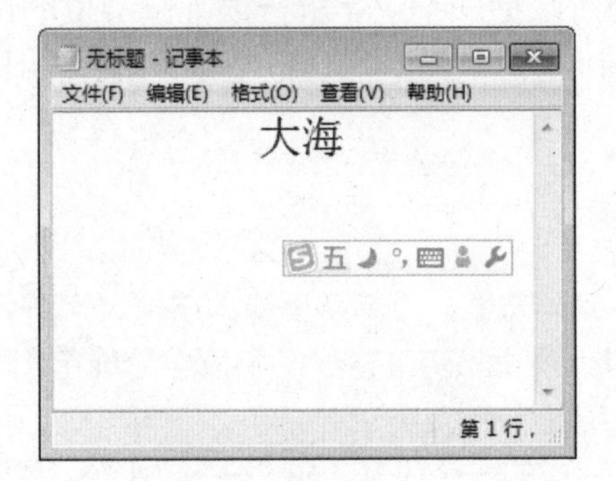

2.3.2 保存打字文件

输入文章标题后，用户可以将该文件保存，方便以后再次打开继续编辑或防止电脑出现断电情况导致文件丢失。下面介绍保存打字文件的操作方法。

1 单击【文件】菜单

在记事本程序中，单击【文件】菜单，在弹出的菜单中选择【另存为】菜单项，如图所示。

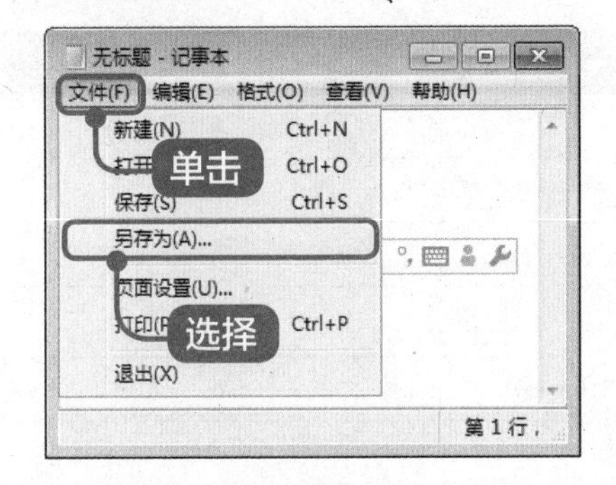

2 弹出【另存为】对话框

弹出【另存为】对话框，选择文件准备保存的位置，在【文件名】文本框中输入名称，单击【保存】按钮即可完成保存操作，如图所示。

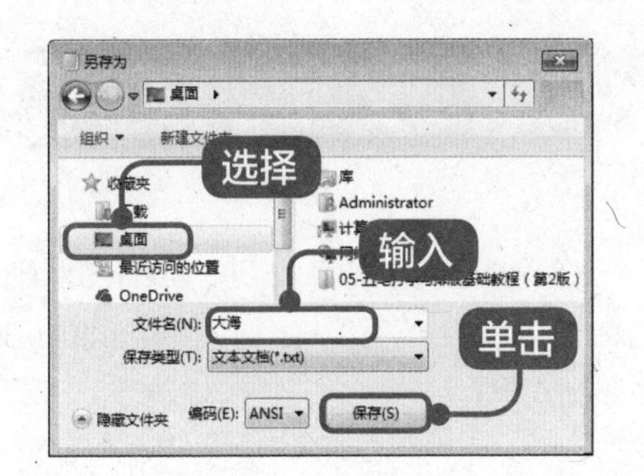

2.3.3 打开已保存的文件继续输入汉字

保存完文件后，用户即可在保存的位置再次打开该文件。

1 鼠标双击文件名称

找到准备打开的文件所在位置，用鼠标双击该文件名称，如图所示。

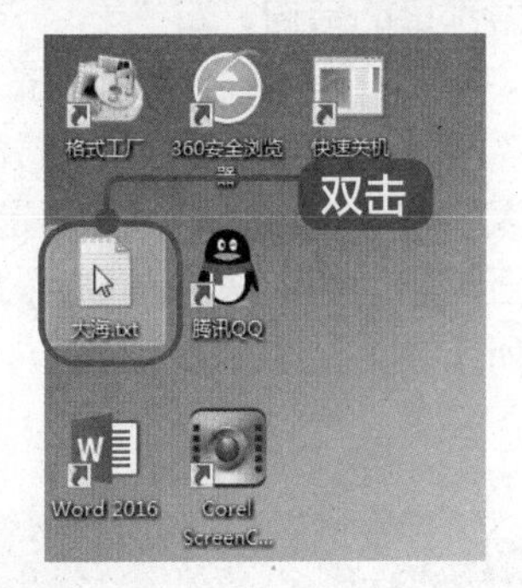

2 文件被打开

文件被打开，选择五笔输入法继续输入内容。通过以上步骤即可完成打开已保存的文件继续输入汉字的操作，如图所示。

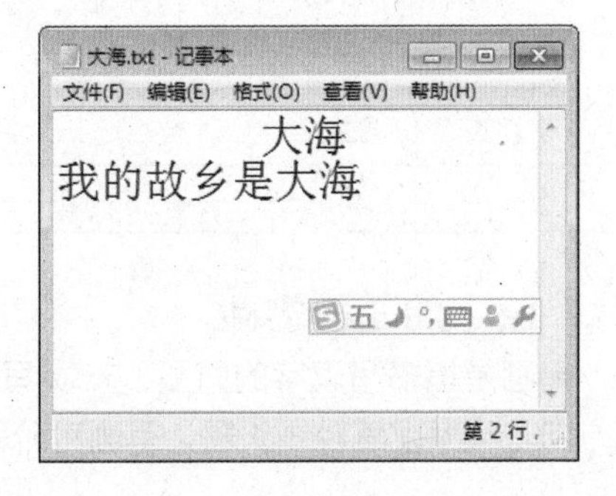

2.4 汉字的五笔编码基础

本节视频教学时间 / 53 秒

键盘中的英文字符键、数字键和符号键可以把一个汉字拆分成几个键位的序列，组成汉字的编码，利用编码即可在电脑中输入汉字。本节将介绍汉字编码的相关基础知识。

2.4.1 汉字组成的 3 个层次

五笔输入法是一种字形分解、拼形输入的编码方案。五笔字型输入法将汉字进行分解归类，找出汉字构成的基本规律，并结合电脑处理汉字的能力，将汉字分成笔划、字根和单字三个层次。下面将分别予以详细介绍。

- 笔画：是指书写汉字时，不间断地一次写成的一个线条，如“一”“丨”“丿”和“乙”等。
- 字根：是指由笔画与笔画单独或经过交叉连接形成的、结构相对不变的、类似于偏旁部首的结构，如“丰”“亻”“大”“二”和“日”等。
- 单字：是指由字根按一定的位置关系拼装组合成的汉字，如“话”“美”“鱼”“浏”“媚”和“蓝”等。

在汉字的 3 个层次中，笔画是汉字最基本的组成单位，字根是构成汉字最重要的单位，五笔字型输入法是以字根为基本单位组成的编码。笔画、字根和单字的关系，如下表所示。

汉字的 3 个层次

笔画	字根	单字
一、丨、乙、丶、丿	雨、文	雯
乙、一、乙、丨	纟、彐、水	绿
丶、丿、乛、乙、一	宀、子	字
丶、一、丿、乙	氵、𠂉、Ϥ、一、冫	海
一、丨、丿、乙	艹、亻、七	花
丿、一、丨、乙	禾、日	香
丨、乙、一、丿、丶	田、幺、小	累
丶、丿、乛、乙、一	宀、子	字

2.4.2 汉字的 5 种笔画

笔画是指书写汉字的时候，一次写成的连续不间断的线段。如果只考虑笔画的运笔方向，不考虑其轻重长短，笔画可分为 5 种类型，分别为横、竖、撇、捺和折。横、竖、撇和捺是单方向的笔画，折笔画代表一切带转折的笔画。

在五笔字型输入法中，为了便于记忆和排序，分别以1、2、3、4和5作为5种单笔画的代号，如下表所示。

汉字的5种笔画

名称	代码	笔画走向	笔画及变形	说明
横	1	左→右	一、㇀	“提”视为“横”
竖	2	上→下	丨、亅	“左竖钩”视为“竖”
撇	3	右上→左下	丿	水平调整
捺	4	左上→右下	丶	“点”视为“捺”
折	5	带转折	乙、乚、乛、㇏、㇃	除“左竖钩”外所有带折的笔画

2.4.3 汉字的3种结构形式

在对汉字进行分类时，根据汉字字根间的位置关系，可以将汉字分为3种字型，分别为左右型、上下型和杂合型。在五笔字型输入法中，根据3种字型各自拥有的汉字数量，分别用代码1、2和3来表示，如下表所示。

汉字的3种基本字型结构

字型	代码	说明	结构	图示	字例
左右型	1	整字分成左右两部分或左中右三部分，并列排列，字根之间有较明显的距离，每部分可由一个或多个字根组成	双合字	◫	组、源、扩
			三合字	▥	侧、浏、例
			三合字	◫	佐、流、借
			三合字	◫	部、数、封
上下型	2	整字分成上下两部分或上中下三部分，上下排列，它们之间有较明显的间隙，每部分可由一个或多个字根组成	双合字	⊟	分、字、肖
			三合字	☰	莫、衷、意
			三合字	⊞	恕、华、型
			三合字	⊟	磊、蔓、荡
杂合型	3	整字的每个部分之间没有明显的结构位置关系，不能明显的分为左右或上下关系。如汉字结构中的独体字、全包围和半包围结构，字根之间虽有间距，但总体呈一体	单体字	□	乙、目、口
			全包围	▣	回、困、因
			半包围	⺆	同、风、冈
			半包围	凵	凶、函
			半包围	⺈	包、匀、勾

另外，在五笔字型输入法中，汉字字型结构的判定需要遵守几条约定，约定如下。

- 凡是单笔画与一个基本字根相连的汉字，被视为杂合型，如汉字“千、天、自、夭、千、久、乡”等。
- 基本字根和孤立的点组成的汉字，被视为杂合型，如汉字“太、勺、主、斗、下、术、叉”等。
- 包含两个字根，并且两个字根相交的汉字，被视为杂合型，如汉字“无、本、甩、丈、电”等。
- 包含有字根“走、辶、廴”的汉字，被视为杂合型，如汉字“赶、逃、建、过、延、趣”等。

2.5 熟悉五笔字型键盘布局和字根

本节视频教学时间 / 1 分钟 23 秒

字根的分布主要包括 5 个区，分别为横区字根、竖区字根、撇区字根、捺区字根和折区字根。本节将介绍字根分布的相关知识。

2.5.1 五笔字型的键盘分区

由若干笔画单独或者经过交叉连接而成，在组成汉字时相对不变的结构，称为字根。应注意的是，字根的笔画结构虽然相对不变，但是在不同汉字中的位置可以不同。

五笔字型输入法从字根中精选出 130 个常用字根，称为“基本字根”。没有入选的字根称为“非基本字根”，“非基本字根”是可以拆分成基本字根的。如汉字“不”，还可以拆分成“一”和“小”两个基本字根。

130 个基本字根中，本身就构成一个汉字的，如“王、木、工”等，称为“成字字根”。本身不能构成汉字的，如“宀、凵”等，称为“非成字字根”。

五笔汉字编码原理是将这 130 个常用的基本字根按照一定规律，分配在电脑键盘上。只要把五笔字型的字根对应放在英文字母按键上，这个键盘就成为一个五笔字型字根键盘了，其分布规律如图所示。

五笔字型字根表

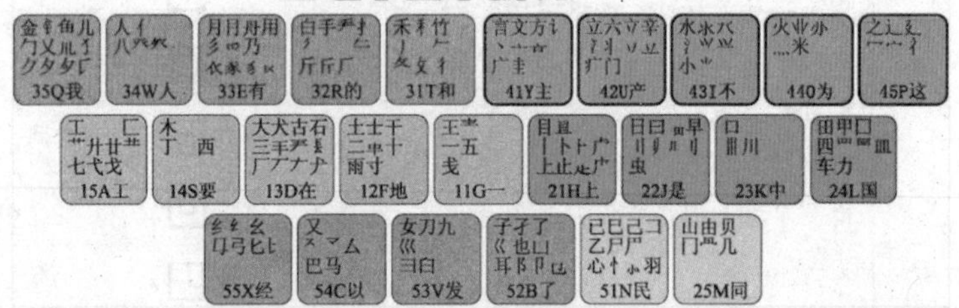

五笔字根助记歌是为了便于记诵而编写的，包含了所有字根的押韵文字口诀。随着时间的推移，字根口诀先后出现了众多的版本，最受大众认可的是由五笔之父王永民先生最初推出的五笔字根口诀。王永民推出的五笔字根助记歌共有 3 个版本，这里介绍最新的版本，如表所示。

五笔字根助记歌

区	位	代码	字母	五笔字型记忆口诀
1 横区	1	11	G	王旁青头戋（兼）五一
	2	12	F	土士二干十寸雨
	3	13	D	大犬三䒑（羊）古石厂
	4	14	S	木丁西
	5	15	A	工戈草头右框七
2 竖区	1	21	H	目具上止卜虎皮
	2	22	J	日早两竖与虫依
	3	23	K	口与川，字根稀
	4	24	L	田甲方框四车力
	5	25	M	山由贝，下框几
3 撇区	1	31	T	禾竹一撇双人立，反文条头共三一
	2	32	R	白手看头三二斤
	3	33	E	月彡（衫）乃用家衣底
	4	34	W	人和八，三四里
	5	35	Q	金（钅）勺缺点无尾鱼，犬旁留儿一点夕，氏无七（妻）
4 捺区	1	41	Y	言文方广在四一，高头一捺谁人去
	2	42	U	立辛两点六门疒（病）
	3	43	I	水旁兴头小倒立
	4	44	O	火业头，四点米
	5	45	P	之字军盖建道底，摘礻（示）衤（衣）
5 折区	1	51	N	已半巳满不出己，左框折尸心和羽
	2	52	B	子耳了也框向上
	3	53	V	女刀九臼山朝西
	4	54	C	又巴马，丢矢矣
	5	55	X	慈母无心弓和匕，幼无力

2.5.2 熟记五笔字型字根

字根的分布主要包括 5 个区，分别为横区字根、竖区字根、撇区字根、捺区字根和折区字根，本节将详细介绍各个字根区的相关知识。

1. 横区字根

横区即 1 区，横区的字根以横笔画起笔，分布在键盘上的【G】键、【F】键、【D】键、【S】键和【A】键中，如图所示。

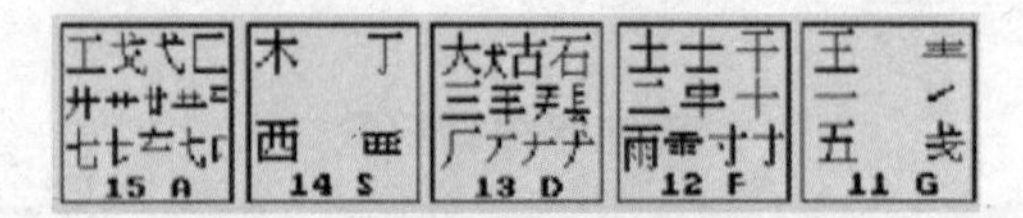

2. 竖区字根

竖区即 2 区，竖区的字根以竖笔画起笔，分布在键盘上的【H】键、【J】键、【K】键、【L】键和【M】键中，如图所示。

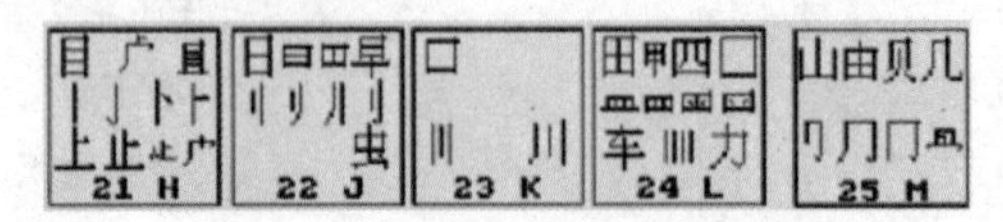

3. 撇区字根

撇区即 3 区，撇区的字根以撇笔画起笔，分布在键盘上的【T】键、【R】键、【E】键、【W】键和【Q】键中，如图所示。

4. 捺区字根

捺区即 4 区，捺区的字根以捺笔画起笔，分布在键盘上的【Y】键、【U】键、【I】键、【O】键和【P】键中，如图所示。

5. 折区字根

折区即 5 区，折区的字根以折笔画起笔，分布在键盘上的【N】键、【B】键、【V】键、【C】键和【X】键中，如图所示。

提示

要想学好五笔，就要尽量放弃拼音指法的习惯，尽量不要用拼音打字，这样会比较快速地学好五笔打字。

本节将介绍4个操作技巧，包括添加与删除输入法、把五笔字型输入法设置成默认输入法、还原回收站中的内容以及设置文件和文件夹的显示方式。

技巧1 • 添加与删除输入法

用户可以根据自己的工作需要添加与删除输入法。下面详细介绍添加与删除输入法的操作。

1 单击语言栏的【选项】按钮

在电脑系统桌面上的语言栏中单击【选项】按钮，在弹出的菜单中选择【设置】菜单项，如图所示。

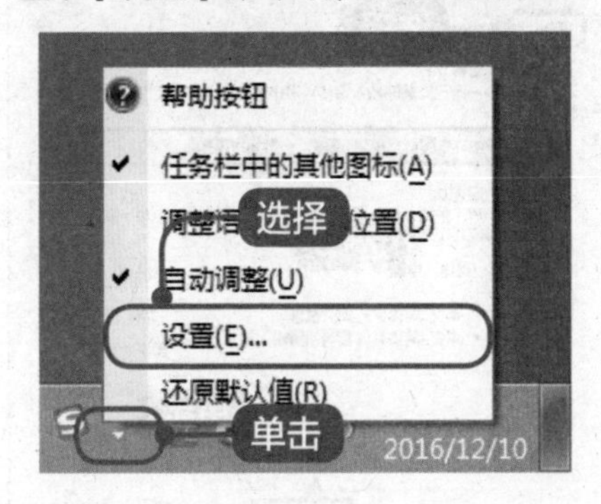

2 弹出【文本服务和输入语言】对话框

弹出【文本服务和输入语言】对话框，选择【常规】选项卡，单击【添加】按钮，如图所示。

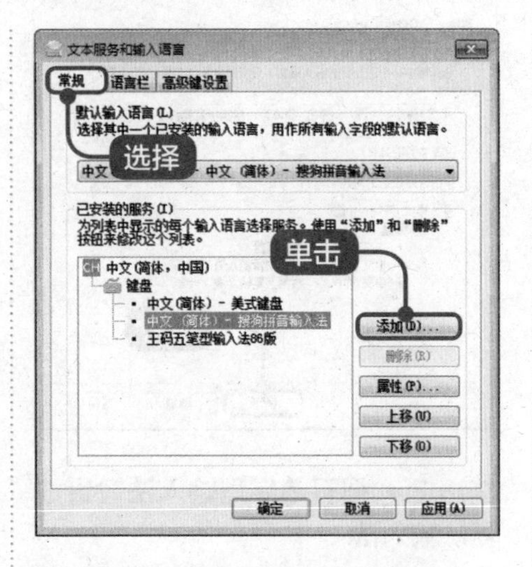

3 弹出【添加输入语言】对话框

弹出【添加输入语言】对话框，在【使用下面的复选框选择要添加的语言】列表框中选择准备添加的输入法复选框，单击【确定】按钮，如图所示。

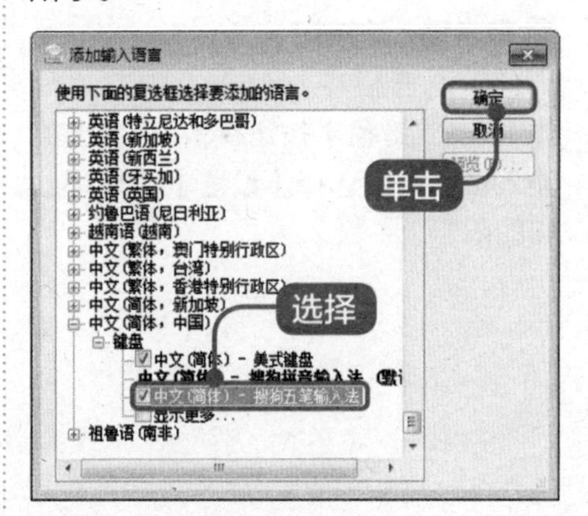

4 返回【文本服务和输入语言】对话框

返回【文本服务和输入语言】对话框，可以看到刚刚选中的输入法已经添加到列表中，单击【确定】按钮即可完成输入法的添加，如图所示。

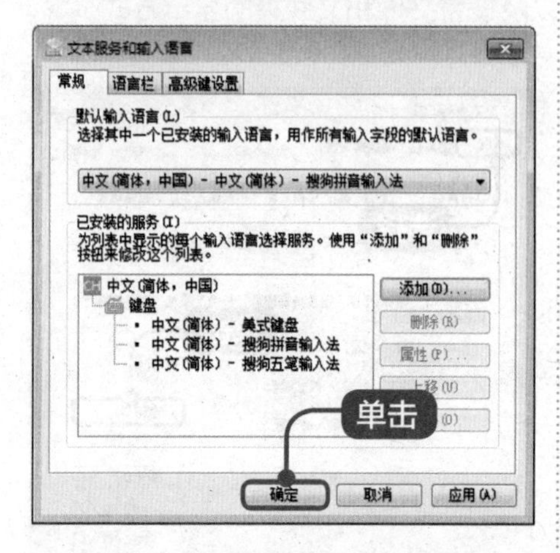

技巧 2 • 把五笔字型输入法设置成默认输入法

电脑中默认的输入法一般是美式键盘，也就是说每次打字的时候都需要切换到到中文输入法，这给工作带来了不便，用户可以根据需要设置默认的输入法。下面详细介绍设置默认输入法的方法。

1 单击输入法按钮

在语言栏中，单击【中文（简体）- 美式键盘】按钮，在弹出的输入法菜单中选择【设置】菜单项，如图所示。

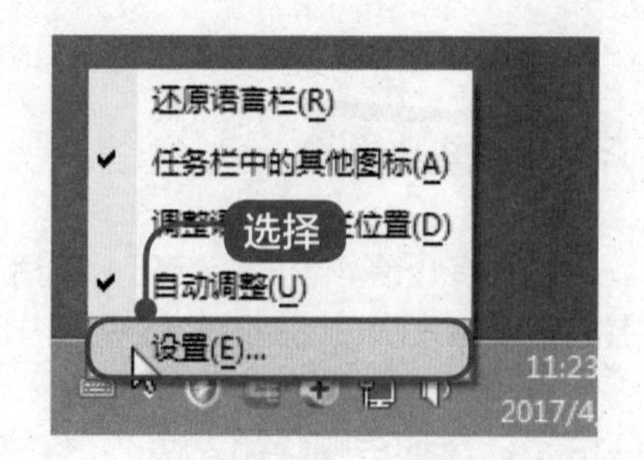

2 弹出【文本服务和输入语言】对话框

弹出【文本服务和输入语言】对话框，选择【常规】选项卡，在【默认输入语言】区域的下拉列表中选择默认输入法，单击【确定】按钮即可完成默认输入法的设置，如图所示。

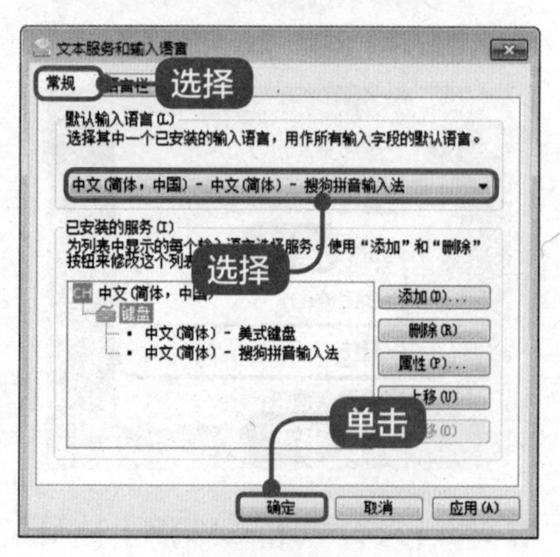

技巧 3 • 还原回收站中的内容

回收站中的内容可以还原至原来的存储位置，还原回收站中的内容非常简单。下面详细介绍还原回收站中的内容的操作方法。

1 右键单击【回收站】图标

在电脑桌面上右键单击【回收站】图标，在弹出的快捷菜单中选择【打开】菜单项，如图所示。

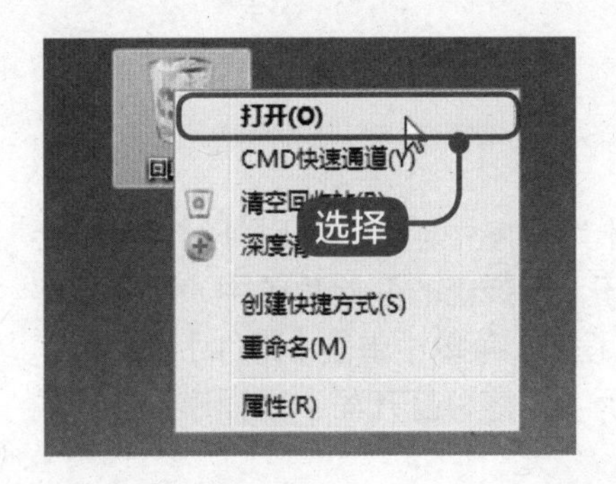

2 打开回收站窗口

打开回收站窗口，选中准备恢复的文件，单击【文件】菜单，在弹出的菜单中选择【还原】菜单项，如图所示。

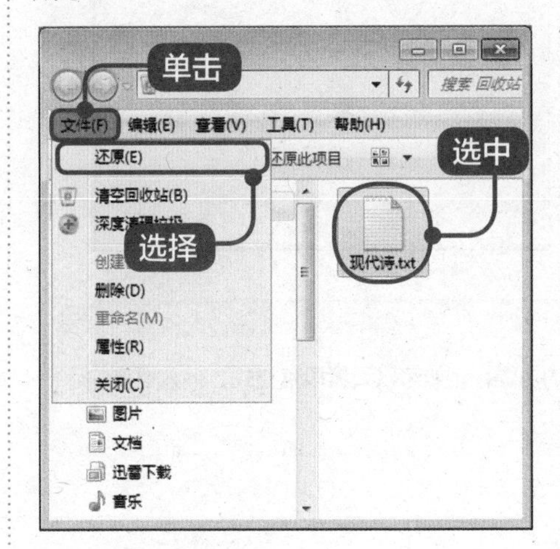

3 完成还原操作

可以看到文件已经回到原来所在的文件夹中。通过以上方法即可完成还原文件的操作，如图所示。

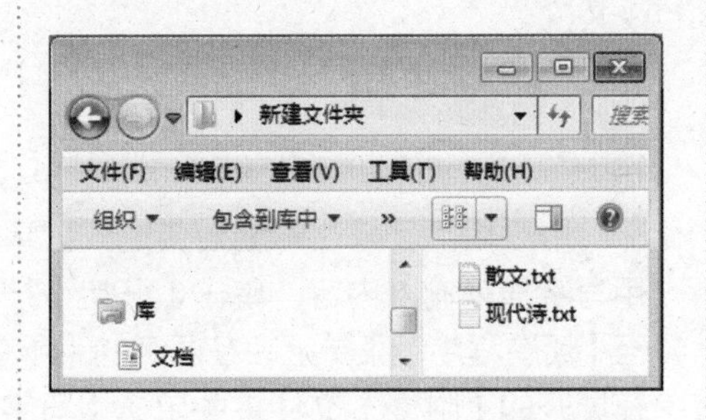

技巧4 • 设置文件和文件夹的显示方式

文件与文件夹的显示方式有多种，包括超大图标、大图标、中等图标、小图标、列表、详细信息、平铺和内容等。用户可以根据需要，更改文件与文件夹的显示方式。下面介绍设置文件或文件夹的显示方式的操作方法。

打开一个文件夹，在菜单栏中选择【查看】菜单，在弹出的菜单项中可以根据需要选择不同的显示方式，如图所示。

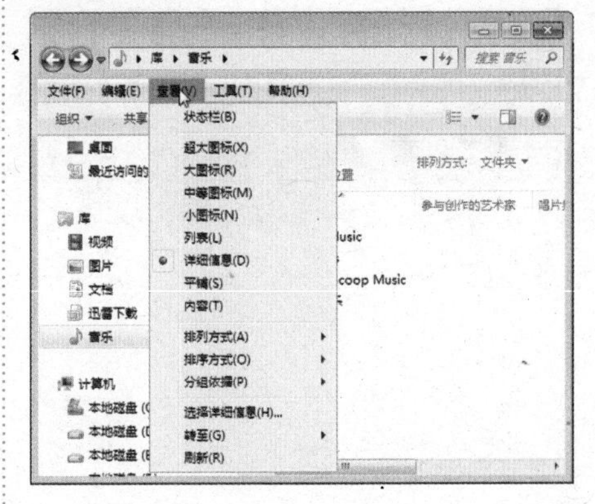

用户除了可以在电脑自带的“记事本”程序中输入内容以外，还可以使用写字板来输入内容。单击【开始】按钮，在弹出的开始菜单中，将鼠标移至【所有程序】菜单上，在展开的【所有程序】菜单中单击【附件】文件夹，在展开的【附件】文件夹中单击【写字板】程序，打开写字板程序，选择输入法，输入内容即可，如图所示。

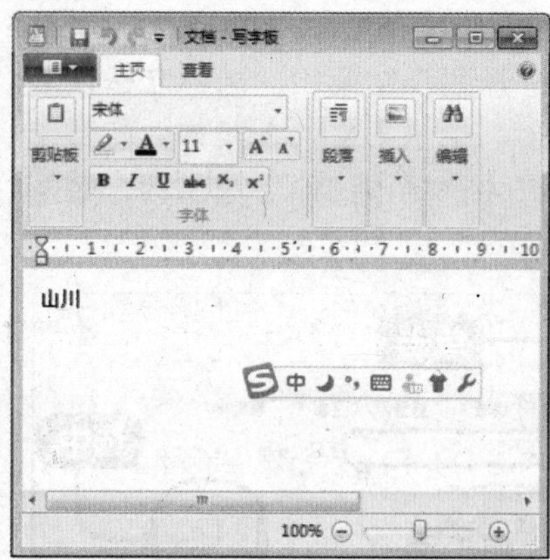

提示

电脑自带的写字板程序比记事本程序具有更多的功能，例如可以设置段落格式，插入更多的对象等。

第 3 章

五笔字型输入法

本章视频教学时间 / 7 分钟 10 秒

重点导读

本章主要介绍字根之间的关系、汉字拆分原则方面的知识与技巧，同时讲解输入键面汉字、输入键外汉字和用简码输入汉字以及输入固定词组的方法。本章最后针对实际的工作需求，讲解独体字的拆分、为搜狗五笔输入法添加自定义词组的方法。通过本章的学习，读者可以掌握五笔字型输入法的知识，为深入学习 Office 2016 和五笔字型输入法知识奠定基础。

本章主要知识点

- ✓ 字根之间的关系
- ✓ 汉字拆分的原则
- ✓ 输入键面汉字
- ✓ 输入键外汉字
- ✓ 用简码输入汉字
- ✓ 输入固定词组

3.1 字根之间的关系

本节视频教学时间 / 1 分钟 7 秒

在五笔字型输入法中，汉字是由字根按照一定的位置关系组合而成的。根据字根的位置关系，汉字可分为 4 种结构，分别为单、散、连和交。本节将详细介绍相关知识。

3.1.1 单结构

“单”结构汉字是指基本字根单独成为一个汉字，这个字根不与其他字根发生关系，在五笔字型输入法中又叫作成字字根，如汉字“弓、王、水、火、又、人、月”等。

3.1.2 散结构

“散”结构汉字是指汉字由两个或两个以上字根构成，并且字根之间有一定的距离，不相连也不相交。上下、左右和杂合型的汉字都可以是散结构，如图所示。

打 红 凤 斑

3.1.3 连结构

“连”结构汉字是指汉字由一个基本字根与一个单笔画字根相连组成，字根之间没有明显的距离。如果一个汉字由一个基本字根与之前或之后的孤立点组成，该汉字也为“连”结构汉字，如图所示。

丘 久 王 舟

3.1.4 交结构

“交”结构汉字是指汉字由两个或两个以上字根交叉重叠构成，字根与字根之间有明显的重叠的部分，如图所示。

3.2 汉字拆分的原则

本节视频教学时间 / 1 分钟 19 秒

拆分汉字就是按照汉字的结构把汉字拆分成字根。拆分汉字的过程是构成汉字的一个逆过程，本节将详细介绍汉字拆分的基本原则。

3.2.1 书写顺序

“书写顺序”原则是指拆分汉字时，必须按照汉字的书写顺序即按照从左到右、从上到下和从外到内的顺序进行拆分，如图所示。

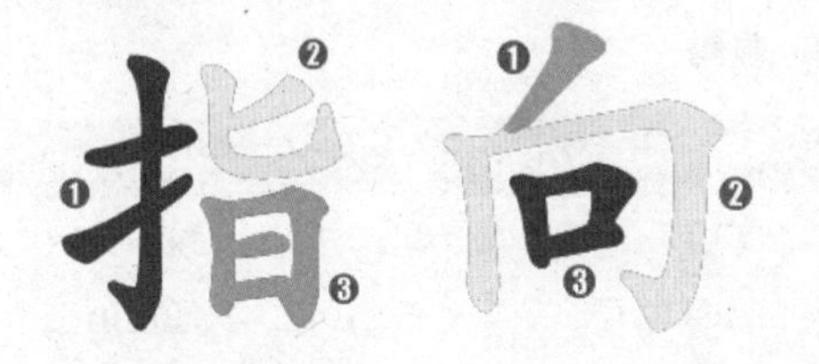

3.2.2 取大优先

取大优先又叫“优先取大”，是指在拆分汉字时，保证按照书写顺序拆分汉字的同时，要拆出尽可能大的字根，从而确保拆分出的字根数量最少，如图所示。

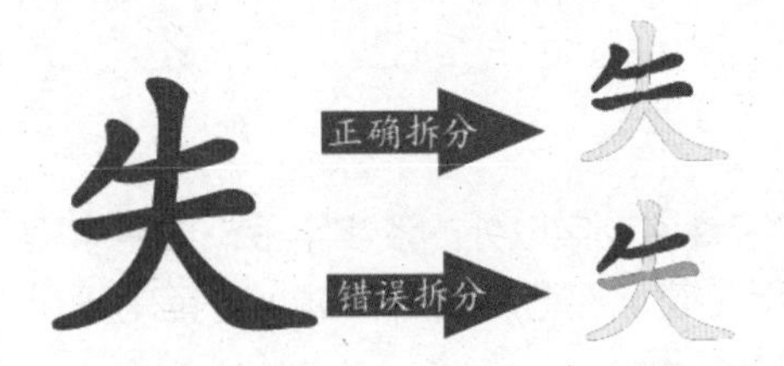

3.2.3 能散不连

“能散不连”原则是指如果一个汉字可以拆分成几个字根“散”的关系，就不要拆分成“连”的关系。有时字根之间的关系介于“散”和“连”之间，如果不是单笔画字根，则均按照“散”的关系处理，如图所示。

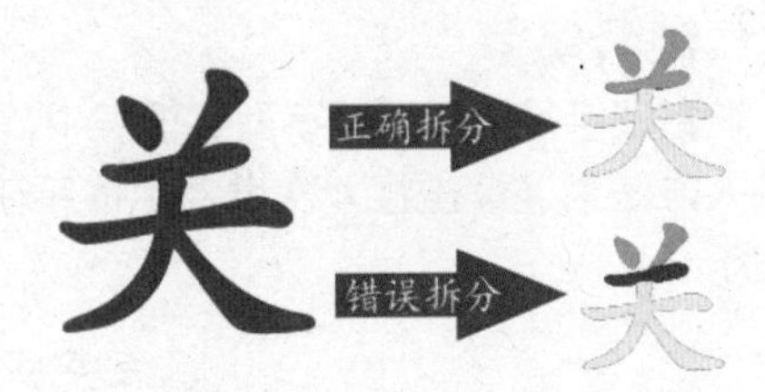

3.2.4 能连不交

“能连不交”的原则是指在拆分汉字的时候，如果一个汉字可以拆分成几个基本字根“连”的关系，就不要拆分成“交”的关系，如图所示。

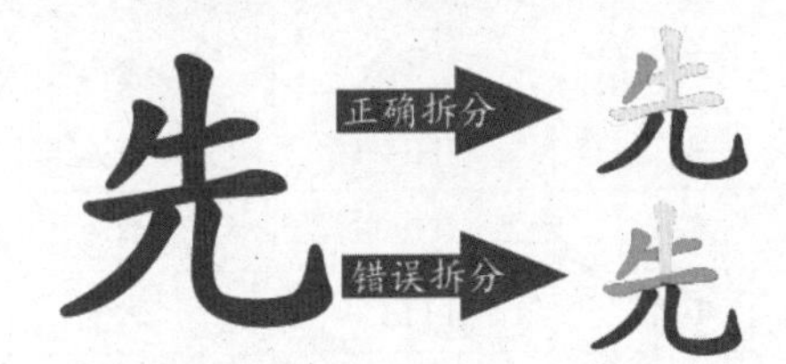

3.2.5 兼顾直观

“兼顾直观”原则是指在拆分汉字的时候，要尽量照顾汉字的直观性和完整性，甚至有时要牺牲书写顺序和取大优先的原则，形成个别特殊的情况，如图所示。

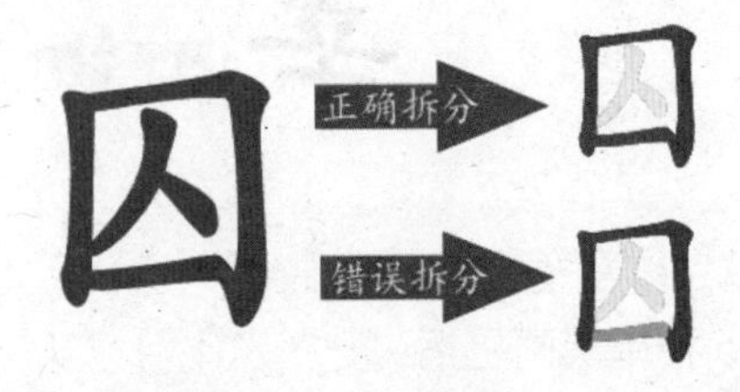

3.3 实战案例——输入键面汉字

本节视频教学时间 / 43 秒

键面汉字是指在五笔字型输入法的字根中，既是字根又是字的汉字。键面汉字包括键名字根和成字字根。其中，键名字根共 25 个，成字字根共 70 个。本节将详细介绍键面汉字输入的相关知识及方法。

3.3.1 键名汉字

键名汉字是指在五笔字型字根表中，每个字根键上的第一个字根汉字。键名汉字的输入方法为连续击打 4 次键名字根所在的字母键。键名汉字一共有 25 个，其编码如表所示。

键名汉字的编码

汉字	编码	汉字	编码	汉字	编码
王	GGGG	禾	TTTT	已	NNNN
土	FFFF	白	RRRR	子	BBBB
大	DDDD	月	EEEE	女	VVVV
木	SSSS	人	WWWW	又	CCCC
工	AAAA	金	QQQQ	纟	XXXX
目	HHHH	言	YYYY	日	JJJJ
立	UUUU	口	KKKK	水	IIII
田	LLLL	火	OOOO	山	MMMM
之	PPPP				

3.3.2 成字字根

成字字根是指在五笔字型的字根表中，除了键名汉字以外的汉字字根。成字字根的输入方法为：成字字根所在键 + 首笔笔画所在键 + 次笔笔画所在键 + 末笔笔画所在键。下面举例说明成字字根的输入方法，如图所示。

3.3.3 单笔笔画

5 种单笔画是指“一”“丨”“丿”“丶”和“乙”，使用五笔字型输入法可以直接输入 5 个单笔画。5 种单笔画的输入方法为：字根所在键 + 字根所在键 +【L】

键 +【L】键，其编码具体输入方法如表所示。

5 种单笔画的编码

笔画	字根所在键	字根所在键	字母	字母	编码
一	G	G	L	L	GGLL
丨	H	H	L	L	HHLL
丿	T	T	L	L	TTLL
丶	Y	Y	L	L	YYLL
乙	N	N	L	L	NNLL

3.4 实战案例——输入键外汉字

本节视频教学时间 / 1 分钟 56 秒

键外汉字是指在五笔字型字根表中找不到的汉字。根据字根的数目，可以分为 4 个字根的汉字、超过 4 个字根的汉字和不足 4 个字根的汉字 3 种情况。本节将详细介绍键外字的相关知识及输入方法。

3.4.1 刚好四码的汉字

4 码的汉字是指刚好可以拆分成 4 个字根的汉字。4 个字根汉字的输入方法为：第 1 个字根所在键 + 第 2 个字根所在键 + 第 3 个字根所在键 + 第 4 个字根所在键。下面举例说明 4 个字根汉字的输入方法，如表所示。

4 个字根汉字的输入

笔画	第 1 笔字根	第 2 个笔根	第 3 个笔根	第 4 个笔根	编码
屦	尸	彳	米	女	NTOV
型	一	廾	刂	土	GAJF
都	土	丿	日	阝	FTJB
热	扌	九	丶	灬	RVYO
楷	木	匕	匕	白	SXXR

3.4.2 超出四码的汉字

超过 4 码的汉字是按照规定拆分之后，总数多于 4 个字根的字。超过 4 个字根汉字的输入方法为：第 1 个字根所在键 + 第 2 个字根所在键 + 第 3 个字根所在键 + 最后一个字根所在键。下面举例说明超过 4 个字根汉字的输入方法，如表所示。

超过 4 个字根汉字的输入

汉字	首笔字根	第 2 笔字根	第 3 笔字根	最后一笔字根	编码
融	一	口	冂	虫	GKMJ
跨	口	止	大	乚	KHDN
佩	亻	几	一	上	WMGH
煅	火	亻	三	又	OWDC

3.4.3 末笔识别码的使用

在 7 000 多个汉字中，大约有 10% 的汉字只由 2 个字根组成，如汉字“她、生、此、和、字”等，其编码长度为 2。五笔字型是用 25 个字母键来输入汉字的，只能组成 25×25=625 个编码，即两码的编码空间是 625，因此会产生大量重码的情况。为了把这些编码区分开来，需要在这些汉字的字根后面再补加一个识别码，因此产生了末笔识别码。

末笔字型识别码是将汉字的末笔笔画代码作为识别码的区号，汉字字型代码作为识别码的位号，组成区位码来对应键盘上的字母键。汉字的笔画有 5 种，字型有 3 种，因此末笔识别码有 15 种组合方式，如表所示。

末笔识别码

字型＼末笔		横	竖	撇	捺	折
		1	2	3	4	5
左右型	1	G（11）	H（21）	T（31）	Y（41）	N（51）
上下型	2	F（12）	J（22）	R（32）	U（42）	B（52）
杂合型	3	D（13）	K（23）	E（33）	I（43）	V（53）

在五笔字型输入法中，以汉字的末笔画为基础，参照汉字的字形，可以快速地确定末笔识别码。下面举例说明快速判断末笔识别码的方法。

1．末笔画为“横”

对于末笔画为“横”的汉字，在键盘上输入字根编码后，根据字型即可确定该汉字的末笔画识别码，如表所示。

末笔画为“横”的汉字的末笔画识别码

汉字	末笔画	字型	区位码	末笔识别码	编码
备	一	上下	12	f	TLf
但	一	左右	11	g	WJGg
匡	一	杂合	13	d	AGd

2．末笔画为“竖”

对于末笔画为“竖”的汉字，在键盘上输入字根编码后，根据字型即可确定该汉字的末笔画识别码，如表所示。

末笔画为“竖”的汉字的末笔画识别码

汉字	末笔画	字型	区位码	末笔识别码	编码
坤	丨	左右	21	h	FJHh
卉	丨	上下	22	j	FAj
厕	丨	杂合	23	k	DMJk
巾	丨	杂合	23	k	MHk
利	丨	左右	21	h	TJh

3．末笔画为“撇”

对于末笔画为“撇”的汉字，在键盘上输入字根编码后，根据字型即可确定该汉字的末笔画识别码，如表所示。

末笔画为“撇”的汉字的末笔画识别码

汉字	末笔画	字型	区位码	末笔识别码	编码
衫	丿	左右	31	t	PUEt
易	丿	上下	32	r	JQRr
乡	丿	杂合	33	e	XTe
芦	丿	上下	32	r	AYNr

4．末笔画为“捺”

对于末笔画为“捺”的汉字，在键盘上输入字根编码后，根据字型即可确定该汉字的末笔画识别码，如表所示。

末笔画为“捺”的汉字的末笔画识别码

汉字	末笔画	字型	区位码	末笔识别码	编码
钡	、	左右	41	y	QMy
买	、	上下	42	u	NUDu
刃	、	杂合	43	i	VYi
闽	、	杂合	43	i	UJi

5．末笔画为“折”

对于末笔画为“折”的汉字，在键盘上输入字根编码后，根据字型即可确定该汉字的末笔画识别码，如表所示。

末笔画为“折”的汉字的末笔画识别码

汉字	末笔画	字型	区位码	末笔识别码	编码
把	乙	左右	51	n	RCn
艺	乙	上下	52	b	ANb
万	乙	杂合	53	v	DNv
虏	乙	杂合	53	v	HALv

3.4.4 不足四码的汉字

不足4码的汉字是指可以拆分成不足4个字根的汉字。不足4个字根汉字的输入方法为：第1个字根所在键+第2个字根所在键+第3个字根所在键+末笔字形识别码。下面举例说明不足4个字根汉字的输入方法，如表所示。

不足4个字根汉字的输入

汉字	第1个字根	第2个字根	第3个字根	第末个字根	编码
忘	亠	乙	心	U	YNNU
汉	氵	又	Y	空格	ICY
码	石	马	G	空格	DCG
者	土	丿	曰	F	FTJF

在使用末笔识别码帮助输入汉字时，有一些特殊的地方需要注意。

- 并不是所有的汉字都需要追加末笔识别码，键面字（键名及一切字根）都不需要。
- 汉字拆分后的字根数为4个或超过4个时，不需要追加末笔识别码，如汉字“填、煤、燠、增、履”等。
- 不足4个字根的汉字在拆分时，若添加识别码后还不足4码，可以追加空格键。

在使用五笔字型输入法拆分汉字时，有些类型的汉字并不按照汉字的书写规律确定末笔画，而是有特殊的规定，下面将详细介绍对末笔识别码的特殊规定。

规定1

确定末笔识别码时，带“辶、走”等偏旁的汉字和全包围结构的汉字，末笔画为被包围部分的最后一笔，如下图所示。

汉字	末笔画	字型	区位码	末笔识别码
迁	丨	杂合	23	K
延	一	杂合	13	D
赵	丶	杂合	43	I
团	丿	杂合	33	E
远	乙	杂合	53	V

规定 2

五笔字型输入法规定，拆分汉字时，汉字的最后一个字根为“七、刀、九、力、匕”等时，确定末笔识别码以“折”作为末笔画，如下图所示。

汉字	末笔画	字型	区位码	末笔识别码
化	乙	左右	51	N
分	乙	上下	52	B
仇	乙	左右	51	N
边	乙	杂合	53	V

规定 3

判断“我、成、戋”等汉字的末笔时，遵循“从上到下”的书写原则，以“撇”作为末笔画，如下图所示。

汉字	拆分方法	末笔识别码	编码
我	丿扌乙丿	无	TRNT
成	厂乙乙丿	无	DNNT
戋	戋一一丿	无	GGGT
栈	木戋	T	SGT
笺	⺮戋	R	TGR

规定 4

判断“术、勺、义”等汉字的字型时，因其为连结构汉字，将其定为杂合型，如下图所示。

汉字	末笔画	字型	区位码	末笔识别码
术	丶	杂合	43	I
勺	丶	杂合	43	I
义	丶	杂合	43	I
太	丶	杂合	43	I
叉	丶	杂合	43	I

3.5 实战案例——用简码输入汉字

本节视频教学时间 / 49 秒

五笔字型输入法为出现频率较高的汉字制定了简码规则，即取其编码的第一、第二或第三个字根进行编码，再加一个空格键，从而减少了输入汉字时的击键次数，提高汉字的输入速度。本节将介绍简码的输入方法。

3.5.1 一级简码

五笔字型输入法挑选了汉字中使用频率最高的 25 个字，将其分布在键盘中的 25 个字母键中。这些汉字称为一级简码。下面将分别详细介绍一级键码的键盘分布和输入方法。

1．键盘分布

一级简码共有 25 个，大部分按首笔画排列在 5 个分区中，其键盘分布如图所示。

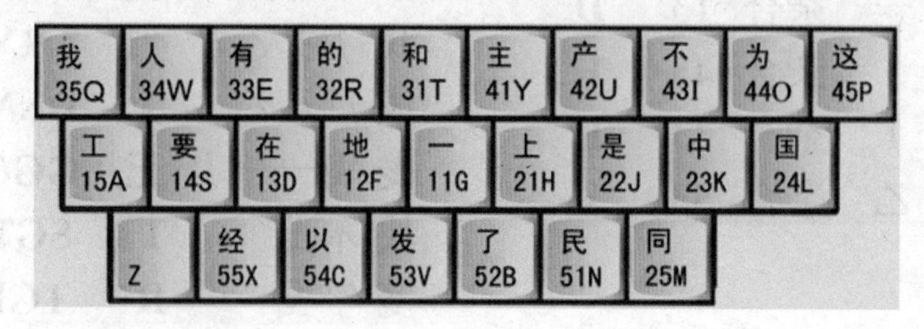

2．输入方法

一级简码即高频字。在五笔字型输入法中一级简码的输入方法为：简码汉字所在的字母键 + 空格键，如表所示。

一级简码的输入方法

汉字	编码	汉字	编码	汉字	编码
一	G	上	H	和	T
主	Y	民	N	地	F
是	J	的	R	产	U
了	B	在	D	中	K
有	E	不	I	发	V
要	S	国	L	人	W
为	O	以	C	工	A
同	M	我	Q	这	P
经	X				

3.5.2 二级简码

二级简码是指汉字的编码只有两位，二级简码共有 600 多个，掌握二级简码的输入方法，可以快速提高汉字的输入速度。二级简码的输入方法为：第 1 个字根所在键 + 第 2 个字根所在键 + 空格键。二级简码字的汇总如表所示。

二级简码汇总表

	GFDSA	HJKLM	TREWQ	YUIOP	NBVCX
G	五于天末开	下理事画现	玫珠表珍列	玉 平 不 来	与屯妻到互
F	二寺城霜载	直进吉协南	才垢圾夫无	坟增示赤过	志 地 雪 支

续表

	GFDSA	HJKLM	TREWQ	YUIOP	NBVCX
D	三夯大厅左	丰百右历面	帮原胡春克	太磁砂灰达	成顾肆友龙
S	本村枯林械	相查可楞机	格析极检构	术样档杰棕	杨李要权楷
A	七革基苛式	牙划或功贡	攻匠菜共区	芳 燕 东 芝	世节切芭药
H	睛睦睚盯虎	止旧占卤贞	睡睥肯具餐	眩瞳步眯瞎	卢 眼 皮 此
J	量时晨果虹	早昌蝇曙遇	昨蝗明蛤晚	景暗晃显晕	电最归紧昆
K	呈叶顺呆呀	中虽吕另员	呼听吸只史	嘛啼吵噗喧	叫啊哪吧哟
L	车轩因困轼	四辊加男轴	力斩胃办罗	罚较 辚边	思团轨轻累
M	同财央朵曲	由 则 崭 册	几贩骨内风	凡赠峭赕迪	岂 邮 凤 嶷
T	生行知条长	处得各务向	笔物秀答称	入科秒秋管	秘季委么第
R	后持拓打找	年提扣押抽	手白扔失换	扩拉朱搂近	所报扫反批
E	且肝须采肛	胩胆肿肋肌	用遥朋脸胸	及胶膛膦爱	甩服妥肥脂
W	全会估休代	个介保佃仙	作伯仍从你	信 们 偿 伙	亿他分公化
Q	钱针然钉氏	外旬名甸负	儿铁角欠多	久匀乐炙锭	包 凶 争 色
Y	主计庆订度	让刘训为高	放诉衣认义	方说就变这	记离良充率
U	闰半关亲并	站间部曾商	产瓣前闪交	六立冰普帝	决闻妆冯北
I	汪法尖洒江	小浊澡渐没	少泊肖兴光	注洋水淡学	沁池当汉涨
O	业灶类灯煤	粘烛炽烟灿	烽煌粗粉炮	米料炒炎迷	断籽娄烃糨
P	定守害宁宽	寂审宫军宙	客宾家空宛	社实宵灾之	官字安 它
N	怀导居 民	收慢避惭届	必 怕 愉 懈	心习悄屡忱	忆敢恨怪尼
B	卫际承阿陈	耻阳职阵出	降孤阴队隐	防联孙耿辽	也子限取陛
V	姨寻姑杂毁	叟旭如舅妯	九 奶 婚	妨嫌录灵巡	刀好妇妈姆
C	骊对参骠戏	骒 台 劝 观	矣牟能难允	驻 驼	马 邓 艰 双
X	线结顷 红	引旨强细纲	张绵级给约	纺弱纱继综	纪弛绿经比

3.6 实战案例——输入固定词组

本节视频教学时间 / 1 分钟 16 秒

在五笔字型输入法中，词组的编码也是 4 个，因此通过词组的输入，可以快速提高汉字输入速度。本节将介绍二字词组、三字词组、四字词组和多字词组的输入方法。

3.6.1 输入二字词组

二字词组在汉语词汇中占有相当大的比重，掌握其输入方法可以有效地提高输入速度。二字词组的输入方法为：首字的第 1 个字根 + 首字的第 2 个字根 + 次字的第 1 个字根 + 次字的第 2 个字根，如表所示。

二字词组的输入方法

词组	拆分方法	码元	编码
相信	相相信信	木目亻言	SHWY
好运	好好运运	女子二厶	VBFC
欣喜	欣欣喜喜	斤⺈士口	RQFK

3.6.2 输入三字词组

三字词组在汉语词汇中比重也较大，其输入方法为：第一个汉字的第 1 个字根 + 第二个汉字的第 1 个字根 + 第三个汉字的第 1 个字根 + 第三个汉字的第 2 个字根，如表所示。

三字词组的输入方法

词组	拆分方法	码元	编码
星期二	星期二二	日甘二一	JDFG
喜洋洋	喜洋洋洋	士氵氵丷	FIIU

3.6.3 输入四字词组

四字词组在汉语词汇中也有一定比重，其输入方法为：第一个汉字的第 1 个字根 + 第二个汉字的第 1 个字根 + 第三个汉字的第 1 个字根 + 第四个汉字的第 1 个字根，如表所示。

四字词组的输入方法

词组	拆分方法	码元	编码
大吉大利	大吉大利	大士大禾	DFDT
高高兴兴	高高兴兴	亠亠ⅣⅣ	YYII
春暖花开	春暖花开	三日艹一	DJAG

除了输入二字词组、三字词组和四字词组之外，用户还可以输入多字词组。多字词组在汉语词汇中占有的比重不大，但因其编码简单，输入速度快，因此也经常被使用。

多字词组的输入方法为：第一个汉字的第 1 个字根 + 第二个汉字的第 1 个字根 + 第三个汉字的第 1 个字根 + 第末个汉字的第 1 个字根，如表所示。

多字词组的输入方法

词组	拆分方法	码元	编码
硕士研究生	硕士研究生	石士石丿	DFDT
中华人民共和国	中华人民共和国	口亻人口	KWWL
中国共产党	中国共产党	口口 龷 ⺌	KLAI

高手私房菜

本节将介绍两个操作技巧，包括独体字的拆分和为搜狗五笔输入法添加自定义词组的具体方法。

技巧 1 • 独体字的拆分

汉字中只具有单个形体的汉字称为独体字，它是构成合体字的基础，具有极强的构字能力。在五笔字型输入法中，若能熟练掌握独体字的拆字编码，则其他绝大部分汉字都不在话下。

在《简化汉字独体字表》中共包括 280 个独体汉字。现将这些汉字按笔划分类，给出按五笔字型输入时的编码，供初学者做拆字编码练习时参考。

这些字有一部分是王码 86 版五笔字根表中出现的字元汉字，但大部分为表外汉字，故编码规则会有所不同。希望通过对这些汉字的拆字编码练习，读者能全面掌握五笔字型输入法已讲授的编码规则。考虑到组词的需要，下面所有一级简码汉字也给出了原代码。

1 画

一 GGLL　乙 NNL

2 画

二 FG　十 FGH　丁 SGH
厂 DGT　七 AG　卜 HHY
八 WTY　人 WWWW　入 TY
乂 QTY　儿 QT　九 VT
匕 XTN　几 MT　刁 NGD
了 BNH　乃 ETN　刀 VN

力 LT　又 CCC　乜 NNV

3 画

三 DG　亍 FHK　干 FGGH
于 GF　士 FGHG　土 FFFF
工 AAA　才 FT　下 GH
寸 FGHY　丈 DYI　大 DD
兀 GQV　与 GN　万 DNV
弋 AGNY　上 HHG　小 IH
口 KKKK　山 MMM　巾 MHK
千 TFK　川 KTHH　彳 TTTH
个 WH　么 TC　久 QY
丸 VYI　夕 QTNY　及 EY
广 YYGT　亡 YNV　门 UYH
丫 UHK　义 YQ　之 PP
尸 NNGT　已 NNNN　巳 NNGN
弓 XNG　己 NNGN　卫 BG
孑 BNHG　子 BB　孓 BYI
也 BN　女 VVV　飞 NUI
刃 VYI　习 NU　叉 CYI
马 CN　乡 XTE　幺 XNNY

4 画

丰 DHK　王 GGG　井 FJK
开 GA　夫 FW　天 GD
无 FQ　韦 FNH　专 FNY
丐 GHN　廿 AGH　木 SSSS
五 GG　卅 GKK　不 GI
太 DY　犬 DGTY　歹 GQI
尤 DNV　车 LG　巨 AND
牙 AH　屯 GB　戈 AGNT
互 GX　瓦 GNY　止 HH
少 IT　曰 JHNG　日 JJJJ
中 KH　贝 MHNY　内 MW
水 II　见 MQB　手 RT
午 TFJ　牛 RHK　毛 TFN
气 RNB　壬 TFD　升 TAK
夭 TDU　长 TA　片 THG
币 TMH　斤 RTT　爪 RHYI
父 WQU　月 EEE　氏 QA
勿 QRE　欠 QW　丹 MYD
乌 QNG　卞 YHU　文 YYGY
方 YY　火 OOO　为 YL
斗 UFK　户 YNE　心 NY
尹 VTE　尺 NYI　夬 NWI
丑 NFD　爿 NHDE　巴 CNH
办 LW　予 CBJ　书 NNH
毋 XDE

5 画

玉 GY　末 GS　未 FII
示 FI　戋 GGGT　正 GHD
甘 AFD　世 AN　本 SG
术 SY　石 DGTG　龙 DX
戊 DNY　平 GU　东 AI
凸 HGM　业 OG　目 HHHH
且 EG　甲 LHNH　申 JHK
电 JN　田 LLL　由 MH
央 MD　史 KQ　冉 MFD
皿 LHN　凹 MMGD　民 NA
弗 XJK　出 BM　皮 HC
矛 CBT　母 XGU　生 TG
失 RW　矢 TDU　乍 THF
禾 TTT　丘 RGD　白 RRR
斥 RYI　瓜 RCY　乎 TUH
用 ET　甩 EN　氐 QAY
乐 QI　匆 QRY　册 MM
鸟 QYNG　主 YG　立 UU
半 UF　头 UDI　必 NT
永 YNI

6 画

耒 DII　耳 BGH　亚 GOG
臣 AHN　吏 GKQ　再 GMF

西 SGHG　百 DJ　而 DMJ
页 DMU　夹 GUW　夷 GXW
曳 JXE　虫 JHNY　曲 MAD
肉 MWW　年 RH　朱 RI
缶 RMK　乒 RGT　乓 RGY
臼 VTH　自 THD　血 TLD
角 QE　舟 TEI　兆 IQV
产 UT　亥 YNTW　羊 UDJ
米 OY　州 YTYH　农 PEI
聿 VFHK　艮 VEI

7 画

严 GOD　求 FIY　甫 GEH
更 GJQ　束 GKI
两 GMWW　酉 SGD
豕 EGT　来 GO　芈 GJGH
里 JFD　串 KKH　我 TRN
身 TMD　豸 EER　系 TXI
羌 UDNB　良 YV

8 画

事 GK　雨 FGHY　果 JS
垂 TGA　秉 TGV　臾 VW
肃 VIJ　隶 VII　承 BD

9 画

柬 GLI　面 DM　韭 DJDG
禺 JMHY　重 TGJ　鬼 RQC
禹 TKM　食 WYV　彖 XEU

11 画

象 QJE

技巧 2 • 为搜狗五笔输入法添加自定义词组

用户可以为搜狗五笔输入法添加自定义的词组，这样可以节省输入时间，提高工作效率。

1 单击【工具箱】按钮

在搜狗五笔输入法的语言栏中单击【工具箱】按钮，在弹出的菜单中选择【设置属性】菜单项，如图所示。

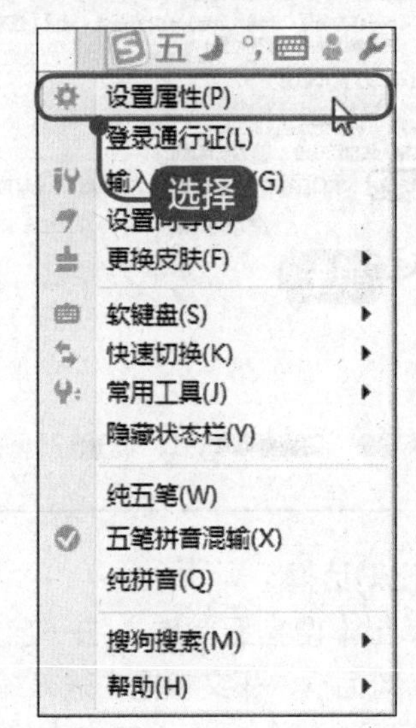

2 弹出对话框

弹出【搜狗五笔输入法设置】对话框，选择【高级】选项卡，单击【自定义短语设置】按钮，如图所示。

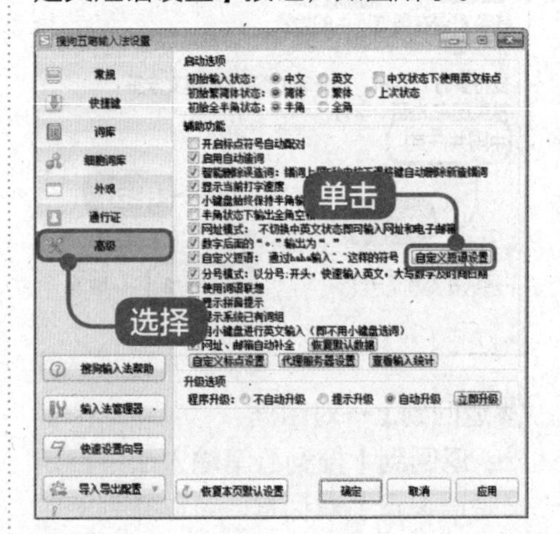

3 弹出对话框

弹出【搜狗五笔输入法—自定义短语设置】对话框，单击【添加新定义】按钮，如图所示。

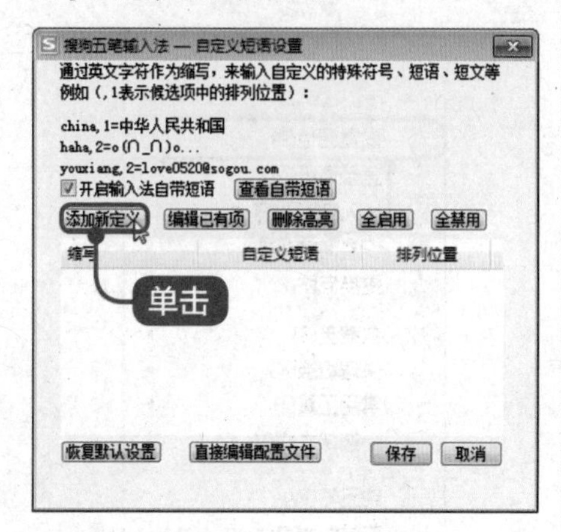

4 弹出对话框

弹出【搜狗五笔输入法—自定义短语】对话框，在文本框中输入缩写，在列表框中输入短语，单击【确定添加】按钮，如图所示。

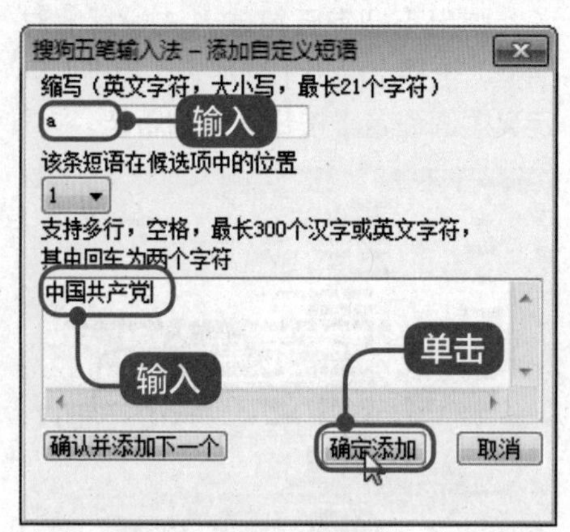

5 返回到上一对话框

返回到【搜狗五笔输入法—自定义短语设置】对话框，可以看到刚刚自定义的短语已经添加到列表中，单击【保存】按钮，如图所示。

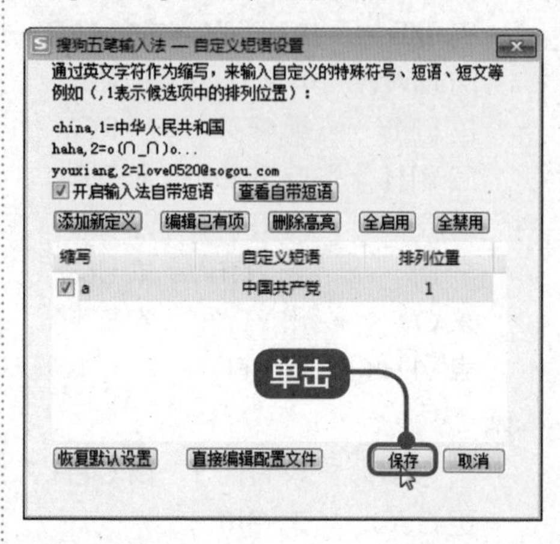

6 返回到上一对话框

返回到【搜狗五笔输入法设置】对话框，单击【确定】按钮即可完成自定义短语的操作，如图所示。

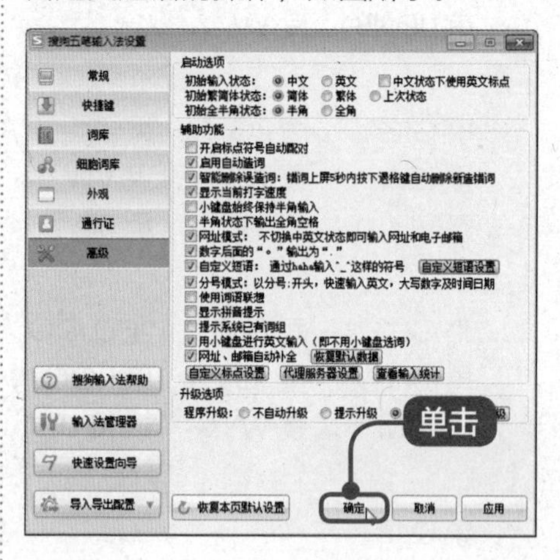

一级简码的使用频率较高，输入速度比较快，因此在学习五笔字型输入法之初，要快速掌握一级简码汉字。下面介绍一些常用的一级简码记忆方法。

- 以同一区的5个字组成为一个短语，进行强化记忆，如“一地在要工，上是中国同，和的有人我，主产不为这，民了发以经”。
- 将简码汉字组成具有一定意义的词组或短语，如“中国人民、有人要上工地、我的、是不是、我和工人同在一工地”等。
- 一级简码汉字的简码基本上是该汉字全部编码的第一个代码；有5个汉字的简码是全部编码中的第2或3个代码，分别为“有、不、这、发、以”；有两个汉字的简码中不包含该汉字的编码，分别为“我、为”。

除了“不、有”两个字外，所有的一级简码汉字均按照首笔笔画排入“横、竖、撇、捺和折”5个区中。

在数量较大的二级简码字汇总表中，字与字之间无规律，行与行之间也无内容或形式上的联系，初学者难以在短时间内记住。下面将具体介绍二级简码的记忆方法。

1. 淘汰二根字

只由两个字根组成的二级简码字称为“二根字”，如“夫、史、匠”。二根字共299个，这些字主要输入两个字根加空格键即可，可忽略不记。遇到两个字根组成的字时，先按二根字输入，若结果不是所有的字，则增加识别码。例如，输入“杜”字时，先输入“SF”加空格键，结果得到“村”字，这时重新键入“SFG”加空格键，得到“杜”字。

2. 强记难字

二级简码中共有55个笔画和字根较多、字形复杂、难于归类的字，称为“难字”。对付难字别无它法，只有死记硬背，熟能生巧，这55个难字如下表所示。

55个难字

霜	载	帮	顾	基	睡	餐	哪
笔	秘	肆	换	曙	最	嘛	喧
爱	偿	遥	率	瓣	澡	煤	降
慢	避	愉	懈	绵	弱	纱	贩
晃	宛	晕	嫌	磁	联	怀	互
第	或	毁	菜	曲	向	变	
眼	睛	瞳	眩	这4个字与眼睛有关			
脸	胸	膛	胆	这4个字与身体部位有关			

3．以简代繁

用户可以在【A】到【Y】这25个键中，按AA、AB、AC……BA、BB、BC……的规律，输入任意两键的组合，观察出现的汉字，熟悉键位，体会汉字拆分原则。

利用上述方法进一步了解字根分布和拆分原则后，可以尝试输入一些字的第三个字根或第一、二、三、末个字根，验证自己对拆分原则和字根布局的掌握程度，逐渐顺利地拆分、输入汉字。正确判定汉字的简码且使用最低一级简码十分重要，牢记二级简码有助于录入者准确判断击键次数，避免重复试找，从而快速输入汉字。

第 4 章

Word 文档的基本编辑——编写公司月度工作计划

本章视频教学时间 / 8 分钟 23 秒

重点导读

本章主要介绍文档基本操作、输入文档、设置字体格式和调整段落格式方面的知识与技巧，同时讲解修改文本内容的方法。本章最后针对实际的工作需求，讲解给文档更改用户名和使用拼音指南的方法。通过本章的学习，读者可以掌握 Word 文档的基本编辑操作，为深入学习 Office 2016 和五笔输入法奠定基础。

本章主要知识点

- ✓ 文档基本操作
- ✓ 输入并移动文本
- ✓ 设置字体格式
- ✓ 调整段落格式
- ✓ 修改文本内容

4.1 文档的基本操作

本节视频教学时间 / 1 分钟 13 秒

Word 2016 是 Office 2016 中的一个重要的组成部分，是 Microsoft 公司于 2016 年推出的一款优秀的文字处理软件，主要用于完成日常办公和文字处理等操作。本节将介绍对 Word 2016 文件的基本操作。

4.1.1 新建文档

在 Word 2016 中，新建文档的操作非常简单。下面介绍新建文档的操作方法。

1 单击【文件】选项卡

在 Word 2016 中，单击【文件】选项卡，如图所示。

2 进入 Backstage 视图

进入 Backstage 视图，在 Backstage 视图中选择【新建】选项，单击【空白文档】模板，如图所示。

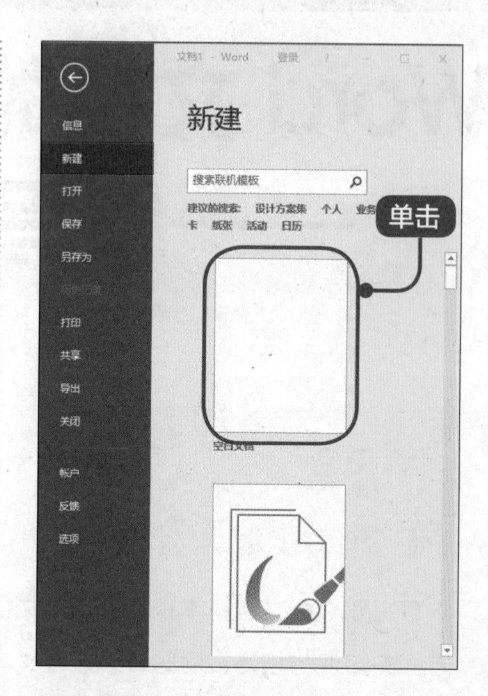

3 完成新建文档操作

通过以上步骤即可完成新建文档的操作，如图所示。

4.1.2 保存文档

在 Word 2016 中新建文档后，用户可以将文档保存。下面详细介绍保存文档的操作方法。

1 单击【文件】选项卡

在 Word 2016 中单击【文件】选项卡，如图所示。

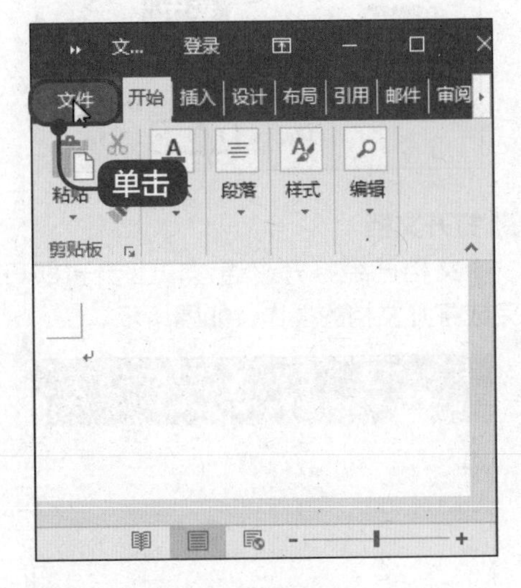

2 进入 Backstage 视图

进入 Backstage 视图，在 Backstage 视图中选择【保存】选项，如图所示。

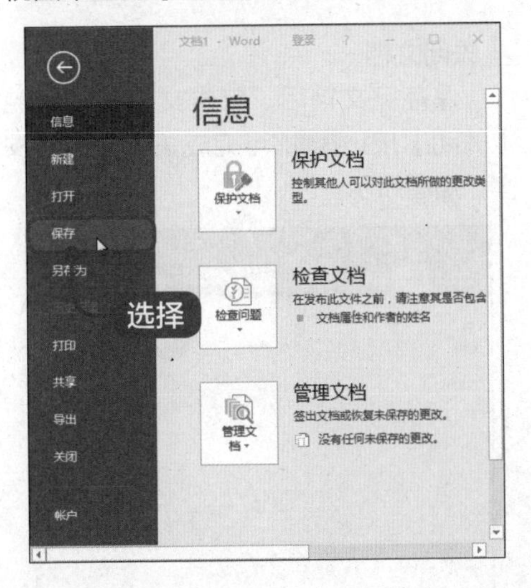

3 进入【另存为】界面

进入【另存为】界面，单击【浏览】选项，如图所示。

4 弹出【另存为】对话框

弹出【另存为】对话框，选择保存位置，在【文件名】文本框中输入文件名，单击【保存】按钮即可完成保存文档的操作，如图所示。

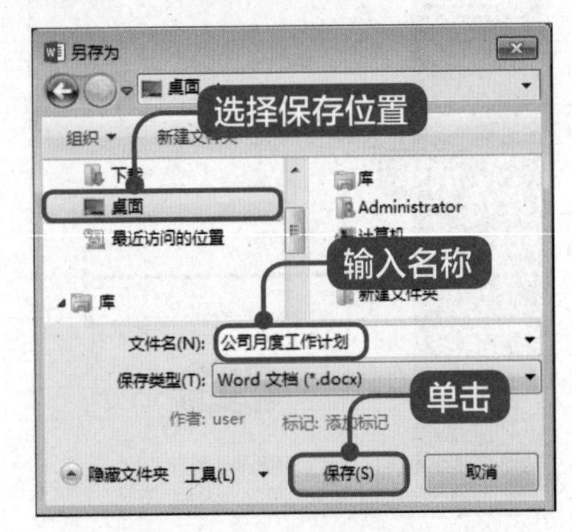

4.1.3 打开和关闭文档

在 Word 2016 中保存文档后，如果不准备使用该文档，则可关闭文档。单击文档右上角的【关闭】按钮即可关闭文档。

1 单击【文件】选项卡

在 Word 2016 中单击【文件】选项卡，如图所示。

2 进入 Backstage 视图

进入 Backstage 视图，在 Backstage视图中选择【打开】选项，单击【浏览】选项，如图所示。

3 弹出【打开】对话框

弹出【打开】对话框，选择文件保存位置，选中文件名称，单击【打开】按钮，如图所示。

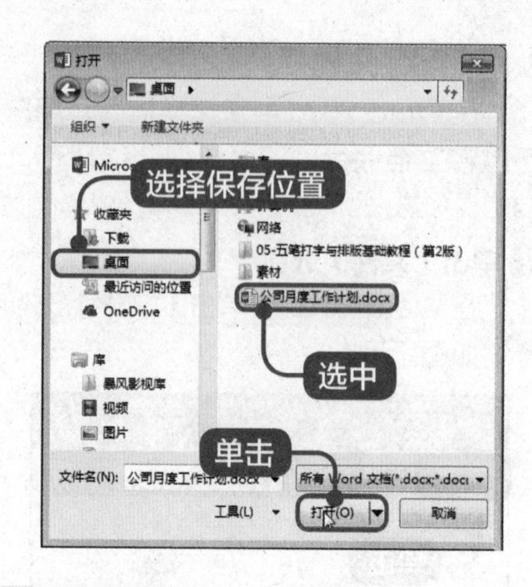

4 打开文档

文档已经打开，通过以上步骤即可完成打开文档的操作，如图所示。

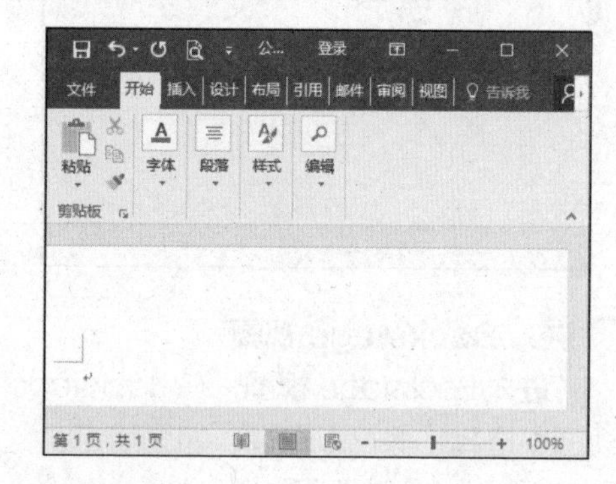

5 关闭文档

保存完文档后，单击文档右上角的【关闭】按钮 × 即可完成关闭文档的操作，如图所示。

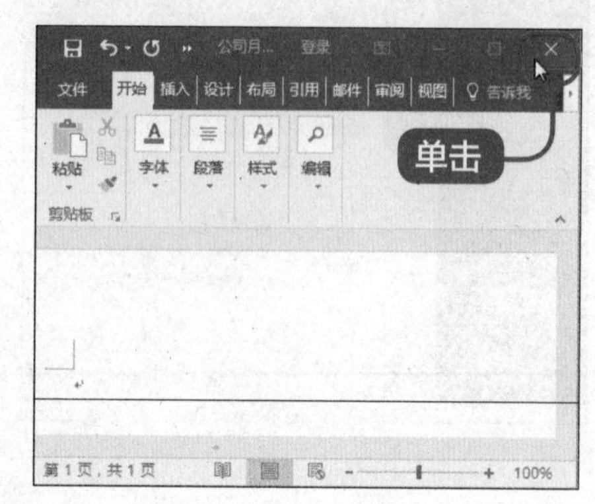

4.2 实战案例——输入并移动文本

本节视频教学时间 / 1 分钟 55 秒

在 Word 2016 中建立文档后，用户可以在文档中输入并编辑文本内容，使文档满足工作需要。本节将介绍输入与编辑文本的操作方法。

4.2.1 输入文本

启动 Word 2016 并创建文档后，在文档中定位光标即可进行文本的输入操作。启动 Word 2016 后，选择准备应用的输入法，在键盘上按下准备输入汉字的编码即可输入文档。

1 输入文本标题

打开文档，选择一种输入法，输入文本内容“公司月度工作计划”，如图所示。

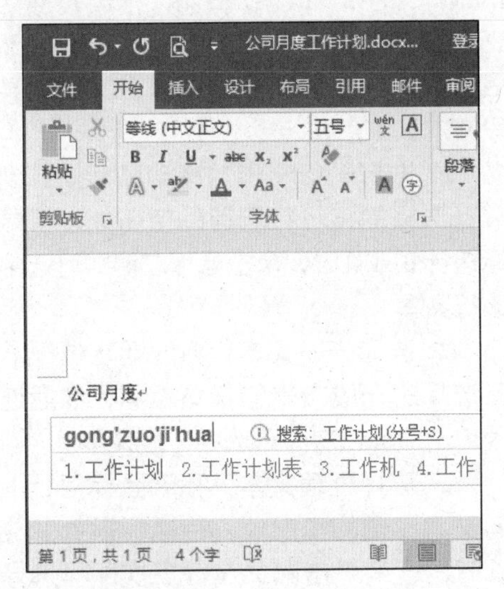

2 输入正文内容

按下【Enter】键将光标移至下一行行首，输入公司月度计划的主要内容，如图所示。

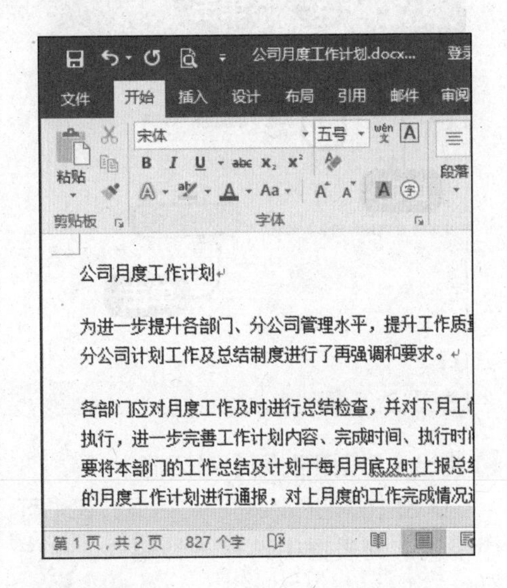

3 输入数字

将光标定位在文本“月”和“日”之间，在键盘上按下相应的数字键，输入数字“15”，如图所示。

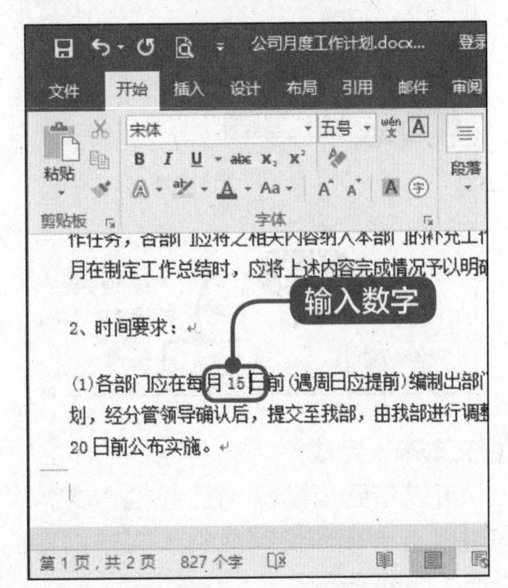

4 输入时间和日期

将光标定位在文档的最后一行行首，单击【插入】选项卡，单击【文本】下拉按钮，在弹出的选项中单击【时间和日期】按钮，如图所示。

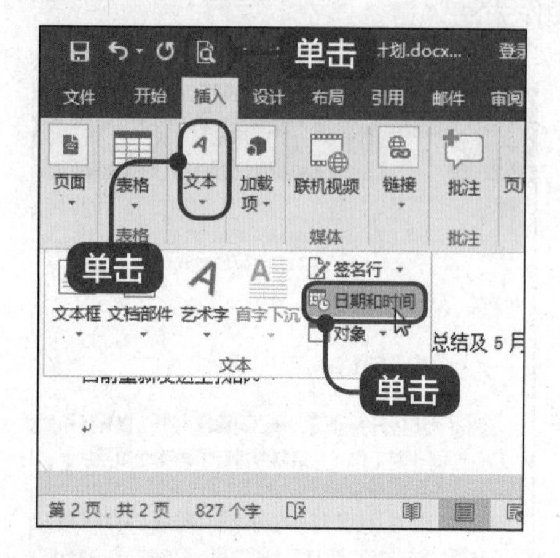

5 弹出【日期和时间】对话框

弹出【日期和时间】对话框，在【可用格式】列表框中选择一种格式，单击【确定】按钮，如图所示。

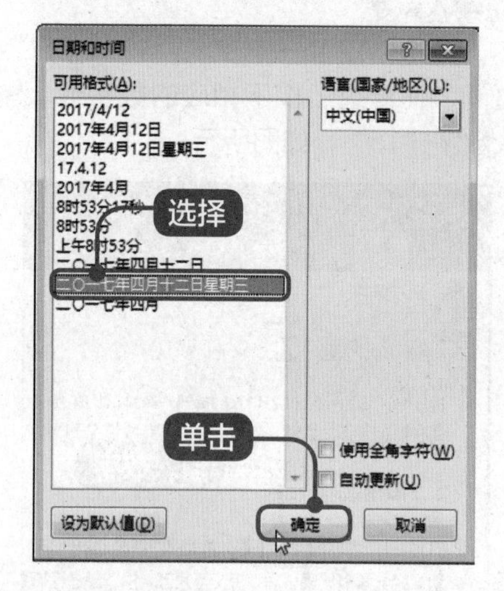

6 文本输入完成

可以看到当前日期已经插入文档，通过以上步骤即可完成输入文本内容的操作，如图所示。

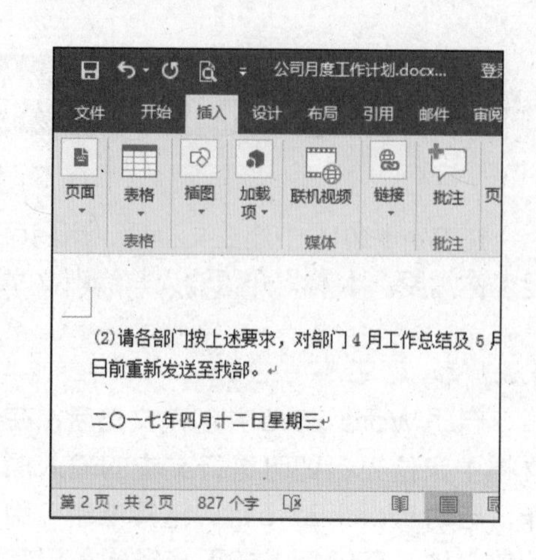

4.2.2 选择文本

如果用户准备对Word文档中的文本进行编辑操作，首先需要选择文本。下面介绍选择文本的一些方法。

- 选择任意文本：将光标定位在准备选择文字的左侧或右侧，单击并拖动光标至准备选取文字的右侧或左侧，然后释放鼠标左键即可选中单个文字或某段文本。
- 选择一行文本：移动鼠标指针到准备选择的某一行行首的空白处，待鼠标指针变成↗时，单击鼠标左键即可选中该行文本。
- 选择一段文本：将光标定位在准备选择的一段文本的任意位置，然后连续单击鼠标三次即可选中一段文本。
- 选择整篇文本：移动鼠标指针指向文本左侧的空白处，待鼠标指针变成↗时，连续单击鼠标左键三次即可选择整篇文档；将光标定位在文本左侧的空白处，待鼠标指针变成↗时，按住［Ctrl］键不放的同时，单击鼠标左键即可选中整篇文档；将光标定位在准备选择整篇文档的任意位置，按键盘上的［Ctrl］+［A］组合键即可选中整篇文档。
- 选择词：将光标定位在准备选择

的词的位置，连续两次单击鼠标左键即可选中词。

- 选择句子：按住［Ctrl］键的同时，单击准备选择的句子的任意位置即可选中句子。

- 选择垂直文本：将光标定位在任意位置，然后按住［Alt］键的同时拖动鼠标指针到目标位置，即可选中某一垂直块文本。

- 选择分散文本：选中一段文本后，按住［Ctrl］键的同时再选定其他不连续的文本即可选中分散文本。

一些组合键可以帮助用户快速浏览文档中的内容。下面详细介绍 Word 2016 中的组合键及其作用。

- 组合键［Shift］+［↑］：选中光标所在位置至上一行对应位置处的文本。

- 组合键［Shift］+［↓］：选中光标所在位置至下一行对应位置处的文本。

- 组合键［Shift］+［←］：选中光标所在位置左侧的一个文字。

- 组合键［Shift］+［→］：选中光标所在位置右侧的一个文字。

- 组合键［Shift］+［Home］：选中光标所在位置至行首的文本。

- 组合键［Shift］+［End］：选中光标所在位置至行尾的文本。

- 组合键［Ctrl］+［Shift］+［Home］：选中光标位置至文本开头的文本。

- 组合键［Ctrl］+［Shift］+［End］：选中光标位置至文本结尾处的文本。

4.2.3 复制与移动文本

“复制”是指把文档中的一部分“拷贝”一份，然后放到其他位置，而“复制”的内容仍按原样保留在原位置。“移动”文本则是指把文档中的一部分内容移动到文档中的其他位置，原有位置的文档不保留。

1 鼠标右键单击选中文本

鼠标右键单击选中文本，在弹出的快捷菜单中选择【复制】菜单项，如图所示。

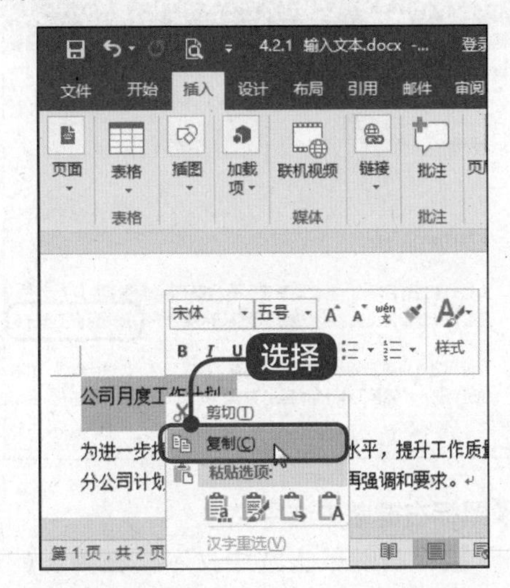

2 重新定位光标

重新定位光标，鼠标右键单击光标所在位置，在弹出的快捷菜单中单击【粘贴】菜单项下的【保留源格式】按钮，如图所示。

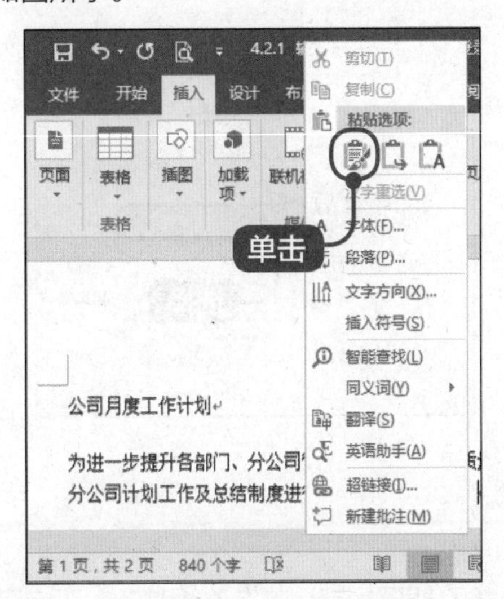

3 复制文本完成

可以看到文本内容已经复制到新位置。通过以上步骤即可完成复制文本内容的操作，如图所示。

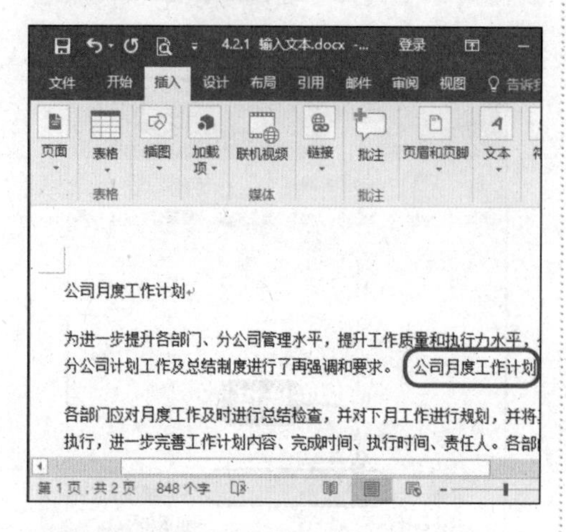

4 鼠标右键单击选中文本

鼠标右键单击选中文本，在弹出的快捷菜单中选择【剪切】菜单项，如图所示。

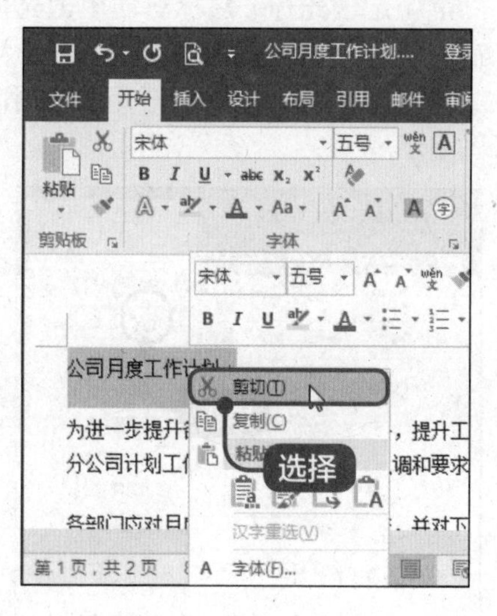

5 重新定位光标

重新定位光标，鼠标右键单击光标所在位置，在弹出的快捷菜单中单击【粘贴】菜单项下的【保留源格式】按钮，如图所示。

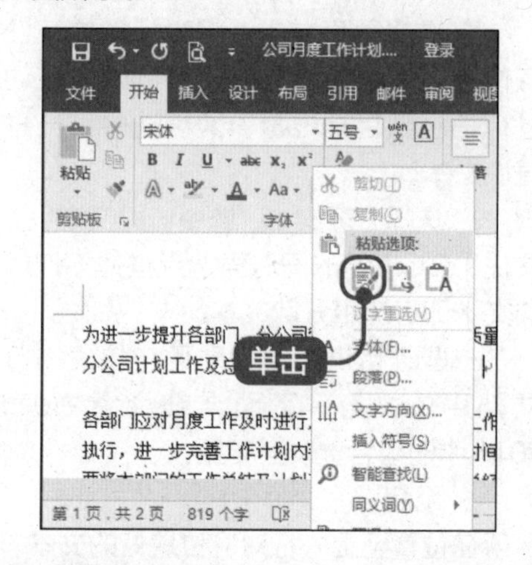

6 移动文本完成

可以看到文本内容已经移动到新位置。通过以上步骤即可完成移动文本的操作，如图所示。

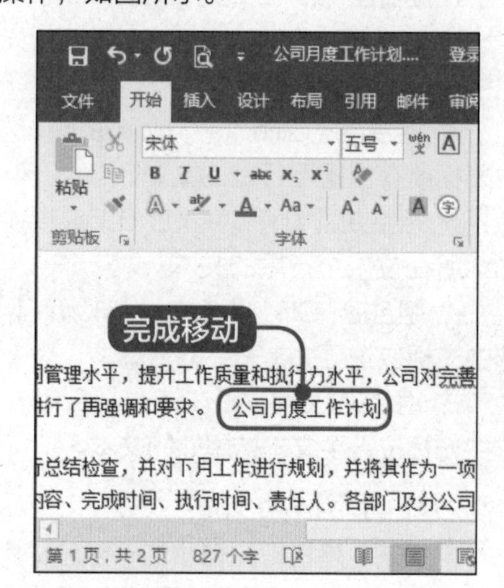

提示

除了使用鼠标右键对文本进行复制之外，用户还可以使用【开始】选项卡中的剪贴板来复制文本。

4.3 实战案例——设置字体格式

本节视频教学时间 / 1 分钟 18 秒

在 Word 2016 中输入文本后，用户可以对文本格式进行设置，从而满足编辑的需要。本节将介绍设置文本格式的操作方法。

4.3.1 设置文本的字体

在文档中输入完内容后，用户还可以对字体进行设置。本节详细介绍设置文本字体的操作方法。

1 选中文本内容

选中准备进行格式设置的文本内容，在【开始】选项卡下单击【字体】下拉按钮，在弹出的字体列表框中设置字体为【方正粗圆简体】，如图所示。

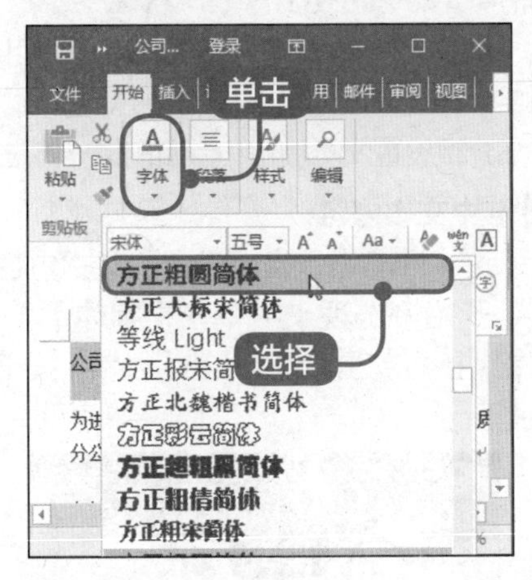

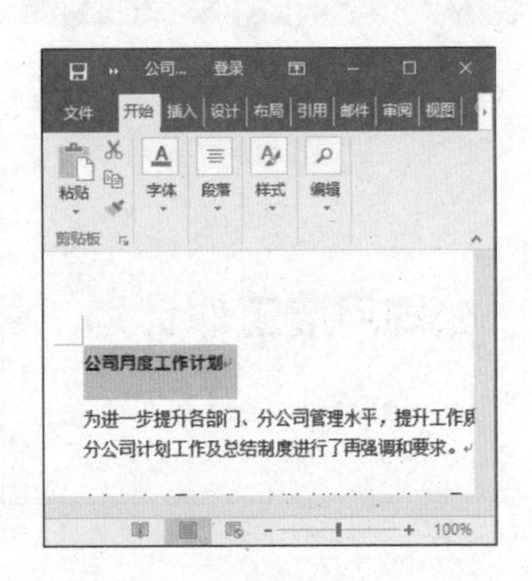

2 字体更改完成

可以看到被选中的文本字体已经改变。通过以上步骤即可完成设置文本字体的操作，如图所示。

4.3.2 设置字体字号

在文档中输入完内容后，用户还可以对字号进行设置。本节详细介绍设置文本字号的操作方法。

1 选中文本内容

选中准备进行格式设置的文本内容，在【开始】选项卡下单击【字体】下拉按钮，在弹出的字号列表框中设置字号为【一号】，如图所示。

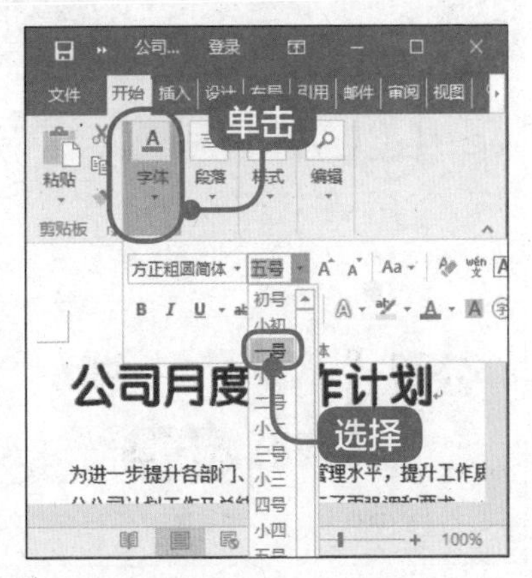

2 字号更改完成

可以看到被选中的文本字号已经改变。通过以上步骤即可完成设置文本字号的操作，如图所示。

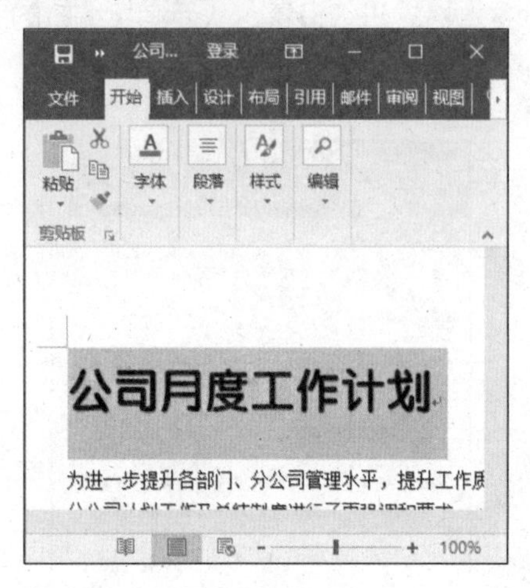

4.3.3 设置字体颜色

在文档中输入完内容后，用户还可以对字体颜色进行设置。本节详细介绍设置文本字体颜色的操作方法。

1 选中文本内容

选中准备进行格式设置的文本内容，在【开始】选项卡下单击【字体】下拉按钮，在弹出的字体颜色库中选择一种颜色，如图所示。

2 字体颜色完成

可以看到被选中的文本颜色已经改变。通过以上步骤即可完成设置文本颜色的操作，如图所示。

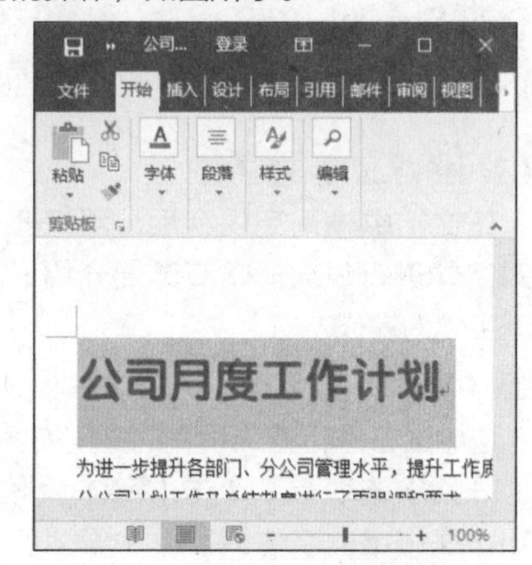

4.3.4 设置加粗和倾斜效果

在文档中输入完内容后，用户还可以对字体进行加粗和倾斜效果的设置。本节详细介绍设置文本加粗和倾斜的操作方法。

1 选中文本内容

选中准备进行格式设置的文本内容，在【开始】选项卡下单击【字体】下拉按钮，接着单击【加粗】和【倾斜】按钮，如图所示。

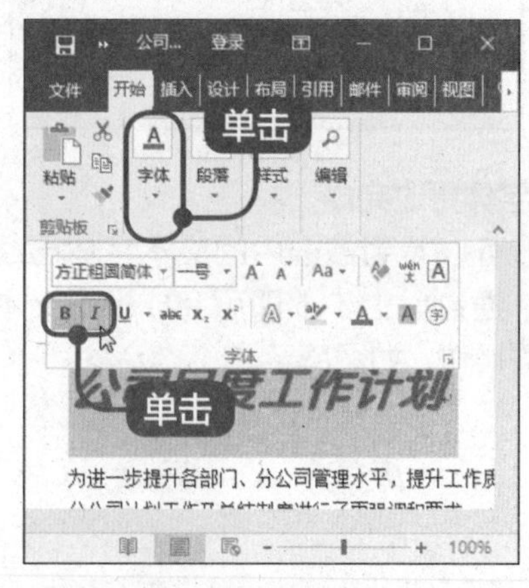

2 加粗和倾斜效果设置完成

可以看到被选中的文本已经加粗和

倾斜。通过以上步骤即可完成设置文本加粗和倾斜效果的操作，如图所示。

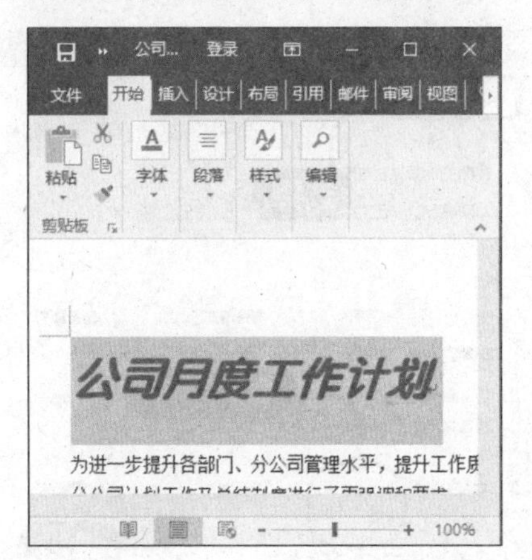

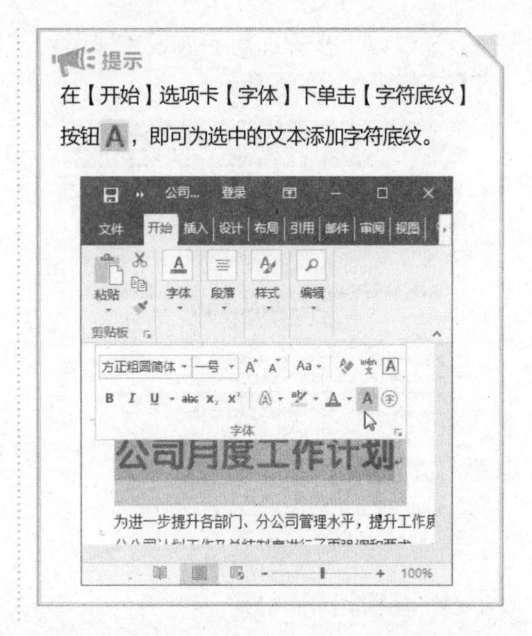

提示

在【开始】选项卡【字体】下单击【字符底纹】按钮 A，即可为选中的文本添加字符底纹。

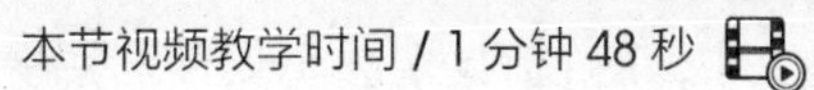

4.4 实战案例——调整段落格式

本节视频教学时间 / 1 分钟 48 秒

段落格式是指段落在文档中的显示方式，用户可以在 Word 2016 中对文档的段落格式进行详细的设置。

4.4.1 设置段落对齐方式

段落的对齐方式共有 5 种，分别为文本左对齐、居中、右对齐、两端对齐和分散对齐。下面介绍设置段落对齐方式的操作。

1 选中段落文本

选中段落文本，在【开始】选项卡下单击【段落】下拉按钮，在弹出的选项中单击【居中】按钮，如图所示。

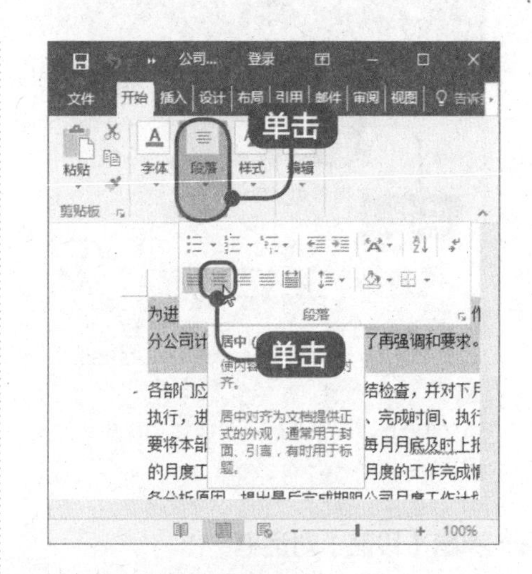

2 完成设置对齐的操作

可以看到选中段落已经变为居中对

齐。通过以上步骤即可完成设置段落对齐方式的操作，如图所示。

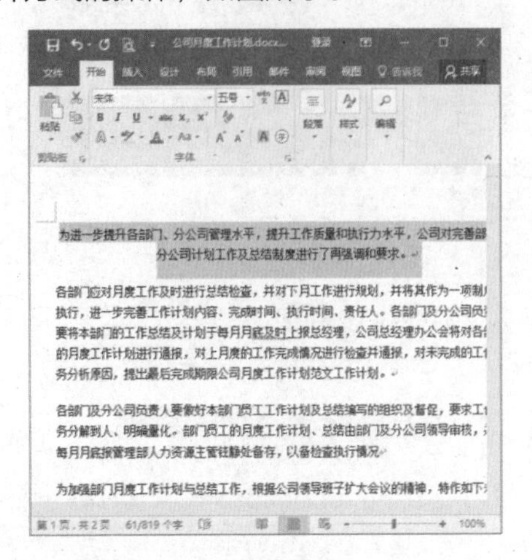

4.4.2 设置段落间距

用户还可以设置段落的间距，下面详细介绍设置段落间距的操作方法。

1 选中段落文本

选中段落文本，在【开始】选项卡下单击【段落】下拉按钮，在弹出的选项中单击【段落设置】按钮，如图所示。

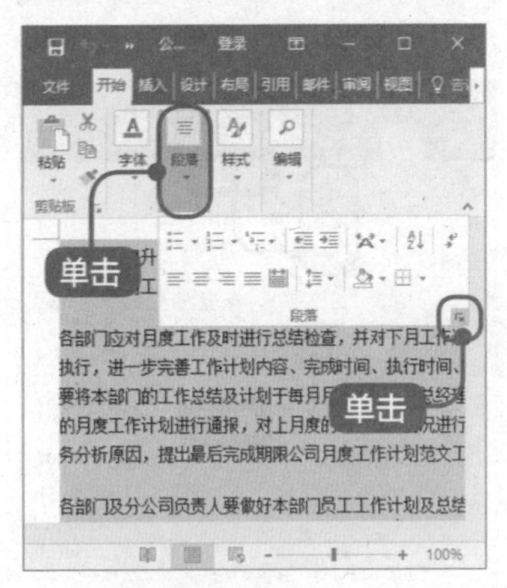

2 弹出【段落】对话框

弹出【段落】对话框，选择【缩进和间距】选项卡，在【间距】区域下的【段前】和【段后】微调框中输入【1 行】，单击【确定】按钮，如图所示。

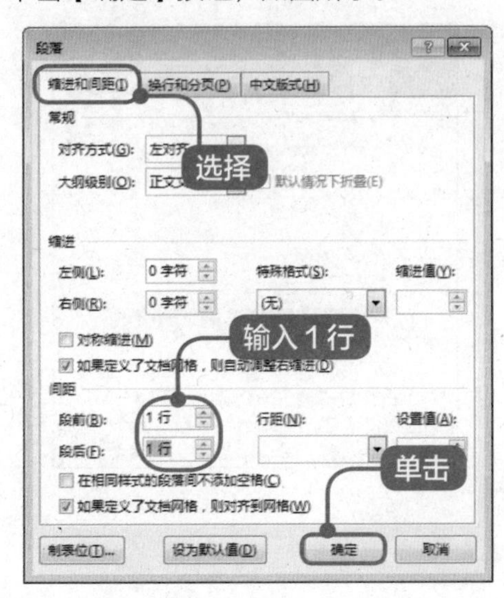

3 完成设置段落间距操作

可以看到选中段落的间距已经改变。通过以上步骤即可完成设置段落间距的操作，如图所示。

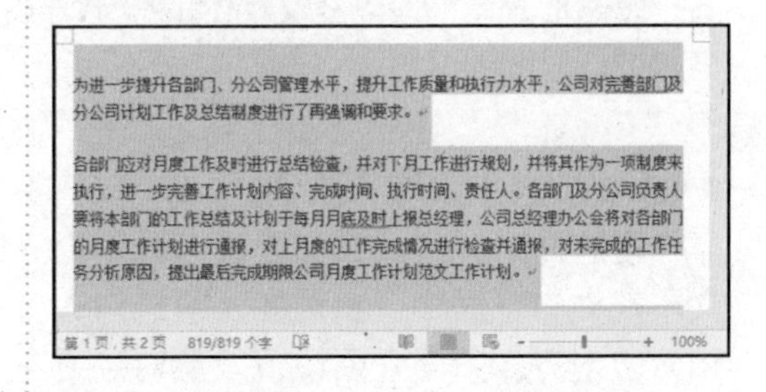

4.4.3 设置行距

用户还可以设置段落的行距，下面详细介绍设置段落行距的操作方法。

1 选中段落文本

选中段落文本，在【开始】选项卡下单击【段落】下拉按钮，在弹出的选项中单击【段落设置】按钮，如图所示。

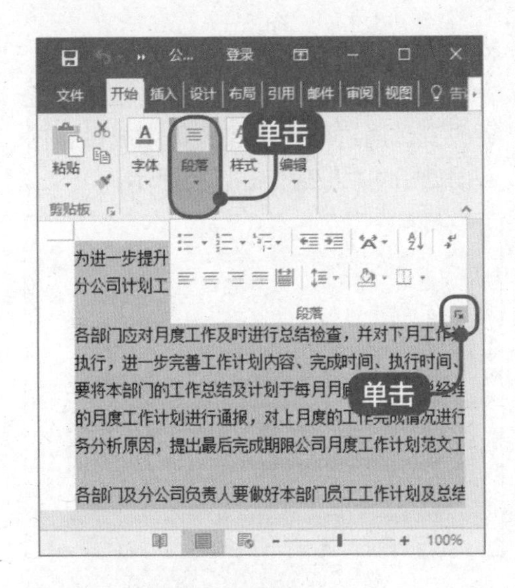

2 弹出【段落】对话框

弹出【段落】对话框，选择【缩进和间距】选项卡，在【间距】区域下的【行距】列表框中选择【1.5 倍行距】选项，单击【确定】按钮，如图所示。

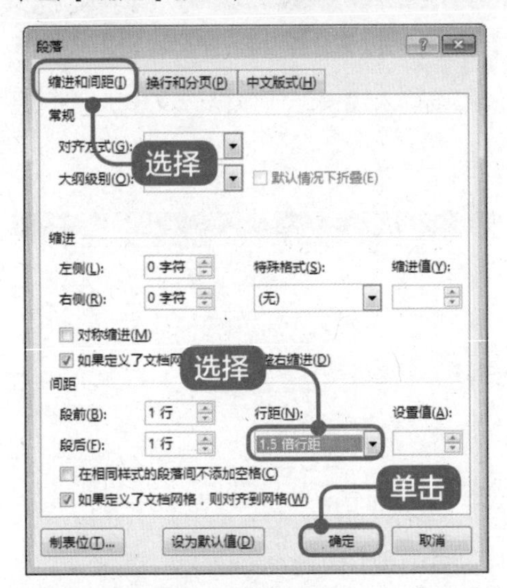

3 完成设置段落行距操作

可以看到选中段落的行距已经改变。通过以上步骤即可完成设置段落行距的操作，如图所示。

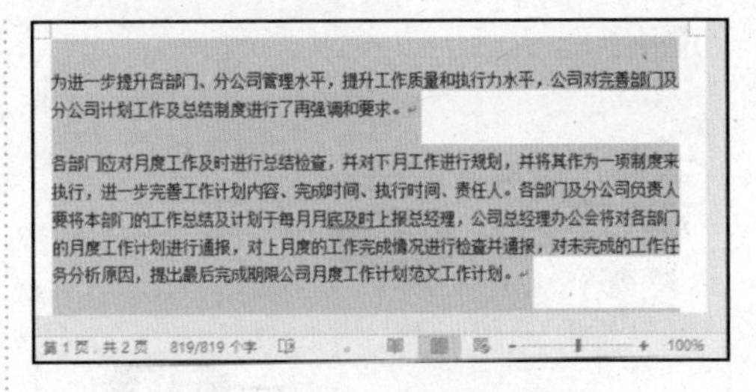

4.4.4 设置内容的缩进和间距

用户还可以设置内容的缩进和间距，下面详细介绍设置内容的缩进和间距的操作方法。

1 选中段落文本

选中段落文本，在【开始】选项卡下单击【段落】下拉按钮，在弹出的选项中单击【段落设置】按钮 ，如图所示。

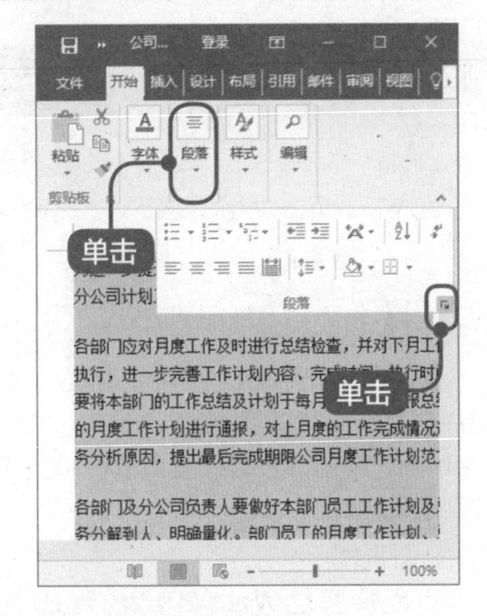

2 弹出【段落】对话框

弹出【段落】对话框，选择【缩进和间距】选项卡，在【缩进】区域下的【左侧】和【右侧】微调框中输入【1 字符】，在【特殊格式】列表框中选择【首行缩进】选项，单击【确定】按钮，如图所示。

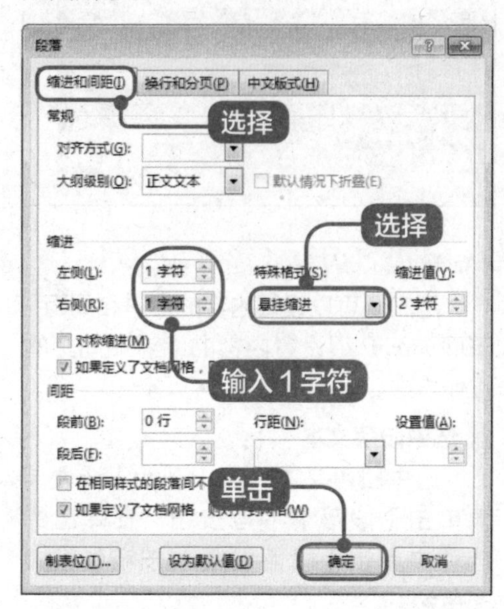

3 完成设置内容缩进和间距操作

可以看到选中段落的缩进和间距已经改变。通过以上步骤即可完成设置内容缩进和间距的操作，如图所示。

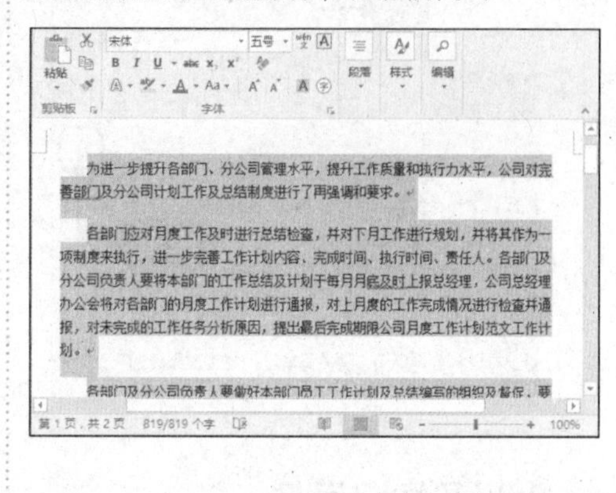

4.5 实战案例——修改文本内容

本节视频教学时间 / 2 分钟 9 秒

在 Word 2016 文档中进行文本的输入时，如果输入错误，可以修改文本，从而保证输入的正确性。

4.5.1 使用文档视图查看文档

Word 2016 提供了多种视图模式供用户选择，包括页面视图、阅读视图、Web 版式视图、大纲视图和草稿视图 5 种视图模式。

1．页面视图

页面视图是 Word 2016 的默认视图，可以显示文档的打印外观，主要包括页眉、页脚、图形对象、分栏设置、页面边距等元素，是最接近打印结果的视图方式。在【视图】选项卡下的【视图】组中单击【页面视图】按钮即可使用页面视图方式查看文档，如图所示。

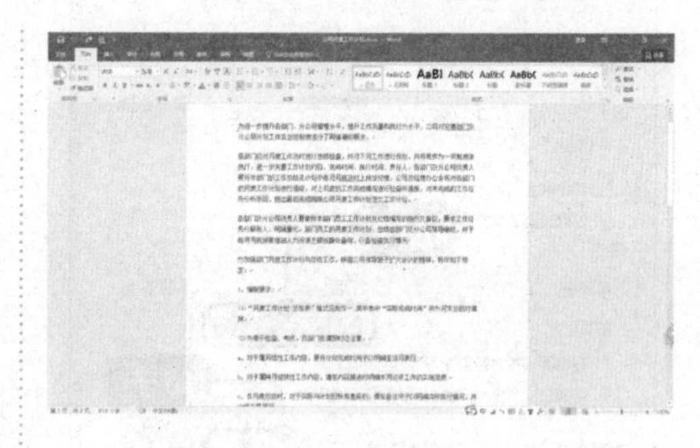

2．阅读视图

阅读视图是以图书的分栏样式显示 Word 2016 文档，【文件】按钮、功能区等元素被隐藏起来。在阅读视图中，用户还可以通过阅读视图窗口上方的各种视图工具和按钮进行相关的视图操作。

在【视图】选项卡下的【视图】组中单击【阅读视图】按钮即可使用阅读视图方式查看文档，如图所示。

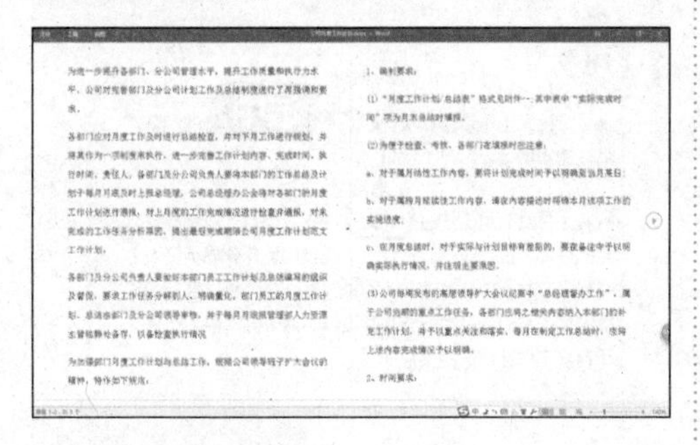

3．Web 版式视图

Web 版式视图以网页的形式显示 Word 2016 文档，适用于发送电子邮件和创建网页。在【视图】选项卡下的【视图】组中单击【Web 版式视图】按钮即可使用 Web 版式视图方式查看文档，如图所示。

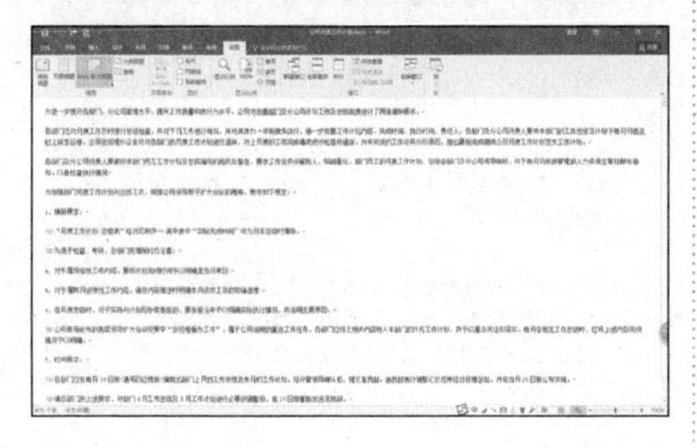

4．大纲视图

大纲视图主要用于 Word 2016 文档结构的设置和浏览，使用大纲视图可以迅速了解文档的结构和内容梗概。在【视图】选项卡下的【视图】组中单击【大纲视图】按钮即可使用大纲视图方式查看文档，如图所示。

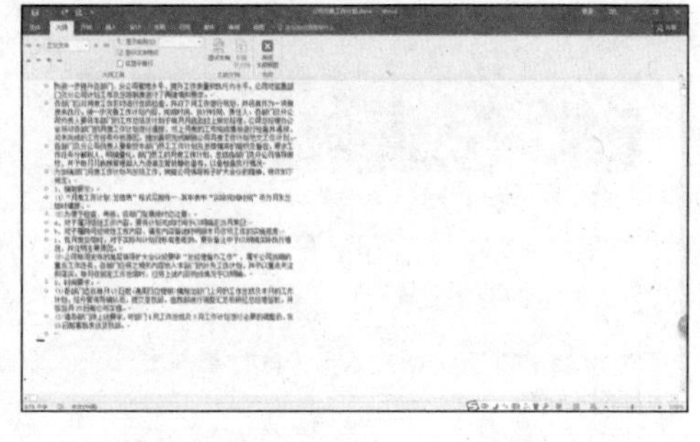

5．草稿视图

草稿视图取消了页面边距、分栏、页眉、页脚和图片等元素，仅显示标题和正文，是最节省计算机系统硬件资源的视图方式。在【视图】选项卡下的【视图】组中单击【草稿视图】按钮即可使用草稿视图方式查看文档，如图所示。

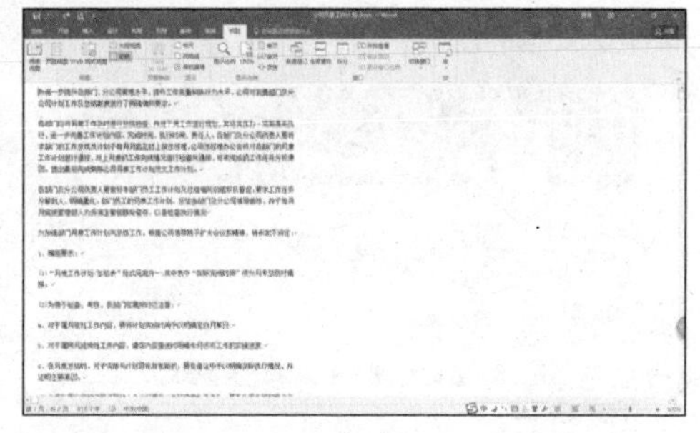

4.5.2 删除与修改错误的文本

在 Word 2016 文档中进行文本的输入时，如果用户发现输入的文本有错误，可以对文本进行删除和修改，从而保证输入的正确性。下面介绍删除与修改文本的操作方法。

1 选中内容

在文档中选中准备修改的文本内容，选择合适的输入法输入正确的文本内容，如图所示。

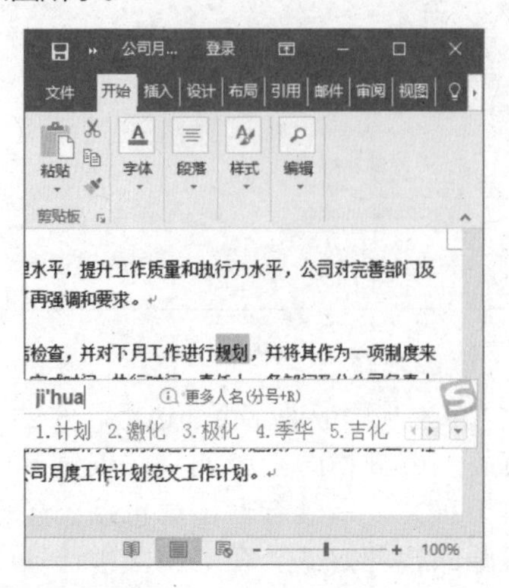

2 键入新内容

可以看到被选中的文本内容已经改变。通过上述步骤即可完成修改文本的操作，如图所示。

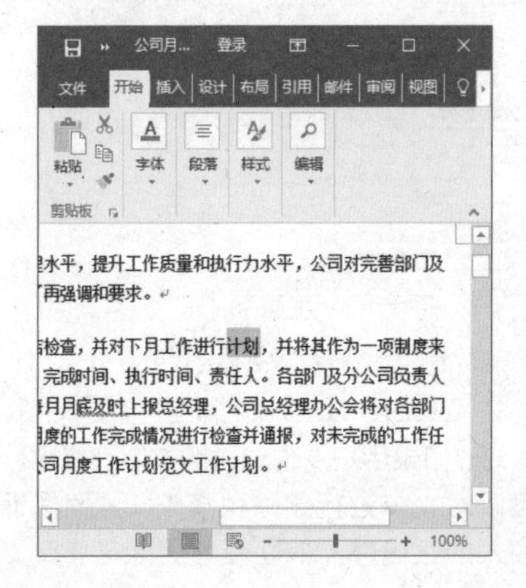

3 选中内容

在文档中选中准备删除的文本内容，如图所示。

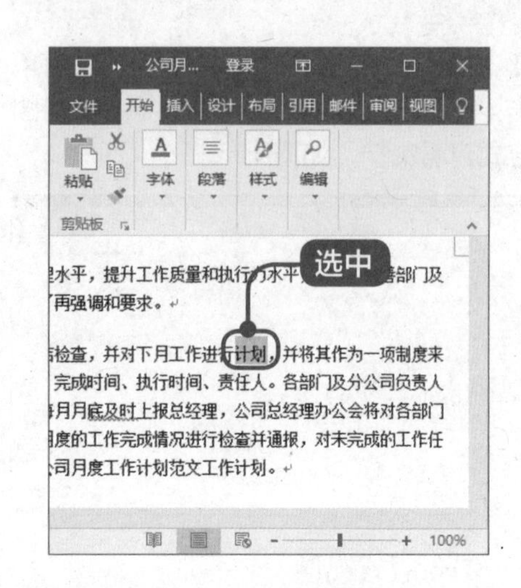

4 按下【Backspace】键

按下【Backspace】键，可以看到选中的文本已经被删除。通过上述步骤即可完成删除文本的操作，如图所示。

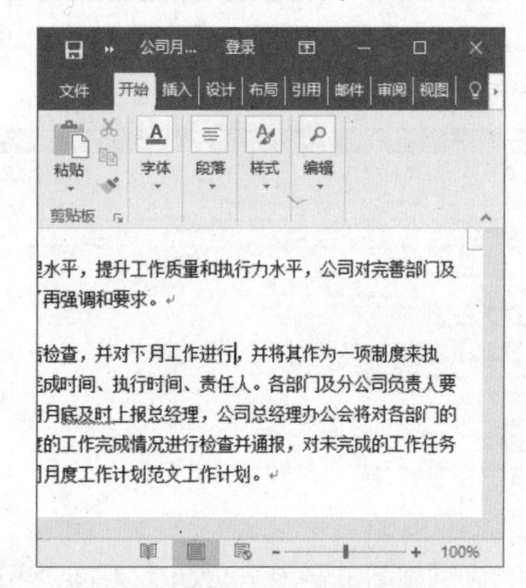

4.5.3 查找与替换文本

在 Word 2016 中，通过查找与替换文本操作可以快速查看或修改文本内容。下面介绍查找文本和替换文本的操作方法。

1 单击【编辑】下拉按钮

将光标定位在文本的任意位置，在【开始】选项卡中单击【编辑】下拉按钮，在弹出的列表中选择【查找】选项，如图所示。

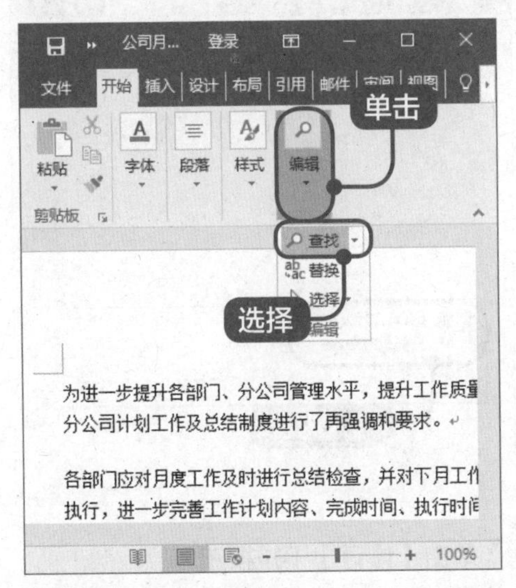

2 弹出【导航】栏

弹出【导航】栏，在文本框中输入准备查找的文本内容，如“公司”，按下【Enter】键，如图所示。

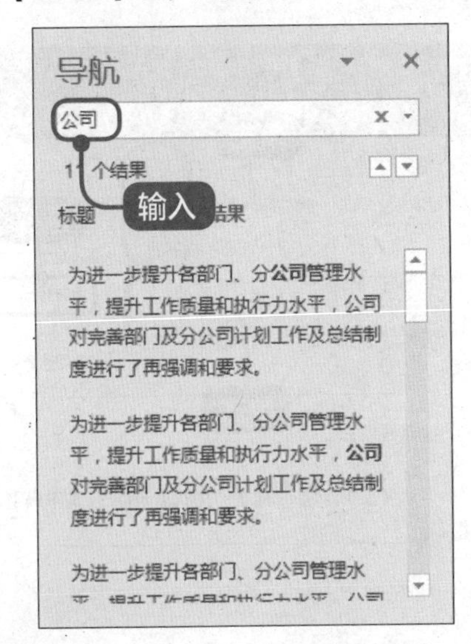

3 选中内容

在文档中会显示该文本所在的页面和位置，并用黄色标出，如图所示。

为进一步提升各部门、分公司管理水平，提升工作质量和执行力水平，公司对完善部门及分公司计划工作及总结制度进行了再强调和要求。

各部门应对月度工作及时进行总结检查，并对下月工作进行计划，并将其作为一项制度来执行，进一步完善工作计划内容、完成时间、执行时间、责任人。各部门及分公司负责人要将本部门的工作总结及计划于每月月底及时上报总经理，公司总经理办公会将对各部门的月度工作计划进行通报，对上月度的工作完成情况进行检查并通报，对未完成的工作任务分析原因，提出最后完成期限公司月度工作计划范文工作计划。

各部门及分公司负责人要做好本部门员工工作计划及总结编写的组织及督促，要求工作任务分解到人、明确量化。部门员工的月度工作计划、总结由部门及分公司领导审核，并于每月月底报管理部人力资源主管登记备存，以备检查执行情况。

为加强部门月度工作计划与总结工作，根据公司领导班子扩大会议的精神，特作如下规定：

1、编制要求：

(1)“月度工作计划/总结表”格式见附件一；其中表中“实际完成时间”项为月末总结时填报。

(2)为便于检查、考核，各部门在填报时应注意：

a、对于属月结性工作内容，要将计划完成时间予以明确至当月某日；

b、对于属跨月延续性工作内容，请在内容描述时明确本月该项工作的实施进度；

4 单击【编辑】下拉按钮

在【开始】选项卡中单击【编辑】下拉按钮，在弹出的列表中选择【替换】选项，如图所示。

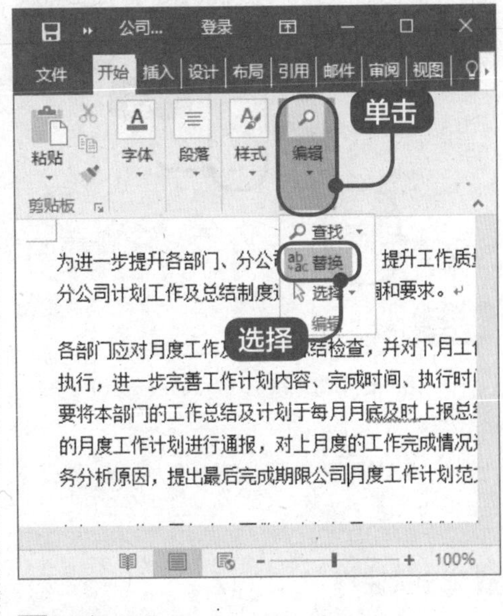

5 替换内容

弹出【查找和替换】对话框，在【替换】选项卡下的【查找内容】和【替换为】文本框中输入内容，单击【全部替换】按钮即可完成替换文本的操作，如图所示。

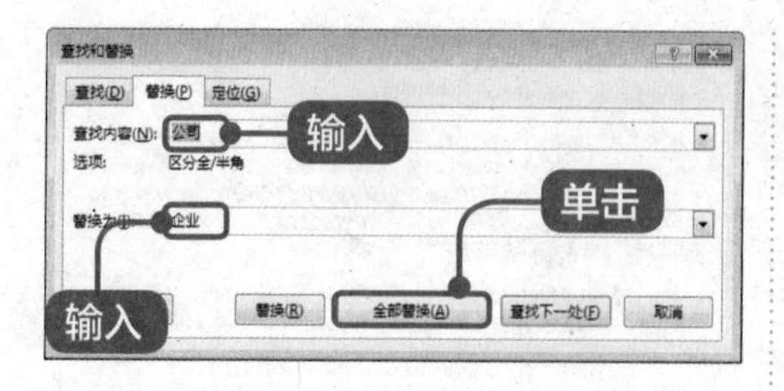

4.5.4 添加批注和修订

为了帮助阅读者更好地理解文档以及跟踪文档的修改状况，可以为 Word 文档添加批注和修订。

1 单击【批注】下拉按钮

选中文本内容，在【审阅】选项卡中单击【批注】下拉按钮，在弹出的选项中选择【新建批注】选项，如图所示。

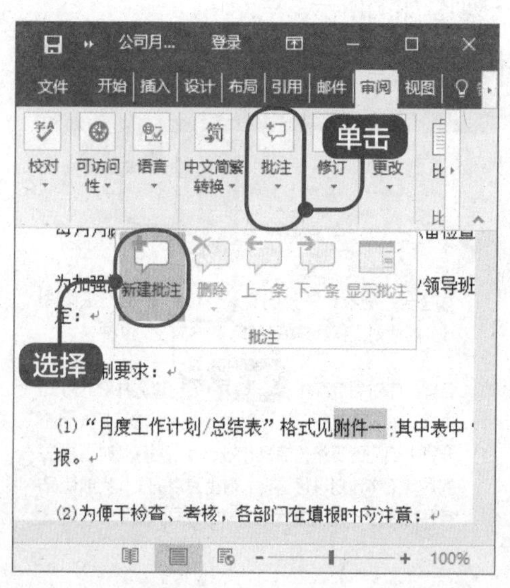

2 弹出批注框

弹出批注框，用户可以在其中输入内容。通过以上步骤即可完成添加批注的操作，如图所示。

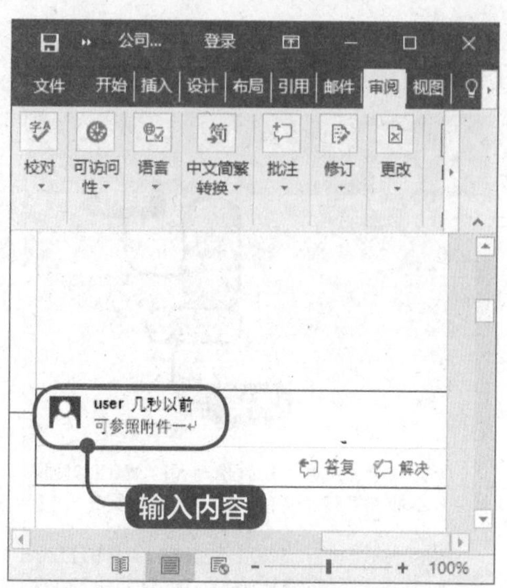

3 单击【修订】下拉按钮

在【审阅】选项卡中单击【修订】下拉按钮，在弹出的选项中单击【修订】按钮上半部分，在【显示以供审阅】下拉列表中选择【所有标记】选项，如图所示。

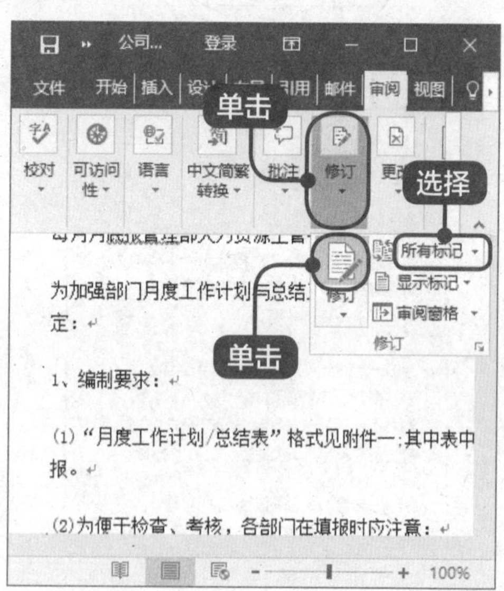

4 修订文本

在文档中将“企业”改为“公司”，可以看到修订的效果，如图所示。

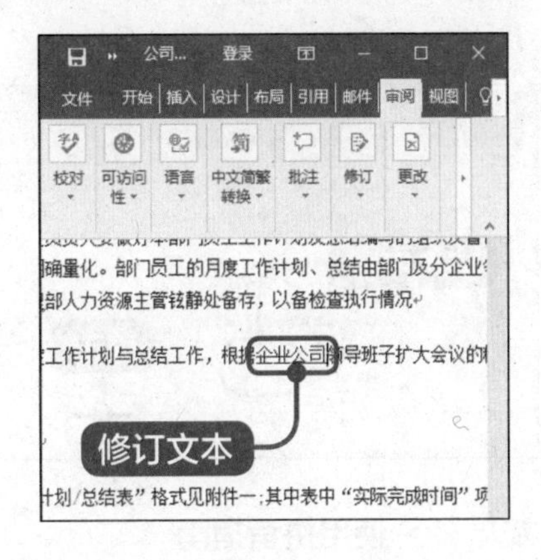

本节将介绍两个操作技巧，包括给文档更改用户名和使用拼音指南的具体方法。

技巧 1 • 给文档更改用户名

在文档的审阅和修改过程中，用户还可以更改用户名。

1 单击【修订】下拉按钮

在【审阅】选项卡中单击【修订】下拉按钮，在弹出的选项中单击【修订选项】按钮，如图所示。

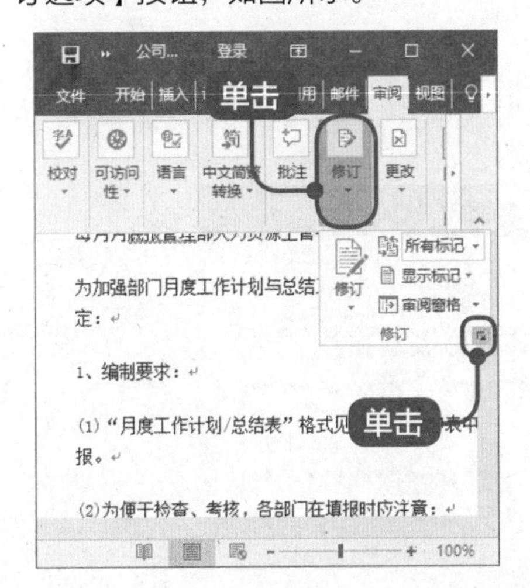

2 弹出【修订选项】对话框

弹出【修订选项】对话框，单击【更改用户名】按钮，如图所示。

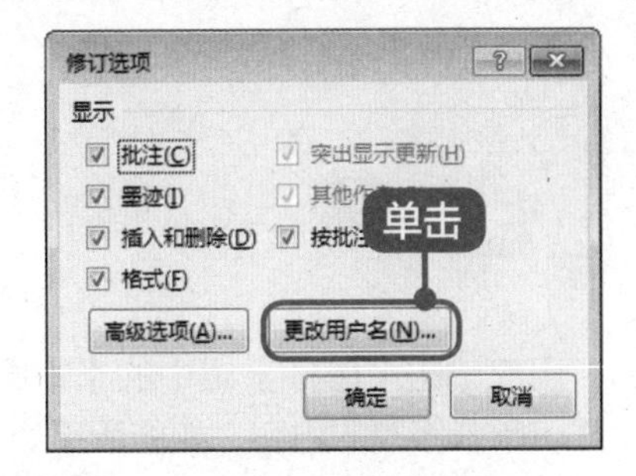

3 弹出【Word 选项】对话框

弹出【Word 选项】对话框，在【常规】选项卡下的【对 Microsoft Office 进行个性化设置】组合框中的【用户名】和【缩写】文本框输入内容，单击【确定】按钮即可完成更改用户名的操作，如图所示。

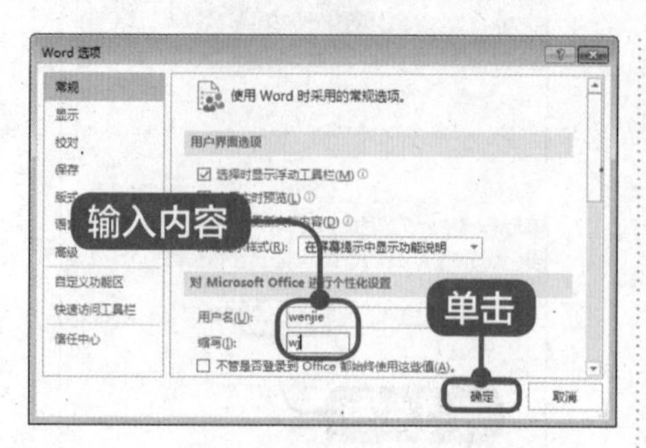

技巧 2 • 使用拼音指南

如果文档中有比较生僻的字词，这时用户可以为字词添加拼音指南。

1 选择图形

选中文本，在【开始】选项卡中单击【字体】下拉按钮，在弹出的选项中单击【拼音指南】按钮，如图所示。

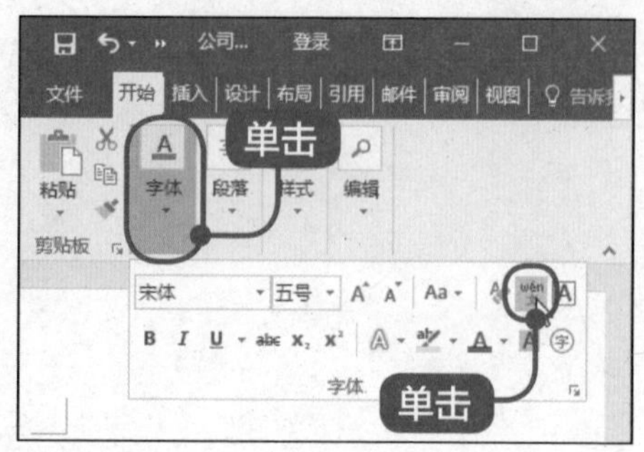

2 输入拼音

弹出【拼音指南】对话框，在【拼音文字】文本框中输入拼音，单击【确定】按钮即可完成使用拼音指南的操作，如图所示。

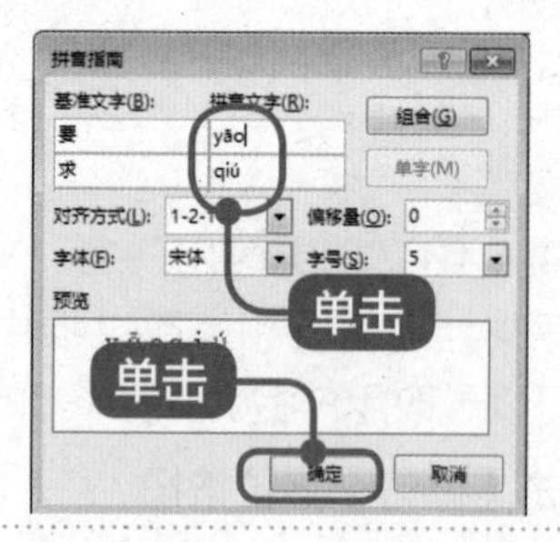

用户单击【修订】组中的【审阅窗格】按钮，可以弹出【修订】栏，其中显示所有修改的内容，如图所示。

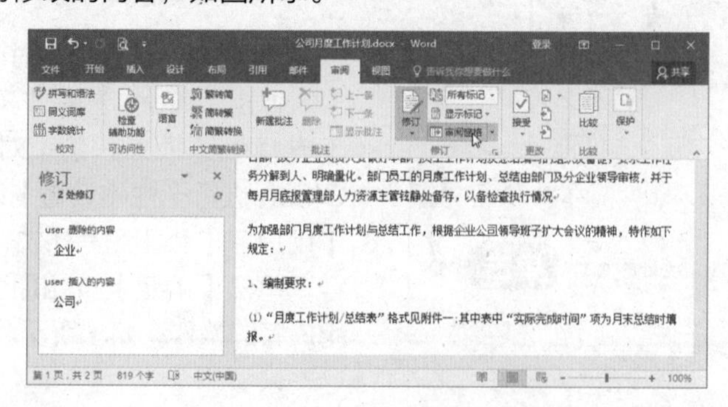

第 5 章

Word 文档的图文混排——设计产品宣传彩页

本章视频教学时间 / 8 分钟 37 秒

重点导读

本章主要介绍设置产品宣传页版式、插入与编辑产品图片和使用文本框填写产品说明方面的知识与技巧，同时还讲解了使用艺术字美化彩页的方法。本章的最后针对实际的工作需求，讲解了设置图片随文字移动和设置图片自动更新的方法。通过本章的学习，读者可以掌握在 Word 文档中进行图文混排方面的知识，为深入学习 Office 2016 和五笔输入法奠定基础。

本章主要知识点

- ✓ 设置产品宣传页版式
- ✓ 插入与编辑产品图片
- ✓ 使用文本框填写产品说明
- ✓ 使用艺术字美化彩页

5.1 实战案例——设置产品宣传页版式

本节视频教学时间 / 3 分钟 48 秒

设计宣传页版式时，首先要对页面进行设计，确定纸张大小、纸张方向、版式、网格和页面颜色等要素。

5.1.1 设置纸张

设置纸张方向、大小等要素的方法非常简单。下面介绍设置纸张的方法。

1 单击【页面设置】下拉按钮

新建文档，在【布局】选项卡中，在【页面设置】组中单击【纸张大小】下拉按钮，在弹出的选项中选择【16 开】选项，如图所示。

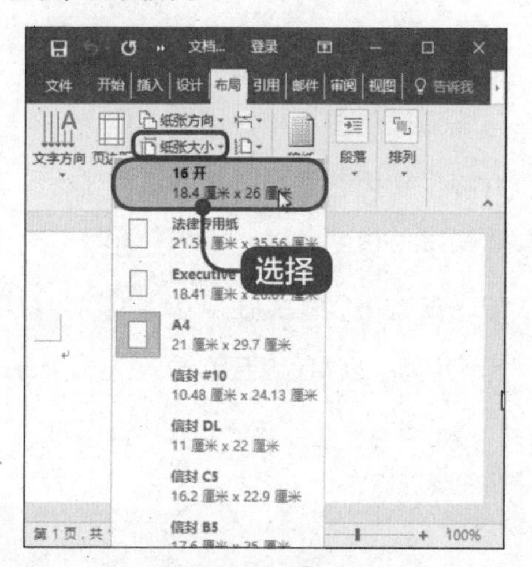

2 完成设置纸张大小的操作

可以看到纸张的大小已经改变。通过以上步骤即可完成设置纸张大小的操作，如图所示。

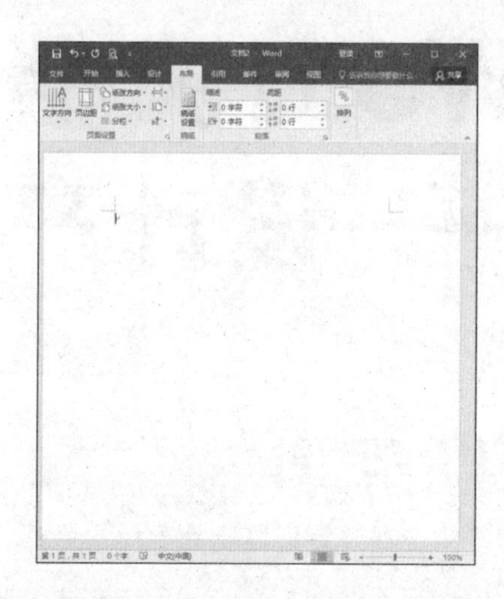

3 单击【页面设置】下拉按钮

在【布局】选项卡中，在【页面设置】组中单击【纸张方向】下拉按钮，在弹出的选项中选择【横向】选项，如图所示。

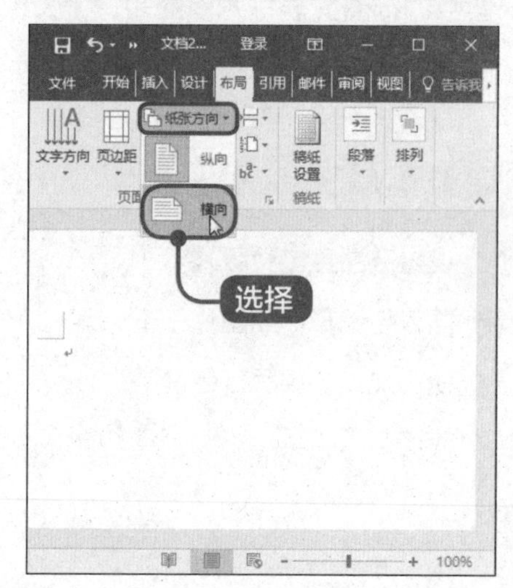

4 完成设置纸张方向的操作

可以看到纸张的方向已经改变。通过以上步骤即可完成设置纸张方向的操作，如图所示。

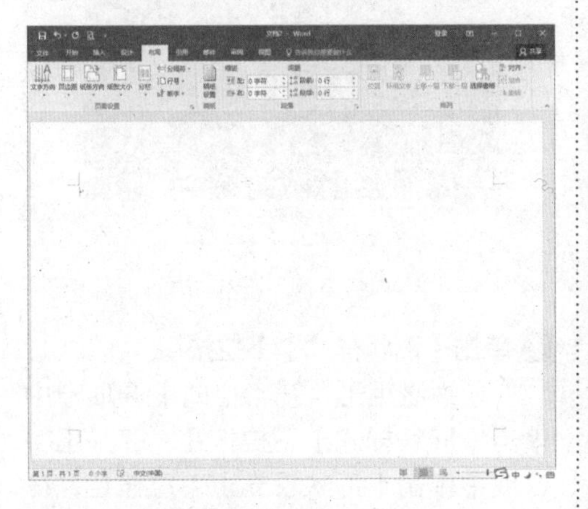

5.1.2 设置版式

接下来可以将页面划分为合适的几个版面。用户可以通过插入并编辑形状的方式快速地将海报版面划分为多个模块。

1 选择【文件】选项卡

打开文档，选择【文件】选项卡，如图所示。

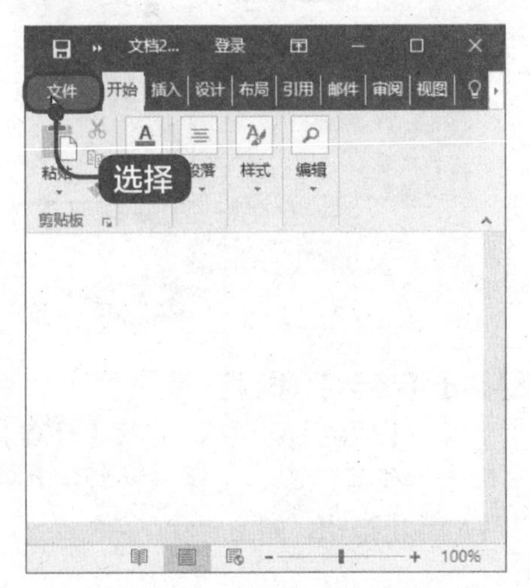

2 进入 Backstage 视图

进入 Backstage 视图，选择【选项】菜单项，如图所示。

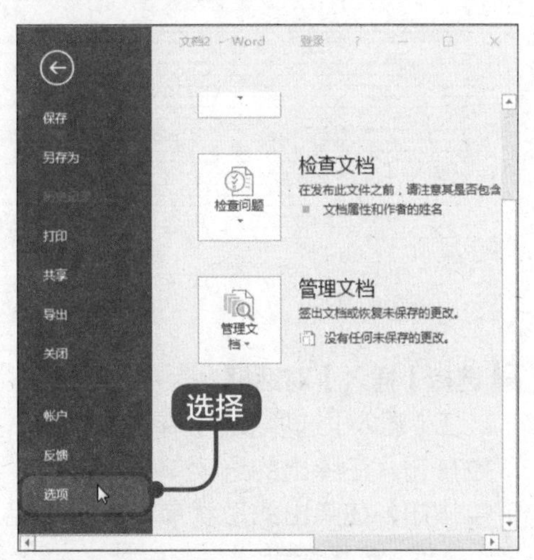

3 弹出【Word 选项】对话框

弹出【Word 选项】对话框，在【高级】选项卡下的【显示文档内容】区域中勾选【显示正文边框】复选框，单击【确定】按钮，如图所示。

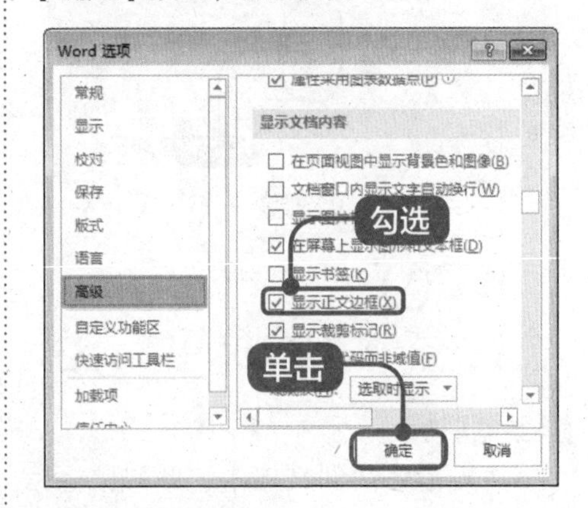

4 显示正文边框

可以看到文档中已经显示正文边框，正文边框有利于精确设置版面布局，在打印时不会显示，只在页面中显示，如图所示。

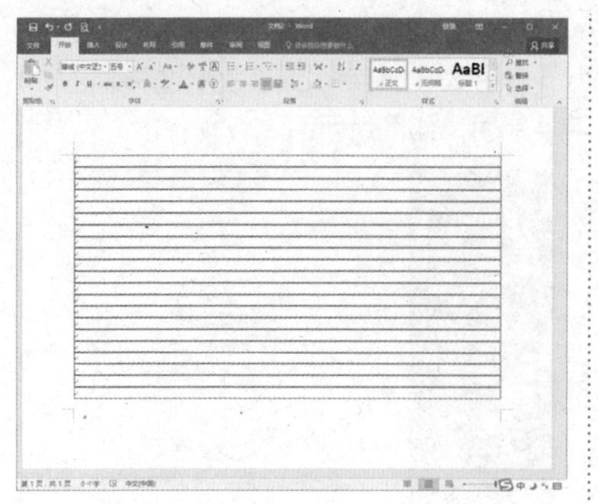

5 选择【插入】对话框

在【插入】选项卡中，单击【插图】下拉按钮，在弹出的选项单击【形状】下拉按钮，在弹出的形状库中选择【矩形】选项，如图所示。

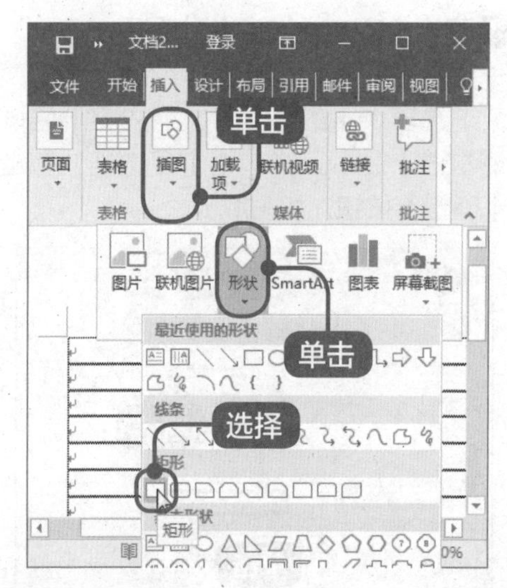

6 绘制形状

将光标移动到文档中，此时鼠标指针变为十字形状，按住鼠标左键不放并拖动鼠标指针即可绘制矩形，将矩形覆盖整个页面，释放鼠标左键，如图所示。

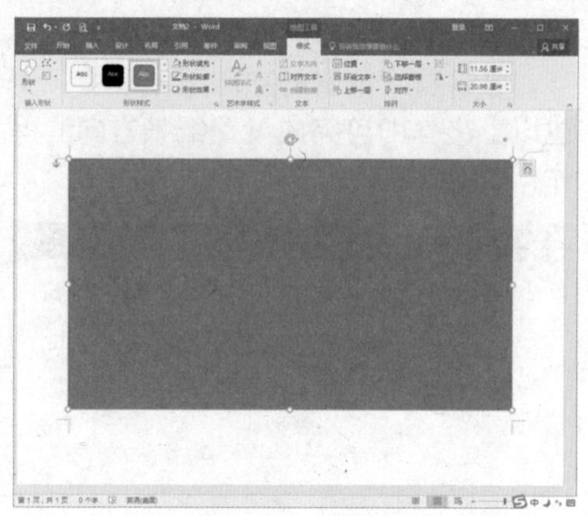

7 单击【形状样式】下拉按钮

选中该矩形，在【格式】选项卡中单击【形状样式】下拉按钮，在弹出的选项中单击【形状填充】下拉按钮，在弹出的菜单中选择【其他填充颜色】菜单项，如图所示。

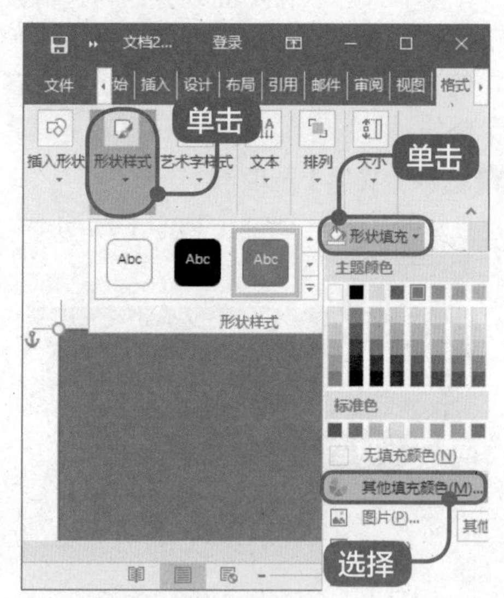

8 弹出【颜色】对话框

弹出【颜色】对话框，选择【标准】选项卡，在颜色库中选择一种颜色，单击【确定】按钮，如图所示。

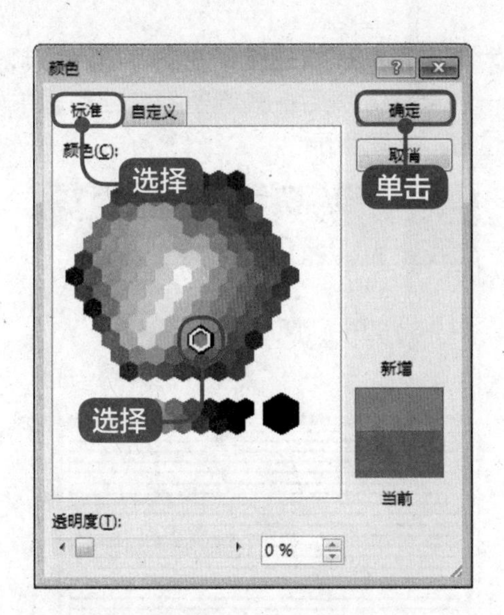

9 单击【形状轮廓】下拉按钮

在【形状样式】组中单击【形状轮廓】下拉按钮，在弹出的菜单中选择【无轮廓】菜单项，如图所示。

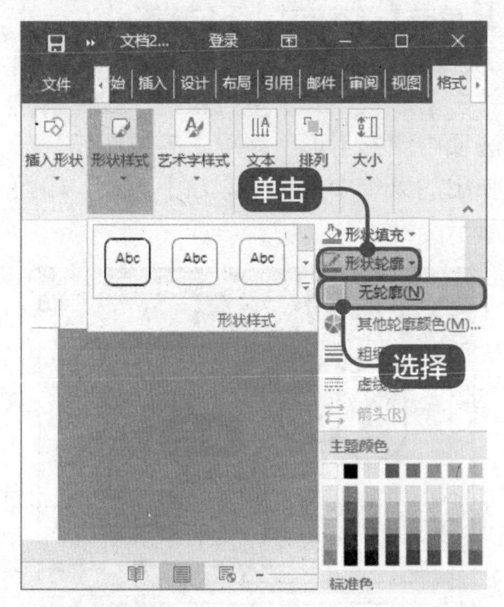

10 鼠标右键单击矩形

鼠标右键单击矩形，在弹出的快捷菜单中选择【其他布局选项】菜单项，如图所示。

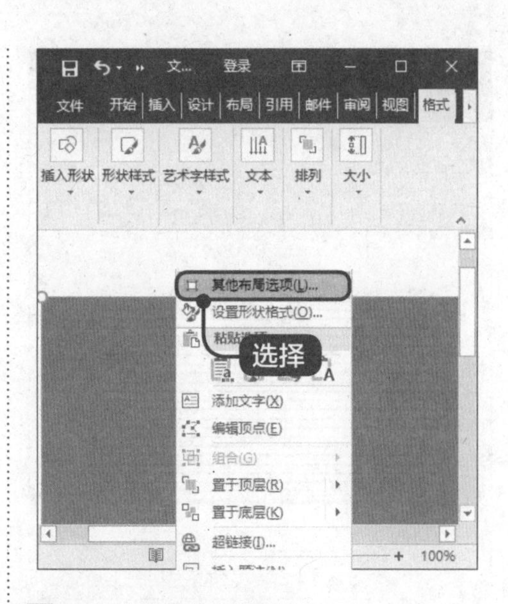

11 弹出【布局】对话框

弹出【布局】对话框，在【文字环绕】选项卡中选择【衬于文字下方】环绕方式，单击【确定】按钮，如图所示。

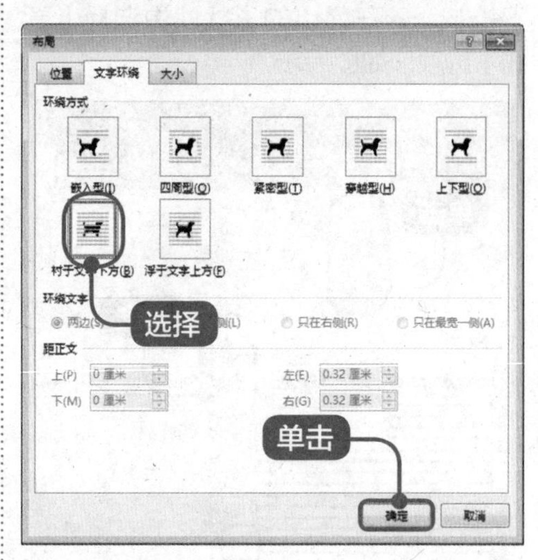

12 查看设置效果

使用同样的方法，再次插入一个矩形，将该矩形设置为白色，使其覆盖整个正文版面，并衬于文字下方，如图所示。

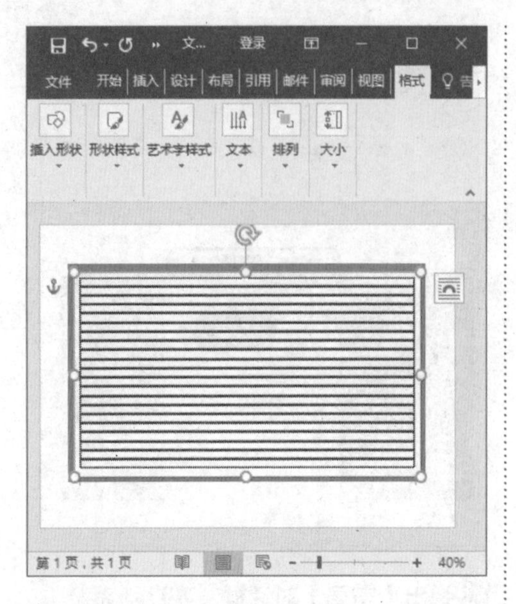

13 单击【插图】下拉按钮

在【插入】选项卡中单击【插图】下拉按钮，在弹出的选项中单击【形状】下拉按钮，在弹出的形状库中选择【直线】选项，如图所示。

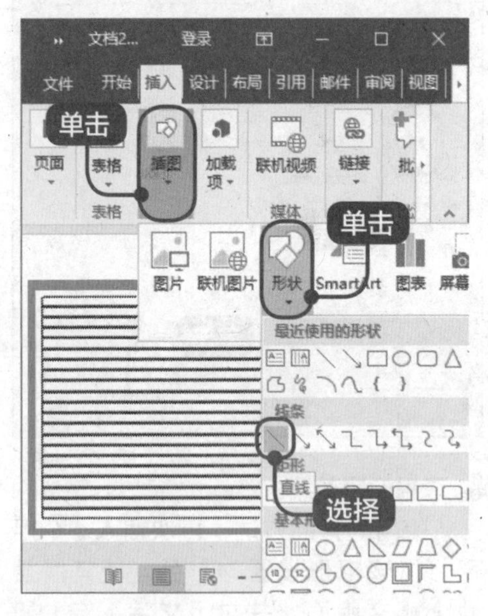

14 查看设置效果

将光标移动到文档中，此时鼠标变为十字形状，按住鼠标左键不放，绘制一条直线，然后将其调整到文档的居中位置，如图所示。

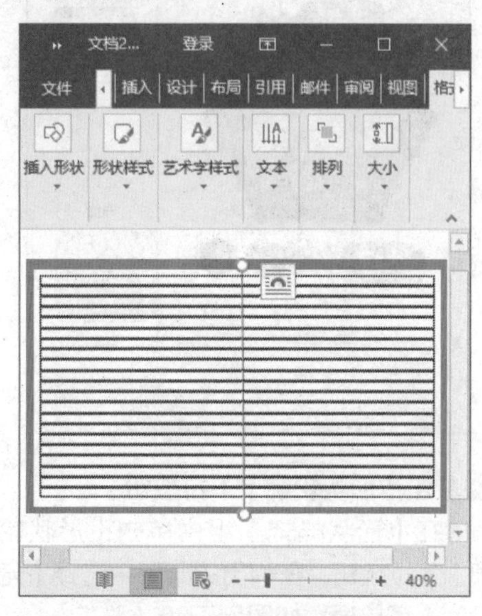

15 单击【形状样式】下拉按钮

选中该直线，在【格式】选项卡中单击【形状样式】下拉按钮，在弹出的选项中单击【形状轮廓】下拉按钮，在弹出的菜单中选择【深红】选项，如图所示。

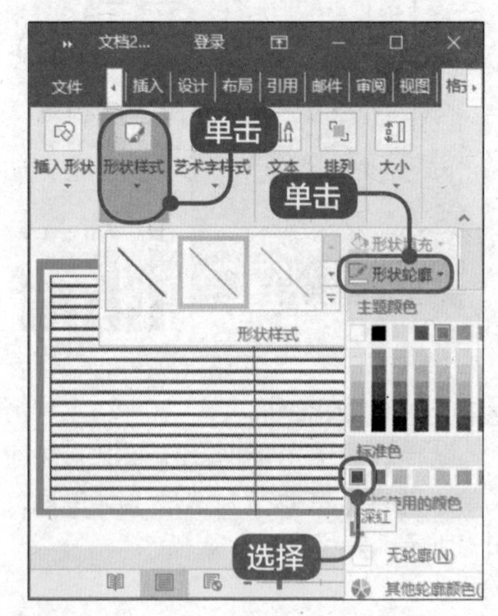

16 再次单击【形状样式】下拉按钮

再次单击【形状轮廓】下拉按钮，在弹出的下拉列表中选择【粗细】菜单项，在弹出的子菜单中选择【2.25 磅】菜单项，如图所示。

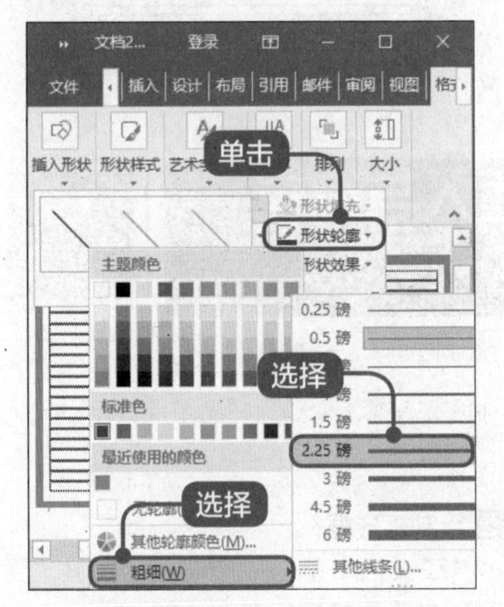

17 完成模块的划分

选中该直线，使用【Ctrl】+【C】和【Ctrl】+【V】组合键，复制一条相同的直线，并将其移动到适合的位置，此时版面就被划分成了两个模块，如图所示。

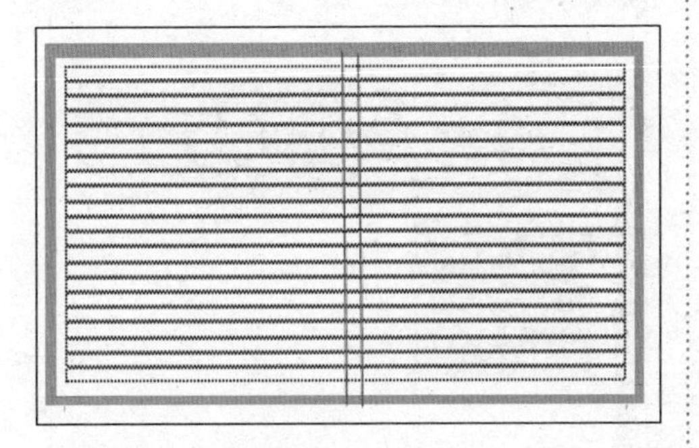

5.1.3 输入文本

设置好宣传页的大体版式后，就可以开始输入内容了。

1 定位光标

将光标定位在页面首行，输入“× × 商城五一欢乐购”，如图所示。

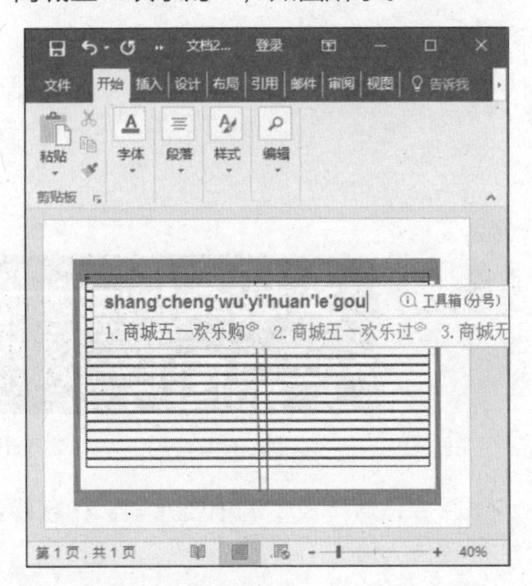

2 阅读版式效果

选中文本，在【开始】选项卡中单击【文字】下拉按钮，在弹出的选项中设置字体为【方正粗倩简体】，字号设置为【初号】，字体颜色设置为【深红】，如图所示。

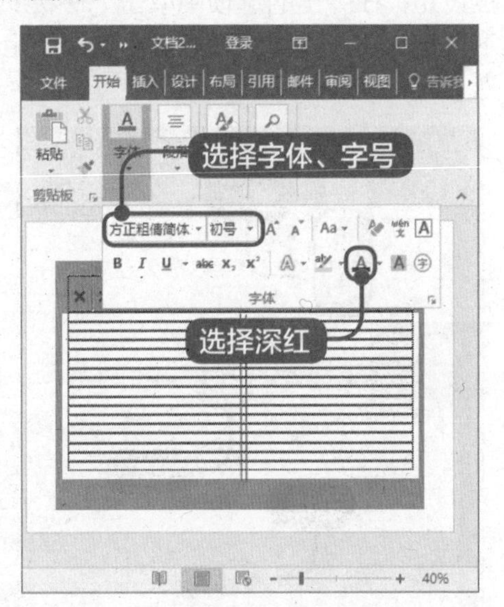

3 查看效果

通过以上步骤即可完成输入文本的操作，如图所示。

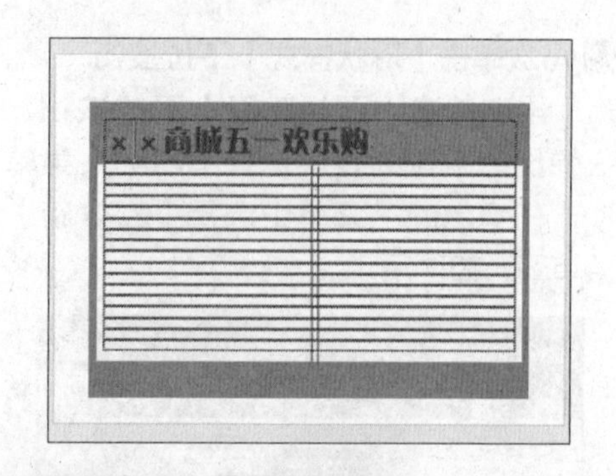

5.2 实战案例——插入与编辑产品图片

本节视频教学时间 / 1 分钟 50 秒

图片是宣传页中的重要元素，在宣传页内插入美观、生动的产品图片，可以大大增加宣传力度。

5.2.1 插入图片

编辑完宣传页的文本内容，用户就可以在宣传页中插入图片了。

1 单击【插图】下拉按钮

在【插入】选项中单击【插图】下拉按钮，在弹出的选项中单击【形状】下拉按钮，在弹出的形状库中选择【矩形】选项，如图所示。

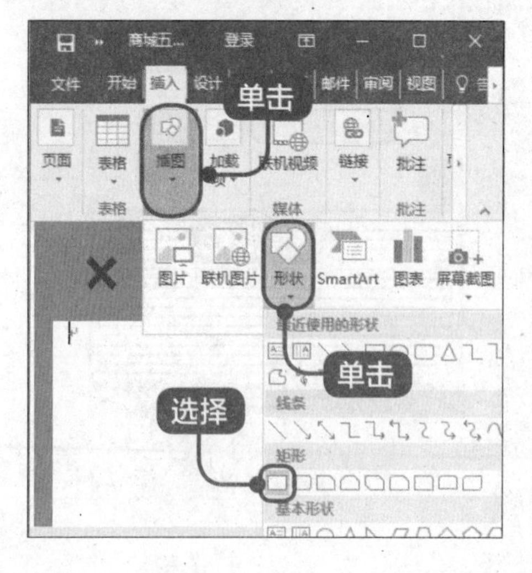

2 绘制矩形框

在文档中单击并拖动鼠标左键，至适当位置释放鼠标左键，即可绘制出一个矩形，将其调整至合适的大小和位置，如图所示。

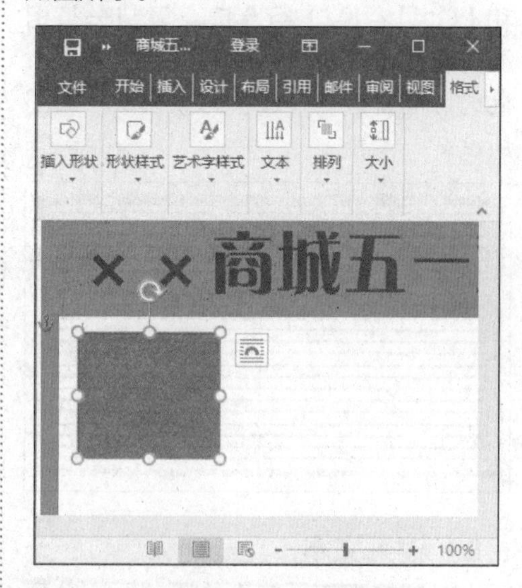

3 单击【形状样式】下拉按钮

选中该矩形，在【格式】选项卡中

单击【形状样式】下拉按钮，在弹出的选项中单击【形状填充】下拉按钮，在弹出的菜单中选择【无填充颜色】菜单项，如图所示。

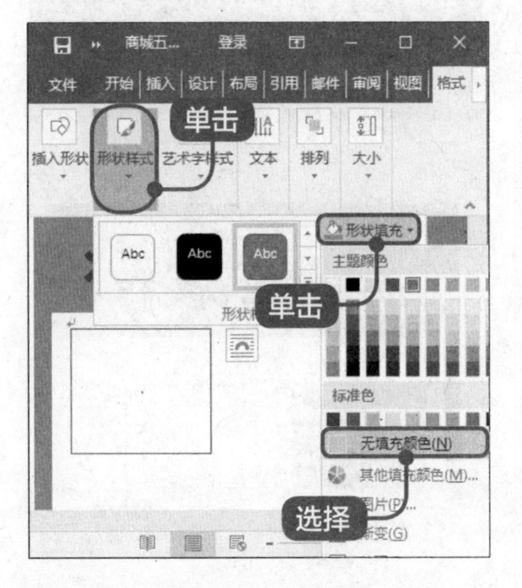

4 单击【形状轮廓】下拉按钮

在【形状样式】组中单击【形状轮廓】下拉按钮，在弹出的下拉列表中选择【蓝色】选项，如图所示。

5 复制矩形

选中该矩形，使用【Ctrl】+【C】和【Ctrl】+【V】组合键，在左侧版面中复制多个相同的矩形，并将其编排到合适位置，如图所示。

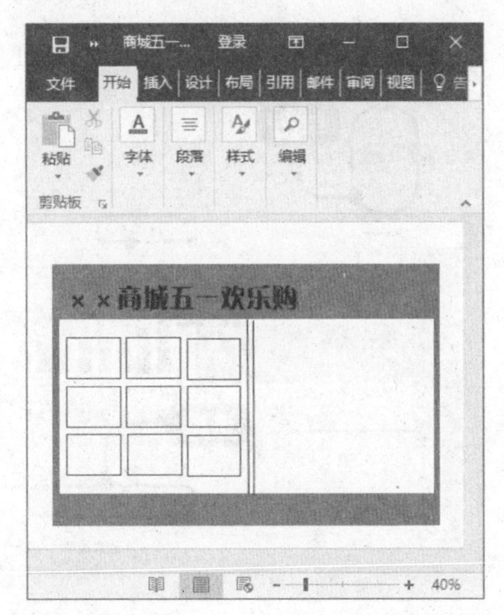

6 复制矩形

使用同样方法，在右侧版面中编排多个相同的矩形，如图所示。

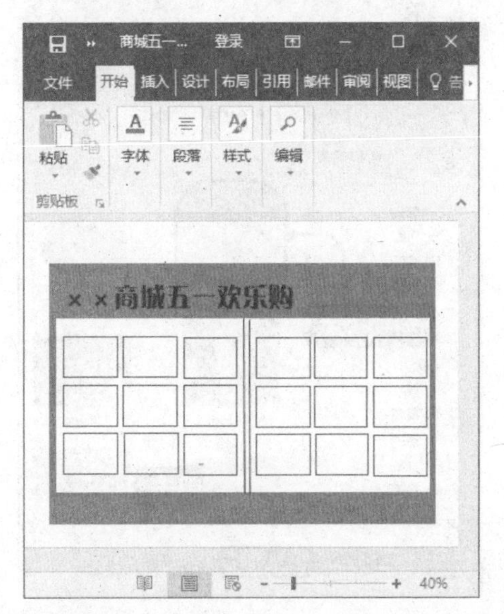

7 填充图片

选中左侧第一个矩形，在【格式】选项卡中单击【形状样式】下拉按钮，在弹出的选项中选择【图片】选项，如图所示。

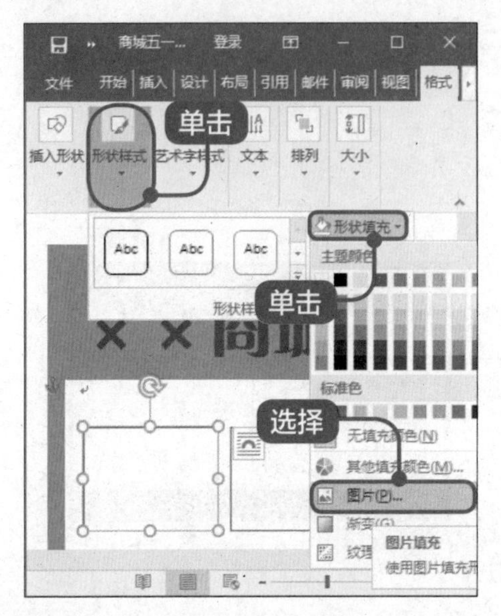

8 弹出【插入图片】对话框

弹出【插入图片】对话框，选中准备插入的图片，单击【插入】按钮，如图所示。

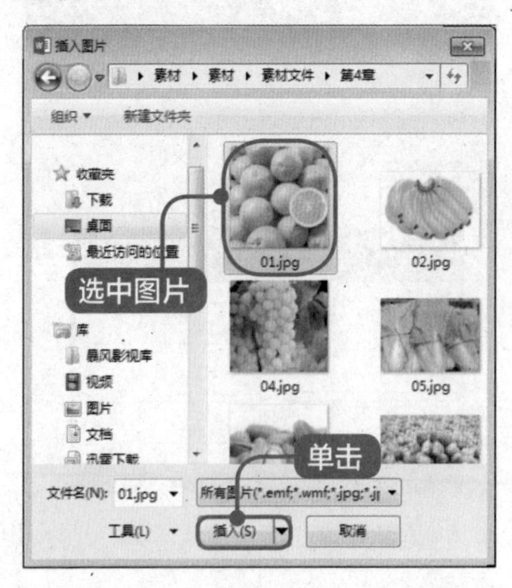

9 查看图片效果

可以看到在一个矩形框中已经插入了图片，如图所示。

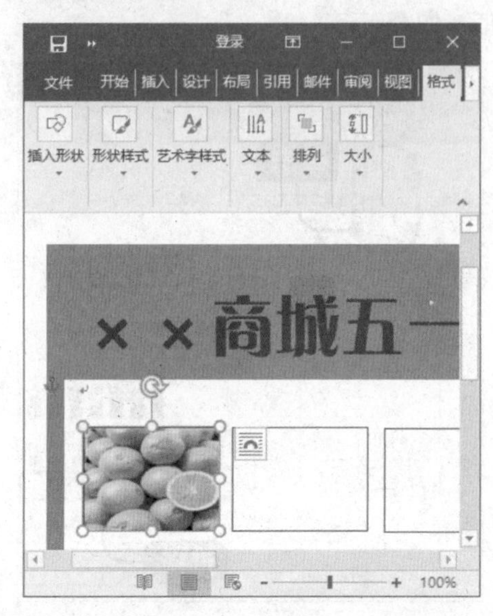

10 使用同样方法填充其他矩形框

使用同样的方法，为版面中其他矩形填充相应的促销商品的图片，如图所示。

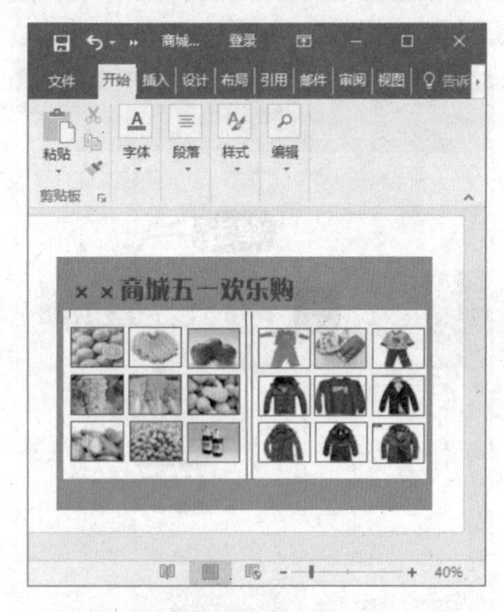

5.2.2 设计价格标签

插入商品图片后，要为每种商品添

加价格标签。

1 单击【插图】下拉按钮

在【插入】选项卡下单击【插图】下拉按钮，在弹出的选项中单击【形状】下拉按钮，在弹出的形状库中选择【椭圆】选项，如图所示。

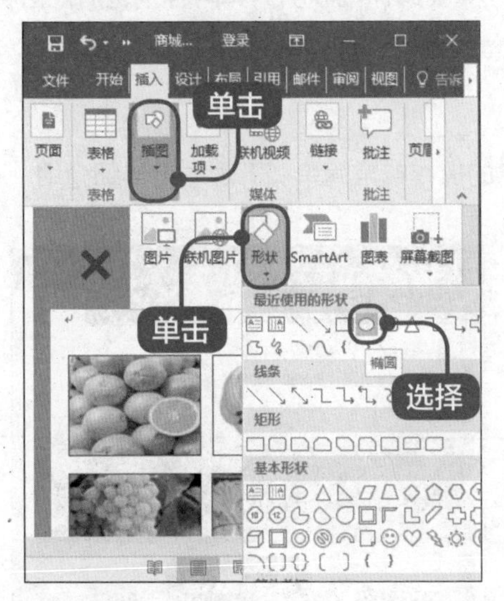

2 插入椭圆

在文档中单击并拖动鼠标左键，至适当位置释放鼠标左键，插入一个椭圆，并将其调整到合适的大小和位置，如图所示。

3 单击【形状样式】下拉按钮

选中椭圆，在【格式】选项卡中单击【形状样式】下拉按钮，在弹出的选项中单击【形状填充】下拉按钮，在弹出的选项中选择【红色】，如图所示。

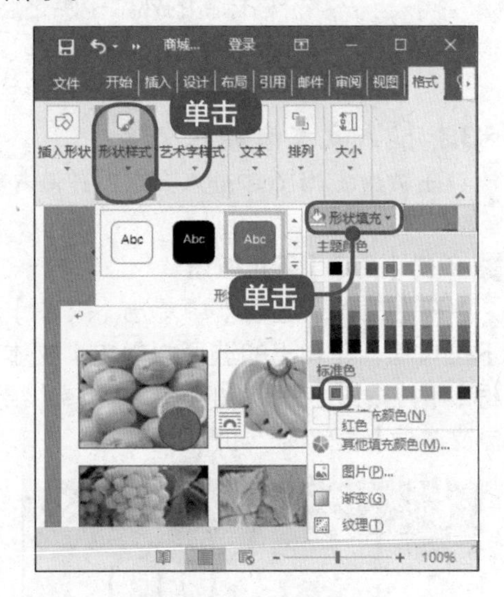

4 单击【形状轮廓】下拉按钮

在形状样式组中单击【形状轮廓】下拉按钮，在弹出的菜单中选择【无轮廓】菜单项，如图所示。

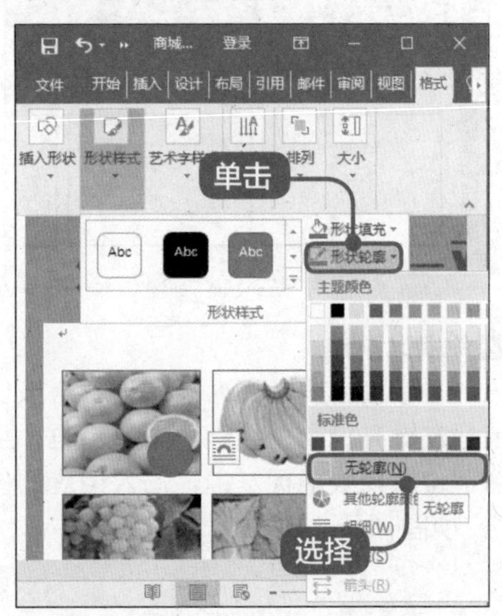

5.3 实战案例——使用文本框填写产品说明

本节视频教学时间 / 1 分钟 52 秒

插入了产品价格标签的外部轮廓之后，还需要给标签添加具体内容，包括价格和说明等。

5.3.1 插入文本框输入文字

在 Word 2016 中插入文本框并输入文字的操作非常简单。下面进行详细介绍。

1 单击【文本】下拉按钮

在【插入】选项卡中单击【文本】下拉按钮，在弹出的选项中单击【文本框】下拉按钮，在弹出的菜单中选择【绘制文本框】菜单项，如图所示。

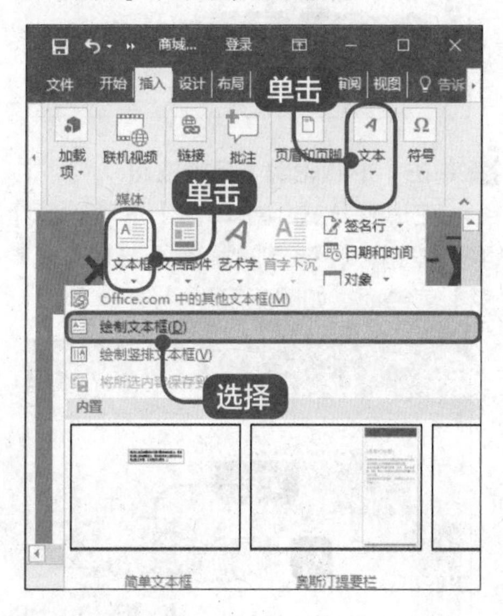

2 绘制文本框

此时鼠标指针变为十字形状，按住鼠标左键并拖动，绘制一个文本框，至合适位置释放鼠标左键，输入相应的价格，如图所示。

5.3.2 设置文本框大小

在文档中插入文本框后，用户还可以根据自己的需要更改文本框的大小。下面详细介绍改变文本框大小的操作方法。

1 选中文本框

选中文本框，将鼠标指针移至文本框边缘的控制点上，鼠标指针变为↘形状，单击并拖动鼠标，如图所示。

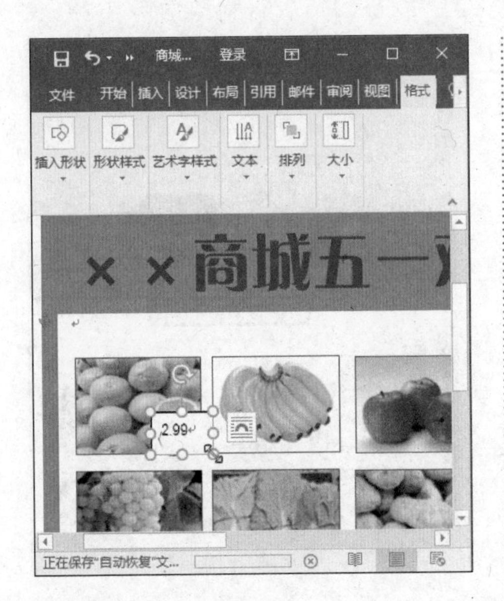

2 完成更改大小的操作

通过以上步骤即可完成改变文本框大小的操作，如图所示。

5.3.3 设置文本框样式

设置完文本框的大小后，接下来就可以设置文本框的样式了。

1 单击【形状样式】下拉按钮

选中该文本框，在【格式】选项卡中单击【形状样式】下拉按钮，在弹出的选项中单击【形状填充】下拉按钮，在弹出的菜单中选择【无填充颜色】菜单项，如图所示。

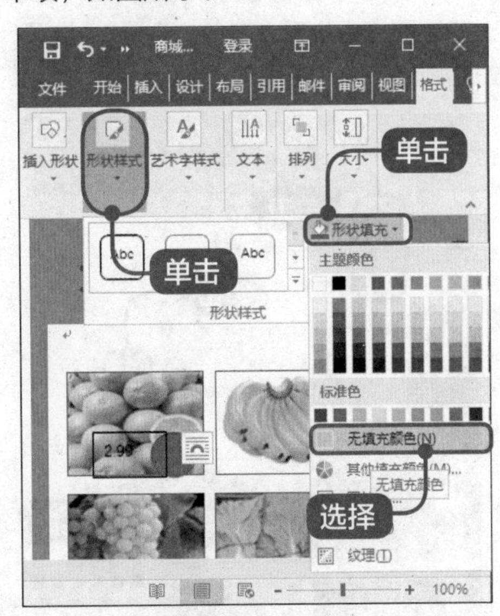

2 单击【形状轮廓】下拉按钮

在【形状样式】组中单击【形状轮廓】下拉按钮，在弹出的菜单中选择【无轮廓】菜单项，如图所示。

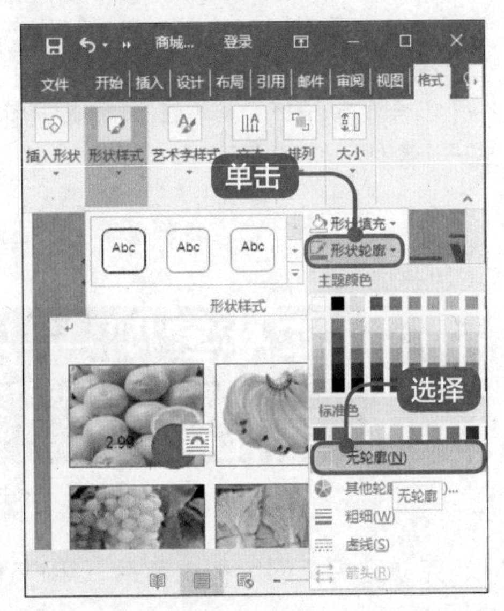

3 单击【字体】下拉按钮

选中该文本框，在【开始】选项卡中单击【字体】下拉按钮，在弹出的选项中单击【字体颜色】下拉按钮，在弹出的颜色库中选择【白色，背景 1】选项，如图所示。

4 组合椭圆和文本框

将文本框移至椭圆内，按住【Shift】键同时选中椭圆和文本框，单击鼠标右键，在弹出的快捷菜单中选择【组合】→【组合】菜单项，将文本框和椭圆组成一个整体，如图所示。

5 复制价格标签

选中该组合，使用【Ctrl】+【C】和【Ctrl】+【V】组合键，在版面中复制多个相同的组合，并将其移动到合适位置，为每种商品设置价格标签，如图所示。

5.4 实战案例——使用艺术字美化彩页

本节视频教学时间 / 1 分钟 7 秒

完成宣传页的大体内容后，用户还可以为宣传页添加艺术字，达到美化的目的。

5.4.1 插入艺术字

插入艺术字的方法非常简单。下面介绍在文档中插入艺术字的操作方法。

1 单击【文本】下拉按钮

在【插入】选项卡中单击【文本】下拉按钮，在弹出的选项中单击【艺术字】下拉按钮，在弹出的艺术字库中选择一种艺术字，如图所示。

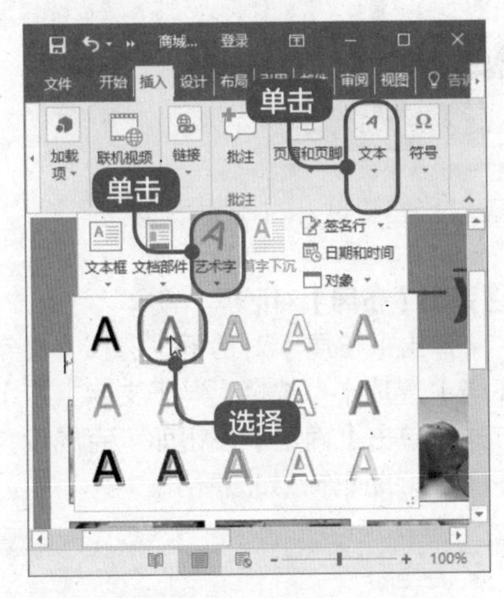

2 插入艺术字框，输入内容

在文档中单击并拖动鼠标插入一个艺术字框，输入相应内容，如图所示。

提示

艺术字和文本框一样，都可以随意调整大小和位置。如果不喜欢艺术字的颜色和字体，用户也可以根据自己的需要进行修改。

5.4.2 修改艺术字样式

接下来可以修改艺术字的样式以满足用户的需要。在文档中修改艺术字的样式的操作非常简单，下面详细介绍修改艺术字样式的操作方法。

1 单击【艺术字样式】下拉按钮

选中该艺术字，在【格式】选项卡中单击【艺术字样式】下拉按钮，在弹出的选项中单击【文本填充】下拉按钮，在弹出的选项中选择【红色】选项，如图所示。

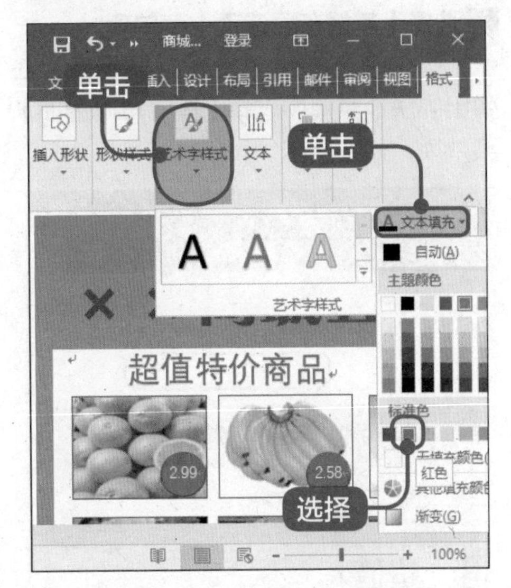

2 单击【文本轮廓】下拉按钮

在【艺术字样式】组中单击【文本轮廓】下拉按钮，在弹出的菜单中选择【无轮廓】菜单项，如图所示。

5.4.3 设置艺术字环绕方式

用户还可以设置艺术字的环绕方式。

1 选择【其他布局选项】菜单项

选中该艺术字，鼠标右键单击，在弹出的快捷菜单中选择【其他布局选项】菜单项，如图所示。

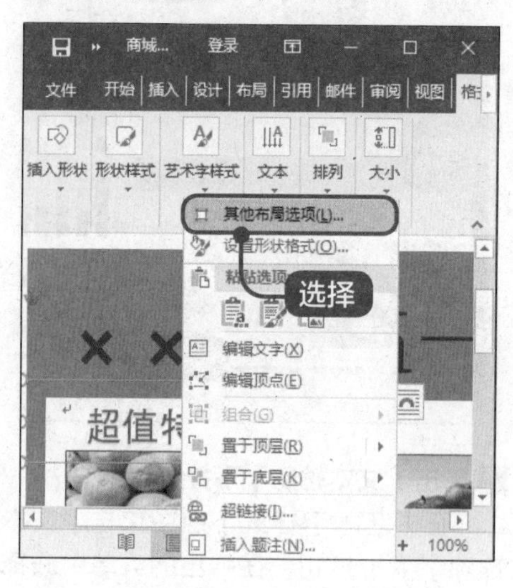

2 弹出【布局】对话框

弹出【布局】对话框，选择【文字环绕】选项卡，选择【浮于文字上方】方式，单击【确定】按钮即可完成设置环绕方式的操作，如图所示。

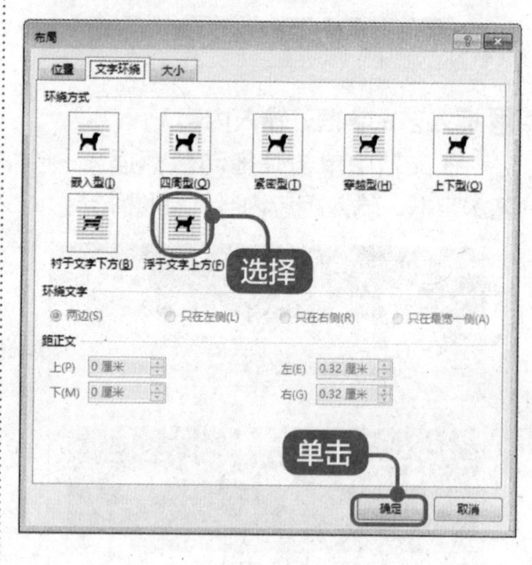

本节将介绍两个操作技巧，包括设置图片随文字移动和设置图片自动更新的具体方法。

技巧 1 • 设置图片随文字移动

在修改已排好版的文档时，有时会发生图片变乱的情况，我们可以按照以下方法让图片跟着文字走。

1 选择【其他布局选项】菜单项

选中文档中的图片，在【格式】选项卡中单击【排列】下拉按钮，在弹出的选项中单击【位置】下拉按钮，在弹出的菜单中选择【其他布局选项】菜单项，如图所示。

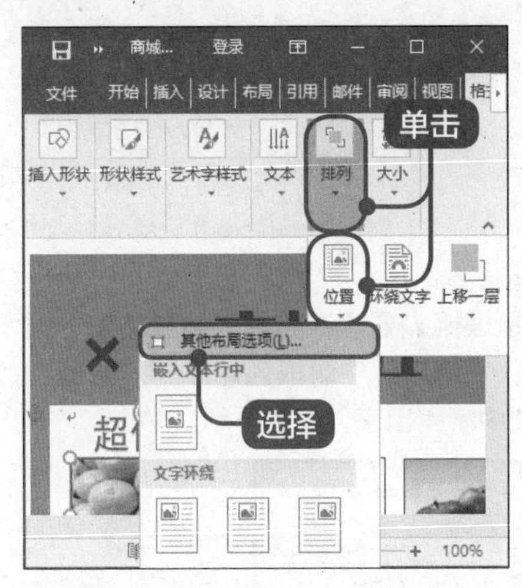

2 弹出【布局】对话框

弹出【布局】对话框，在【位置】选项卡中勾选【对象随文字移动】复选框，单击【确定】按钮即可完成将图片设置为随文字移动的操作，如图所示。

技巧 2 • 设置图片自动更新

在文档编辑过程中，如果使用 Word 2016 提供的自动更新功能，那么当原始图片发生改变时，文档中的图片将会自动更新。

1 单击【插图】下拉按钮

在【插入】选项卡中单击【插图】下拉按钮，在弹出的选项中单击【图片】按钮，如图所示。

2 弹出【插入图片】对话框

弹出【插入图片】对话框，选择一幅图片，单击【插入】下拉按钮，在弹出的选项中选择【插入和链接】选项即可将图片设置为自动更新，如图所示。

“广告宣传彩页”的制作要点一般是根据需要设计布局、调整文字、选择图片素材，之后做适当的调整和修饰。“请柬”“录取通知书”“便笺”和“海报”也可以按照此类方法在 Word 中制作出来，如图所示。

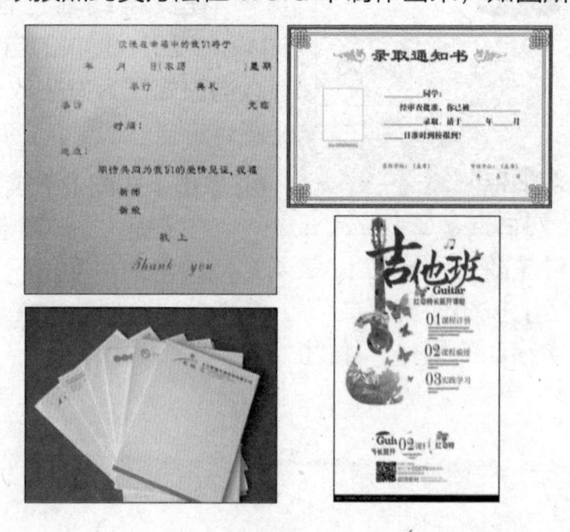

第 6 章

Word 文档中表格与图表的应用

本章视频教学时间 / 16 分钟 16 秒

重点导读

本章主要介绍制作在职培训费用申请表、制作产品销量表、制作考勤管理流程图和制作组织结构图的方法，同时讲解制作业绩销售图表的方法。本章最后针对实际的工作需求，讲解在文档中裁剪图片形状、给文档添加签名行和拆分文档中的表格的方法。通过本章的学习，读者可以掌握在文档中表格与图标应用的知识，为深入学习 Office 2016 和五笔输入法知识奠定基础。

本章主要知识点

- ✓ 制作在职培训费用申请表
- ✓ 制作产品销量表
- ✓ 制作考勤管理流程图
- ✓ 制作组织结构图
- ✓ 制作业绩销售图表

6.1 实战案例——制作在职培训费用申请表

本节视频教学时间 / 3 分钟 25 秒

如果员工需要向公司申请培训费，就要填写培训费用申请表。申请表的内容包括单位、姓名、人员代号、教授科目（名称）、时效、钟点费、总计和盖（签）章等。

6.1.1 快速插入表格

首先需要创建一个表格，要事先想好需要几行几列的表格。这里我们制作 7 行 8 列的表格。

1 单击【表格】下拉按钮

新建文档，在【插入】选项卡中单击【表格】下拉按钮，在弹出的表格库中将鼠标指针移至准备创建的 7 行 8 列所在位置，如图所示。

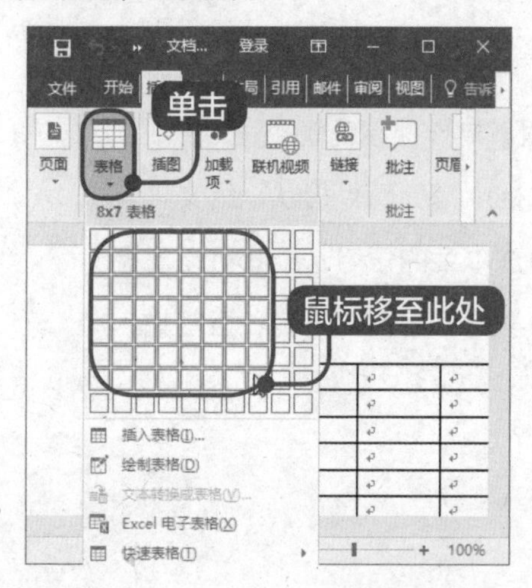

2 查看表格

此时在文档中已经插入了一个 7 行 8 列的表格，如图所示。

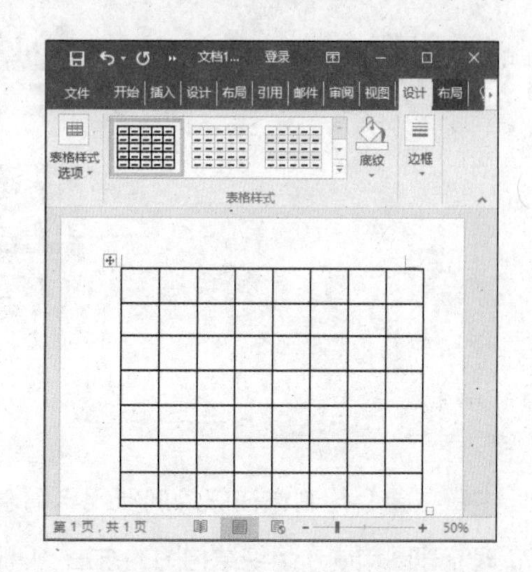

6.1.2 输入文本

插入表格后，即可在表格中输入文本，并设置表格的标题。

1 输入表格标题

将光标定位在表格上方，选择输入法输入表格标题，如图所示。

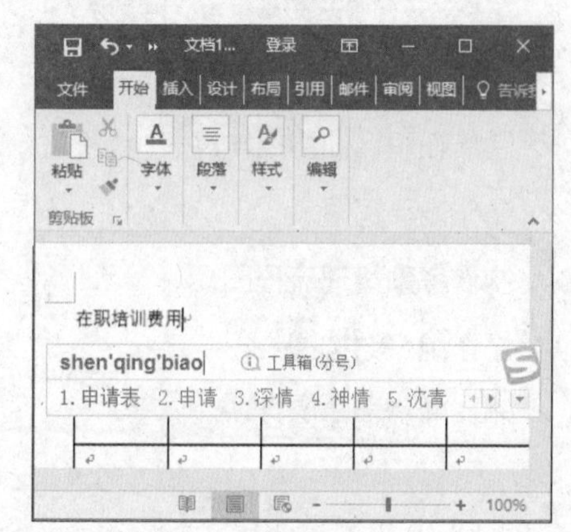

2 查看表格

选中标题，在【开始】选项卡中单击【字体】下拉按钮，在弹出的选项中设置字体为【方正魏碑简体】，设置字号为【三号】，单击【下划线】按钮，如图所示。

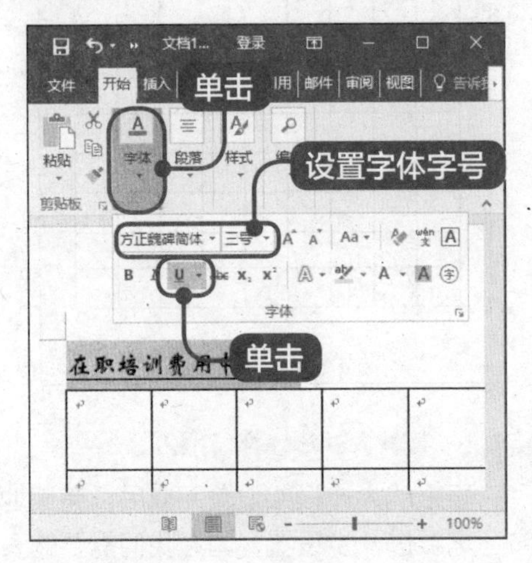

3 单击【段落】下拉按钮

单击【段落】下拉按钮，在弹出的选项中单击【居中】按钮，如图所示。

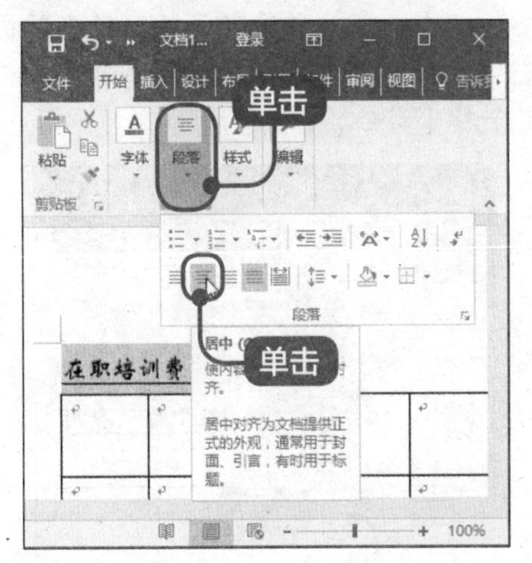

4 输入内容

将光标定位在下一行，输入“课程名称”和“申请日期”等内容，如图所示。

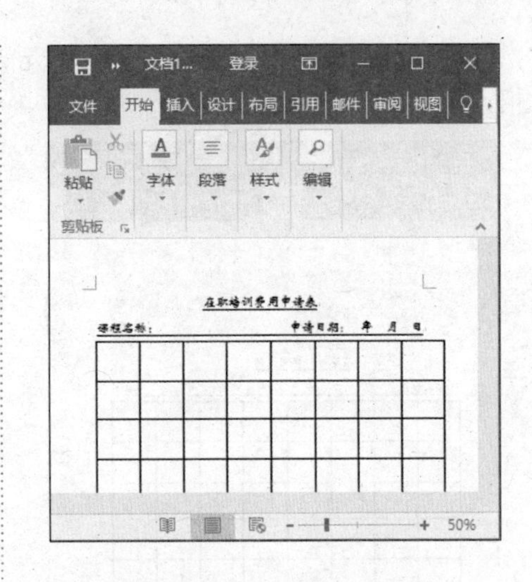

6.1.3 插入整行与整列单元格

如果插入的表格不能满足工作的需要，用户还可以在表格中插入整行或整列单元格。

1 鼠标右键单击单元格

将光标定位在表格中准备插入整行单元格的位置，单击鼠标右键，在弹出的快捷菜单中选择【插入】菜单项，在弹出的子菜单中选择【在上方插入行】菜单项，如图所示。

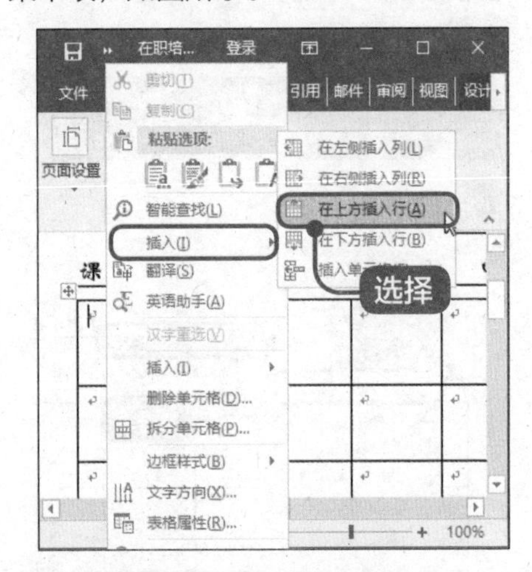

2 插入整行单元格的操作完成

可以看到表格中已经多了一行单元格，变为 8 行，如图所示。

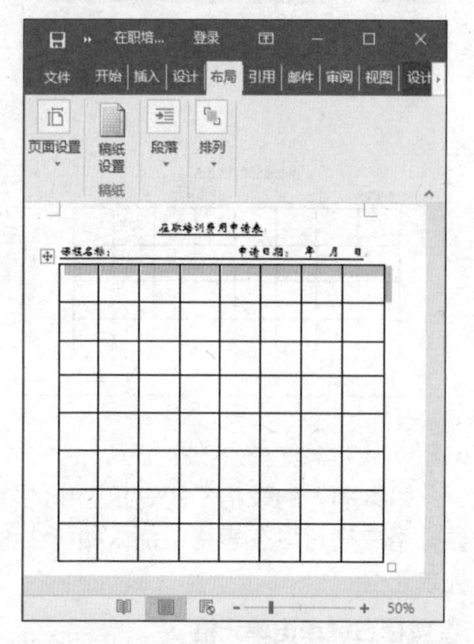

3 鼠标右键单击单元格

将光标定位在表格中准备插入整行单元格的位置，单击鼠标右键，在弹出的快捷菜单中选择【插入】菜单项，在弹出的子菜单中选择【在右侧插入列】菜单项，如图所示。

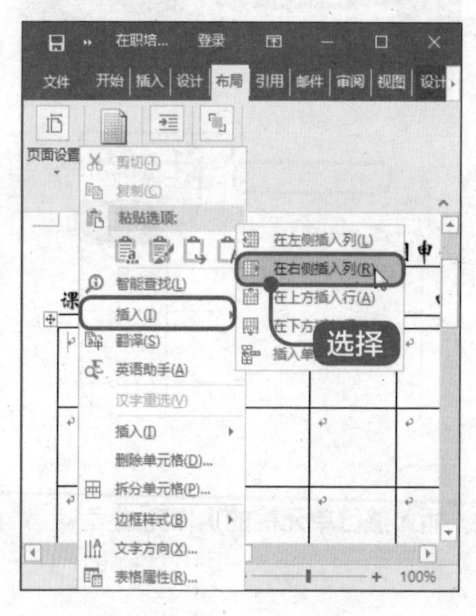

4 插入整列单元格的操作完成

可以看到表格中已经多了一列单元格，变为 9 列，如图所示。

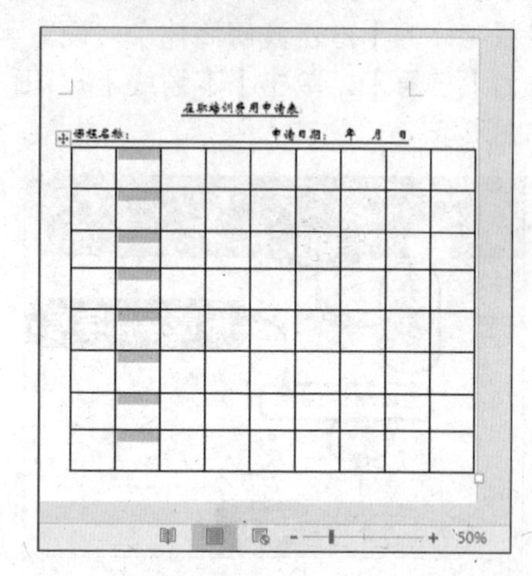

6.1.4 合并与拆分单元格

表格的大体框架设置完成后，有些地方还需要进一步设置，因为我们需要的表格通常不是规整的几行几列的表格，这时就需要使用合并与拆分单元格的功能。

1 鼠标右键单击单元格

选中准备合并的单元格，单击鼠标右键，在弹出的快捷菜单中选择【合并单元格】菜单项，如图所示。

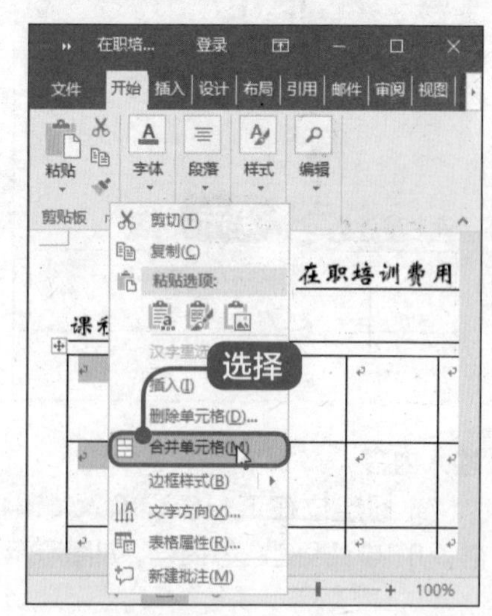

2 完成合并单元格的操作

可以看到选中的单元格已经合并，如图所示。

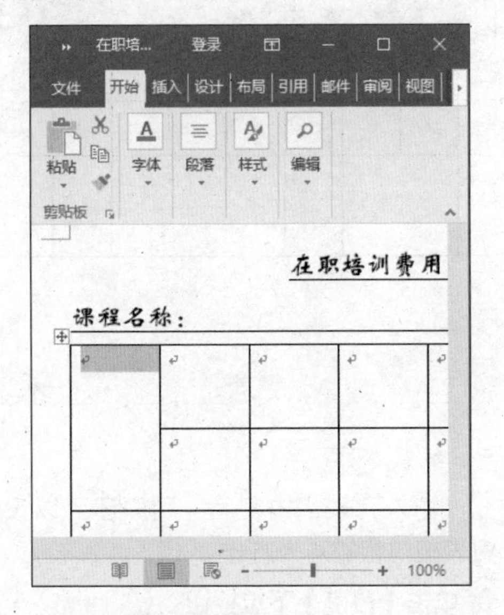

3 合并其他单元格

使用同样方法合并其他需要合并的单元格，如图所示。

4 鼠标右键单击单元格

鼠标右键单击准备拆分的单元格，在弹出的快捷菜单中选择【拆分单元格】菜单项，即可拆分单元格，如图所示。

5 在表格中输入内容

在表格中输入内容，如图所示。

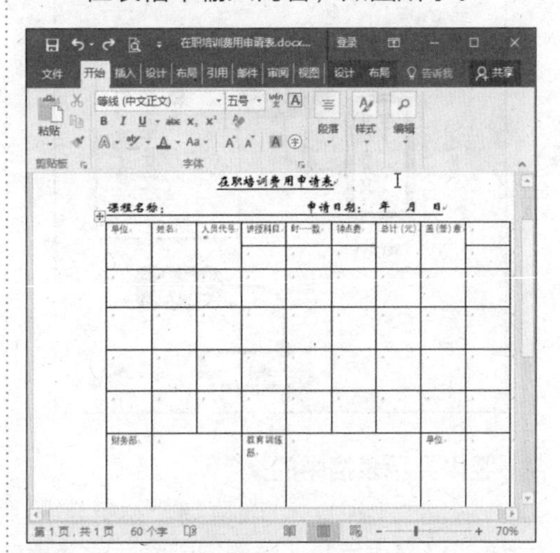

6 竖排显示表格中的文字

选中表格最后一行中第 1 个单元格中的“财务部”文字，右键单击鼠标，在弹出的快捷菜单中选择【文字方向】

菜单项，如图所示。

7 弹出【文字方向 - 表格单元格】对话框

弹出【文字方向 - 表格单元格】对话框，选择一种方向，单击【确定】按钮，如图所示。

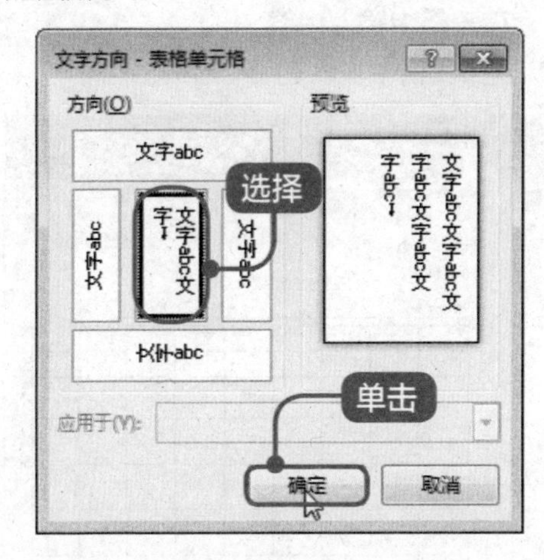

8 竖排显示表格中的文字

返回文档中，可以看到“财务部”文字已经竖排显示，使用相同方法将“教育训练部”和“单位”的文字方向也设置为竖排，如图所示。

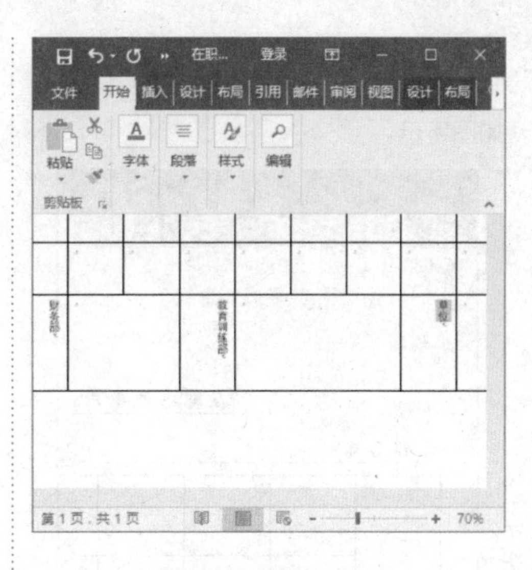

6.1.5 设置文本格式

输入完表格内容后，用户还可以设置表格内容的对齐方式。

1 单击【段落】下拉按钮

选中整个表格，在【开始】菜单中单击【段落】下拉按钮，在弹出的选项中单击【居中】按钮，如图所示。

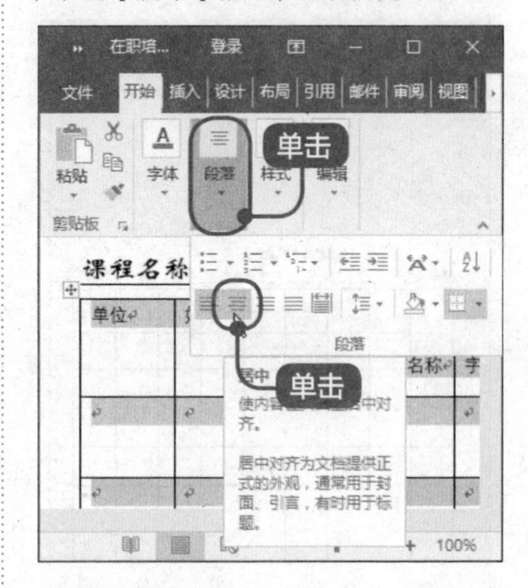

2 查看居中效果

可以看到整个表格已经居中显示，如图所示。

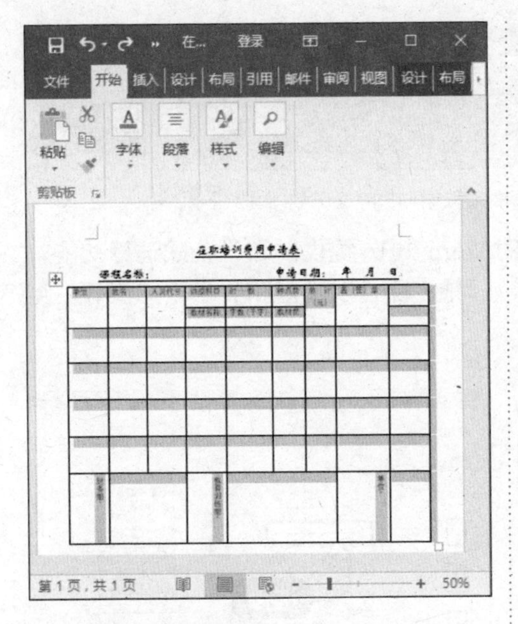

3 右键单击选中表格

右键单击选中整个表格，在弹出的快捷菜单中选择【表格属性】菜单项，如图所示。

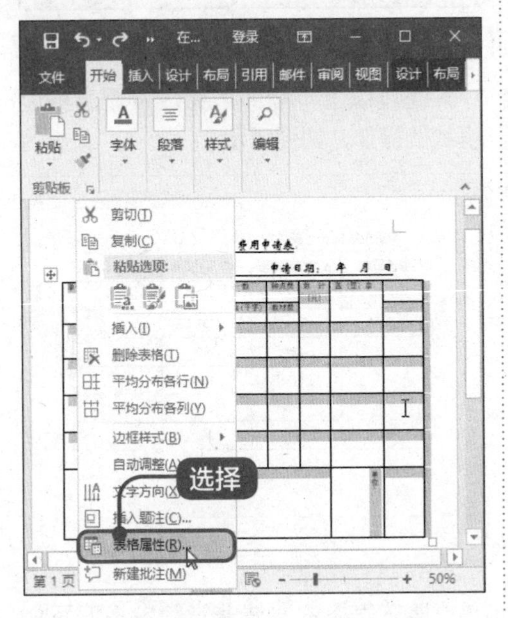

4 弹出【表格属性】对话框

弹出【表格属性】对话框，在【单元格】选项卡中选择【居中】对齐方式，单击【确定】按钮，如图所示。

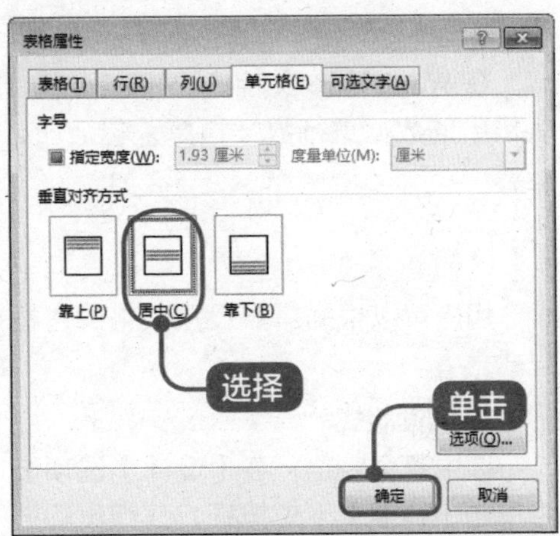

5 完成文字居中显示的操作

可以看到表格里的文字也已经居中显示。通过以上步骤即可完成设置文本格式的操作，如图所示。

6.2 实战案例——制作产品销量表

本节视频教学时间 / 2 分钟 9 秒

在 Word 2016 文档中，用户可以借助 Word 2016 提供的数学公式运算功能对表格中的数据进行数学运算，包括加、减、乘、除，以及求和、求平均值等常见运算。

6.2.1 设置表格边框线

用户可以根据需要设置表格的边框样式。

1 选择阅读版式

选中整个表格，在【设计】选项卡中单击【边框】下拉按钮，在弹出的选项中单击【边框和底纹】按钮，如图所示。

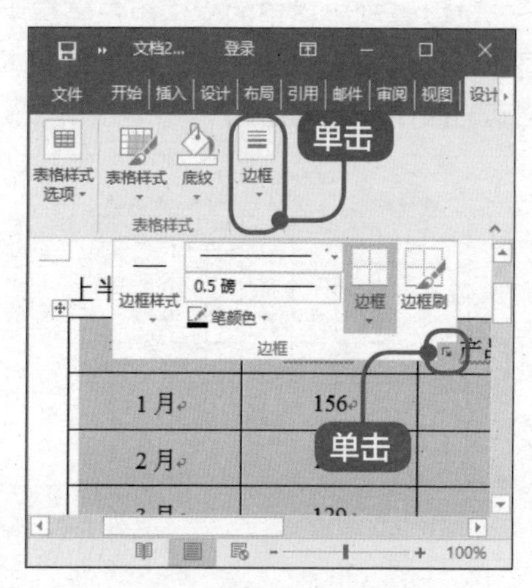

2 弹出【边框和底纹】对话框

弹出【边框和底纹】对话框，在【样式】列表中选择一种样式，单击【确定】按钮，如图所示。

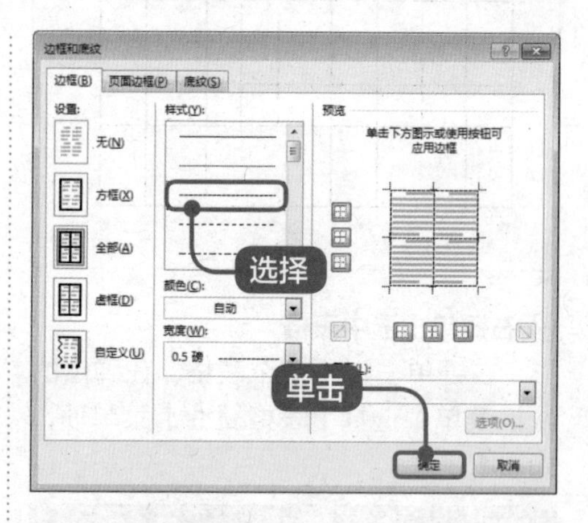

3 插入图片效果

通过以上步骤即可完成设置表格边框线的操作，如图所示。

上半年销售数据一览表

报表日期	A产品月销售	B产品月销售	合计
1月	156	136	
2月	144	183	
3月	129	168	
4月	115	124	
5月	202	190	
6月	184	162	
合计			

6.2.2 填充表格

填充表格的方法非常简单。下面介绍填充表格的操作方法。

1 单击【底纹】下拉按钮

选中整个表格，在【设计】选项卡中单击【底纹】下拉按钮，在弹出的颜色库中选择一种填充颜色，如图所示。

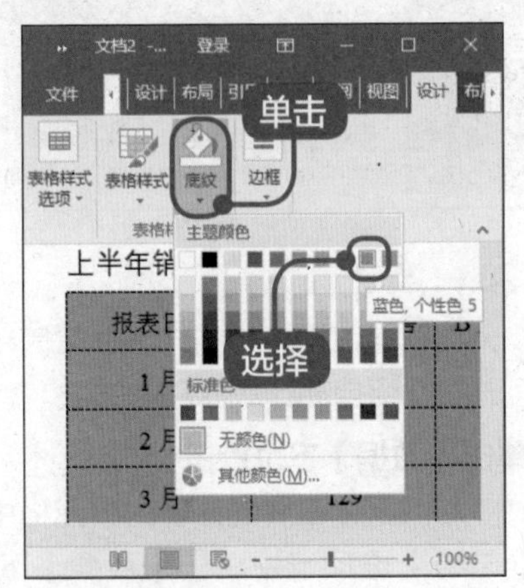

2 完成填充操作

可以看到整个表格的填充颜色已经改变，如图所示。

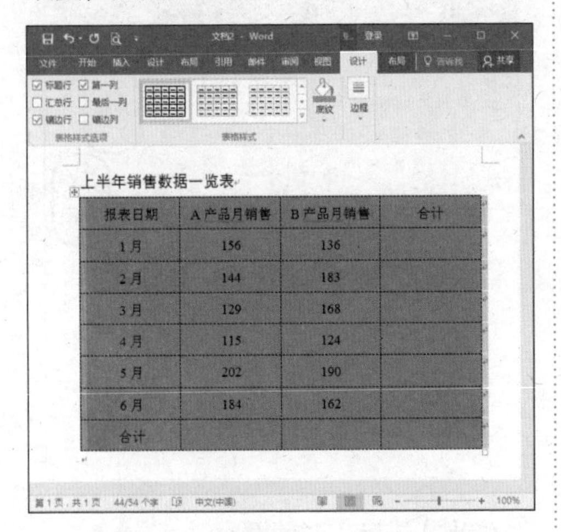

6.2.3 应用表格样式

应用表格样式的方法非常简单。下面介绍应用表格样式的方法。

1 单击【表格样式】下拉按钮

选中整个表格，在【设计】选项卡中单击【表格样式】下拉按钮，在弹出的样式库中选择一种样式，如图所示。

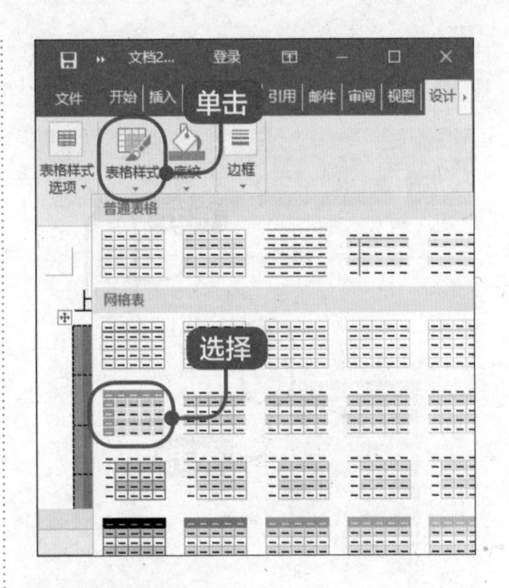

2 完成填充操作

通过以上步骤即可完成应用表格样式的操作，如图所示。

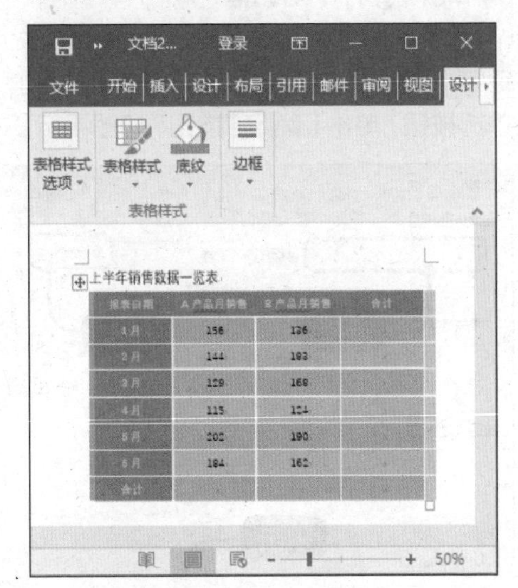

6.2.4 排序表格中的数据

排序表格中的数据的方法非常简单。下面介绍排序表格数据的方法。

1 单击【数据】下拉按钮

选中准备排序的数据，在【布局】选项卡中单击【数据】下拉按钮，在弹出的选项中单击【排序】按钮，如图所示。

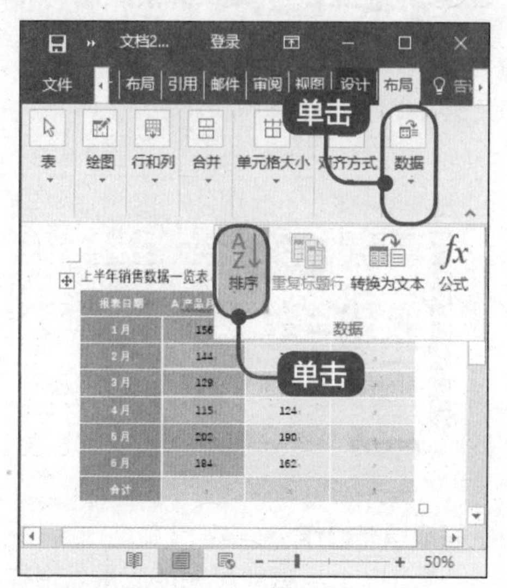

2 弹出【排序】对话框

弹出【排序】对话框，在【主要关键字】列表中选择【列2】，单击【升序】单选按钮，单击【确定】按钮，如图所示。

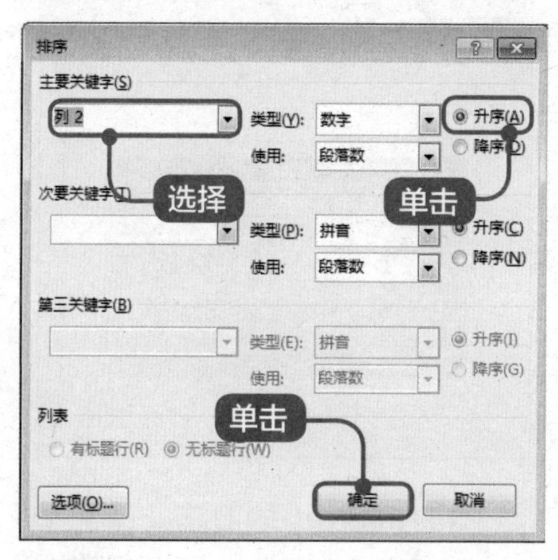

3 完成排序

通过以上步骤即可完成排序表格数据的操作，如图所示。

报表日期	A产品月销售	B产品月销售	合计
4月	115	124	
3月	129	168	
2月	144	183	
1月	156	136	
6月	184	162	
5月	202	190	
合计			

6.2.5 自动计算总和

计算表格数据总和的方法非常简单。下面详细介绍自动计算总和的方法。

1 单击【数据】下拉按钮

将光标定位在需要计算的单元格中，在【布局】选项卡中单击【数据】下拉按钮，在弹出的选项中单击【公式】按钮，如图所示。

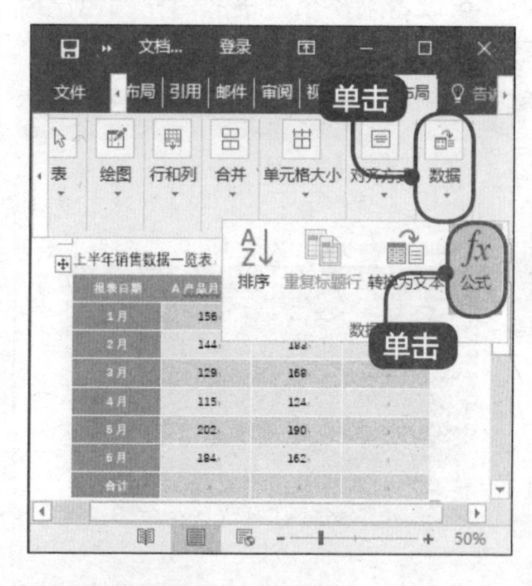

2 弹出【排序】对话框

弹出【公式】对话框，在【公式】文本框中自动显示求和公式“=SUM（LEFT）”，表示计算当前单元格左侧所有单元格的数据之和，单击【确定】按钮，如图所示。

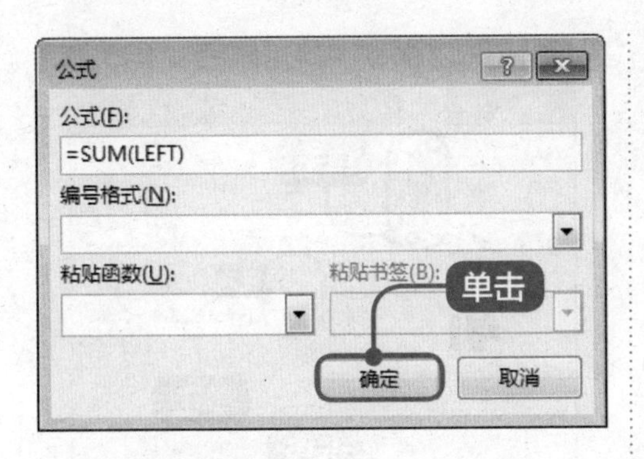

3 完成数据计算

可以看到光标单元格中已经显示计算结果。使用相同方法把其他单元格的数据填满，如图所示。

报表日期	A 产品月销售	B 产品月销售	合计
1月	156	136	292
2月	144	183	327
3月	129	168	297
4月	115	124	239
5月	202	190	392
6月	184	162	346
合计	930	963	1893

6.3 实战案例——制作考勤管理流程图

本节视频教学时间 / 4 分钟 48 秒

考勤是企业管理的基础性工作，是统计工资、奖金、劳保福利等待遇的重要依据，了解考勤管理的工作流程，也是人事部工作人员所必须具备的基本常识。本节介绍使用 Word 制作考勤管理流程图的方法。

6.3.1 绘制流程图

绘制流程图需要使用自选图形功能来完成，下面详细介绍绘制流程图的方法。

1 输入流程图标题

打开 Word 文档，在文档适当位置输入标题“考勤管理工作流程图”，设置标题字体为【华文琥珀】，字号为【二号】，并居中显示，如图所示。

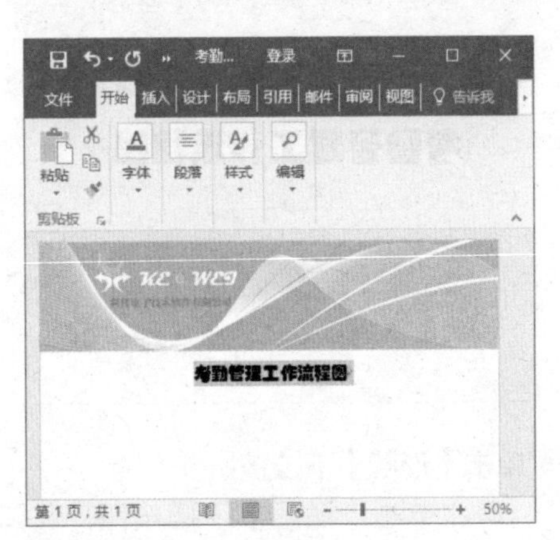

2 单击【插图】下拉按钮

在【插入】选项卡中单击【插图】下拉按钮，在弹出选项中单击【形状】下拉按钮，在弹出的形状库下的【流程图】区域中选择“终止”选项，如图所示。

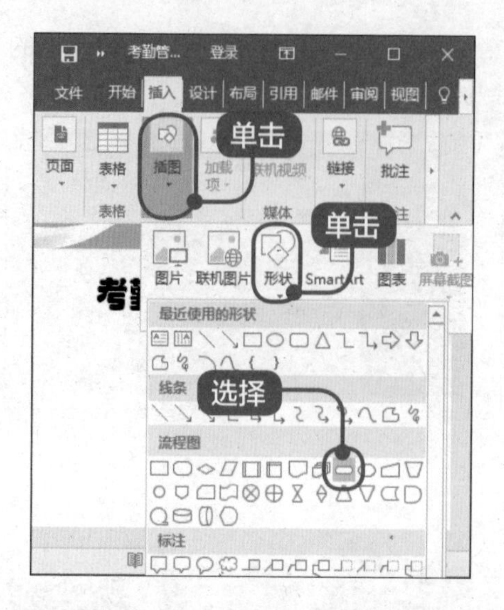

3 绘制图形

在文档中单击并拖动鼠标左键至适当位置，释放鼠标左键，绘制一个“流程图：终止”图形，如图所示。

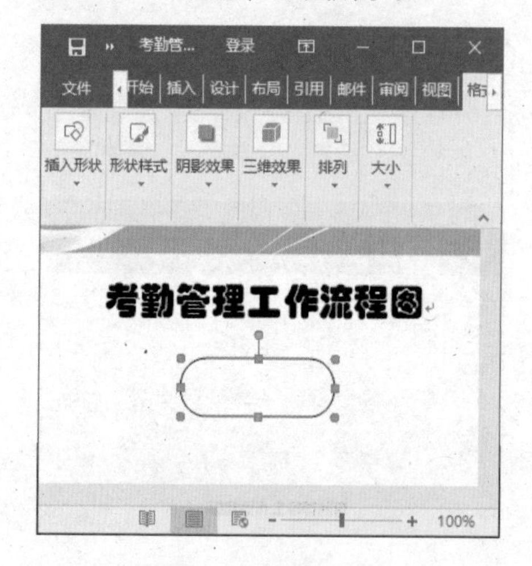

4 单击【形状】下拉按钮

再次单击【插图】下拉按钮，在弹出选项中单击【形状】下拉按钮，在弹出的形状库下的【流程图】区域中选择“过程”选项，如图所示。

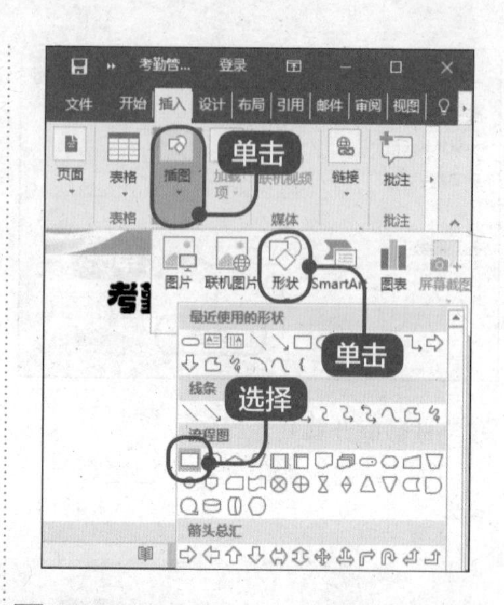

5 绘制图形

在文档中单击并拖动鼠标左键至适当位置，释放鼠标左键，绘制一个“流程图：过程”图形，使用【Ctrl】+【C】和【Ctrl】+【V】组合键复制 13 个该图形，如图所示。

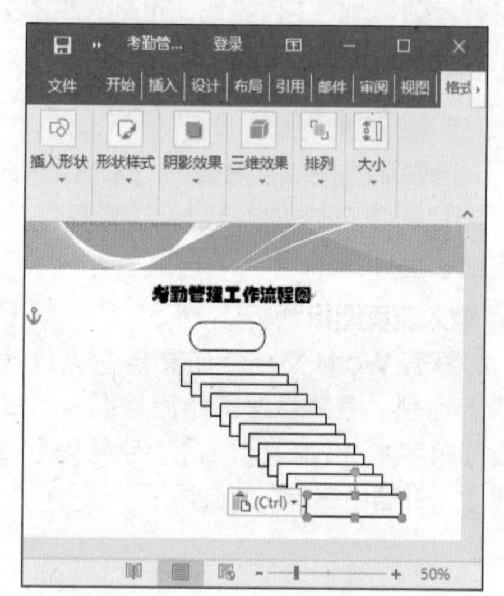

6 调整图形位置

使用【Ctrl】+【C】和【Ctrl】+【V】组合键复制 1 个“流程图：终止”图形，调整这所有流程图图形的位置，如图所示。

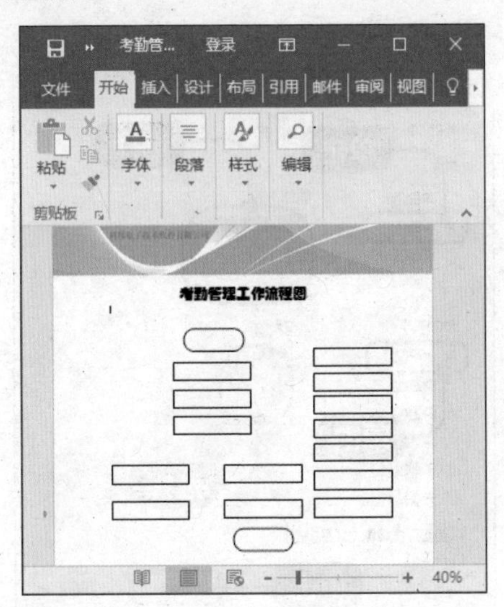

7 绘制图形

鼠标右键单击第一个“流程图：终止”图形，在弹出的快捷菜单中选择【添加文字】菜单项，如图所示。

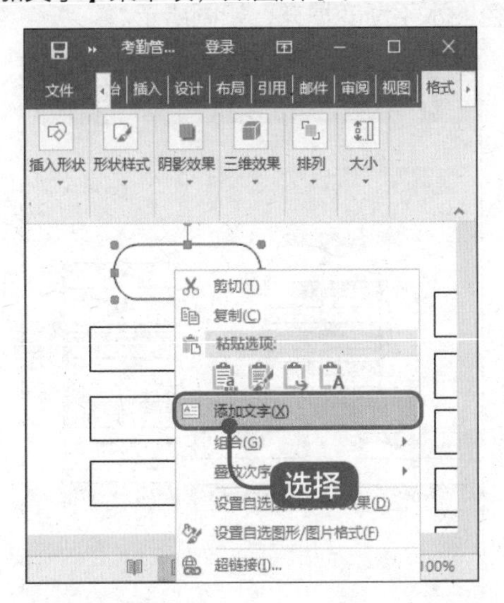

8 调整图形位置

此时该图形处于可编辑状态，使用输入法输入内容，并将文字设置为居中显示，如图所示。

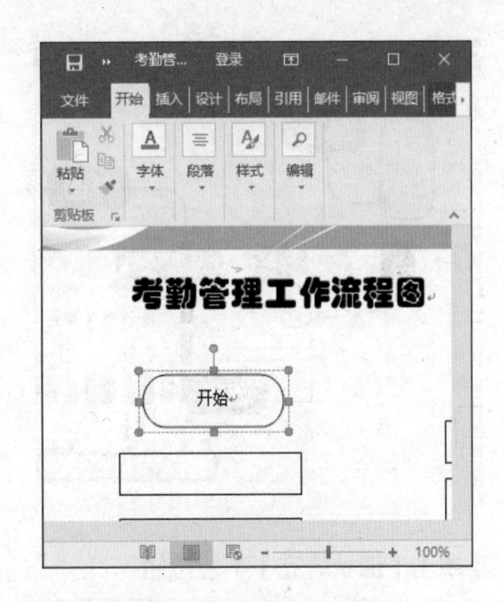

9 在其他图形上添加文字内容

使用相同方法在其他图形上添加文字内容，如图所示。

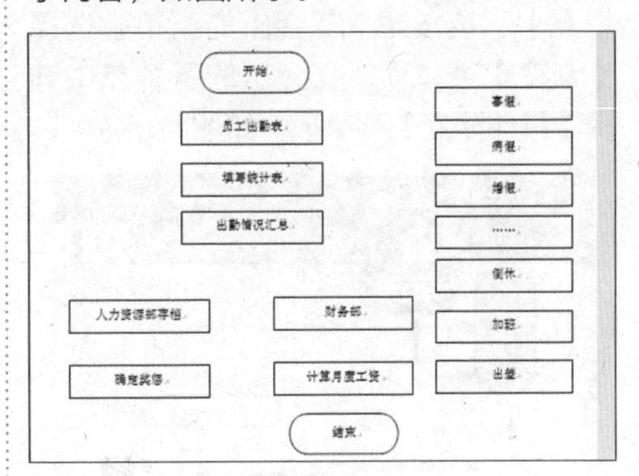

6.3.2 美化流程图

为了增强流程图的视觉效果，可以对其进行格式设置。

1 单击【文本框格式】下拉按钮

选中含有“……”信息的图形，在【格式】选项卡中单击【文本框格式】下拉按钮，在弹出的选项中单击【形状轮廓】下拉按钮，在弹出的菜单中选择【无轮廓】菜单项，如图所示。

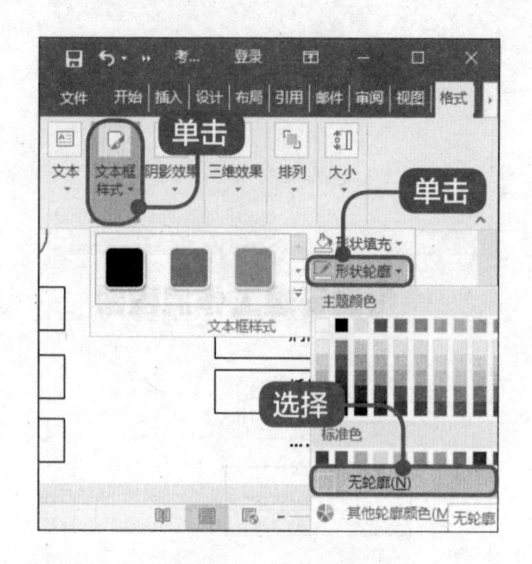

2 单击【形状填充】下拉按钮

选中“开始”和“结束”两个图形，在【格式】选项卡中单击【文本框格式】下拉按钮，在弹出的选项中单击【形状填充】下拉按钮，在弹出的菜单中选择【渐变】菜单项，在弹出的子菜单中选择【其他渐变】菜单项，如图所示。

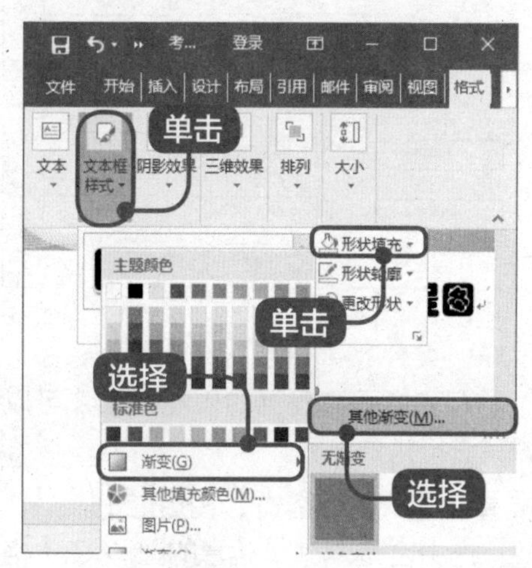

3 弹出【填充效果】对话框

弹出【填充效果】对话框，在【渐变】选项卡中单击【双色】单选按钮，在【颜色 1】和【颜色 2】列表框中选择一种颜色，单击【水平】单选按钮，在【变形】区域选择一种变形方式，单击【确定】按钮，如图所示。

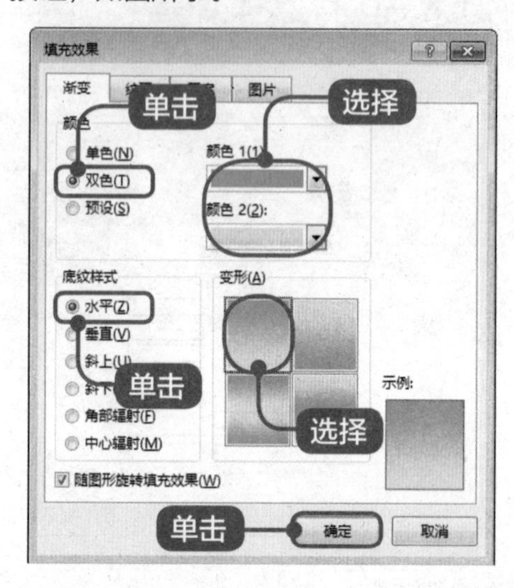

4 选中其余图形

选中流程图中其余的图形，使用同样方式设置图形的填充颜色为蓝色到白色的水平渐变填充，如图所示。

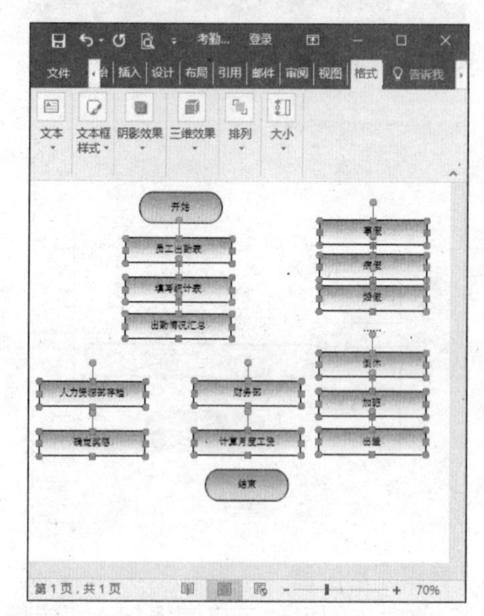

5 单击【三维效果】按钮

选中流程图中其余的图形，将轮廓

填充设置为【无轮廓】，在【格式】选项卡中单击【三维效果】按钮，在【三维效果】效果库中选择一种效果，如图所示。

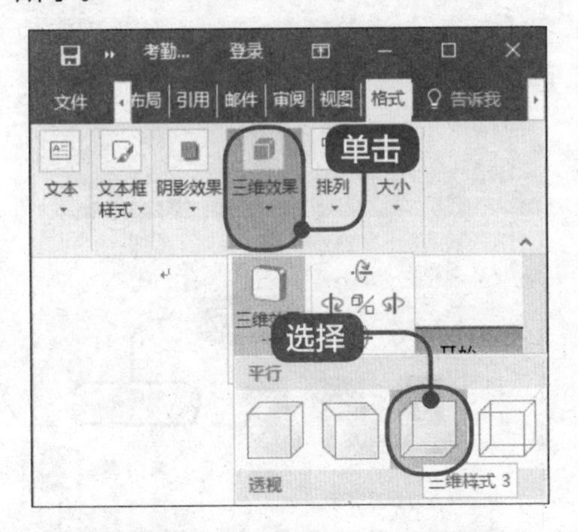

6 选择【深度】选项

在【三维效果】选项中选择【深度】选项，在弹出的选项中选择【36 磅】选项，如图所示。

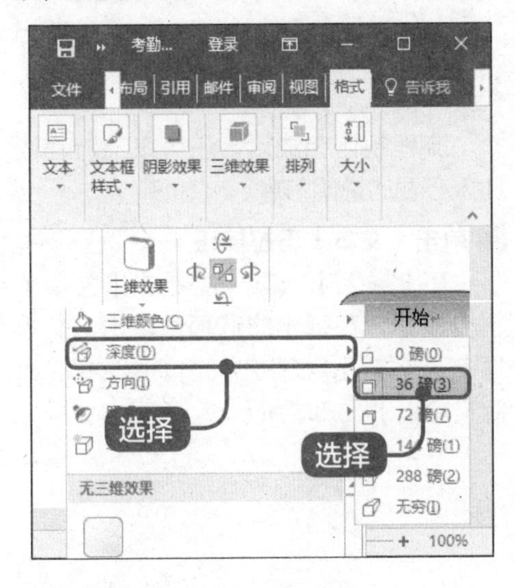

6.3.3 连接流程图形

将图形的样式设置完成后，即可开始连接图形。

1 单击【插图】下拉按钮

在【插入】选项卡中单击【插图】下拉按钮，在弹出选项中单击【形状】下拉按钮，在弹出的形状库下的【线条】区域中选择“线箭头”选项，如图所示。

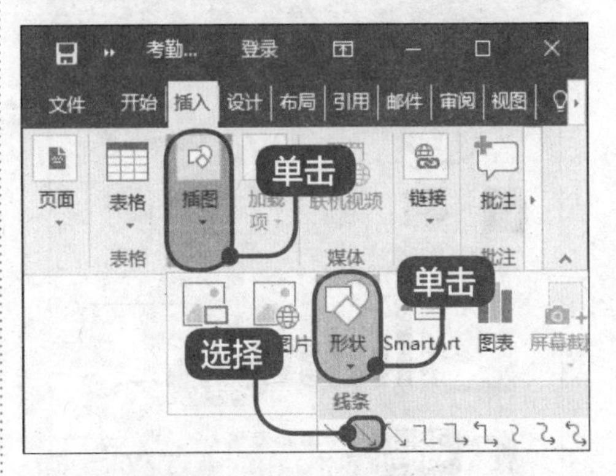

2 在文档中绘制箭头

在文档中单击并拖动鼠标左键至适当位置，释放鼠标左键，绘制箭头连接图形，如图所示。

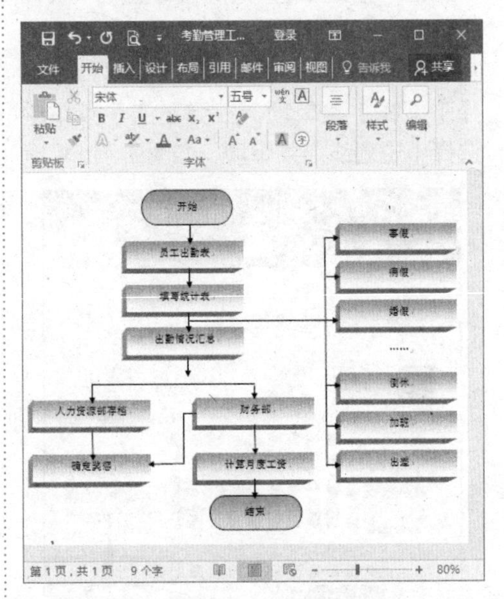

3 单击【形状样式】下拉按钮

选中所有箭头，在【格式】选项卡中单击【形状样式】下拉按钮，在弹出的选项中单击【形状轮廓】下拉按钮，在弹出的菜单中选择【粗细】菜单项，在弹出的子菜单中选择【1.5磅】菜单项，如图所示。

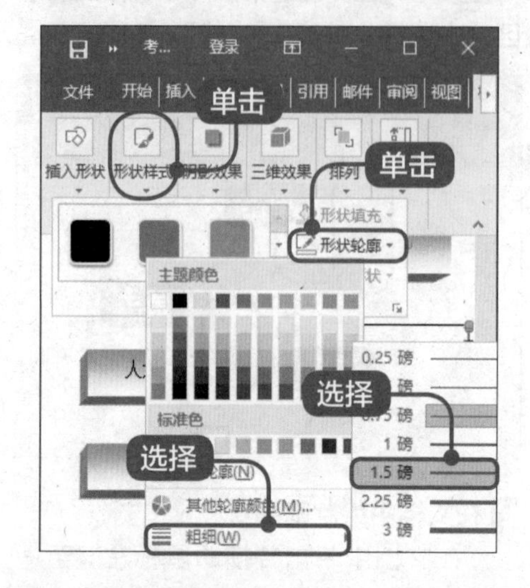

4 设置箭头为虚线

在【格式】选项卡中单击【形状样式】下拉按钮，在弹出的选项中单击【形状轮廓】下拉按钮，在弹出的菜单中选择【虚线】菜单项，在弹出的子菜单中选择【短划线】菜单项，如图所示。

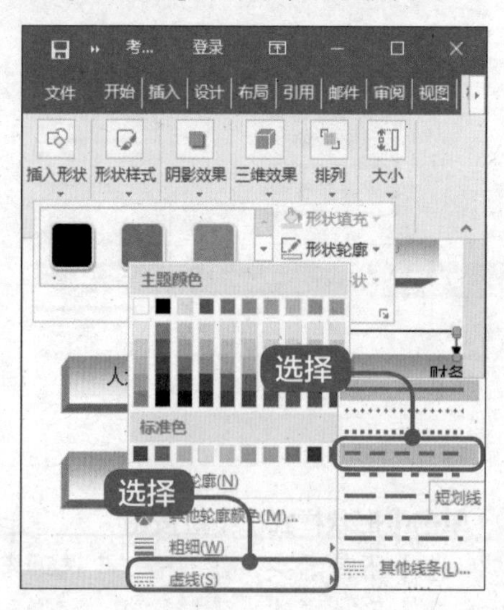

5 设置箭头的颜色

在【格式】选项卡中单击【形状样式】下拉按钮，在弹出的选项中单击【形状轮廓】下拉按钮，在弹出的菜单中选择【颜色】菜单项，在弹出的颜色库中选择一种颜色，如图所示。

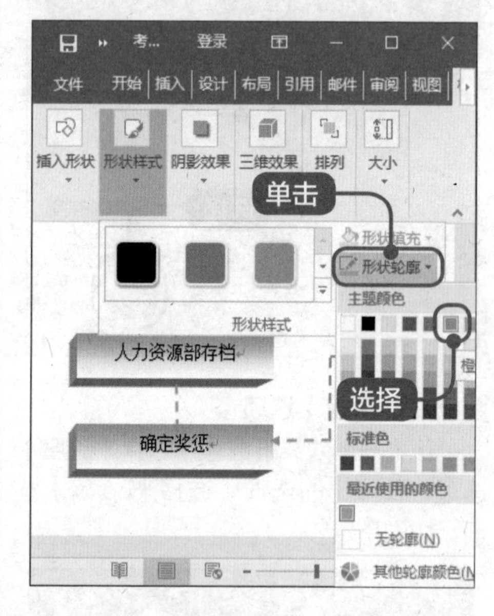

6.3.4 插入制图信息

流程制作完成后，还可以给流程图插入必要的说明信息。

1 单击【文本】下拉按钮

在【插入】选项卡中单击【文本】下拉按钮，在弹出的选项中单击【文本框】下拉按钮，在弹出的选项中选择【绘制文本框】，如图所示。

2 弹出插入图片对话框

在文档中单击并拖动鼠标左键至适当位置，释放鼠标左键，绘制文本框，并在文本框中输入内容，如图所示。

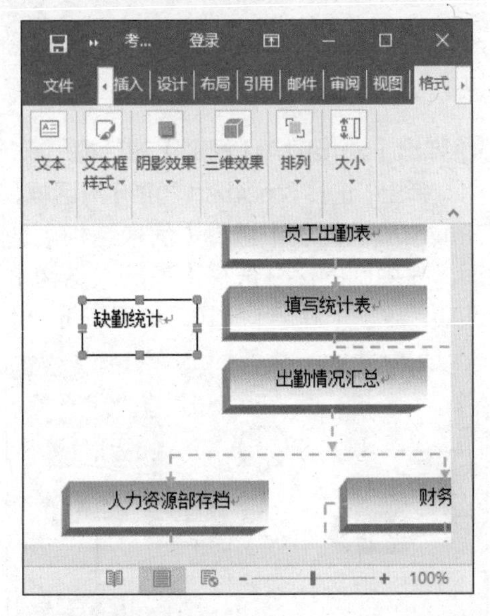

3 设置文本格式

选中文本，在【开始】选项卡中单击【文本】下拉按钮，在弹出的选项中设置字体为【华文细黑】，字号为【五号】，字体颜色为【橙色】，如图所示。

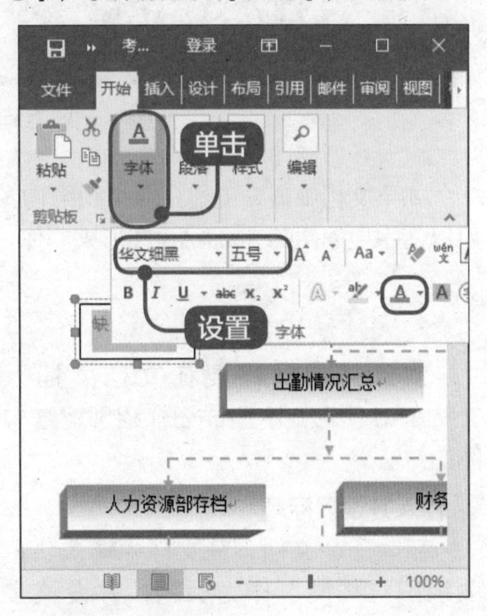

4 设置文本框格式

选中文本框，在【格式】选项卡中单击【文本框样式】下拉按钮，在弹出的选项中单击【形状填充】下拉按钮，在弹出的选项中选择【无填充】，设置【形状轮廓】选项为【无轮廓】，并调整文本框的位置，如图所示。

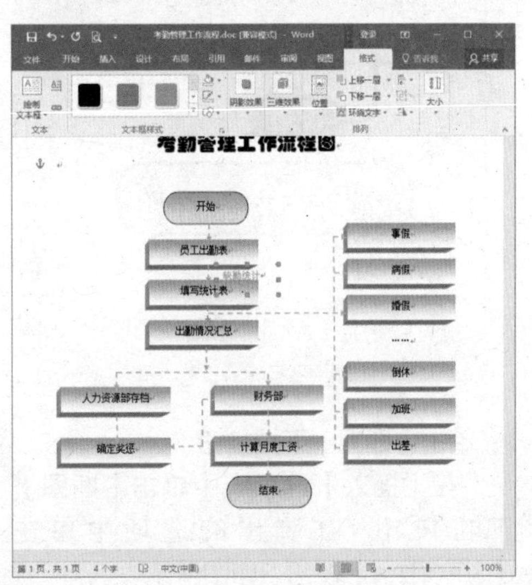

6.4 实战案例——制作组织结构图

本节视频教学时间 / 3 分钟 40 秒

如果文档中需要创建企业组织结构图等图形图示，可以像上述方法手动绘制，也可以使用更简便的 SmartArt 图形来制作。

6.4.1 创建结构图

创建结构图需要在文档中插入 SmartArt 图形。下面详细介绍创建结构图的方法。

1 输入并设置标题

新建一个文档，在文档中输入“企业组织结构图”作为标题，并设置字体为【方正姚体】，字号为【一号】，字体颜色为【紫色】且居中对齐，如图所示。

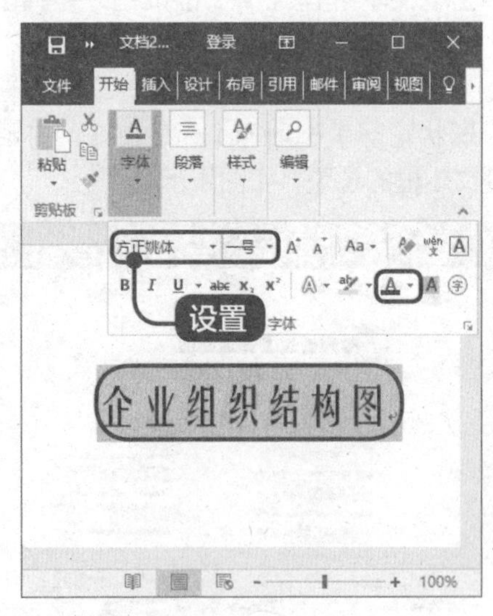

2 单击【插图】下拉按钮

在【插入】选项卡中单击【插图】下拉按钮，在弹出的选项中单击【SmartArt】按钮，如图所示。

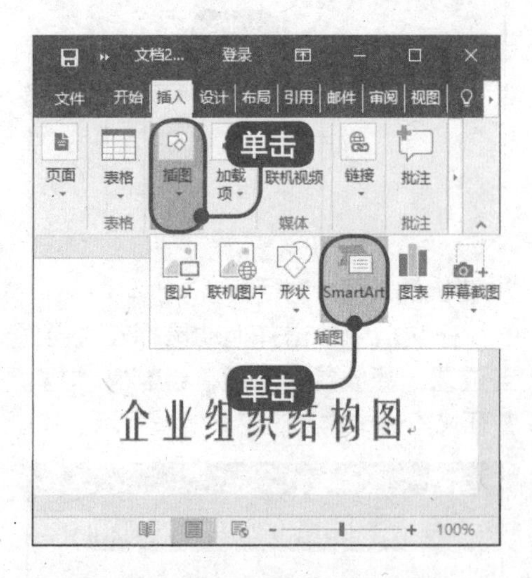

3 弹出【SmartArt 图形】对话框

弹出【选择 SmartArt 图形】对话框，在最左侧的列表中选择【层次结构】选项，在中间的区域选择【表层次结构】选项，单击【确定】按钮，如图所示。

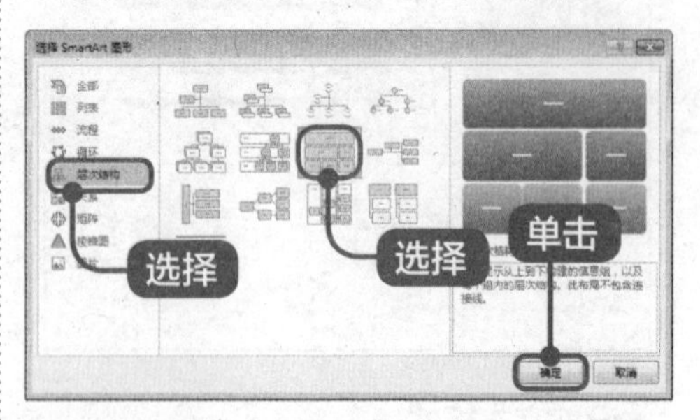

4 完成插入

通过以上步骤即可在文档中插入 SmartArt 图形，如图所示。

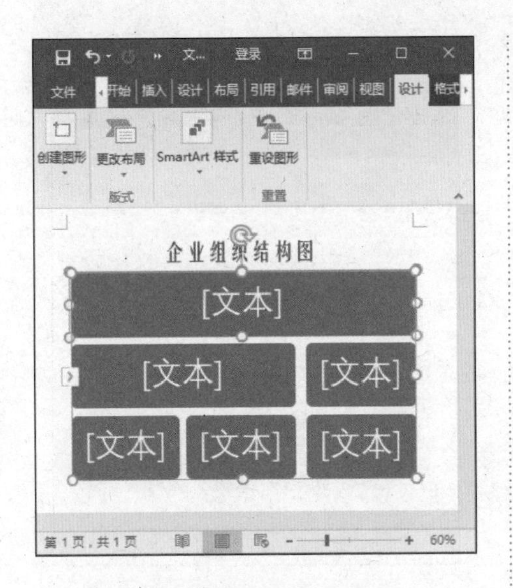

6.4.2 修改组织结构图项目

插入的结构图不能完全符合我们的需要，这时需要自己进行修改。

1 单击【更改布局】下拉按钮

选中整个图形，在【设计】选项卡中单击【更改布局】下拉按钮，在弹出的布局库中选择一种布局，如图所示。

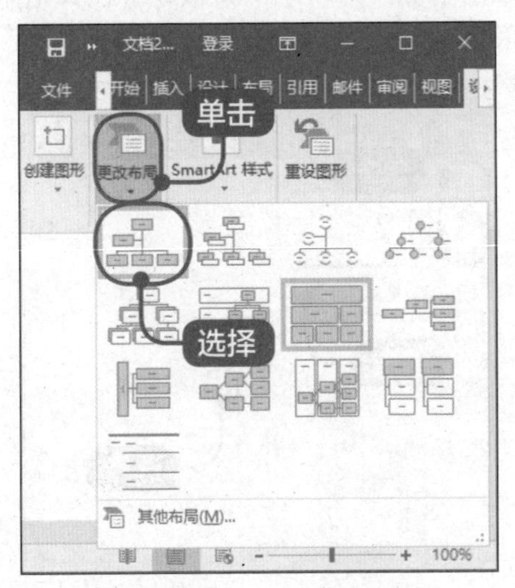

2 单击【创建图形】下拉按钮

选中第一行的图形，在【设计】选项卡中单击【创建图形】下拉按钮，在弹出的选项中单击【添加形状】下拉按钮，在弹出的选项中选择【添加助理】选项，如图所示。

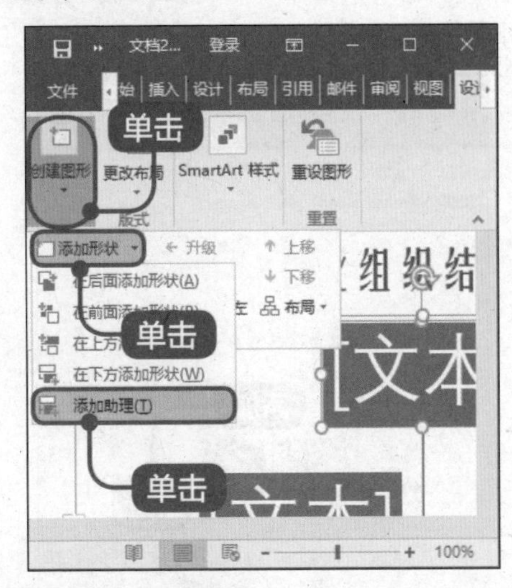

3 查看添加的图形

此时在该图形的下面已经添加了一个助理图形，如图所示。

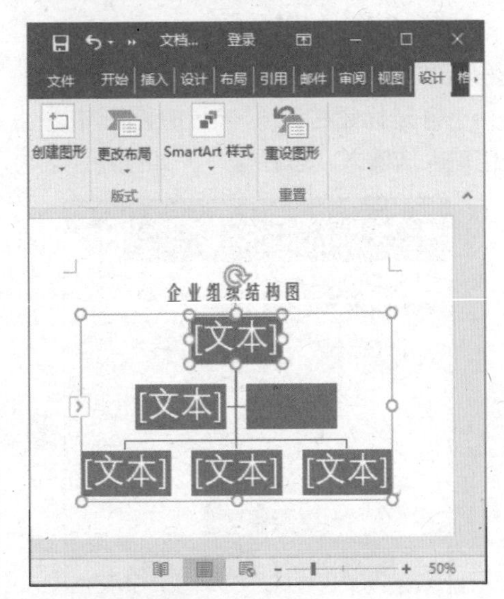

4 再次添加图形

选中第一行的图形，在【设计】选项卡中单击【创建图形】下拉按钮，在弹出的选项中单击【添加形状】下拉按钮，在弹出的选项中选择【在下方添加形状】选项，在第3行添加一个图形，如图所示。

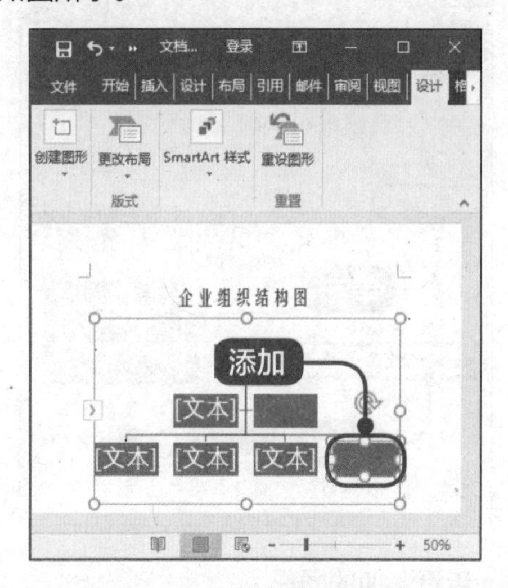

6.4.3 在组织结构图中输入内容

制作完结构图的大体框架后，就可以在图形中输入内容了。

1 定位光标输入内容

将光标定位在第一行的图形中，使用输入法输入“总经理”，如图所示。

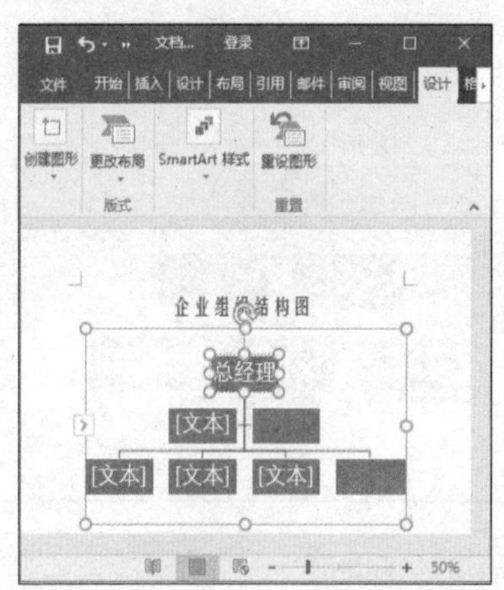

2 完成输入

使用相同的方法在其他的图形中输入相应的内容，如图所示。

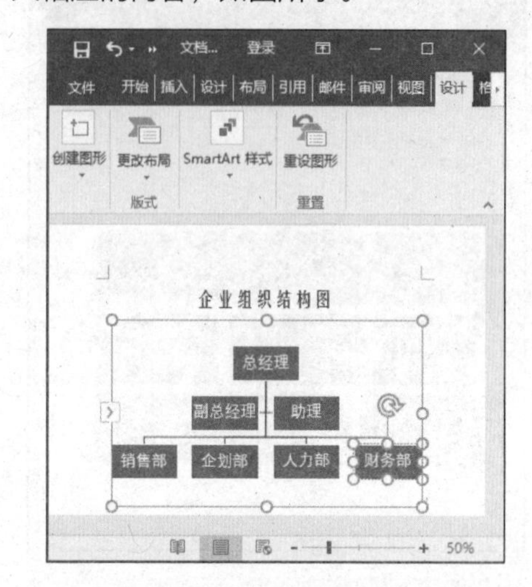

6.4.4 改变组织结构图的形状

用户还可以根据需要更改组织结构图的形状。

1 单击【形状】下拉按钮

选中图形，在【格式】选项卡中单击【形状】下拉按钮，在弹出的选项中单击【更改形状】下拉按钮，在弹出的形状库中选择一种形状，如图所示。

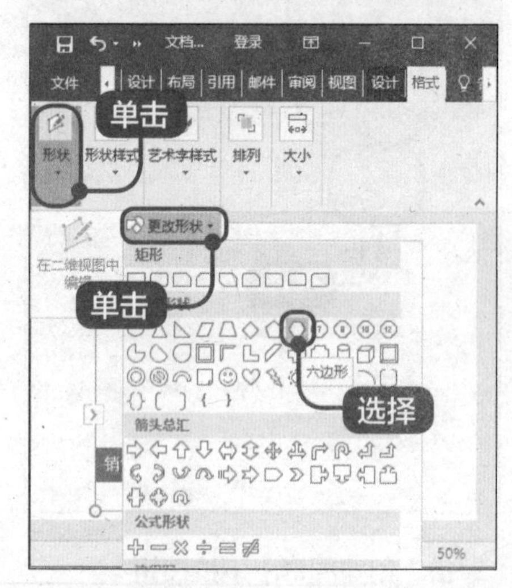

2 完成形状的更改

使用相同的方法将其他图形的形状

更改成其他形状，如图所示。

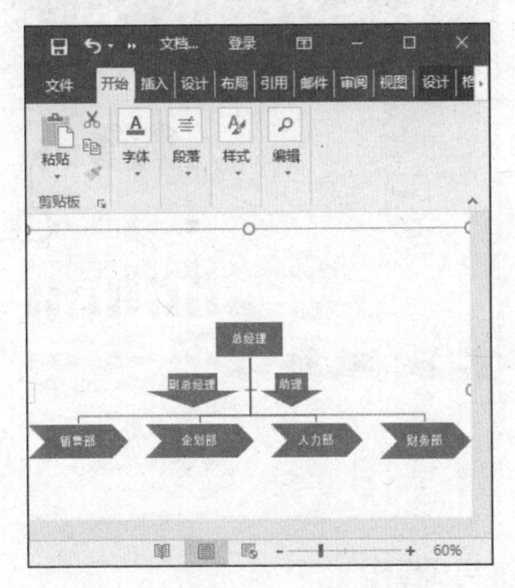

6.4.5 设置组织结构图的外观

组织结构图已经基本创建完成了，为了增强美观程度，还需要对格式进行设置。

1 单击【形状】下拉按钮

选中整个图形，在【设计】选项卡中单击【SmartArt 样式】下拉按钮，在弹出的选项中单击【更改颜色】下拉按钮，在弹出的颜色库中选择一种颜色配置，如图所示。

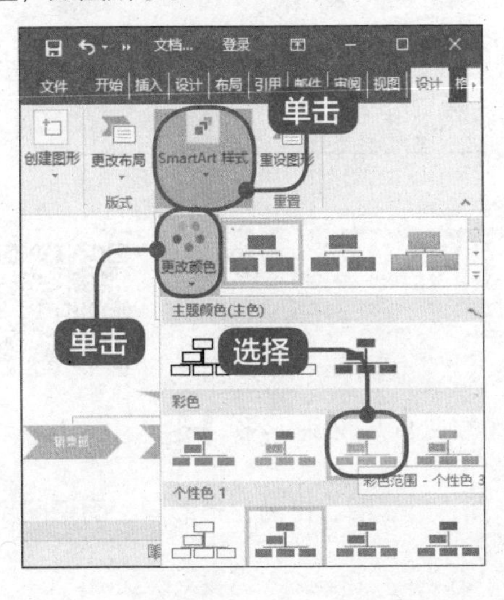

2 完成形状的更改

再次单击【SmartArt 样式】下拉按钮，在弹出的选项中单击【SmartArt 样式】下拉按钮，在弹出的样式库中选择一种样式，如图所示。

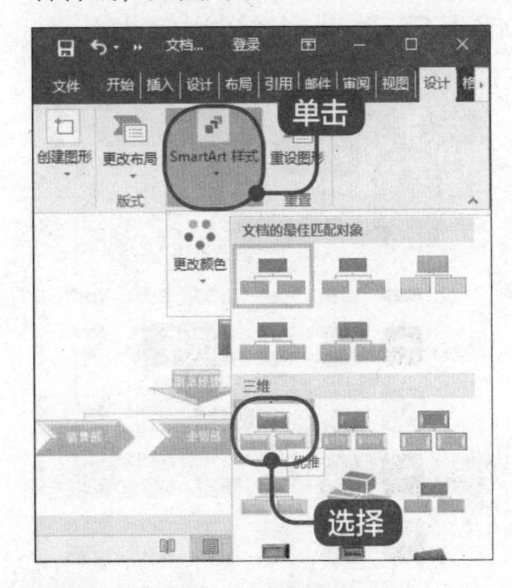

3 单击【形状】下拉按钮

选中“总经理”图形，在【格式】选项卡中单击【形状】下拉按钮，在弹出的选项中单击【增大】按钮 6 次，如图所示。

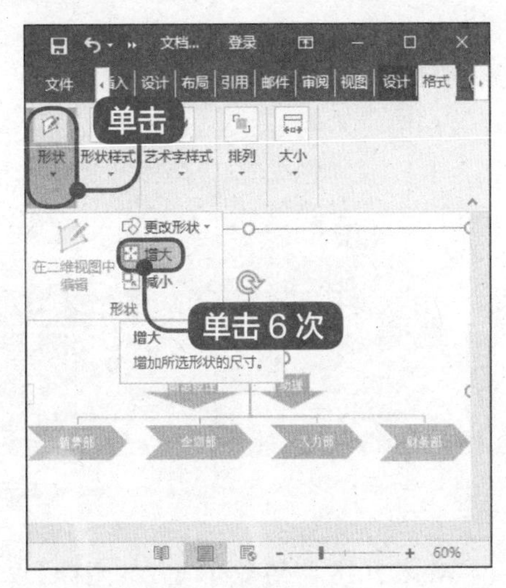

4 单击【形状样式】下拉按钮

选中中间一行的两个图形，在【格式】选项卡中单击【形状样式】下拉按钮，在弹出的选项中单击【格式】下拉按钮，在弹出的格式库中选择一种格式，如图所示。

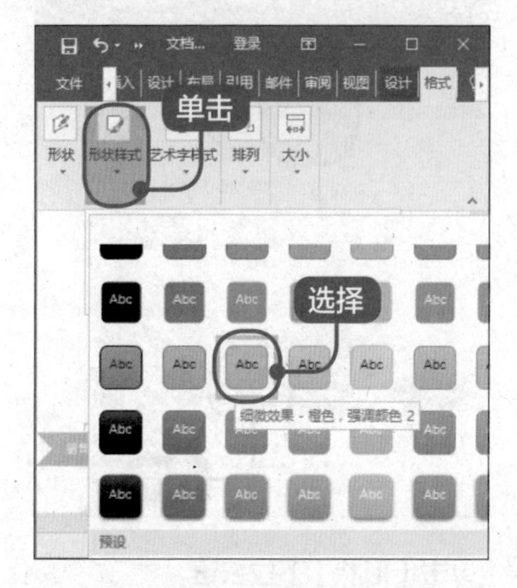

5 单击【形状】下拉按钮

使用相同方法设置第 3 行的图形，执行【格式】→【形状样式】→【形状填充】命令，选择一种颜色，如图所示。

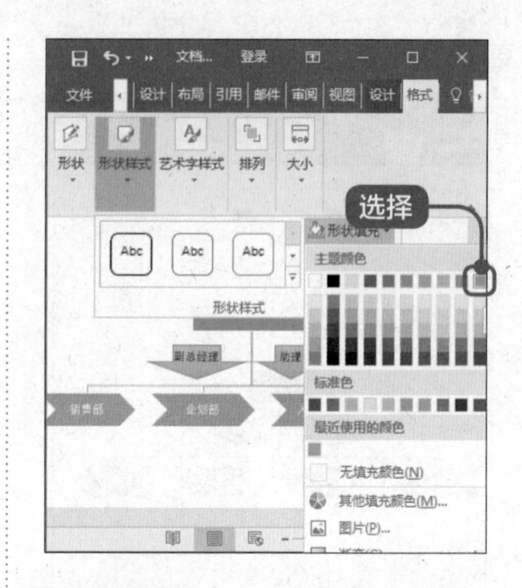

6 完成操作

通过以上步骤即可完成设置图形外观的操作，如图所示。

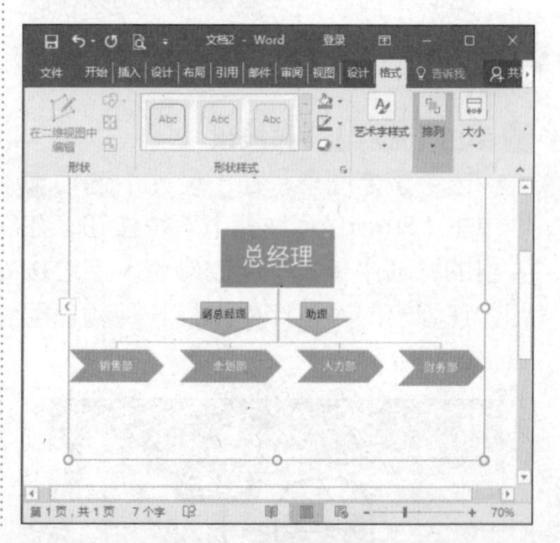

6.5 实战案例——制作业绩销售图表

本节视频教学时间 / 2 分钟 14 秒

Word 2016 自带多种样式的图标，如柱形图、折线图、饼图、条形图、面积图和散点图，用户可以根据需要插入相应的图表。

6.5.1 插入图表

插入图表的方法非常简单。下面详细介绍插入图表的方法。

1 单击【插图】下拉按钮

打开素材文件，将光标定位到准备插入图表的位置，在【插入】选项卡中单击【插图】下拉按钮，在弹出的选项中单击【图表】按钮，如图所示。

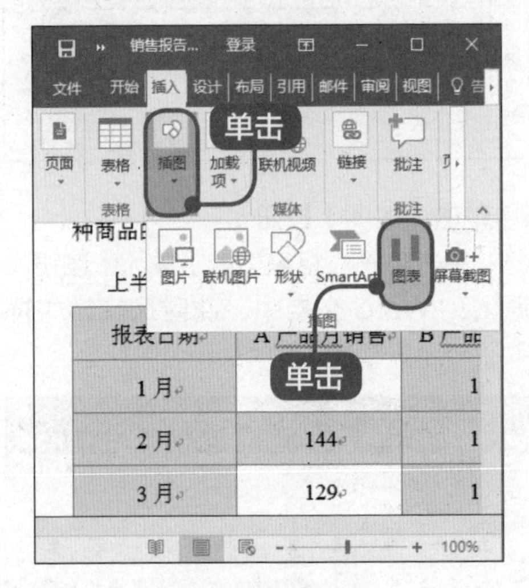

2 弹出【插入图表】对话框

弹出【插入图表】对话框，在列表框中选择【折线图】选项，选择一种折线图，单击【确定】按钮，如图所示。

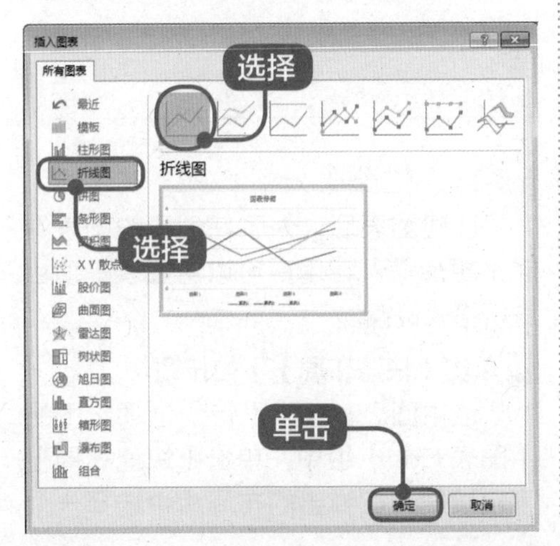

3 单击【插图】下拉按钮

此时在文档中已经插入了一个图表，并弹出一个电子表格，如图所示。

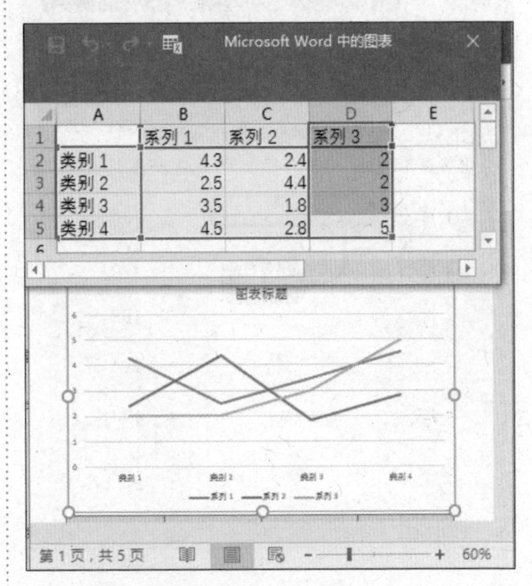

4 调整表格数据

将鼠标指针移动至表格右下角，按住鼠标左键，将其调整为合适的行与列，然后删除多余的内容，如图所示。

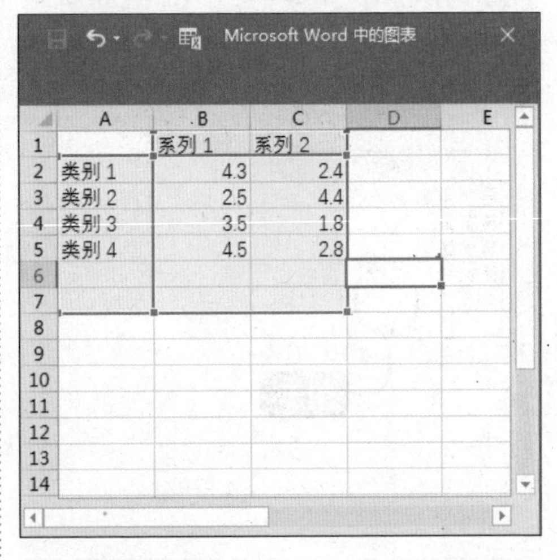

5 复制表格数据

在 Word 文档中选中表格中的基础数据，右键单击鼠标，在弹出的快捷菜单中选择【复制】菜单项，如图所示。

6 粘贴表格数据

在电子表格中，选中设置好的行与列，右键单击鼠标，在弹出的快捷菜单中选择【粘贴】→【保留源格式】菜单项，如图所示。

7 查看效果

粘贴完毕，效果如图所示。

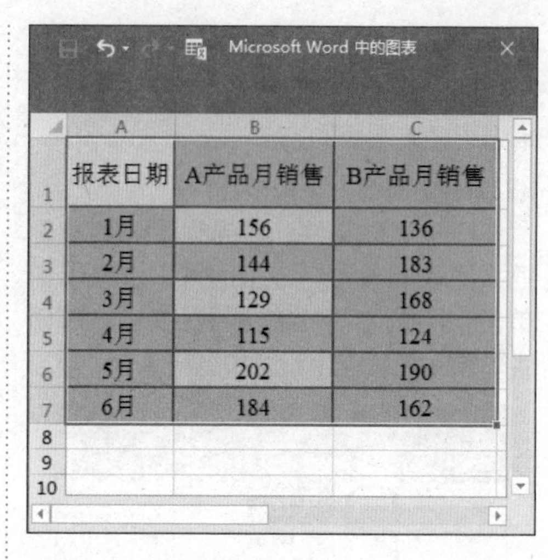

报表日期	A产品月销售	B产品月销售
1月	156	136
2月	144	183
3月	129	168
4月	115	124
5月	202	190
6月	184	162

8 单击【关闭】按钮

单击电子表格窗口的【关闭】按钮，返回到 Word 文档中，此时在文档中插入了一个折线图，如图所示。

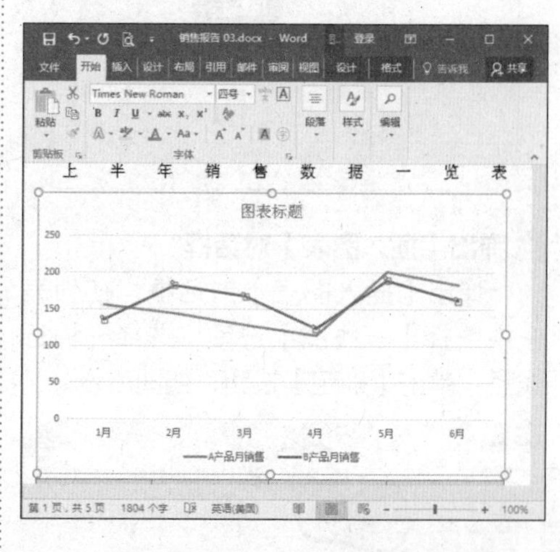

6.5.2 美化图表

创建图表后，为了使创建的图表看起来更加美观，用户可以对图表等项目进行格式设置。

1 单击【快速布局】下拉按钮

选中图表，在【设计】选项卡下的【图表布局】组中，单击【快速布局】下拉按钮，在弹出的布局库中选择一个布局，如图所示。

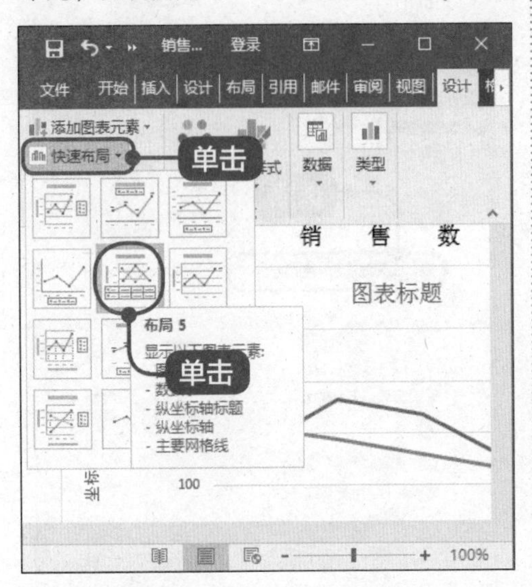

2 查看效果

应用布局样式后的效果如图所示。

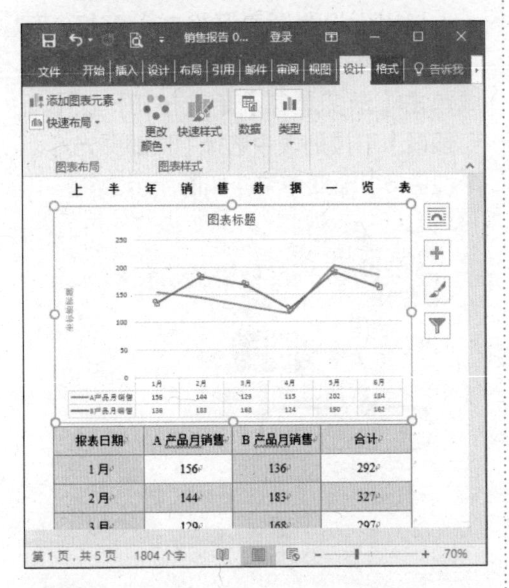

3 输入标题

在图表中输入合适的图表标题和坐标轴标题，如图所示。

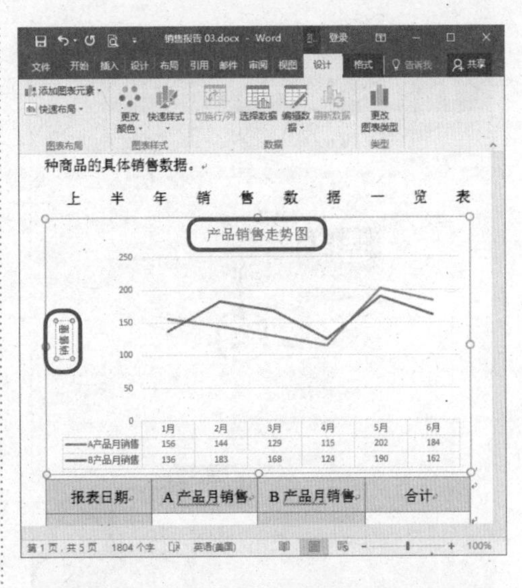

4 选择【设置坐标轴标题格式】对话框

选中纵坐标轴的标题，鼠标右键单击，在弹出的快捷菜单中选择【设置坐标轴标题格式】菜单项，如图所示。

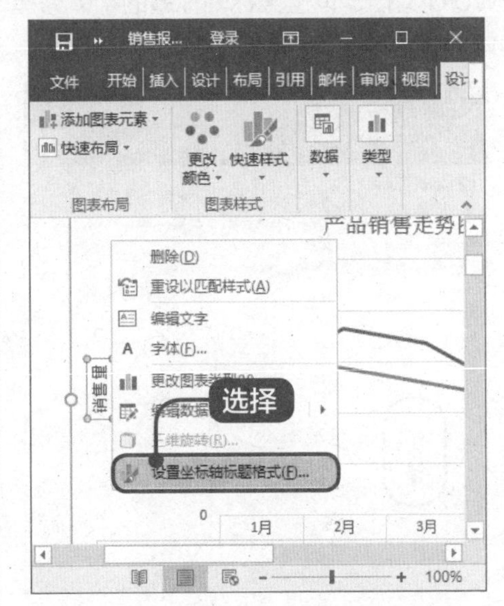

5 弹出【设置坐标轴标题格式】窗格

弹出【设置坐标轴标题格式】窗格，单击【布局属性】按钮，切换到【对齐方式】选项卡，在【文字方向】下拉列表中选择【竖排】选项，如图所示。

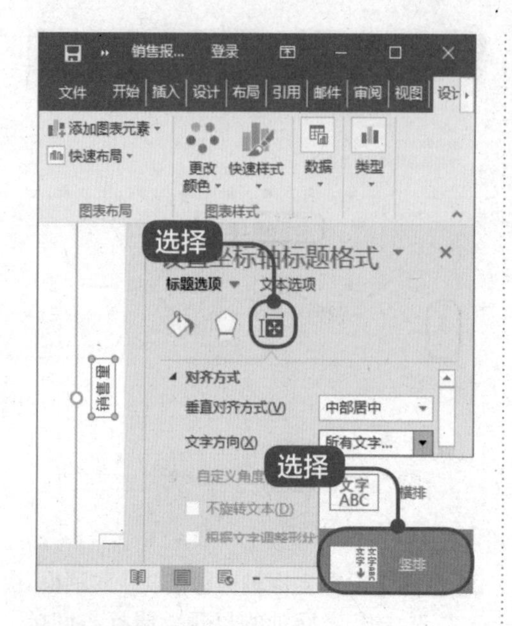

6 设置标题字体

设置完毕，单击关闭按钮，返回Word文档，设置坐标轴标题的字体为黑体，字号为12，如图所示。

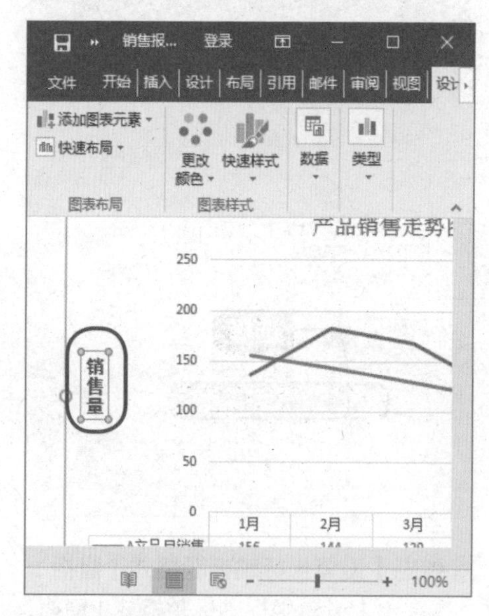

7 右键单击图表

选中图表，鼠标右键单击，在弹出的快捷菜单中选择【设置图表区域格式】菜单项，如图所示。

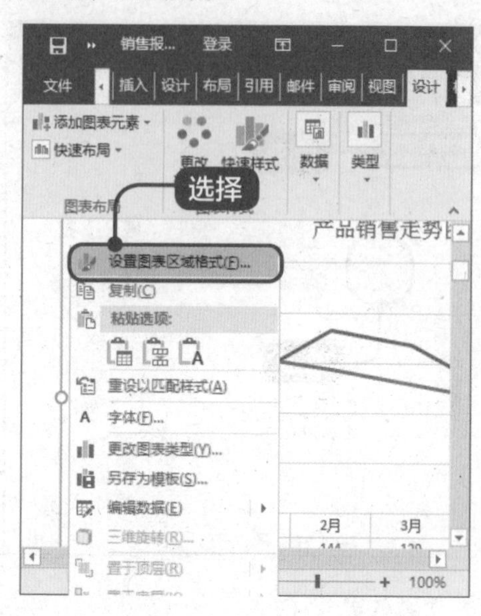

8 弹出【设置图表区格式】窗格

弹出【设置图表区格式】窗格，在【填充与线条】选项卡下的【填充】区域单击【渐变填充】单选按钮，在【渐变预设】下拉列表中选择【顶部聚光灯，个性色3】渐变效果，如图所示。

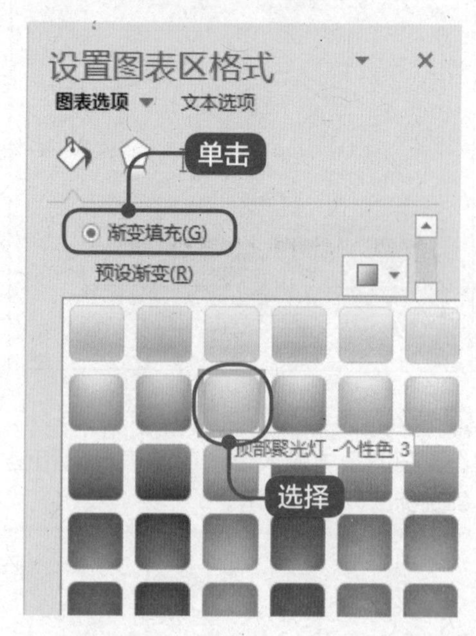

9 查看效果

通过上述操作即可完成美化图表的操作，如图所示。

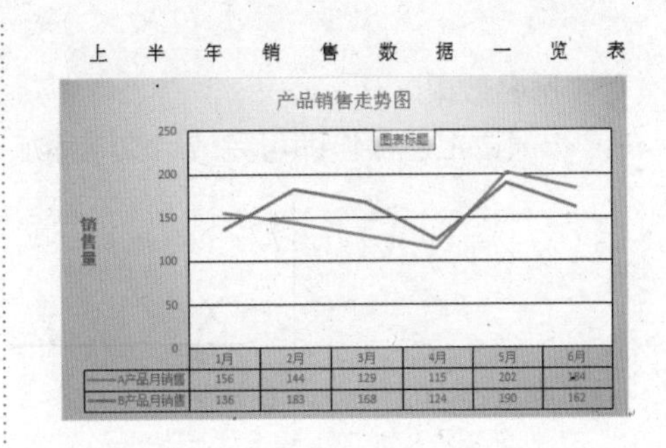

本节将介绍给文档添加签名行的具体方法，帮助读者学习与快速提高。

技巧 • 给文档添加签名行

用户还可以给文档添加签名行，这样就节省了手动签名的麻烦。

1 选择图章签名

选择【插入】选项卡，单击【文本】下拉按钮，在弹出的选项中单击【签名行】下拉按钮，在弹出的菜单中选择【Microsoft Office 签名行】菜单项，如图所示。

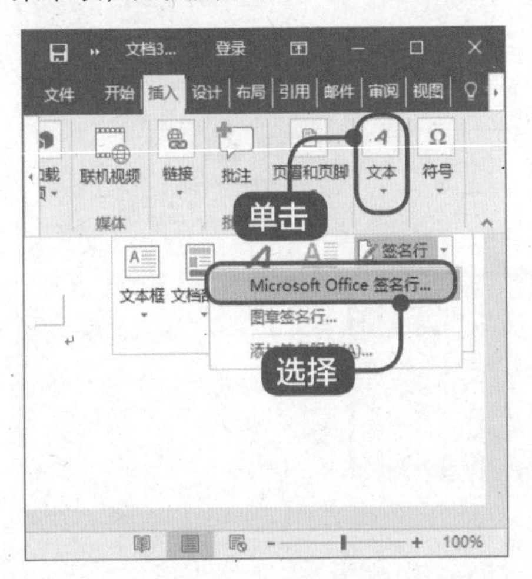

2 签名设置

弹出【签名设置】对话框，在【建议的签名人】文本框中输入名字，在【建议的签名人职务】文本框中输入职务，单击【确定】按钮，如图所示。

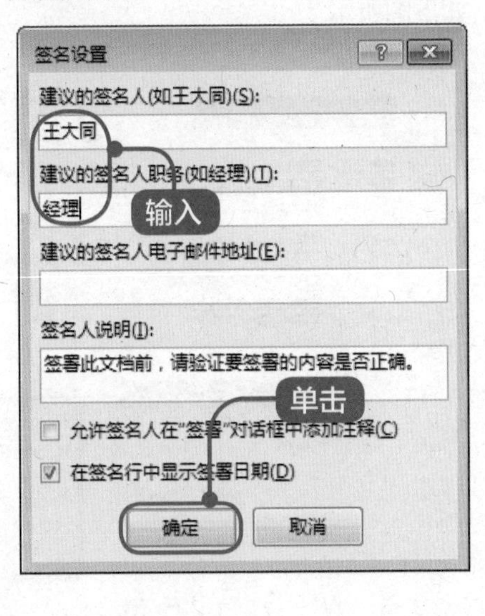

3 签名效果

通过上述操作即可完成给文本添加签字行的操作，如图所示。

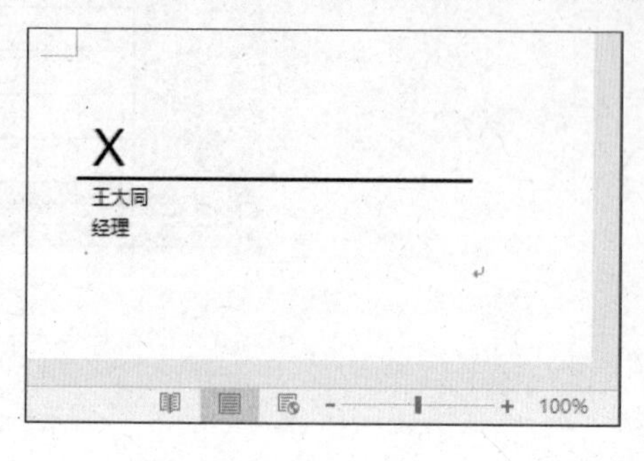

利用本章案例涉及的设计思路和知识点，还可以使用Word 2016制作“个人简历”“劳动合同书”“企业内部刊物”“毕业论文”和“毕业证书”等，如下图所示。

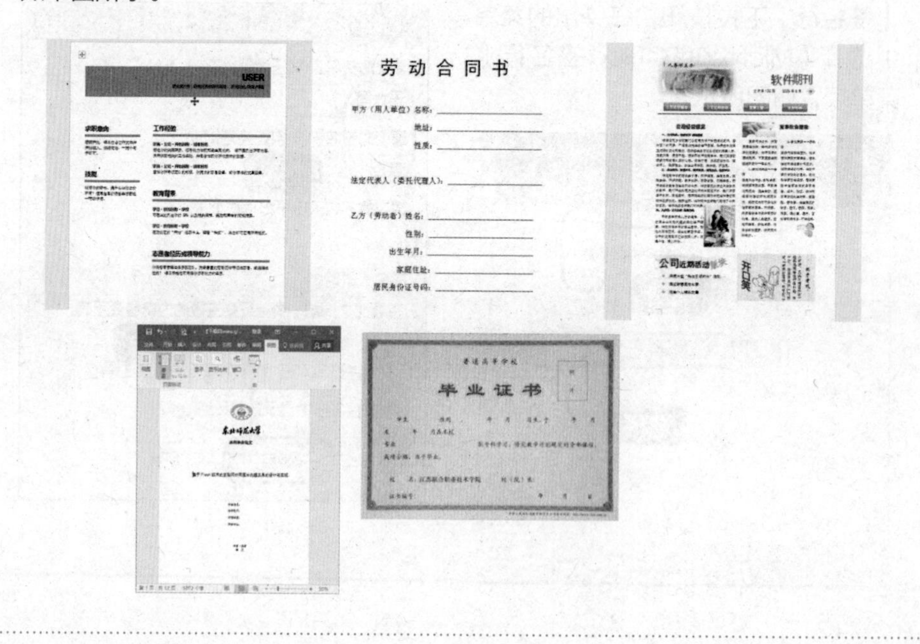

第 7 章

Word 文档高级排版——制作创业计划书

本章视频教学时间 / 10 分钟 37 秒

重点导读

本章主要介绍设置计划书分页、为标题和正文应用样式、设计页眉和页脚方面的知识与技巧，同时讲解提取目录的方法。本章最后针对实际的工作需求，讲解设置多级列表编号、分栏排版和插入脚注的方法。通过本章的学习，读者可以掌握在文档中进行高级排版的知识，为深入学习 Office 2016 和五笔输入法知识奠定基础。

本章主要知识点

- ✓ 设置计划书分页
- ✓ 为标题和正文应用样式
- ✓ 设计页眉和页脚
- ✓ 提取目录

7.1 设置计划书分页

本节视频教学时间 / 2 分钟 54 秒

本节将介绍设计书封面、巧用格式刷、使用分解符和分页符的操作方法。

7.1.1 设计封面

在制作创业计划书时，用户可以使用文本框设计封面文字。

1 单击【文本】下拉按钮

打开素材文件，在【插入】选项卡中单击【文本】下拉按钮，在弹出的选项中单击【文本框】下拉按钮，在弹出的文本框库中选择【简单文本框】，如图所示。

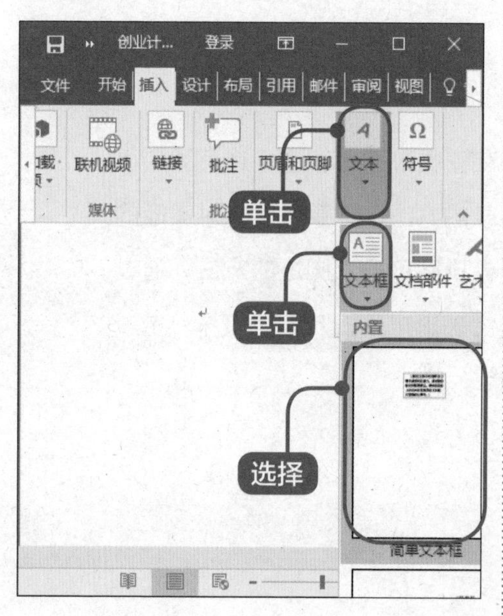

2 输入公司名称

此时，在文档中插入了一个简单文本框，在文本框中输入公司名称“文杰数码科技有限公司”，如图所示。

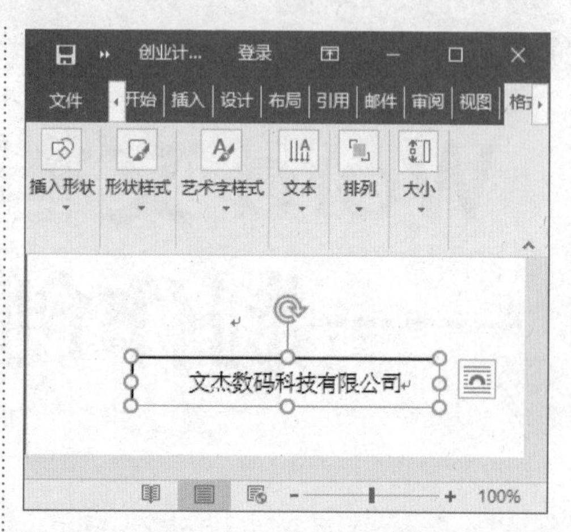

3 选中文本

选中文本，在【开始】选项卡中单击【字体】下拉按钮，在弹出的选项中设置字体为【华文中宋】，字号为【初号】，单击【加粗】按钮，设置字体颜色为【深蓝】，如图所示。

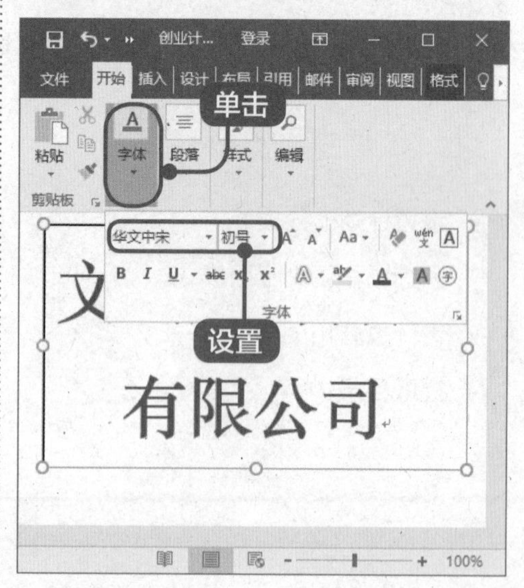

4 单击【形状样式】下拉按钮

选中文本框，在【格式】选项卡中单击【形状样式】下拉按钮，在弹出的菜单中选择【无轮廓】菜单项，如图所示。

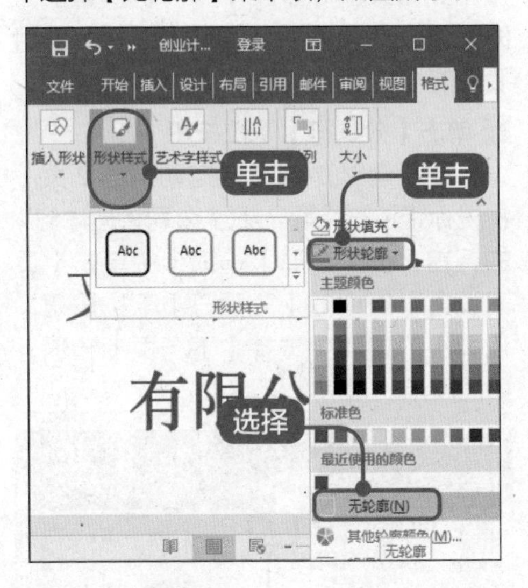

5 设计文档标题

使用同样方法插入并设计文档标题“创业计划书”，效果如图所示。

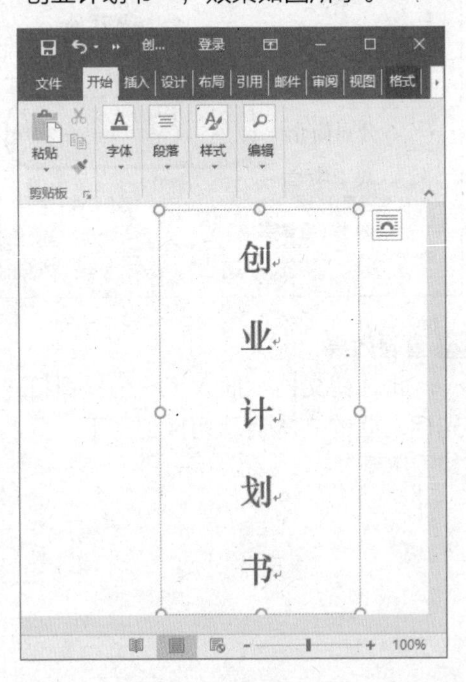

6 设计编制日期

使用同样方法插入并设计编制日期，最终的封面效果如图所示。

7.1.2 巧用格式刷

用户可以使用剪贴板上的【格式刷】按钮，复制一个位置的样式，然后将其应用到另一个位置。

1 选择阅读版式

选中准备复制格式的文本，在【开始】选项卡中单击【剪贴板】组中的【格式刷】按钮，如图所示。

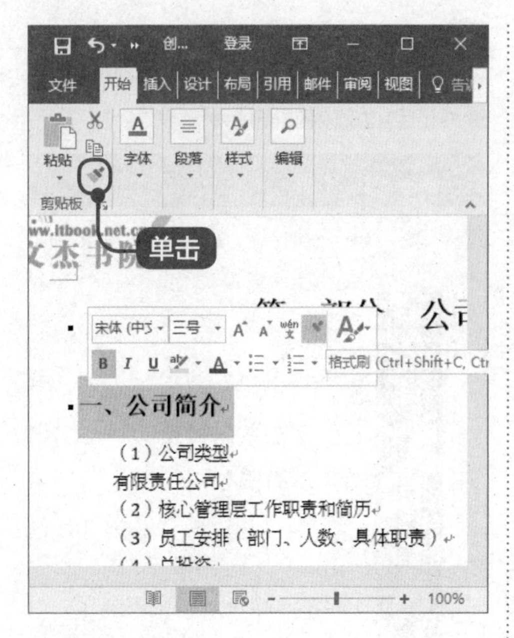

2 阅读版式效果

此时鼠标指针变为格式刷，移动鼠标指针至要刷新样式的文本段落，单击鼠标左键，此时该文本就应用了格式刷复制的样式，如图所示。

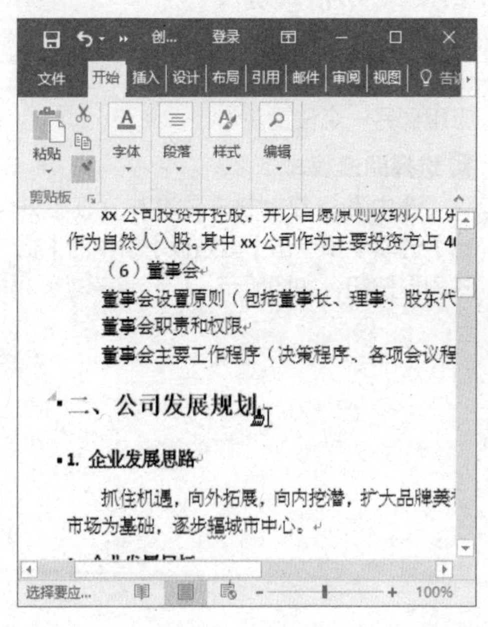

7.1.3 使用分节符

分节符是指为表示节的结尾插入的标记。分节符起着分隔前面文本格式的作用。如果删除了某个分节符，它前面的文字会合并到后面的节中，并且采用后者的格式设置。

1 单击【分隔符】下拉按钮

打开素材，将文档拖动到第 2 页，将光标定位在“第一部分 公司管理体制”的行首，在【布局】选项卡中单击【页面设置】组中的【分隔符】下拉按钮，在弹出的选项中选择【下一页】选项，如图所示。

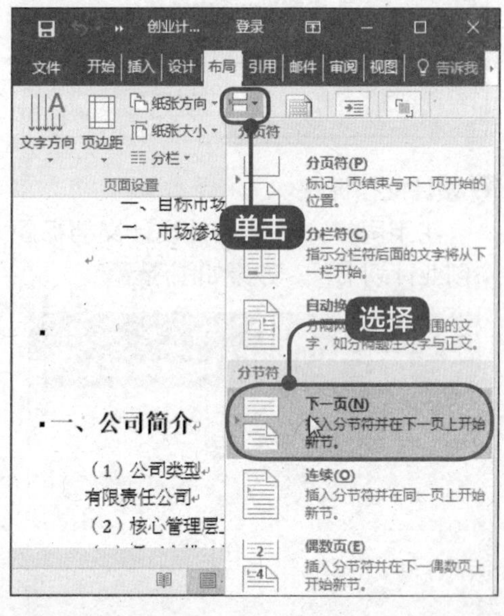

2 查看效果

此时在文档中插入了一个分页符，光标之后的文本自动切换到了下一页，如图所示。

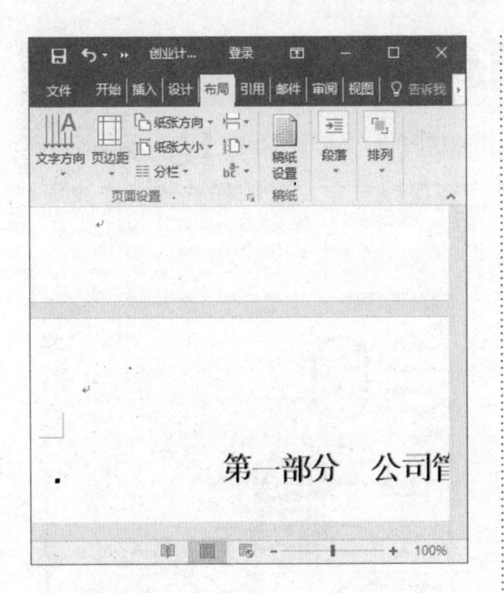

7.1.4 使用分页符

分页符是一种符号，显示上一页结束以及下一页开始的位置。

1 单击【分隔符】下拉按钮

打开素材，将文档拖动到第 13 页，将光标定位在“第三部分 公司运作”的行首，在【布局】选项卡中单击【页面设置】组中的【分隔符】下拉按钮，在弹出的选项中选择【分页符】选项，如图所示。

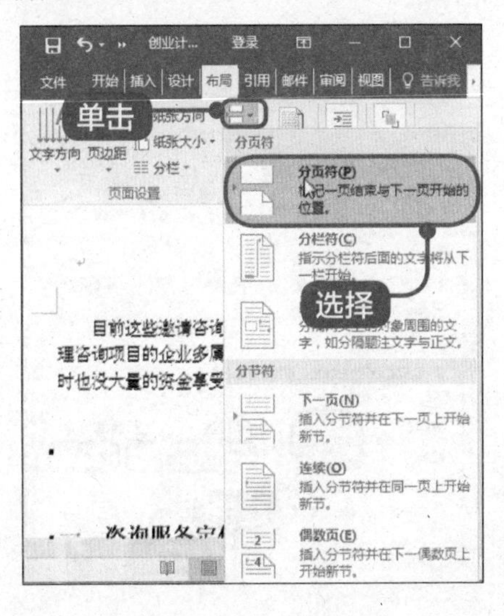

2 查看效果

此时在文档中插入了一个分页符，光标之后的文本自动切换到了下一页，如图所示。

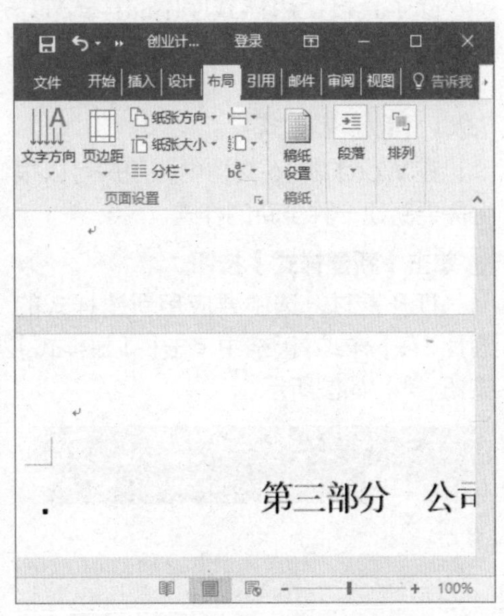

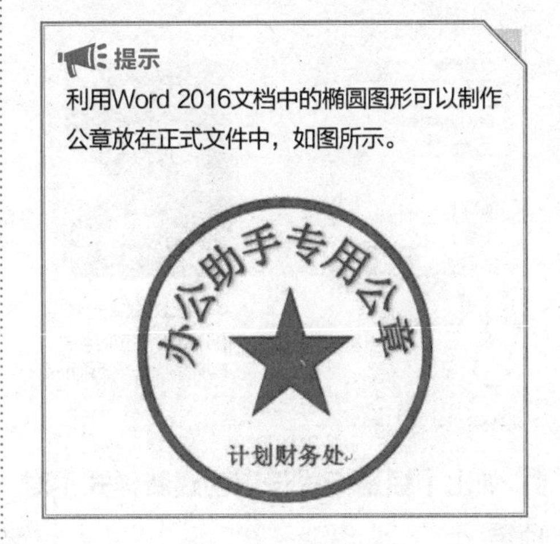

提示

利用Word 2016文档中的椭圆图形可以制作公章放在正式文件中，如图所示。

7.2 为标题和正文应用样式

本节视频教学时间 / 2 分钟 35 秒

除了直接使用样式库中的样式外，用户还可以自定义新的样式或者修改原有样式。

7.2.1 自定义样式

在 Word 2016 文档中，用户可以根据需要新建一种全新的样式。

1 单击【新建样式】按钮

打开素材，选中要应用新建样式的图片，在【样式】窗格中单击【新建样式】按钮，如图所示。

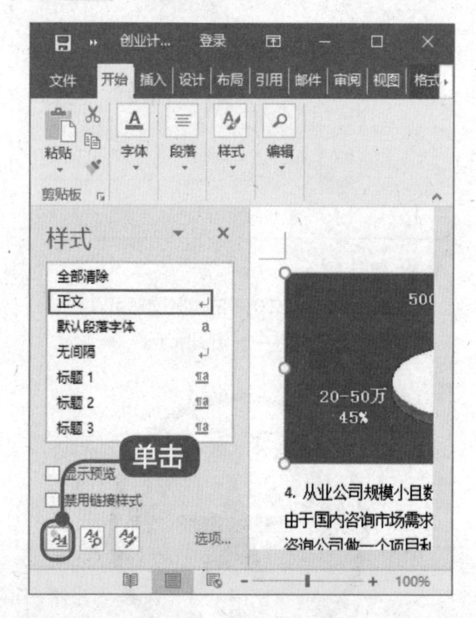

2 弹出【根据格式设置创建新样式】对话框

弹出【根据格式设置创建新样式】对话框，在【名称】文本框中输入新样式的名称，在【后续段落样式】下拉列表中选择【图】选项，单击【居中】按钮，单击【格式】按钮，在弹出的选项中选择【段落】选项，如图所示。

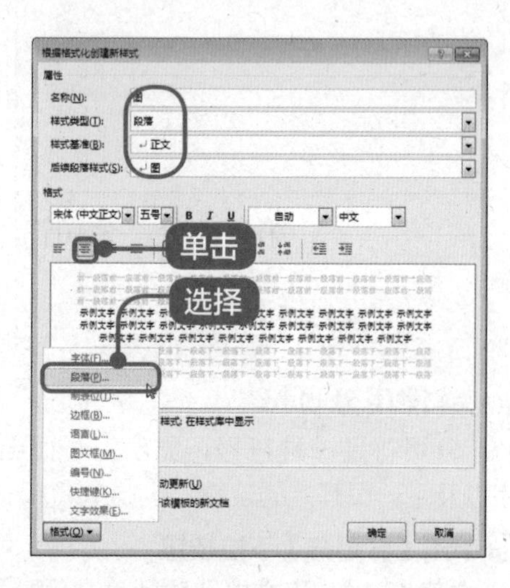

3 弹出【段落】对话框

弹出【段落】对话框，在【缩进和间距】选项卡中，设置【段前】和【段后】为 0.5 行，设置【行距】为最小值，【设置值】为 12 磅，单击【确定】按钮，如图所示。

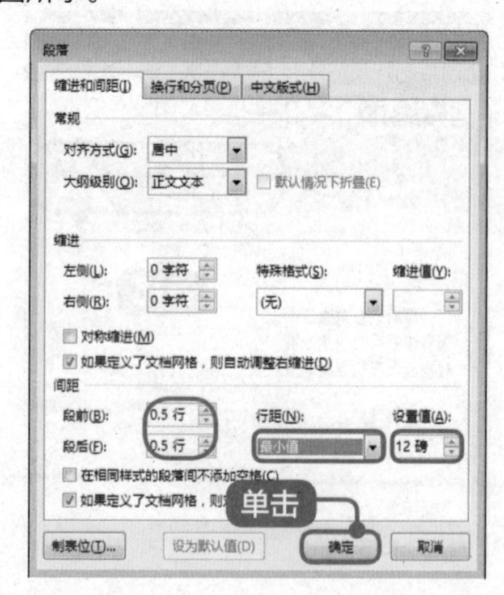

4 弹出【根据格式设置创建新样式】对话框

返回到【根据格式设置创建新样式】对话框，单击【确定】按钮，此时新建的样式“图”显示在了【样式】任务窗格中，选中的图片自动应用了该样式，如图所示。

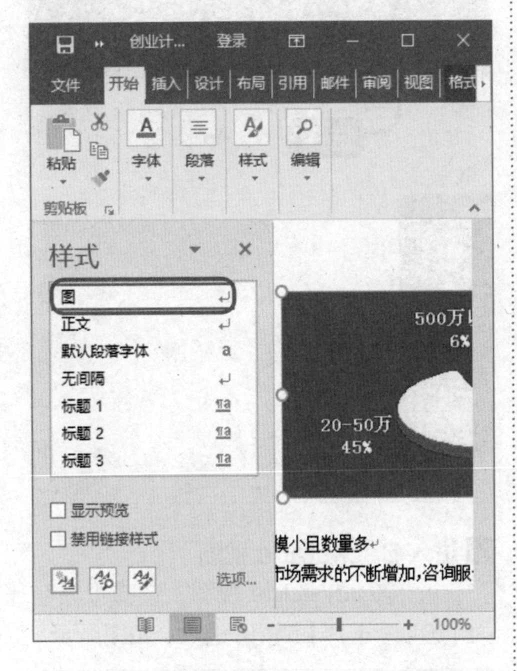

7.2.2 修改样式

无论是内置样式还是自定义样式，用户都可以随时对其进行修改。

1 右键单击【正文】选项

将光标定位到正文文本中，在【样式】任务窗格中的【样式】列表中选择【正文】选项，单击鼠标右键，在弹出的快捷菜单中选择【修改】菜单项，如图所示。

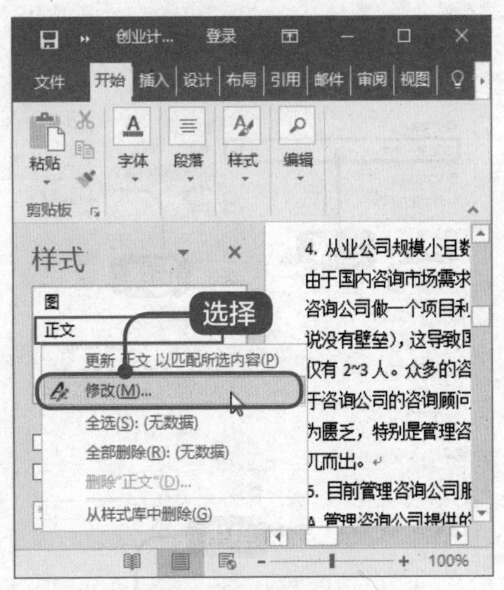

2 弹出【修改样式】对话框

弹出【修改样式】对话框，单击【格式】按钮，在弹出的选项中选择【字体】选项，如图所示。

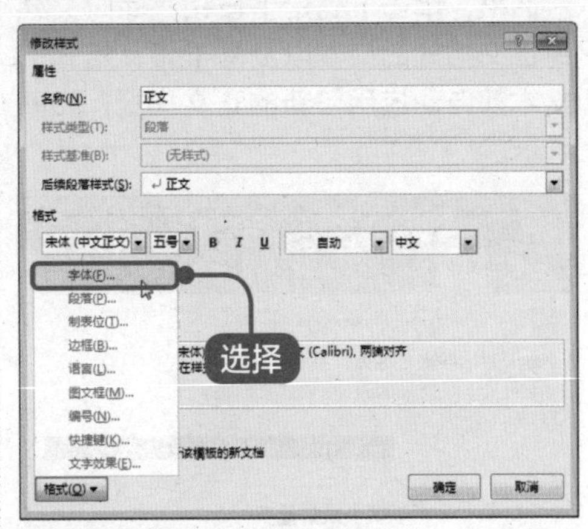

3 弹出【字体】对话框

弹出【字体】对话框，设置中文字体为【方正宋一简体】，字号为【小四】，单击【确定】按钮，如图所示。

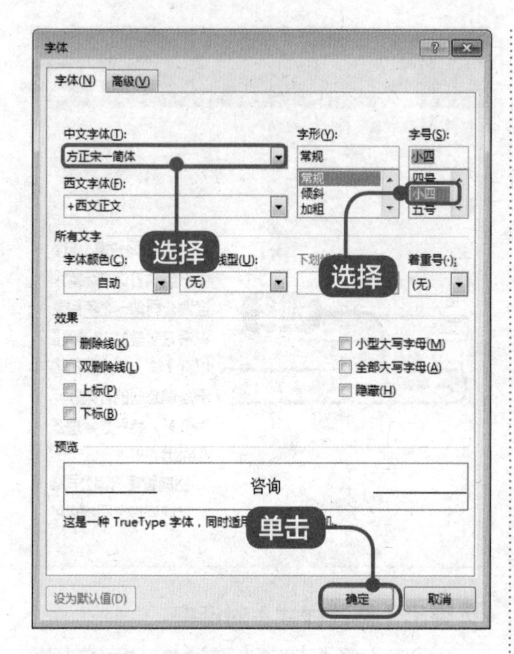

4 查看正文格式效果

返回到【根据格式设置创建新样式】对话框，单击【确定】按钮，此时文档中正文格式的文本以及基于正文格式的文本都自动应用了新的正文样式，如图所示。

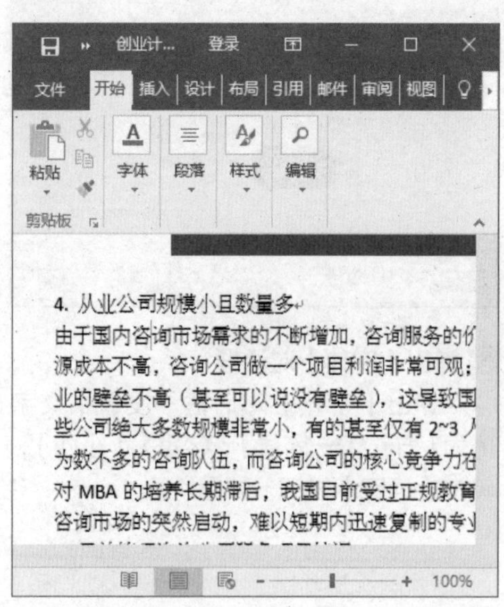

7.2.3 保存模板文档

用户还可以将自己制作的文档保存成模板，方便以后基于模板创建文档。

1 选择【开始】选项

打开文档，选择【文件】选项卡，如图所示。

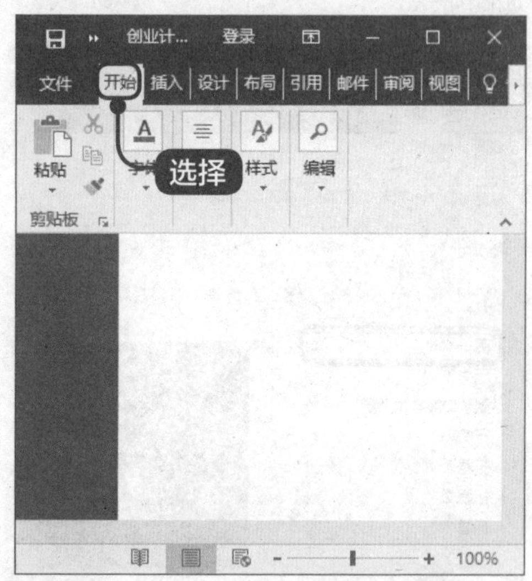

2 进入 Backstage 视图

进入 Backstage 视图，选择【另存为】选项，选择【浏览】选项，如图所示。

3 弹出【另存为】对话框

弹出【另存为】对话框，选择保存的位置，在【文件名】文本框中输入名称，在【保存类型】选择【Word 模板（*.dotx）】选项，单击【保存】按钮，如图所示。

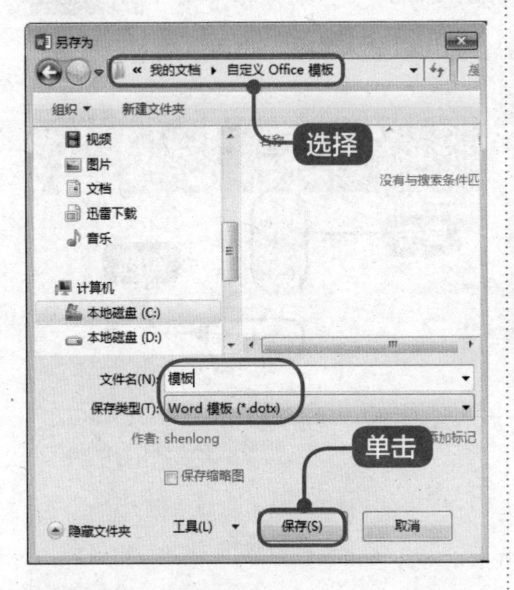

4 选择【个人】选项

在 Backstage 视图中选择【新建】选项，选择【个人】选项，如图所示。

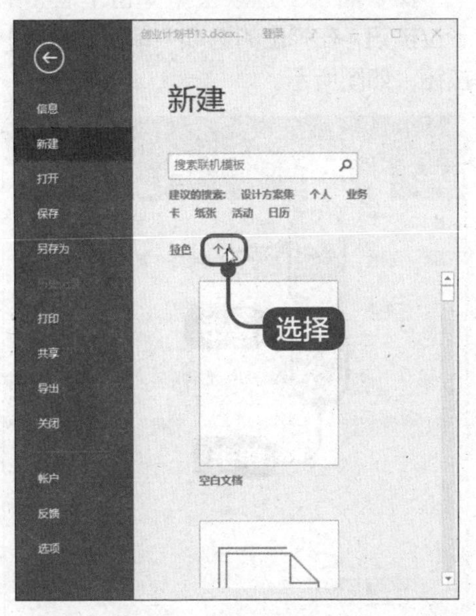

5 完成创建模板操作

在【个人】选项中可以看到刚刚保存的模板文件，单击该文件即可创建一个基于该模板的文档，如图所示。

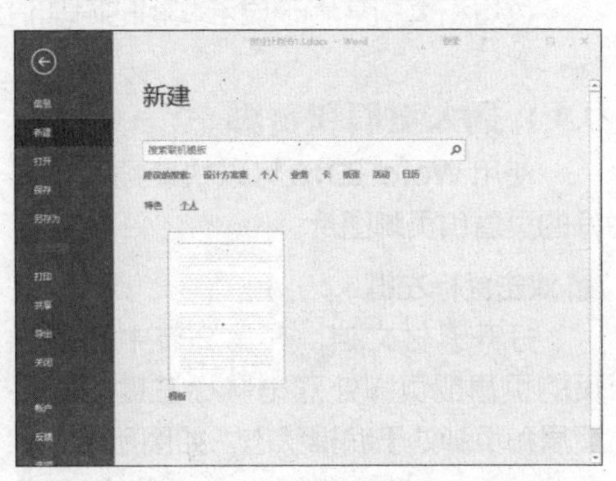

提示

用户可以在使用Word 2016另存为文档时，将文档保存为PDF格式，制作成一本电子书，如图所示。

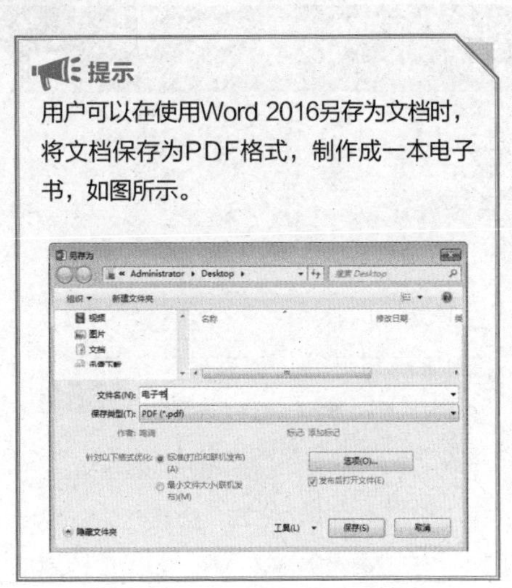

7.3 设计页眉和页脚

本节视频教学时间 / 3 分钟 17 秒

页眉和页脚常用于显示文档的附加信息，既可以插入文本，也可以插入示意图。

7.3.1 插入页眉和页脚

使用 Word 2016 可以快速插入设置好的页眉和页脚图片。

1 双击鼠标左键

打开素材文档，在第 2 节中的第一页的页眉或页脚处双击鼠标左键，此时页眉和页脚处于编辑状态，如图所示。

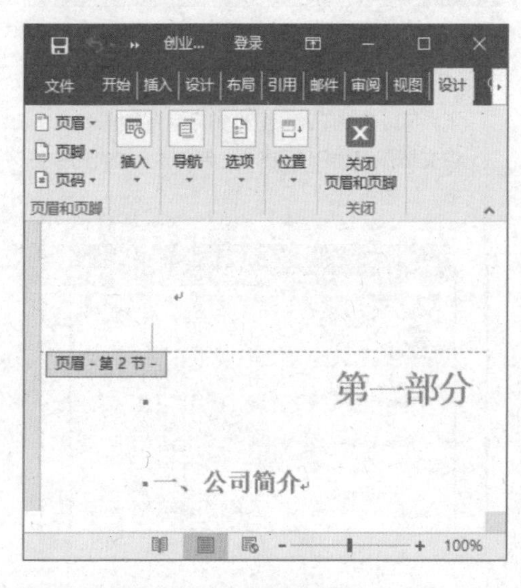

2 单击【选项】下拉按钮

在【设计】选项卡中单击【选项】下拉按钮，在弹出的选项中勾选【奇偶页不同】复选框，如图所示。

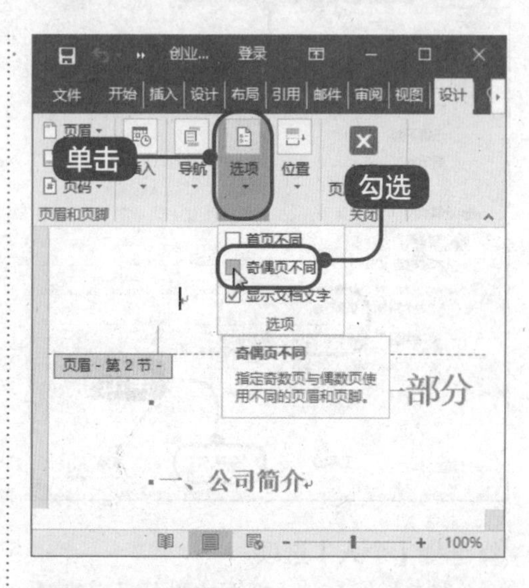

3 双击鼠标左键

在【插入】选项卡中单击【插图】下拉按钮，在弹出的选项中单击【图片】按钮，如图所示。

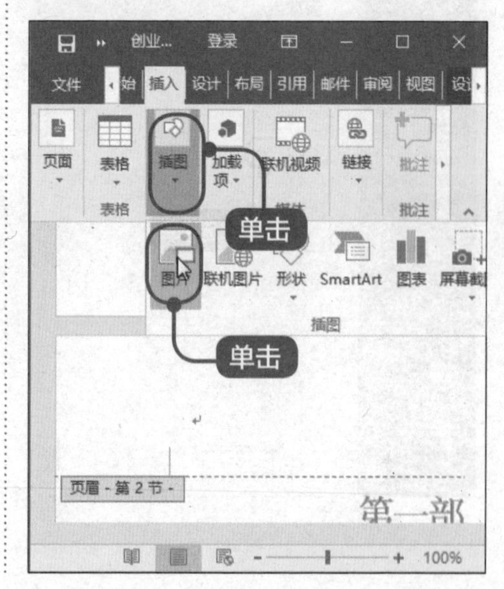

4 弹出【插入图片】对话框

弹出【插入图片】对话框，选择准备插入的图片，单击【插入】按钮，如图所示。

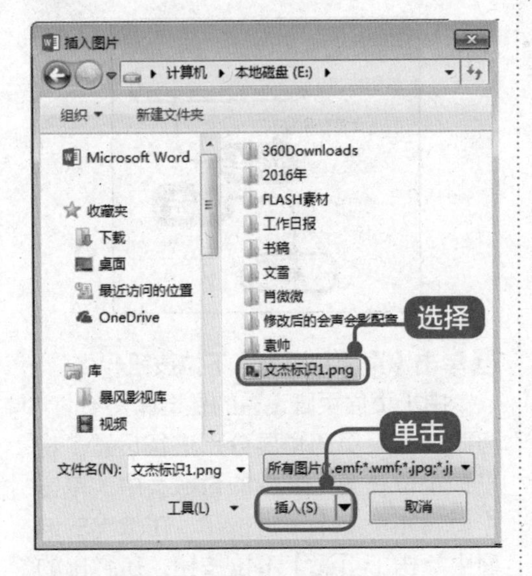

5 鼠标右键单击插入的图片

鼠标右键单击插入的图片，在弹出的快捷菜单中选择【大小和位置】菜单项，如图所示。

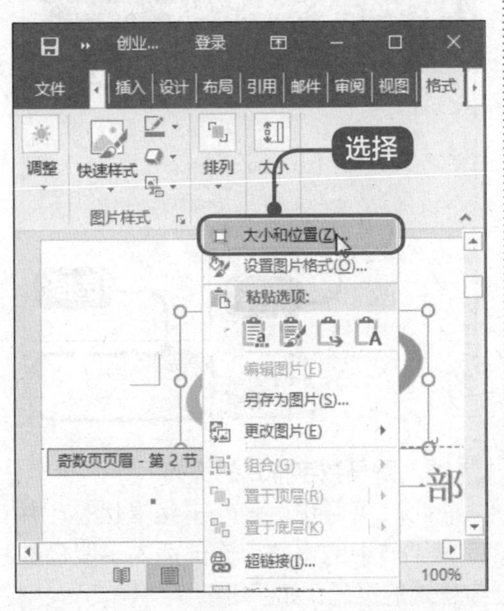

6 弹出【布局】对话框

弹出【布局】对话框，在【文字环绕】选项卡中选择【衬于文字下方】选项，如图所示。

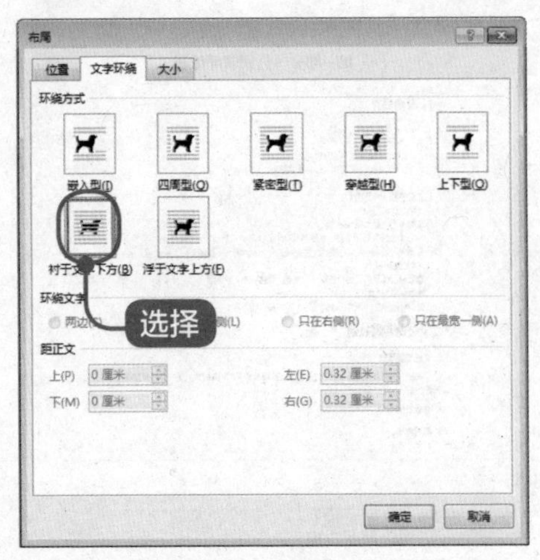

7 切换到【位置】选项卡

切换到【位置】选项卡，设置【水平】和【垂直】组中的【对齐方式】均为【居中】，单击【确定】按钮，如图所示。

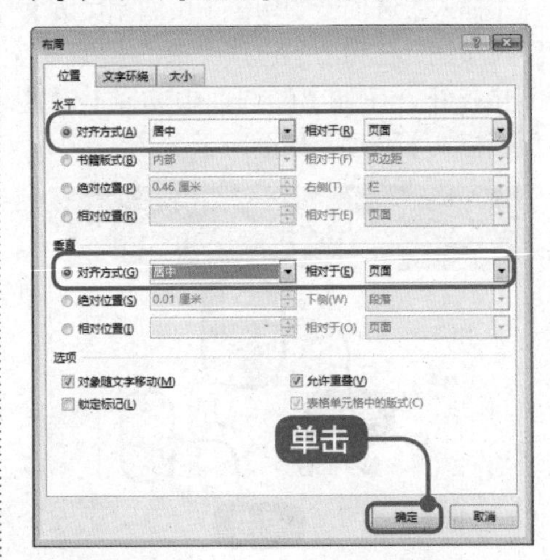

8 完成设置

使用同样方法设置偶数页的页眉。通过以上步骤即可完成页眉和页脚的设置，如图所示。

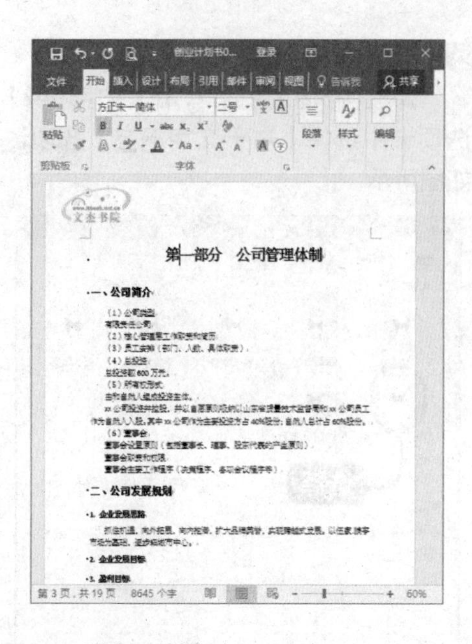

7.3.2 添加页码

为了使Word文档便于浏览和打印，用户可以在页脚处插入并编辑页码。

1 单击【页眉和页脚】下拉按钮

打开素材文档，将光标定位在首页，在【插入】选项卡中单击【页眉和页脚】下拉按钮，在弹出的选项中单击【页码】下拉按钮，在弹出的选项中选择【设置页码格式】选项，如图所示。

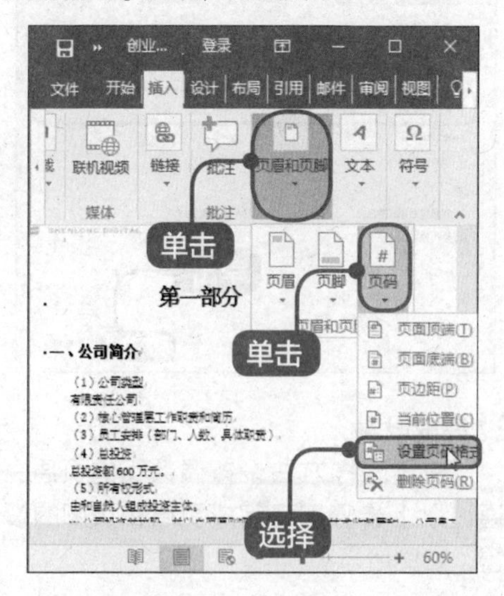

2 弹出【页码格式】对话框

弹出【页码格式】对话框，在【编号格式】列表中选择“罗马数字”样式的页码，单击【确定】按钮，如图所示。

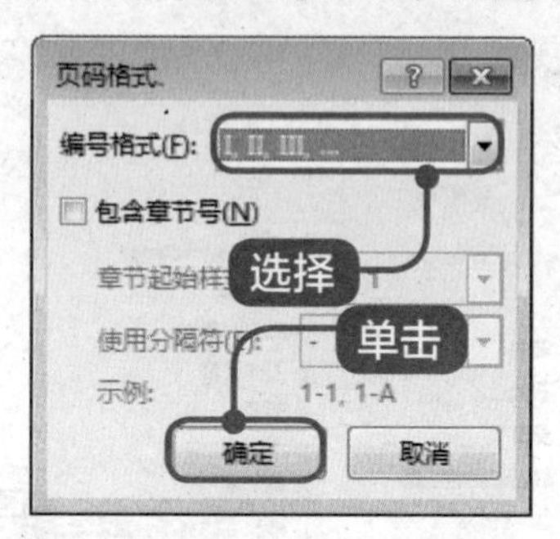

3 单击【页眉和页脚】下拉按钮

由于页眉页脚设置的是奇偶页不同，因此奇偶页页码也要分别进行设置。将光标定位在第1节中的奇数页中，单击【页眉和页脚】下拉按钮，在弹出的选项中单击【页码】下拉按钮，在弹出的选项中选择【页面底端】→【普通数字2】选项，如图所示。

4 插入罗马数字样式的页码

此时页眉和页脚处于编辑状态，并在第1节中的奇数页底部插入了罗马数字样式的页码，如图所示。

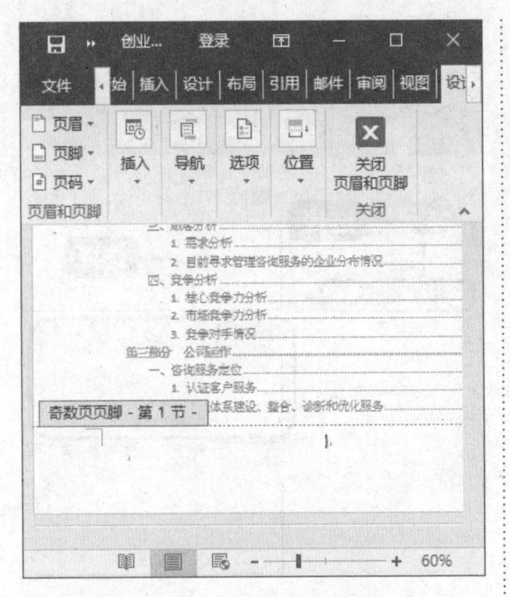

5 单击【页眉和页脚】下拉按钮

将光标定位在第 1 节中的偶数页中，单击【页眉和页脚】下拉按钮，在弹出的选项中单击【页码】下拉按钮，在弹出的选项中选择【页面底端】→【普通数字 2】选项，如图所示。

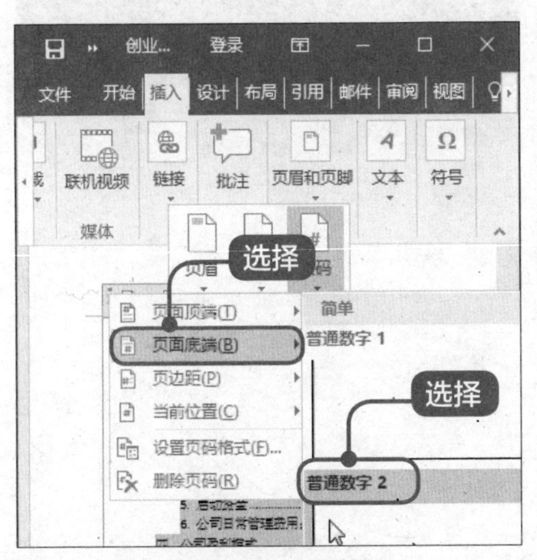

6 插入罗马数字样式的页码

此时页眉和页脚处于编辑状态，并在第 1 节中的偶数页底部插入了罗马数字样式的页码，单击【关闭页眉和页脚】按钮，如图所示。

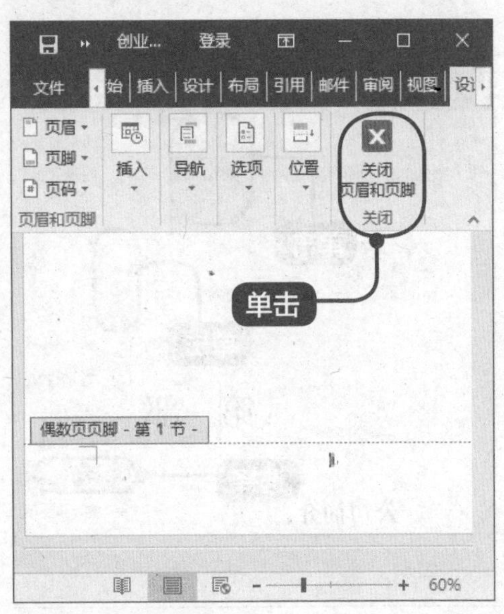

7 查看页码效果

可以看到已经给文档插入了页码，如图所示。

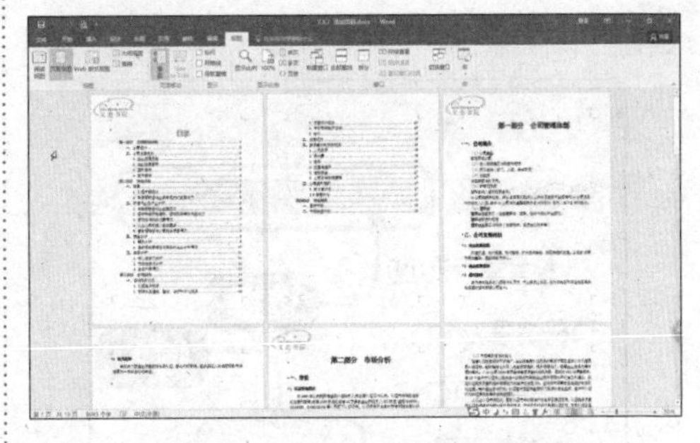

7.3.3 从第 *N* 页开始插入页码

用户还可以将文档设置为从第 *N* 页开始插入页码，下面详细介绍设置从第 *N* 页开始插入页码的操作方法。

1 单击【页眉和页脚】下拉按钮

将光标定位在第 2 节，在【插入】选项卡中单击【页眉和页脚】下拉按钮，在弹出的选项中单击【页码】下拉按钮，在弹出的选项中选择【设置页码格式】选项，如图所示。

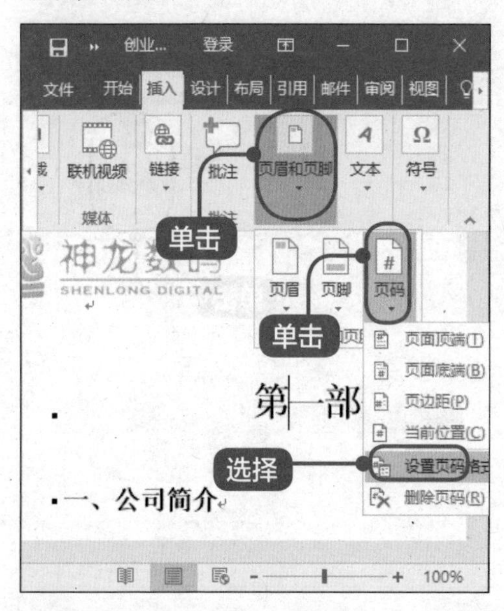

2 弹出【页码格式】对话框

弹出【页码格式】对话框，设置编号格式类型，在【起始页码】微调框中输入 3，单击【确定】按钮，如图所示。

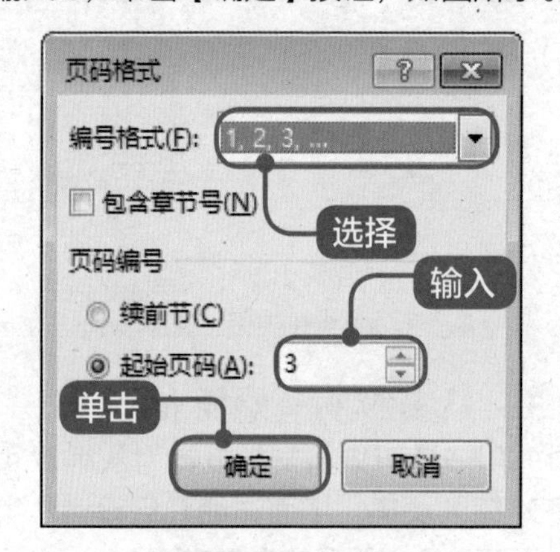

3 单击【页眉和页脚】下拉按钮

将光标定位在第 2 节的奇数页页脚中，单击【页眉和页脚】下拉按钮，在弹出的选项中单击【页码】下拉按钮，在弹出的选项中选择【页面底端】→【普通数字 2】选项，如图所示。

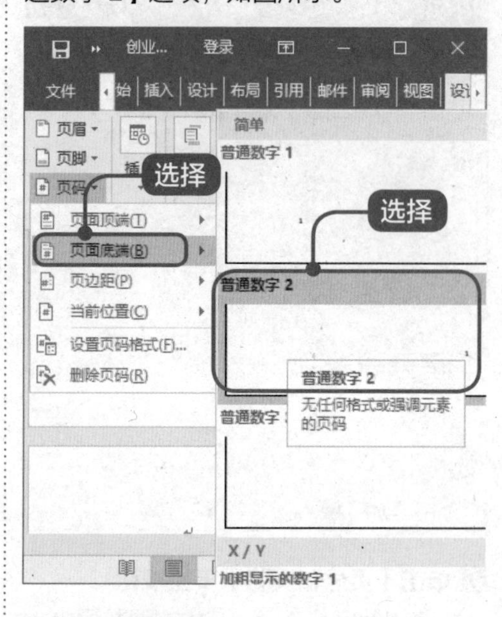

4 查看页码效果

此时页眉和页脚处于编辑状态，并在第 2 节中的奇数页底部插入了阿拉伯数字样式的页码，如图所示。

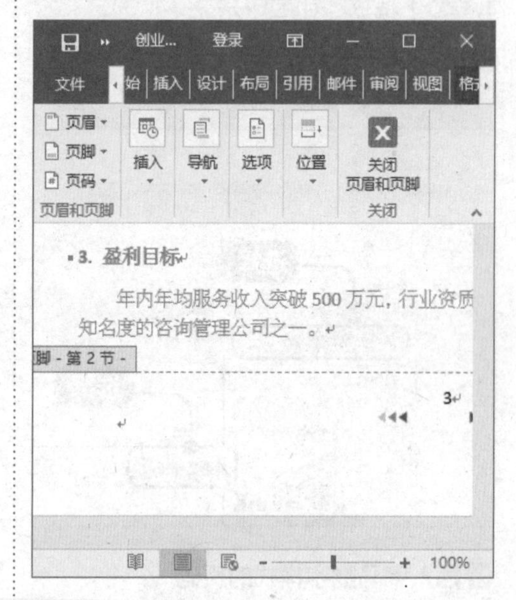

5 单击【页眉和页脚】下拉按钮

将光标定位在第 2 节的偶数页页脚

中，单击【页眉和页脚】下拉按钮，在弹出的选项中单击【页码】下拉按钮，在弹出的选项中选择【页面底端】→【普通数字 2】选项，如图所示。

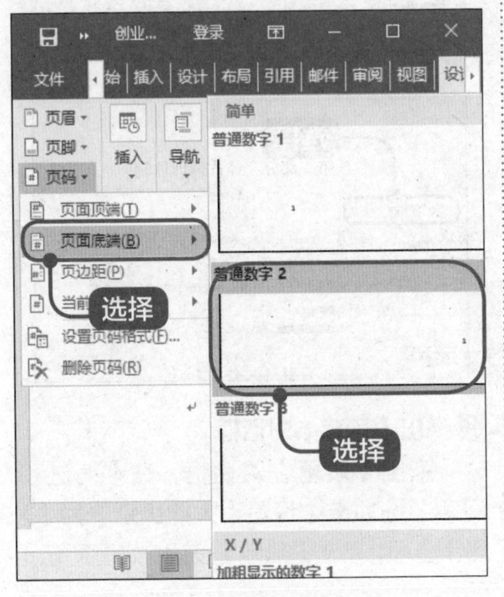

6 设置完毕

此时，在第 2 节中的偶数页底部插入了阿拉伯数字样式的页码，设置完毕，单击【关闭页眉和页脚】按钮，如图所示。

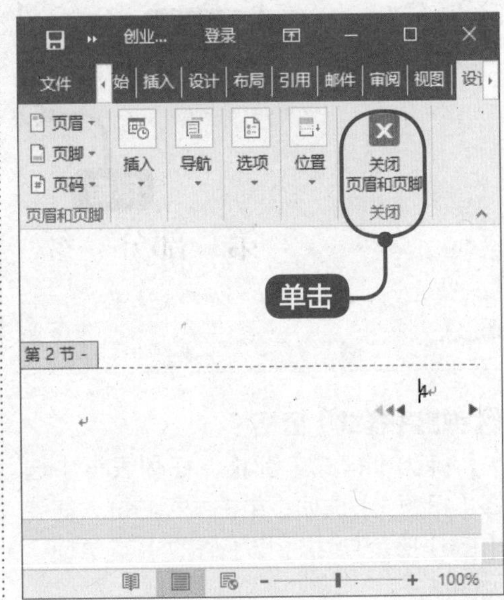

7.4 提取目录

本节视频教学时间 / 1 分钟 51 秒

文档创建完成后，为了便于阅读，用户可以为文档添加一个目录。使用目录可以使文档的结构更加清晰，便于阅读者对整个文档进行定位。

7.4.1 设置大纲级别

Word 2016 是使用层次结构来组织文档的，大纲级别就是段落所处层次的级别编号。

1 单击【样式】下拉按钮

打开素材文档，将光标定位在一级标题的文本上，在【开始】选项卡中单击【样式】下拉按钮，在弹出的选项中单击【启动器】按钮，如图所示。

选项，如图所示。

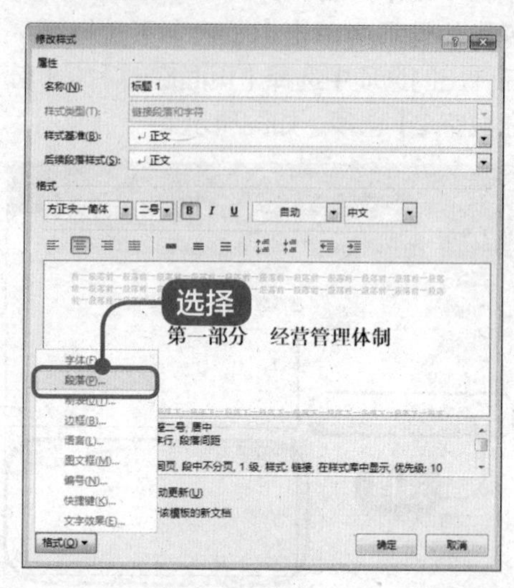

2 弹出【样式】窗格

弹出【样式】窗格，在列表框中选择【标题 1】选项，单击鼠标右键，在弹出的快捷菜单中选择【修改】菜单项，如图所示。

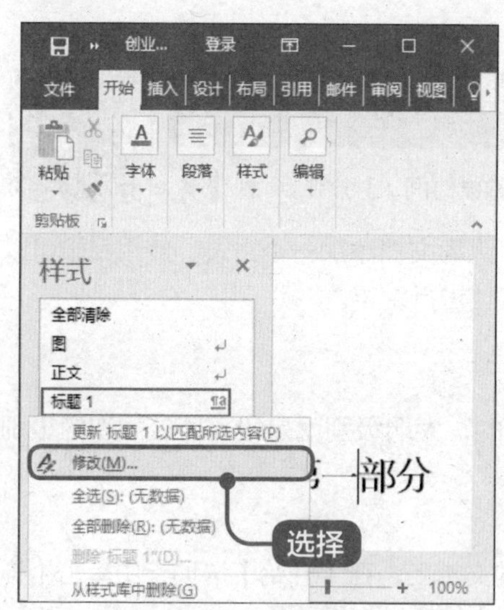

3 弹出【修改样式】对话框

弹出【修改样式】对话框，单击【格式】按钮，在弹出的选项中选择【段落】

4 弹出【段落】对话框

弹出【段落】对话框，在【缩进和间距】选项卡中设置【大纲级别】为【1 级】选项，单击【确定】按钮，如图所示。

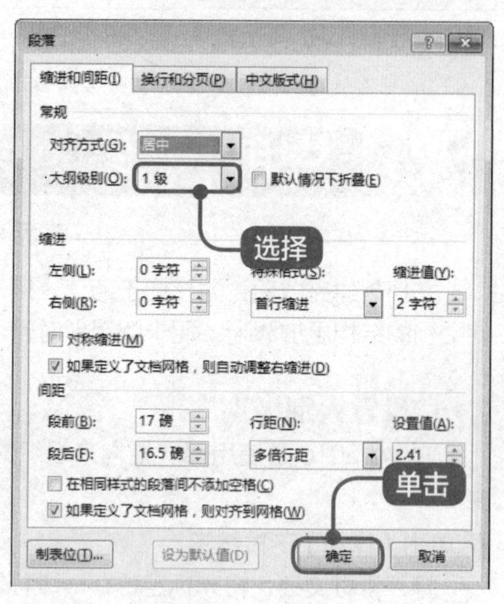

5 返回【修改样式】对话框

返回【修改样式】对话框，单击【确定】按钮，返回 Word 文档，设置效果如图所示。

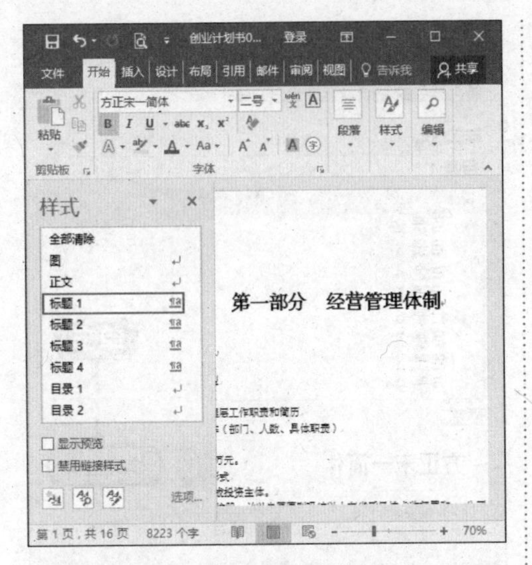

6 使用同样方法设置其他大纲级别

使用同样方法设置标题 2 的大纲级别为 2 级，设置标题 3 的大纲级别为 3 级，如图所示。

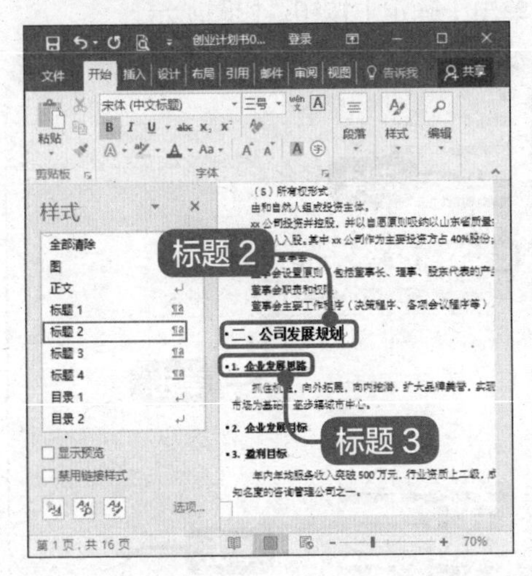

7.4.2 提取目录

大纲级别设置完毕，接下来就可以生成目录了。

1 单击【目录】下拉按钮

将光标定位到文档中第一行的行首，在【引用】选项卡中单击【目录】下拉按钮，在弹出的选项中选择【自动目录 1】选项，如图所示。

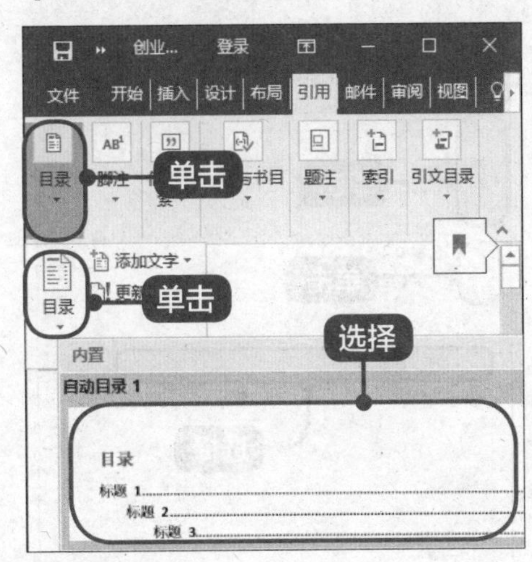

2 生成目录

返回到 Word 文档中，在光标所在位置自动生成了一个目录，如图所示。

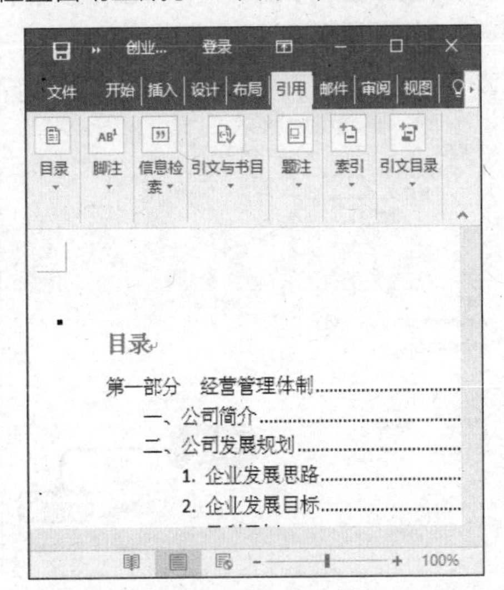

7.4.3 设置目录字体和间距

如果用户对插入的目录不是很满意，那么可以修改目录或自定义个性化的目录。

1 单击【目录】下拉按钮

在【引用】选项卡中单击【目录】

下拉按钮，在弹出的选项中选择【自定义目录】选项，如图所示。

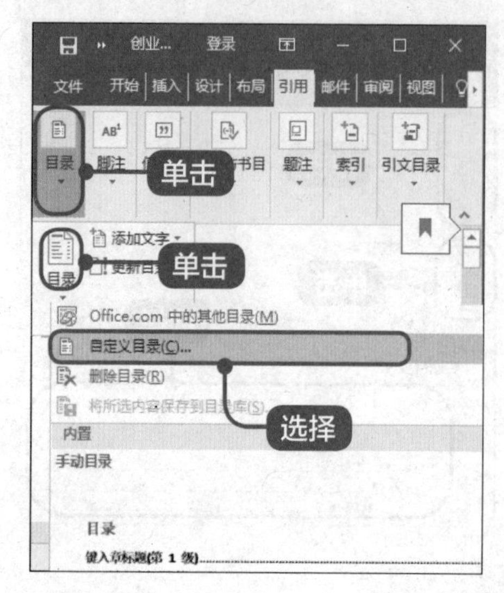

2 弹出【目录】对话框

弹出【目录】对话框，单击【修改】按钮，如图所示。

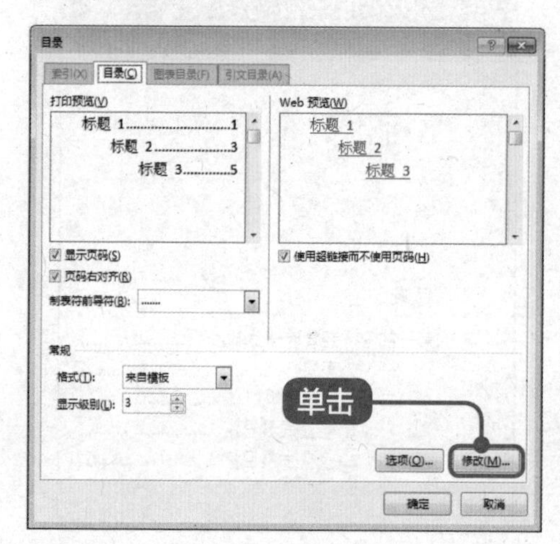

3 弹出【样式】对话框

弹出【样式】对话框，单击【修改】按钮，如图所示。

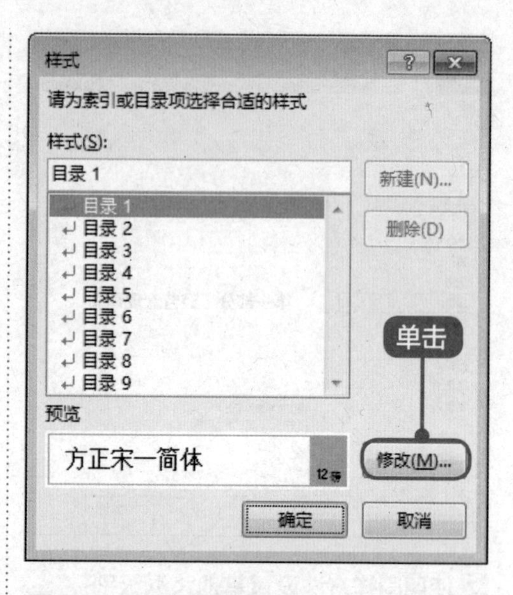

4 弹出【目录】对话框

弹出【修改样式】对话框，选择【华文中宋】字体，单击【扩大间距】按钮单击【确定】按钮，如图所示。

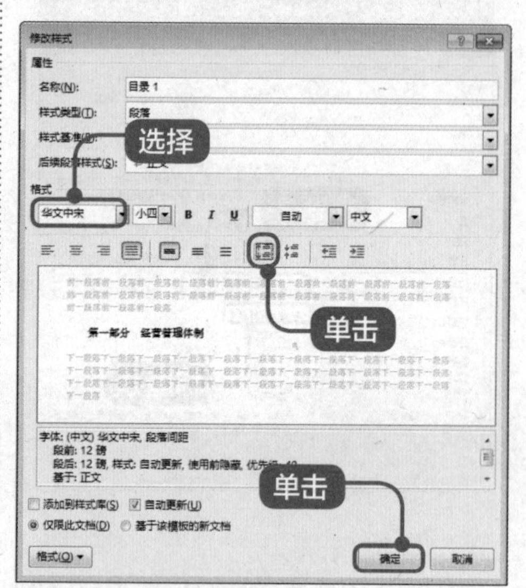

5 弹出【样式】对话框

返回【样式】对话框，单击【确定】按钮，返回【目录】对话框，单击【确定】按钮，弹出【Microsoft Word】对话框，单击【是】按钮，如图所示。

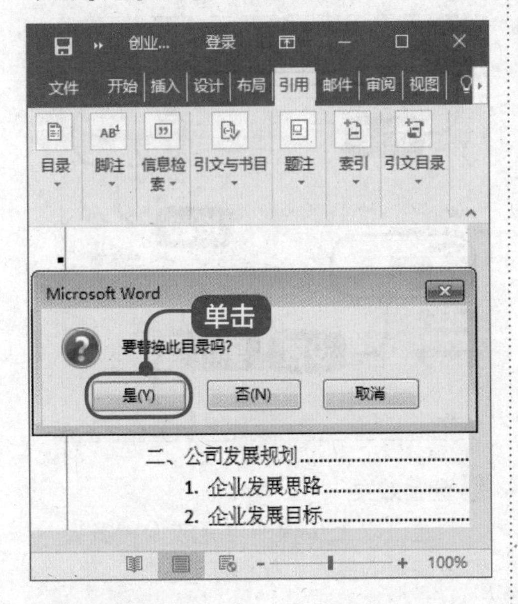

6 完成修改

目录的字体和间距已经修改完成，如图所示。

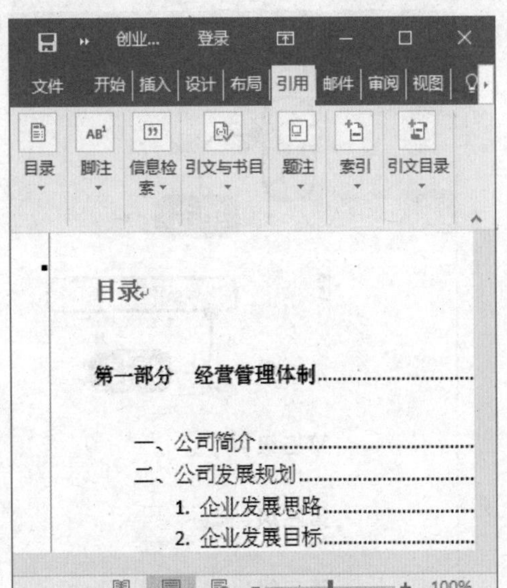

本节将介绍三个操作技巧，包括设置多级列表编号、分栏排版和插入脚注的具体方法。

技巧 1 • 设置多级列表编号

设置多级列表编号的方法非常简单。下面详细介绍设置多级列表编号的方法。

1 单击【段落】下拉按钮

在【开始】选项卡中单击【段落】下拉按钮，在弹出的选项中单击【多级列表】下拉按钮，在弹出的选项中选择【定义新的多级列表】选项，如图所示。

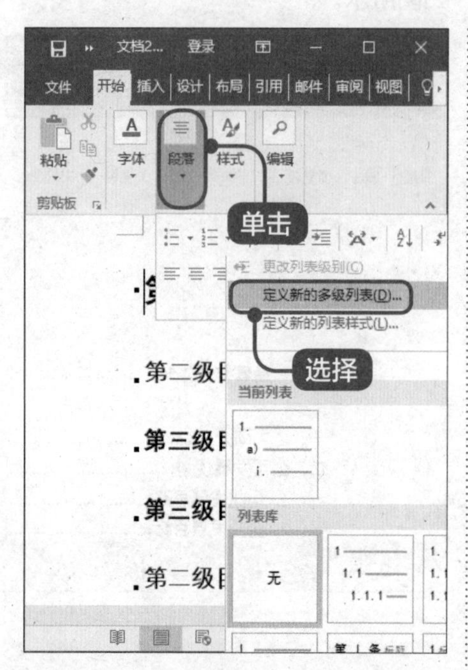

2 弹出【定义新多级列表】对话框

弹出【定义新多级列表】对话框，在左侧列表框中选择【1】选项，在【将级别链接到样式】和【要在库中显示的级别】列表中分别选择【标题1】和【级别1】选项，在【输入编号的格式】文本框中输入“第一部分”，并将光标定位在第一个字后面，在【此级别的编号样式】列表中选择【一，二，三（简）…】选项。此时【输入编号的格式】文本框中的文本就变为“第一部分”，单击【确定】按钮，如图所示。

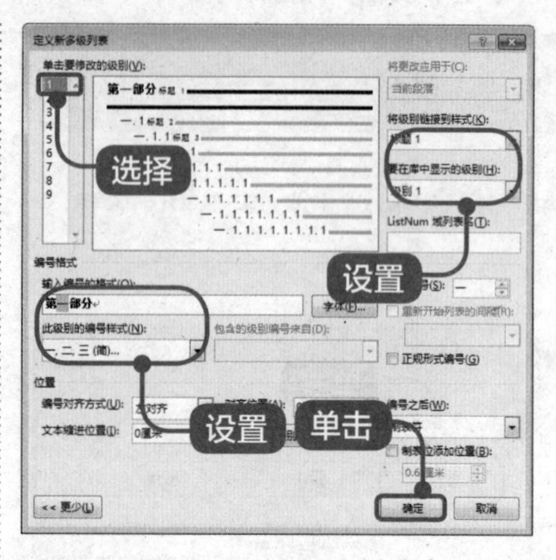

3 查看效果

通过以上步骤即可完成设置多级列表编号的操作，如图所示。

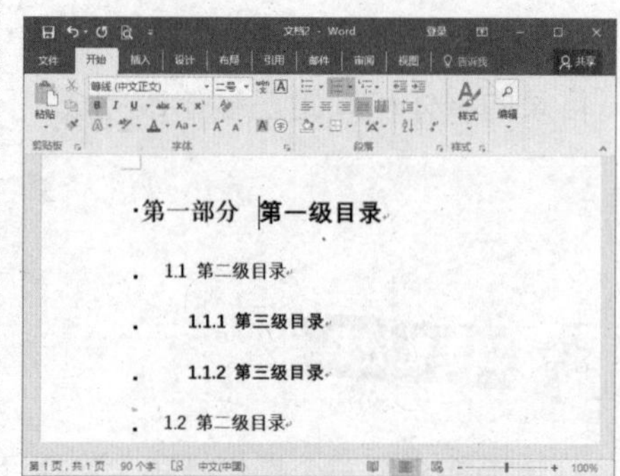

技巧 2 • 分栏排版

用户还可以将文档内容进行分栏排版，分栏排版的方法非常简单。

1 选择图形

将光标定位在准备进行分栏的页面中，在【布局】选项卡中单击【页面设置】下拉按钮，在弹出的选项中单击【分栏】下拉按钮，在弹出的菜单中选择【三栏】菜单项，如图所示。

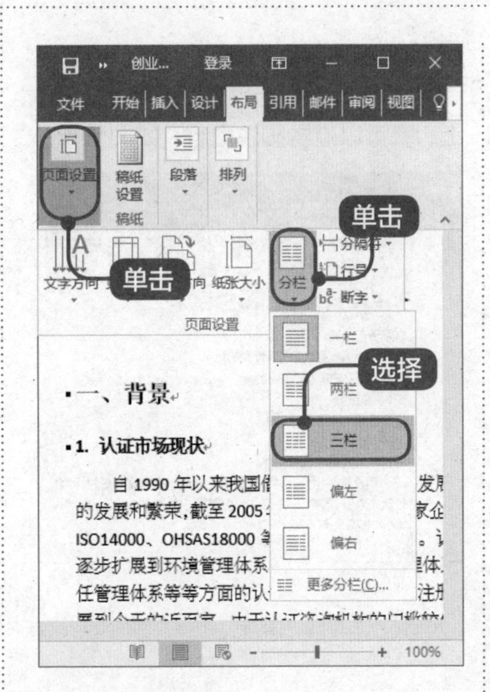

2 完成分栏操作

可以看到文档已经变为三栏显示。通过以上步骤即可完成分栏排版的操作，如图所示。

> **提示**
>
> Word 2016为用户提供了多种分栏格式，包括一栏、两栏、三栏、偏左、偏右，用户还可以自定义更多分栏。

技巧 3 • 插入脚注

用户还可以在文档中插入脚注，对文档中某个内容进行解释、说明或提供参考资料等对象。

1 单击【脚注】下拉按钮

将光标定位在准备插入脚注的位置，在【引用】选项卡中单击【脚注】下拉按钮，在弹出的选项中单击【插入脚注】按钮，如图所示。

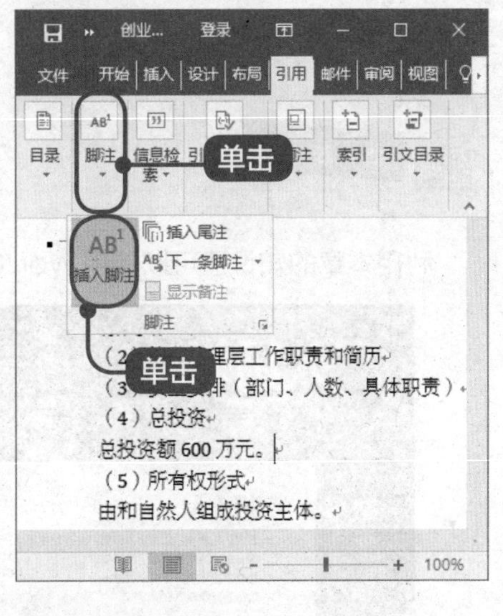

2 输入脚注内容

此时在文档的底部出现一个脚注分隔符，在分隔符下方输入脚注内容，如图所示。

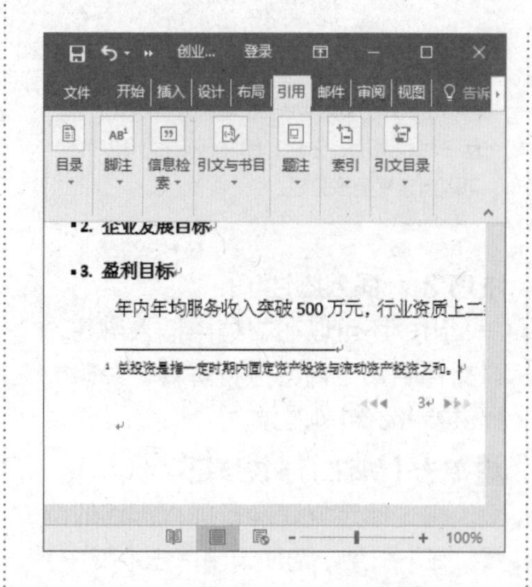

3 查看脚注效果

将光标移动至插入脚注的标识上，就可以查看脚注内容，如图所示。

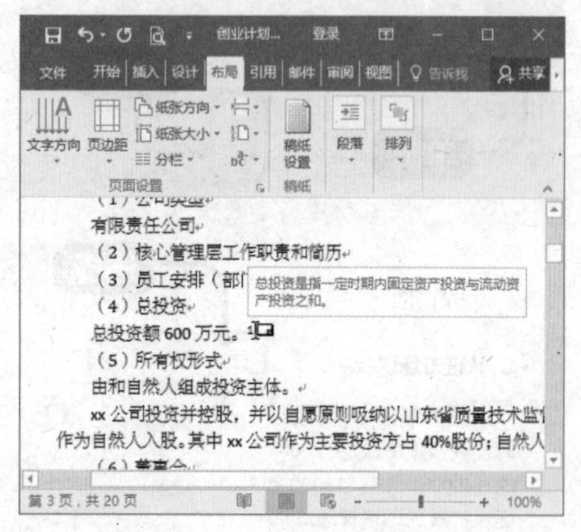

举一反三

利用本章的知识还可以使用Word 2016制作“入场券”等，如下图所示。

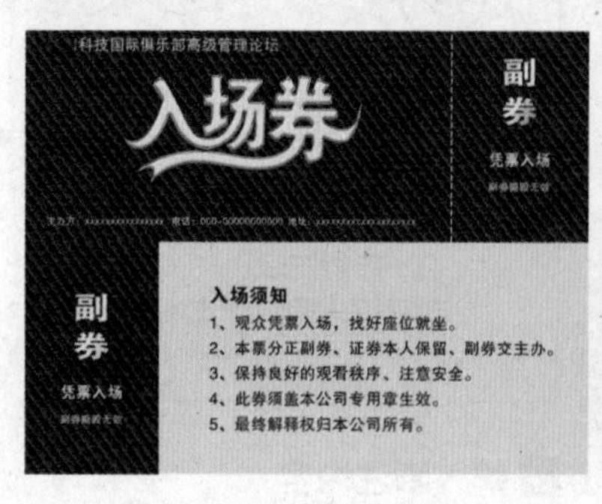

第 8 章

Excel 表格的基本制作——管理员工信息

本章视频教学时间 / 11 分钟 7 秒

重点导读

本章主要介绍了 Excel 2016 基础知识、建立员工信息工作簿、制作员工信息工作表、编辑员工信息登记表方面的知识与技巧，同时讲解了修改员工信息登记表格式的方法。本章最后针对实际的工作需求，讲解给单元格文本设置换行、输入货币符号的方法。通过本章的学习，读者可以掌握 Excel 2016 电子表格基础方面的知识，为深入学习 Office 2016 和五笔输入法知识奠定基础。

本章主要知识点

- ✓ Excel 2016 基础知识
- ✓ 建立员工信息工作簿
- ✓ 制作员工信息工作表
- ✓ 编辑员工信息登记表
- ✓ 修改员工信息登记表格式

8.1 Excel 2016 基础知识

本节视频教学时间 / 54 秒

Excel 2016 是 Office 2016 中的一个重要的组成部分，主要用于完成日常表格制作和数据计算等操作。本节将详细介绍 Excel 2016 的基本知识。

8.1.1 认识 Excel 2016 的工作界面

启动 Excel 2016 后即可进入 Excel 2016 的工作界面。Excel 2016 工作界面主要由标题栏、【快速访问】工具栏、功能区、编辑栏、工作表编辑区、滚动条和状态栏等部分组成，如图所示。

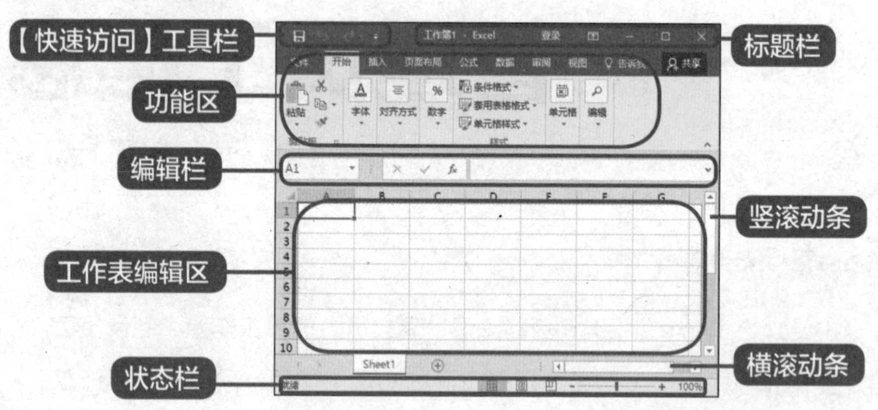

1. 标题栏

标题栏位于 Excel 2016 工作界面的最上方，用于显示文档和程序名称。在标题栏的最右侧，显示【最小化】按钮 、【最大化】按钮 /【向下还原】按钮 和【关闭】按钮 ，如图所示。

2.【快速访问】工具栏

【快速访问】工具栏位于 Excel 2016 工作界面的左上方，用于快速执行一些特定操作。在 Excel 2016 的使用过程中，可以根据使用需要，添加或删除【快速访问】工具栏中的命令选项，如图所示。

3. 功能区

功能区位于标题栏的下方，默认情况下由【文件】、【开始】、【插入】、【页面布局】、【公式】、【数据】、【审阅】和【视图】8 个选项卡组成。为了使用方便，将功能相似的命令分在选项卡下的不同组中，如图所示。

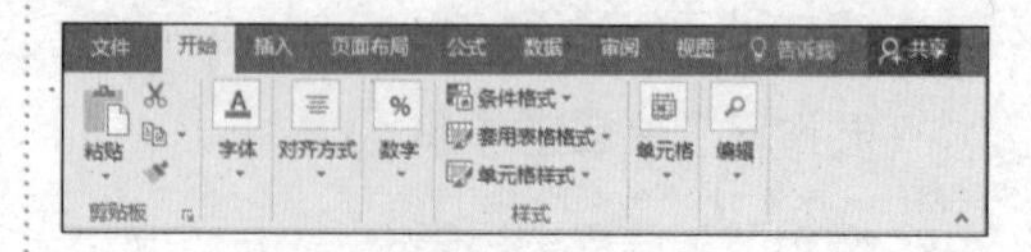

在功能区选择【文件】选项卡，可以打开 Backstage 视图。在该视图中可以管理文档和有关文档的相关数据，如

新建、打开和保存文档等，如图所示。

4. 编辑栏

编辑栏位于功能区的下方，用于显示和编辑当前单元格中的数据和公式。编辑栏主要由名称框、按钮组和编辑框组成，如图所示。

5. 工作表编辑区

工作表编辑区位于编辑栏的下方，是 Excel 2016 中的主要工作区域，用于进行 Excel 电子表格的创建和编辑等操作，如图所示。

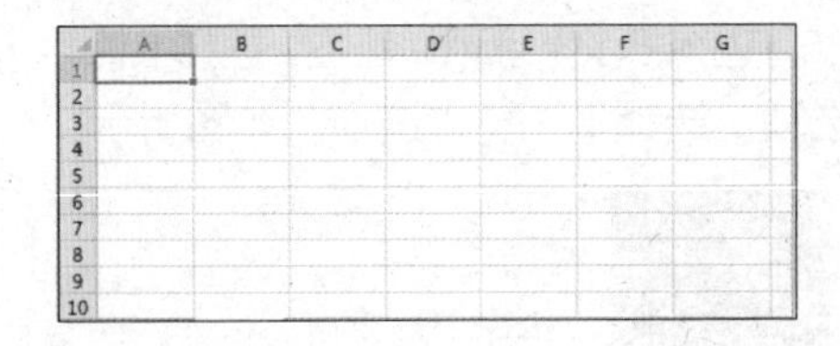

6. 状态栏

状态栏位于 Excel 2016 工作界面的最下方，用于查看页面信息、切换视图模式和调节显示比例等操作，如图所示。

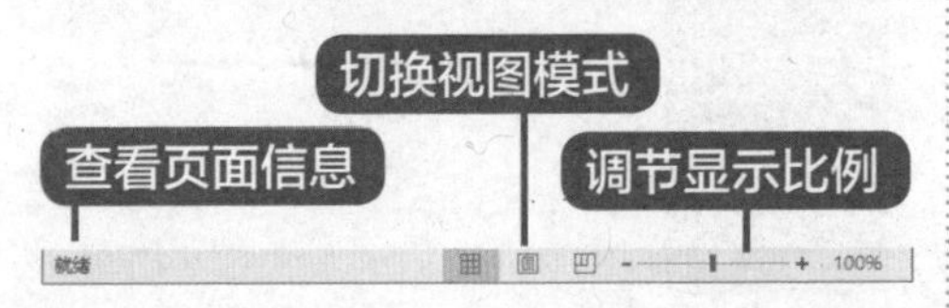

8.1.2 工作簿和工作表之间的关系

工作薄中的每一张表格都被称为工作表，工作表的集合即组成了一个工作薄。而单元格是工作表中的表格单位，用户通过在工作表中编辑单元格来分析和处理数据。工作簿、工作表与单元格的关系是相互依存的关系，一个工作薄中可以有多个工作表，而一张工作表中又含有多个单元格，三者组合成为 Excel 2016 中最基本的三个元素。工作簿、工作表与单元格在 Excel 2016 中的位置，如图所示。

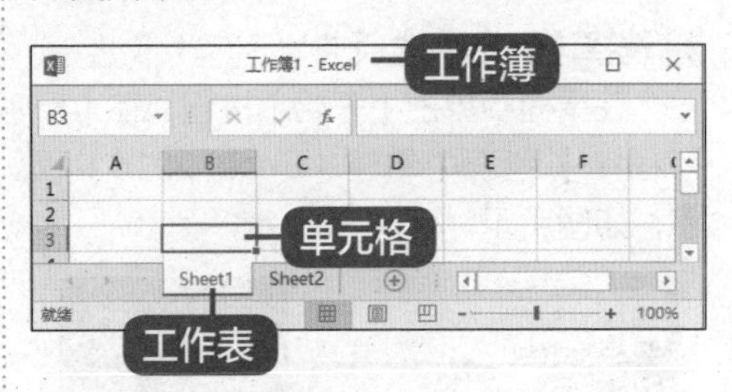

8.1.3 Excel 2016 文档格式

Excel 2016 文档格式包括 Excel 工作簿（*.xlsx）、Excel 启用宏的工作簿（*.xlsm）、Excel 二进制工作簿（*.xlsb）、Excel 97-2003 工作簿（*.xls）、Excel 模板（*.xltx）、Excel 启用宏的模板（*.xltm）、Excel 97-2003 模板（*.xlt）等格式，如图所示。

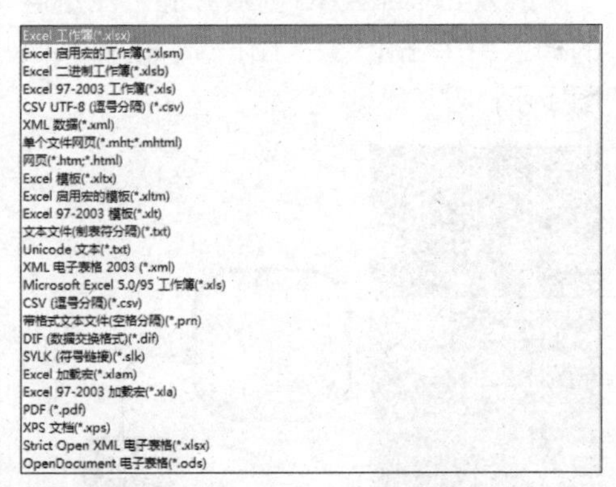

8.2 实战案例——建立员工信息工作簿

本节视频教学时间 / 1 分钟 31 秒

在公司人事管理中，员工的录取、职务的调动以及离职等信息，都需要人事部门记录归档，并对档案进行妥善保管，以便需要时能迅速查阅任意一份归档文件。

8.2.1 新建与保存工作簿

创建与保存工作簿的方法非常简单。下面详细介绍创建与保存工作簿的操作方法。

1 选择【开始】选项卡

在桌面中单击【开始】按钮，在【所有程序】列表中单击【Excel 2016】程序，如图所示。

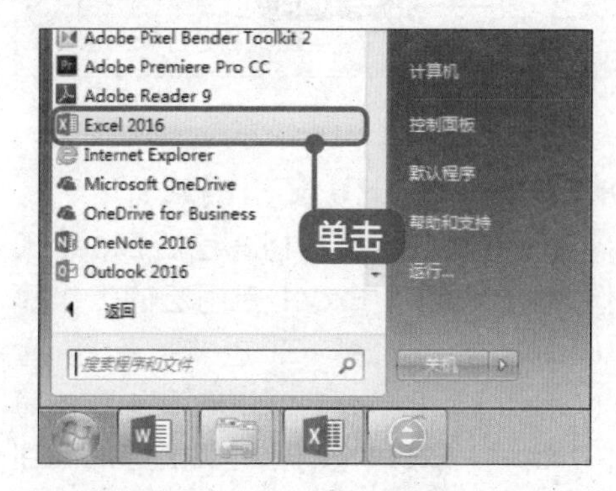

2 进入 Excel 2016 创建界面

进入 Excel 2016 创建界面，在提供的模板中单击【空白工作簿】模板，如图所示。

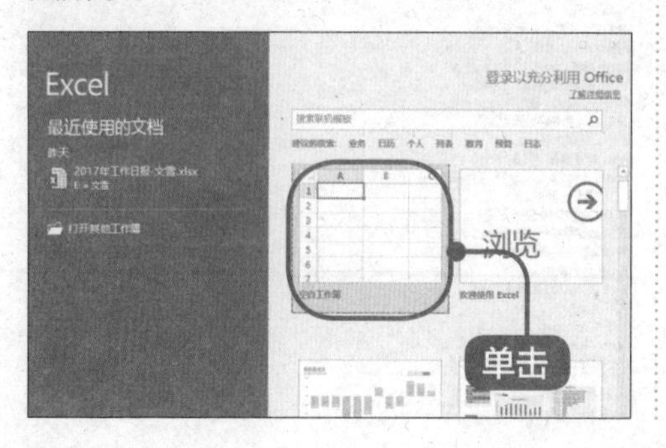

3 完成新建操作

此时已经新建了一个名为工作簿 1 的工作簿，选择【文件】选项卡，如图所示。

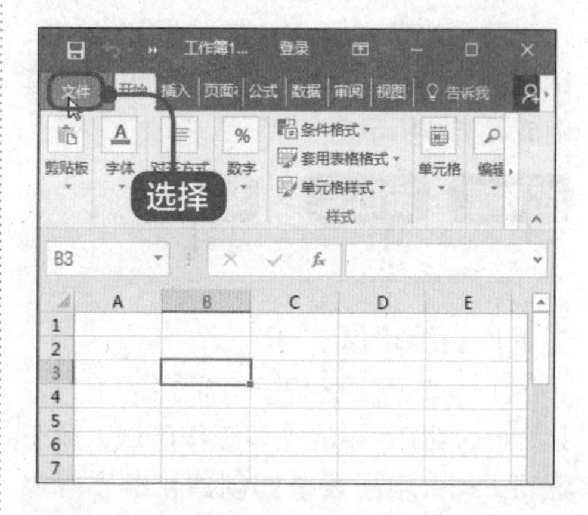

4 进入 Backstage 视图

进入 Backstage 视图，选择【保存】选项，选择【浏览】选项，如图所示。

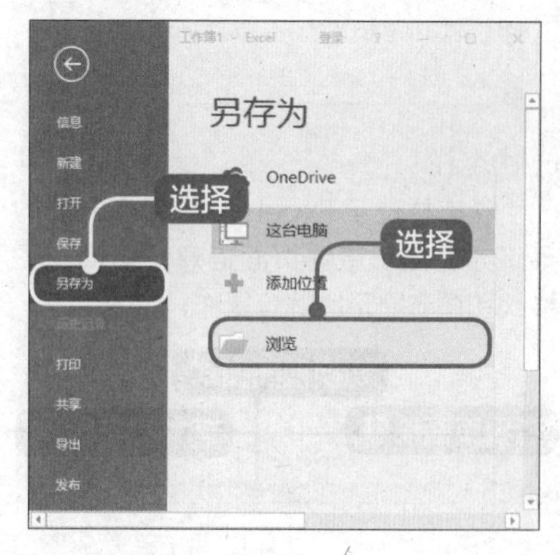

5 完成新建操作

弹出【另存为】对话框，选择存储位置，在【文件名】文本框中输入名称，单击【保存】按钮，如图所示。

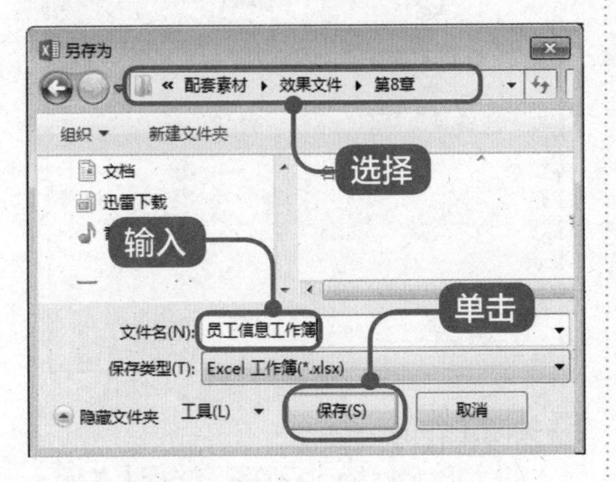

6 完成保存操作

通过以上步骤即可完成创建与保存工作簿的操作，如图所示。

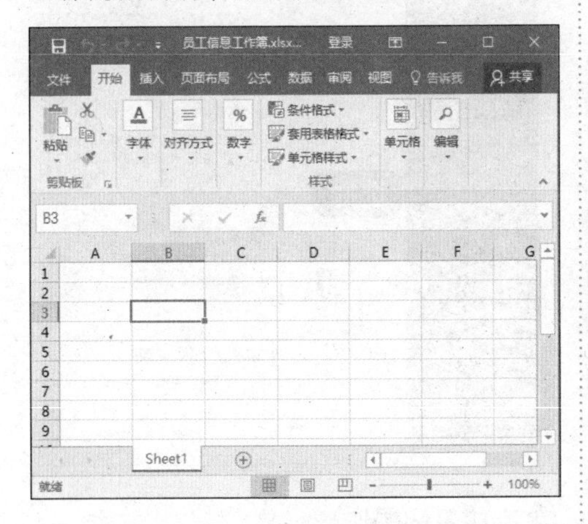

8.2.2 打开与关闭工作簿

如果准备使用 Excel 2016 查看或编辑电脑中保存的工作簿内容，可以打开工作簿。下面介绍打开工作簿的方法。

1 选择【文件】选项卡

在打开的工作簿中选择【文件】选项卡，如图所示。

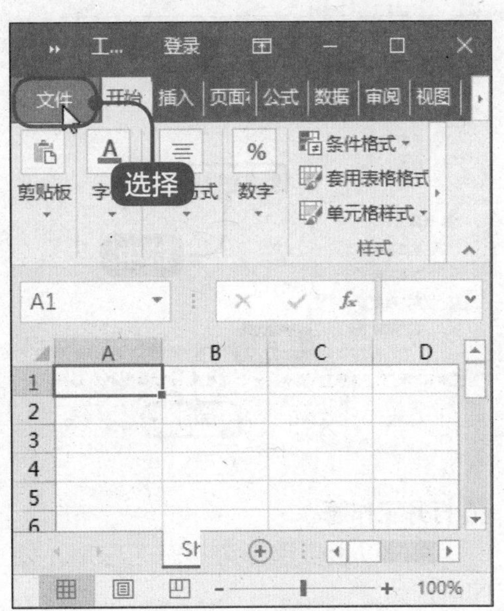

2 进入 Backstage 视图

进入 Backstage 视图，选择【打开】选项，选择【浏览】选项，如图所示。

3 弹出【打开】对话框

弹出【打开】对话框，选中准备打开的文件，单击【打开】按钮，如图所示。

4 打开工作簿

通过以上步骤即可打开工作簿，如图所示。

5 选择【文件】选项卡

选择【文件】选项卡，如图所示。

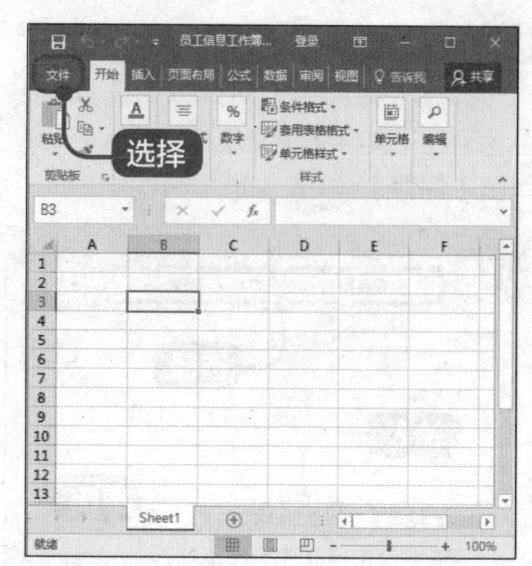

6 关闭工作簿

进入Backstage视图，选择【关闭】选项，如图所示。

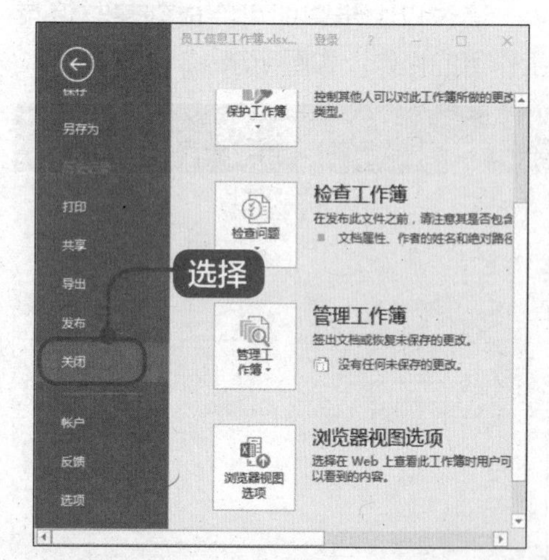

7 完成关闭操作

通过以上步骤即可完成关闭工作簿的操作，如图所示。

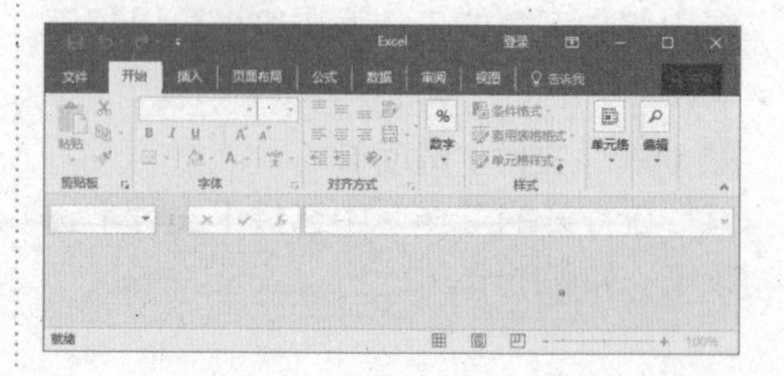

提示

如果用户想要关闭整个Excel 2016程序，可以直接单击界面右上角的【关闭】按钮 。

8.3 实战案例——制作员工信息工作表

本节视频教学时间 / 2 分钟 40 秒

本节将介绍命名工作表、添加工作表、选择和切换工作表、移动与复制工作表以及删除多余的工作表的操作方法。

8.3.1 命名员工信息登记表

在制作工作表之前首先需要给该工作表命名。

1 鼠标右键单击工作表名称

打开工作簿，鼠标右键单击“Sheet1”工作表的名称，在弹出的快捷菜单中选择【重命名】菜单项，如图所示。

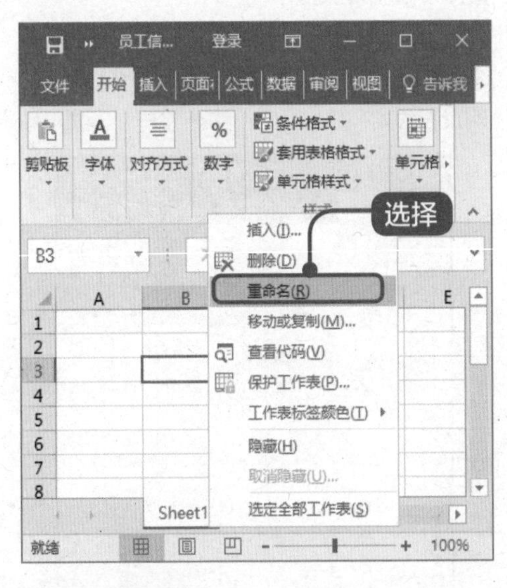

2 输入新名称

表格名称被选中，使用输入法输入新的名称，如图所示。

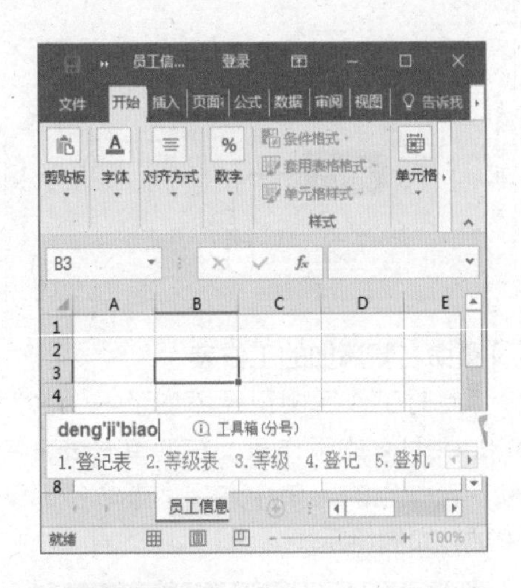

3 完成重命名

输入完成后按下【Enter】键即可完成重命名表格的操作，如图所示。

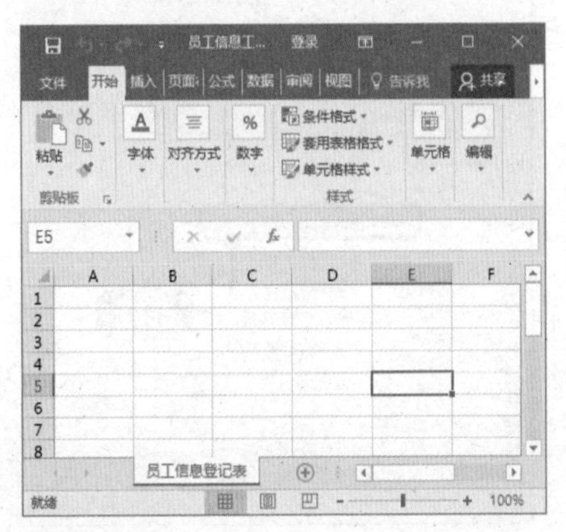

8.3.2 添加员工基本资料表

用户还可以根据需要在工作簿中添加新的工作表。

1 单击【新工作表】按钮

打开工作簿，单击【新工作表】按钮“⊕”，如图所示。

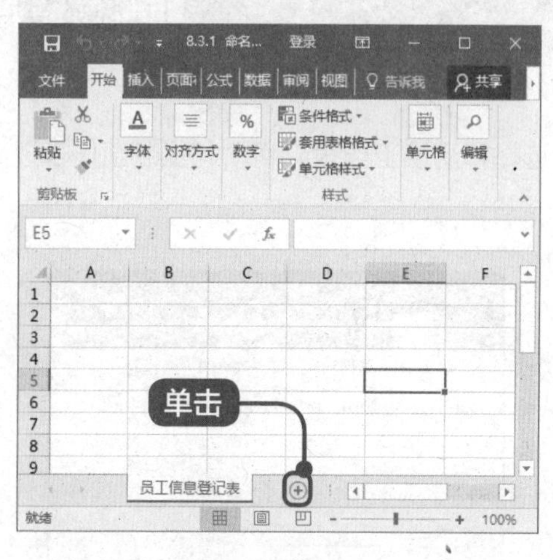

2 重命名新添加的工作表

此时工作簿中已经添加了一个名为“Sheet1”的工作表，右键单击该表名称，在弹出的菜单中选择【重命名】菜单项，如图所示。

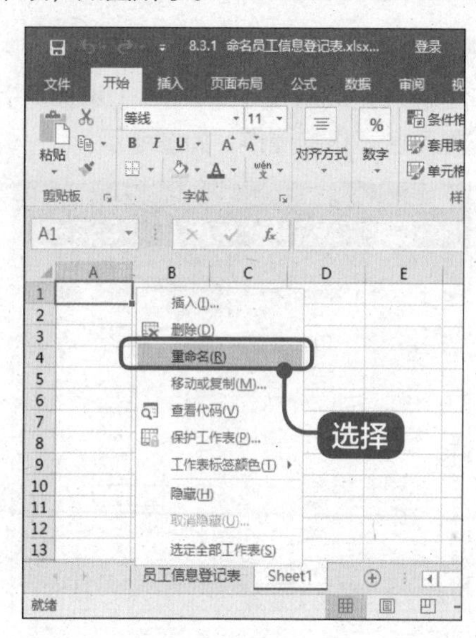

3 输入新名称

表格名称被选中，使用输入法输入新的名称，如图所示。

4 完成添加操作

输入后按下【Enter】键即可完成在工作簿中添加员工基本资料表的操作，如图所示。

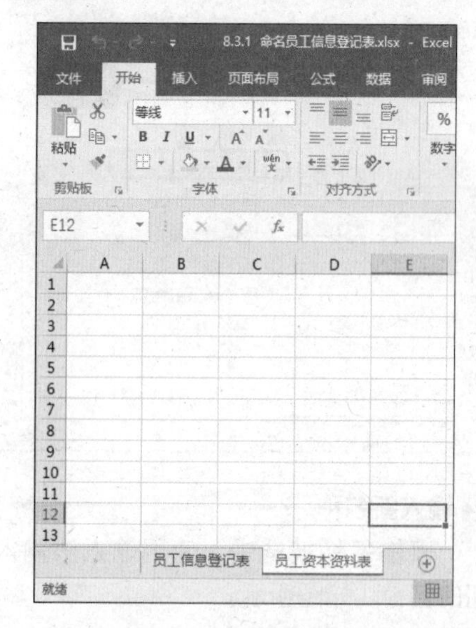

8.3.3 选择和切换工作表

当一个工作簿中有多张工作表时，选择与切换工作表的操作是必不可少的。鼠标单击准备切换到的工作表名称，被选择的工作表名称变为绿色表示已切换到该表中，如图所示。

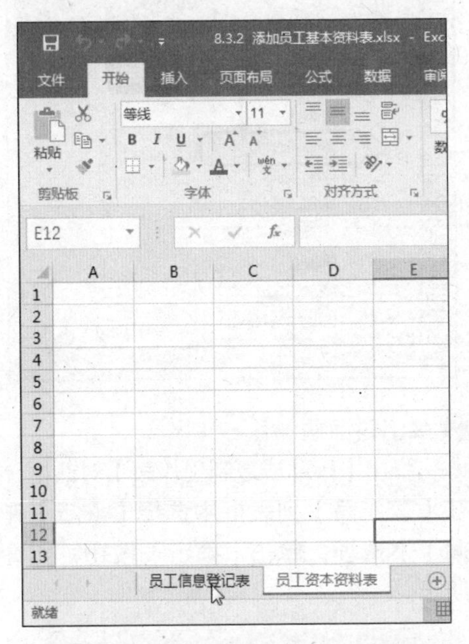

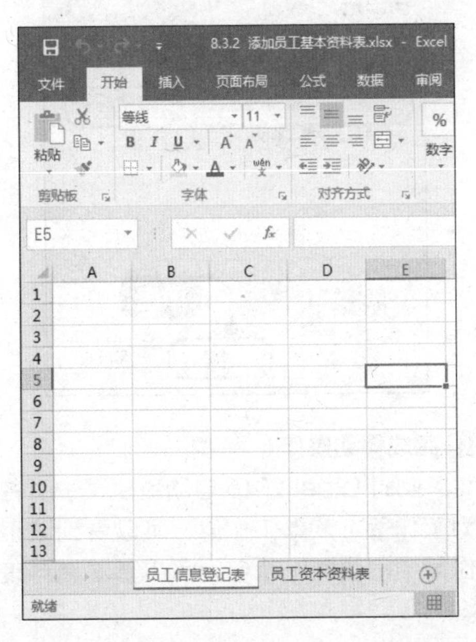

8.3.4 移动与复制工作表

移动工作表是在不改变工作表数量的情况下，对工作表的位置进行调整。而复制工作表则是在原工作表数量的基础上，再创建一个与原工作表有同样内容的工作表。下面介绍工作表的复制和移动的方法。

1 鼠标右键单击工作表名称

鼠标右键单击准备复制的工作表名称，在弹出的快捷菜单中选择【移动或复制】菜单项，如图所示。

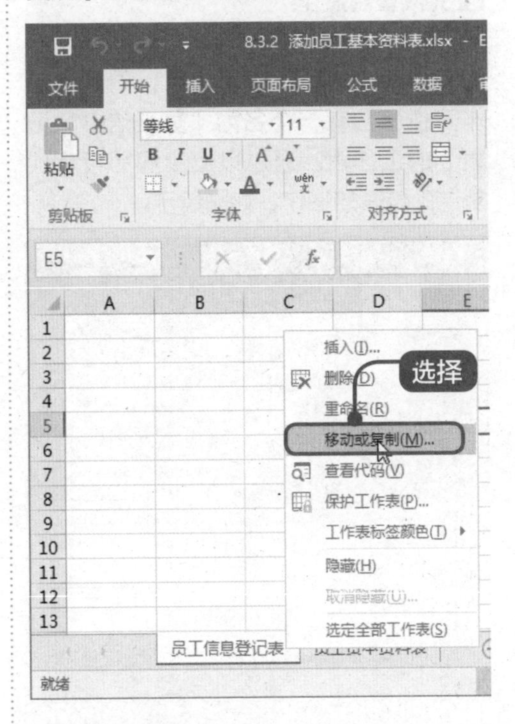

2 弹出对话框

弹出【移动或复制工作表】对话框，在【工作簿】列表框中选择【（新工作簿）】选项，勾选【建立副本】复选框，单击【确定】按钮，如图所示。

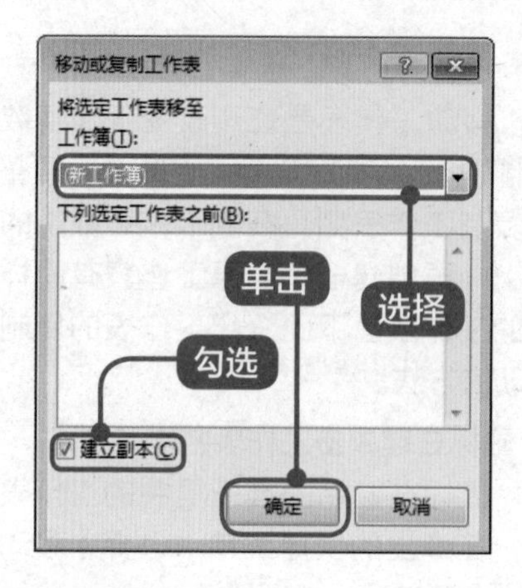

3 完成复制操作

此时 Excel 2016 自动新建了一个名为工作簿 1 的新工作簿，可以看到该工作簿中已含有一个名为“员工信息登记表”的工作表。通过以上步骤即可完成复制工作表的操作，如图所示。

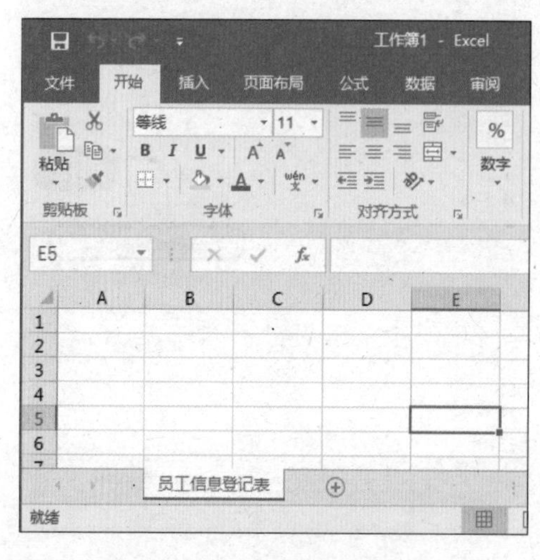

4 鼠标右键单击工作表名称

鼠标右键单击准备移动的工作表名称，在弹出的快捷菜单中选择【移动或复制】菜单项，如图所示。

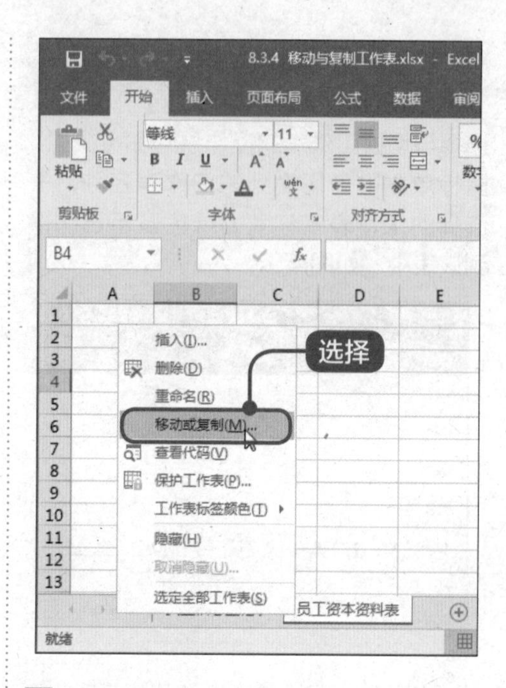

5 弹出对话框

弹出【移动或复制工作表】对话框，在【工作簿】列表框中选择【（新工作簿）】选项，单击【确定】按钮，如图所示。

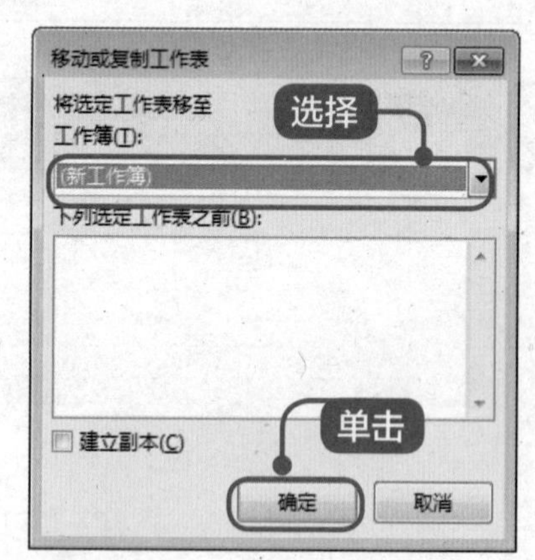

6 完成移动操作

此时 Excel 2016 自动新建了一个名为工作簿 2 的新工作簿，可以看到该工作簿中已含有一个名为员工基本资料表的工作表，原来的工作簿中只剩下一个工作表。通过以上步骤即可完成移动工作表的操作，如图所示。

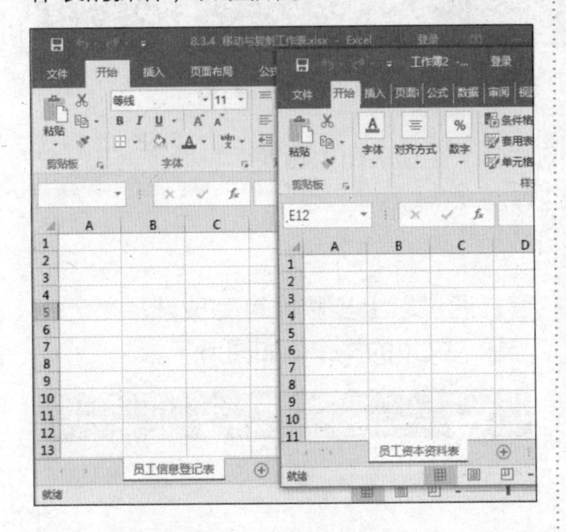

8.3.5 删除多余的工作表

在 Excel 2016 工作簿中，用户可以删除不再使用的工作表，下面介绍删除工作表的操作方法。

1 鼠标右键单击工作表名称

鼠标右键单击准备删除的工作表名称，如“Sheet1”，在弹出的快捷菜单中选择【删除】菜单项，如图所示。

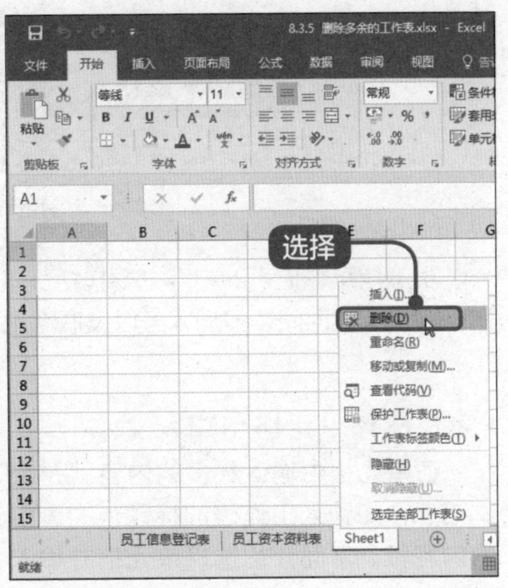

2 完成删除操作

通过以上步骤即可完成删除操作，如图所示。

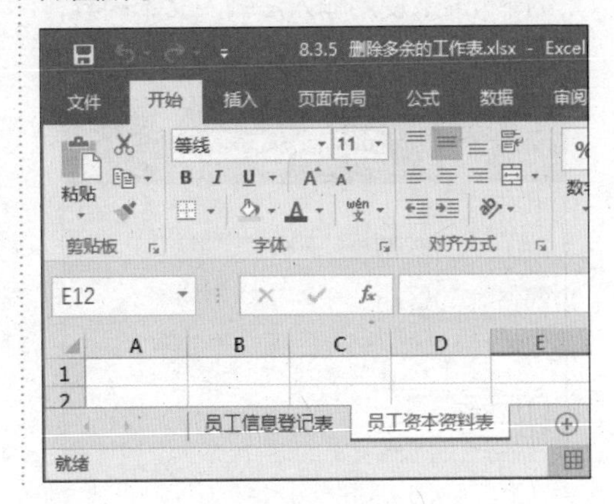

> **提示**
>
> 鼠标右键单击工作表的名称，在弹出的快捷菜单中选择【工作表标签颜色】菜单项，在弹出的子菜单中选择一种颜色，即可为工作表标签设置颜色。

8.4 实战案例——编辑员工信息登记表

本节视频教学时间 / 1 分钟 56 秒

员工信息登记表的内容主要包括员工的姓名、性别、出生日期、身份证号码、学历、参加工作时间、担任职务以及联系电话等。

8.4.1 选择单元格与输入文本

在单元格中输入最多的内容就是文本信息，如输入工作表的标题、图表中的内容等。下面介绍选择单元格并输入文本的方法。

1 选中单元格

打开工作簿，单击选中准备输入文本的单元格，使用输入法输入文本内容，如图所示。

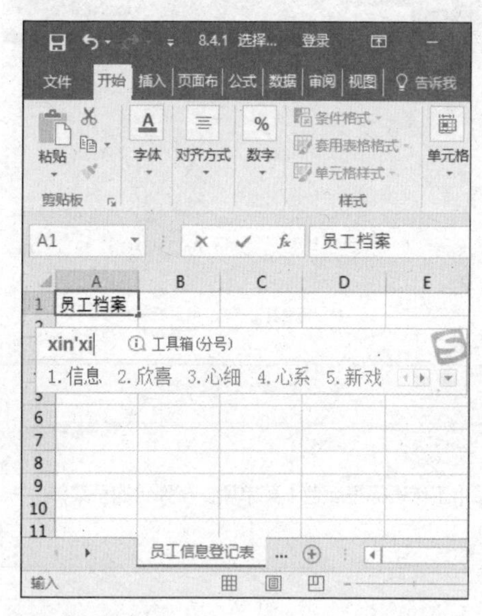

2 完成操作

使用相同方法在其他单元格输入内容。通过以上步骤即可完成选择单元格与输入文本的操作，如图所示。

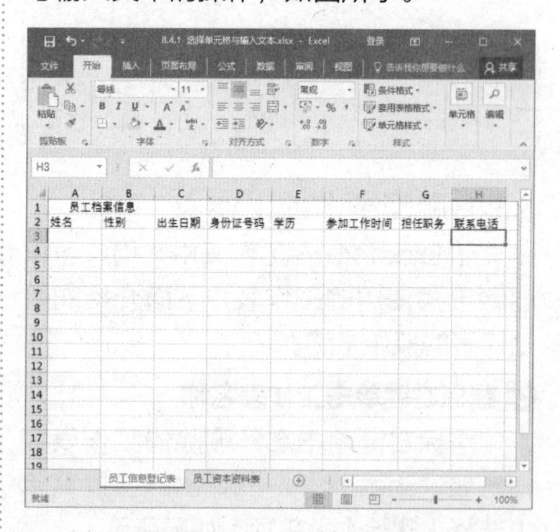

8.4.2 输入以“0”开头的员工编号

使用 Excel 2016 在单元格中输入以 0 开头的序号时，Excel 会自作主张把前面的 0 给删除，只显示后面的数字。下面详细介绍解决这种问题的方法。

1 选中单元格

选中单元格，在【开始】选项卡中单击【数字】下拉按钮，在弹出的选项中单击【常规】下拉按钮，在弹出的列表中选择【文本】选项，如图所示。

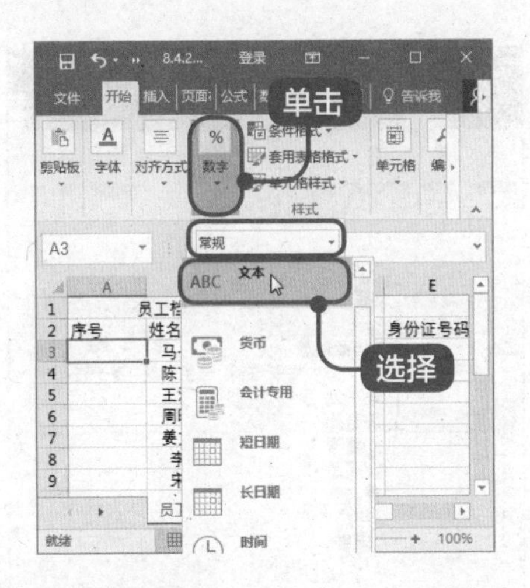

2 输入数字编号

在单元格中输入“01”，按回车键，可以看到单元格中显示“01”，如图所示。

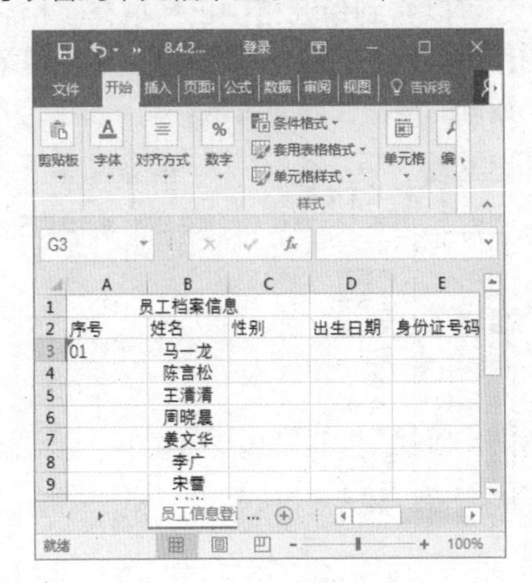

8.4.3 设置员工入职日期格式

把 Excel 工作表中的单元格设置为日期格式后，输入数字即可显示为日期。下面详细介绍设置单元格日期格式的操作方法。

1 选中单元格

选中单元格，在【开始】选项卡中单击【数字】下拉按钮，在弹出的选项中单击【启动器】按钮，如图所示。

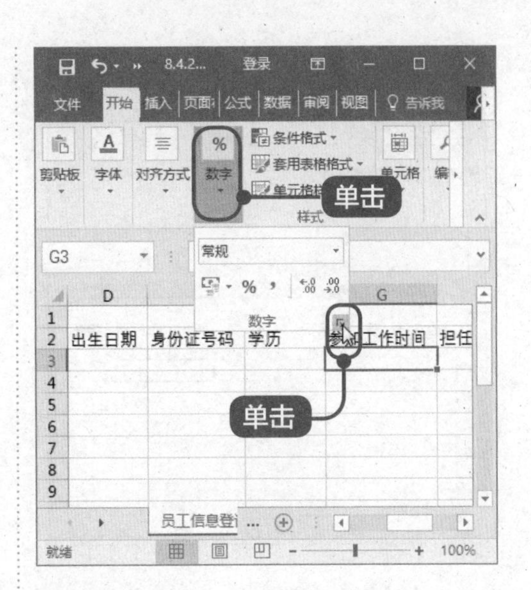

2 弹出对话框

弹出【设置单元格格式】对话框，在【数字】选项卡中选择【日期】列表项，在【类型】列表框中选择准备使用的日期样式类型，单击【确定】按钮，如图所示。

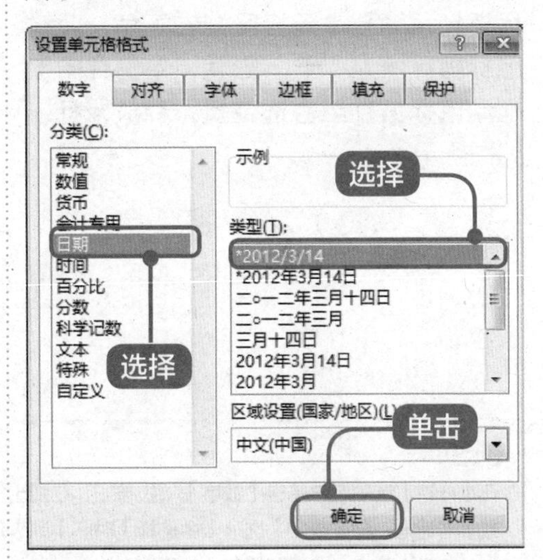

3 完成操作

在单元格中输入日期后按下回车键，即可完成设置日期格式的操作，如图所示。

8.4.4 快速填充数据

用户可以使用“填充柄”进行数据的快速填充。下面详细介绍快速填充数据的操作方法。

1 选中单元格

选择准备输入数据的单元格，将鼠标指针移动至单元格区域右下角，此时鼠标指针变为“十”形状，单击并向下拖动鼠标指针至合适位置，释放鼠标，如图所示。

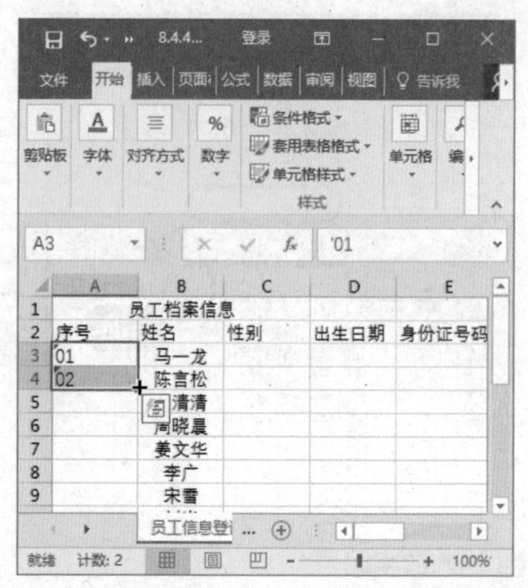

2 完成填充操作

可以看到单元格中已经填充了相应的序号。通过以上步骤即可完成快速填充数据的操作，如图所示。

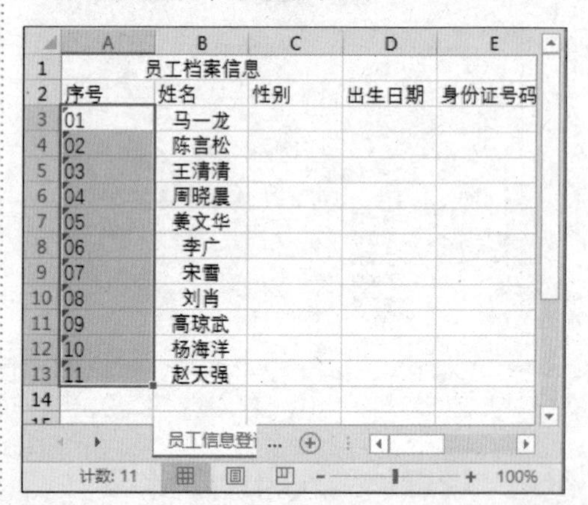

提示

在【开始】选项卡中单击【数字】下拉按钮，在弹出的选项中单击【启动器】按钮，弹出【设置单元格格式】对话框，在【数字】选项卡中选择【时间】列表项，在【类型】列表框中选择准备使用的时间样式类型，单击【确定】按钮即可在该单元格中输入时间。

8.5 实战案例——修改员工信息登记表格式

本节视频教学时间 / 4 分钟 06 秒

员工信息登记表基本建立完成后，为了使其外观达到更加美观、清晰的效果，需要用户对其进行美化设置。

8.5.1 选择单元格或单元格区域

在表格中选择单元格或单元格区域的方法非常简单，本节将进行详细介绍。

1 选择一个单元格

单击一个单元格即可选择该单元格，如图所示。

2 选择连续的单元格区域

单击并拖动鼠标左键至适当位置释放鼠标，即可选择连续的单元格区域，如图所示。

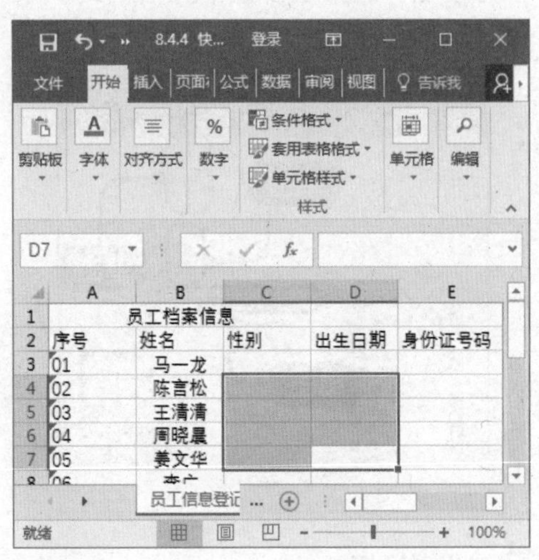

3 选择不连续的单元格区域

先选择一个单元格，然后按下【Ctrl】键再单击其他单元格，即可选择不连续的单元格区域，如图所示。

8.5.2 添加和设置表格边框

在 Excel 2016 中，用户可以为表格设置边框，为表格设置边框的方法很简单。下面介绍设置表格边框的操作方法。

1 单击【单元格】下拉按钮

选中整个表格，在【开始】选项卡中单击【单元格】下拉按钮，单击【格式】下拉按钮，选择【设置单元格格式】菜单项，如图所示。

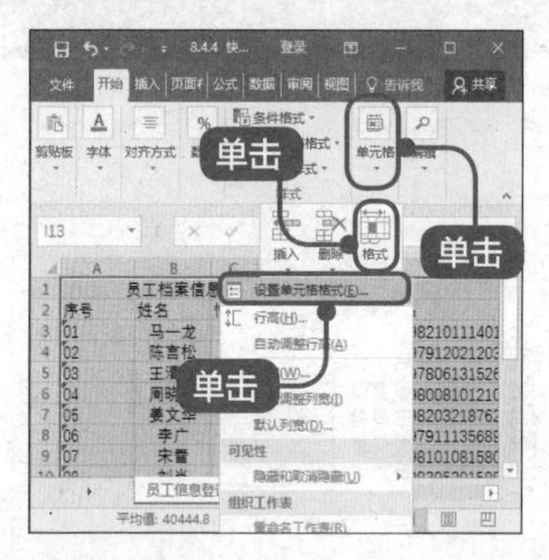

2 弹出对话框

弹出【设置单元格格式】对话框，在【边框】选项卡下的【样式】区域选择边框样式，在【边框】区域选择边框位置，在【颜色】列表框中选择一种颜色，单击【确定】按钮，如图所示。

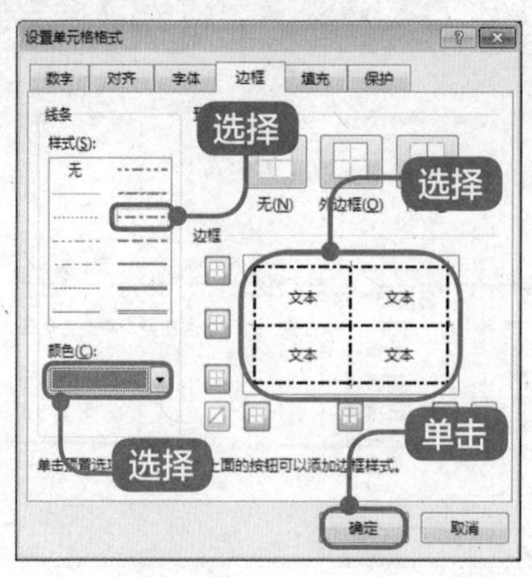

3 签名效果

通过上述操作即可完成添加和设置表格边框的操作，如图所示。

8.5.3 合并与拆分单元格

在 Excel 2016 中，用户可以通过合并单元格操作将两个或多个单元格合并在一起，也可以将合并后的单元格进行拆分。下面介绍合并与拆分单元格的方法。

1 单击【对齐方式】下拉按钮

选中选择准备合并的单元格，在【开始】选项卡中单击【对齐方式】下拉按钮，在弹出的选项中单击【合并后居中】按钮，如图所示。

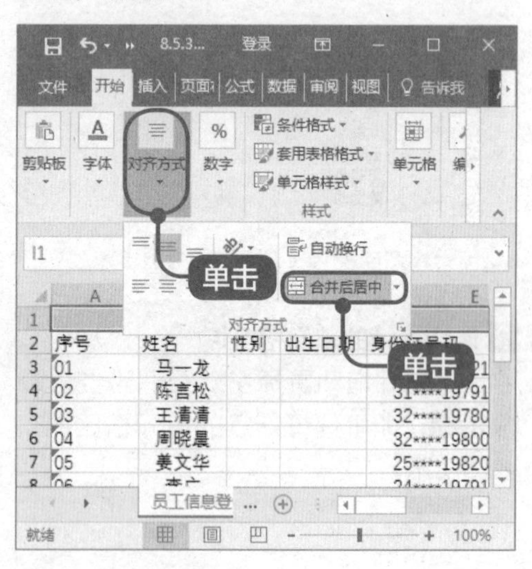

2 完成合并操作

通过上述操作即可完成合并单元格的操作，如图所示。

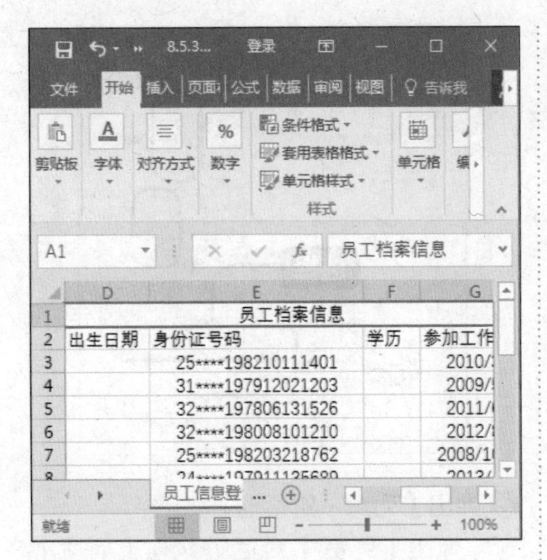

3 单击【对齐方式】下拉按钮

选中选择准备拆分的单元格，在【开始】选项卡中单击【对齐方式】下拉按钮，在弹出的选项中单击【合并后居中】下拉按钮，在弹出的选项中选择【取消单元格合并】选项，如图所示。

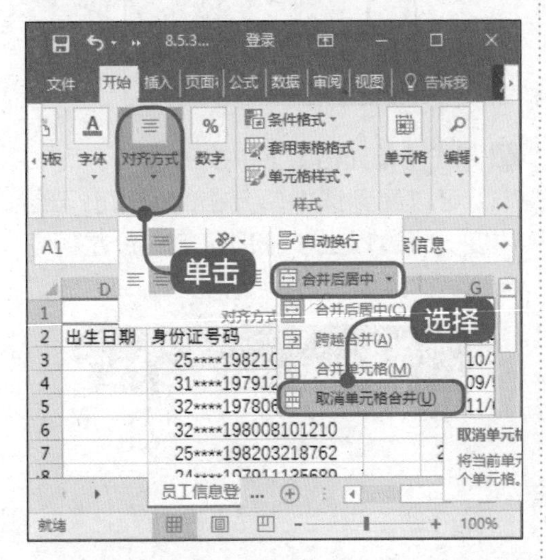

4 完成拆分操作

通过上述操作即可完成拆分单元格的操作，如图所示。

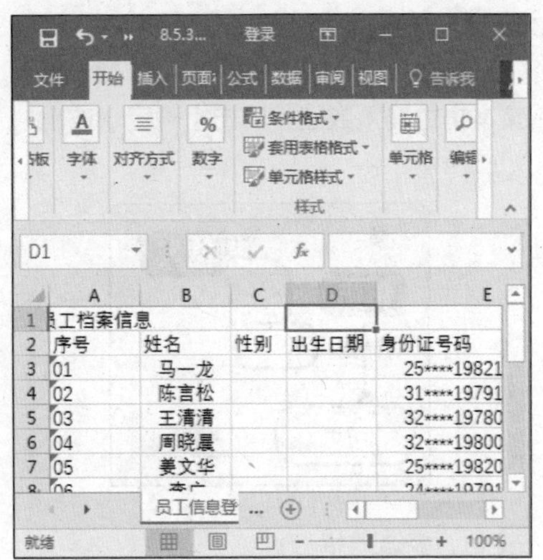

8.5.4 设置行高与列宽

在单元格中输入数据时，会出现数据和单元格的尺寸不符合的情况，用户可以对单元格的行高和列宽进行设置。下面介绍设置行高和列宽的操作方法。

1 单击【单元格】下拉按钮

选中单元格，在【开始】选项卡中单击【单元格】下拉按钮，在弹出的选项中单击【格式】下拉按钮，在弹出的菜单中选择【行高】菜单项，如图所示。

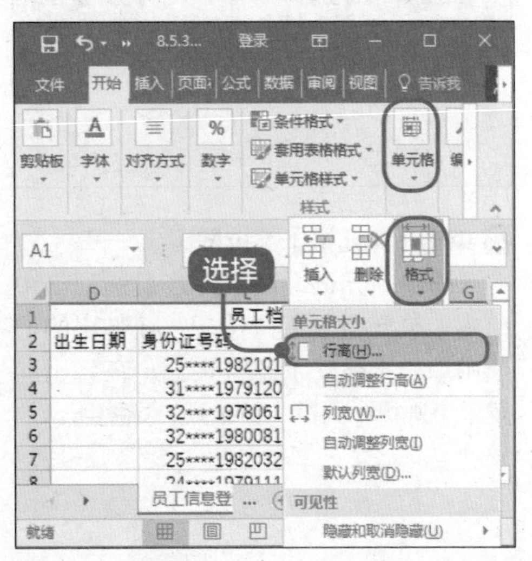

2 弹出【行高】对话框

弹出【行高】对话框，在【行高】文本框中输入数值，单击【确定】按钮，如图所示。

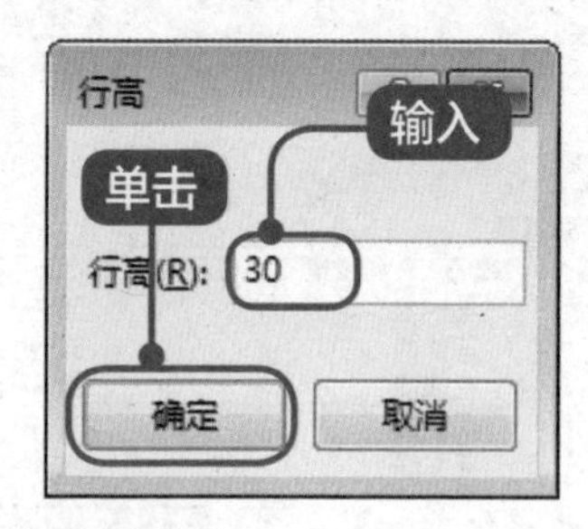

3 查看设置效果

可以看到选中单元格的行高已经改变，如图所示。

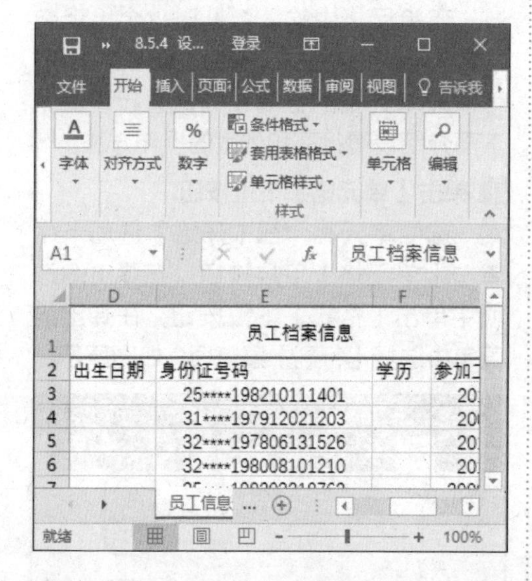

4 单击【单元格】下拉按钮

选中单元格，在【开始】选项卡中单击【单元格】下拉按钮，在弹出的选项中单击【格式】下拉按钮，在弹出的菜单中选择【列宽】菜单项，如图所示。

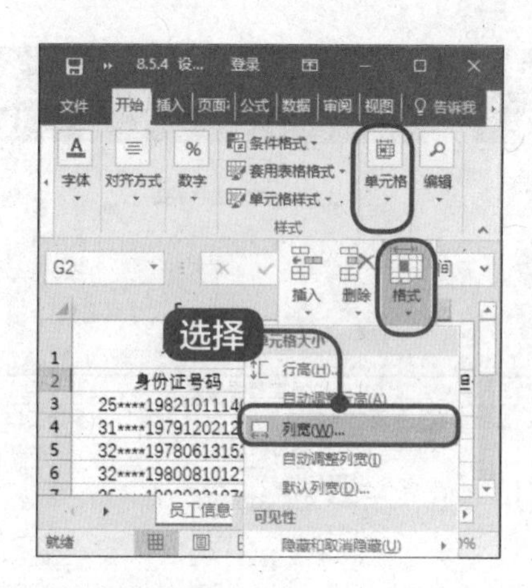

5 弹出【列宽】对话框

弹出【列宽】对话框，在【列宽】文本框中输入数值，单击【确定】按钮，如图所示。

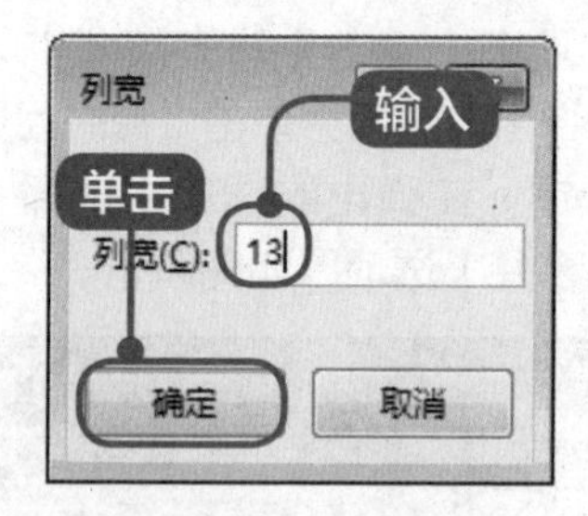

6 单击【单元格】下拉按钮

可以看到选中单元格的列宽也已经改变。通过以上步骤即可完成设置行高与列宽的操作，如图所示。

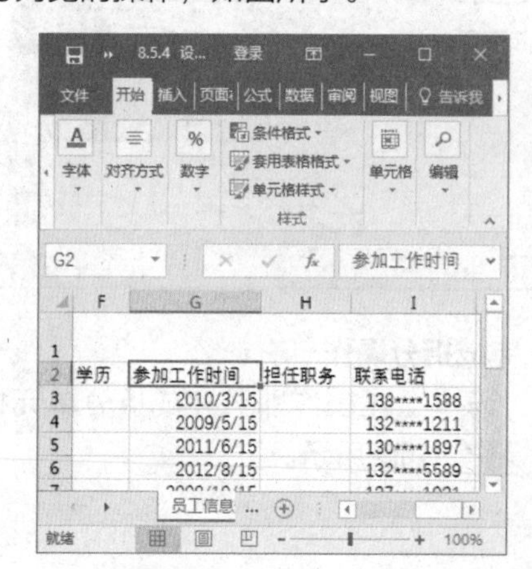

8.5.5 插入或删除行与列

用户可以根据需要插入或删除行和列。下面介绍插入与删除行和列的方法。

1 单击【单元格】下拉按钮

选中准备插入整行单元格的位置，在【开始】选项卡中单击【单元格】下拉按钮，在弹出的选项中单击【插入】下拉按钮，在弹出的菜单中选择【插入工作表行】菜单项，如图所示。

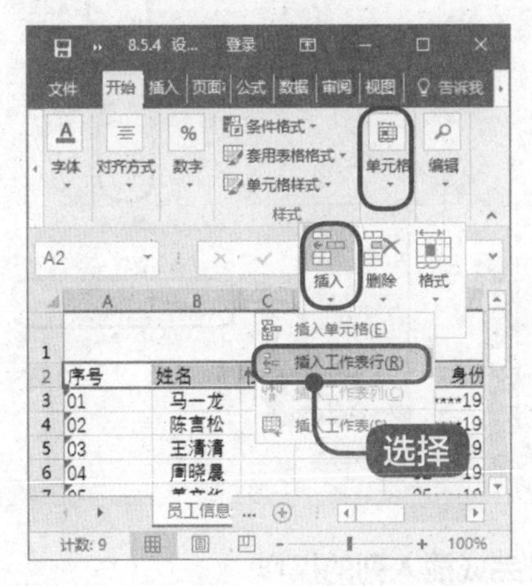

2 完成插入行的操作

可以看到在选中单元格的上方插入了一行空白单元格。通过以上步骤即可完成插入行的操作，如图所示。

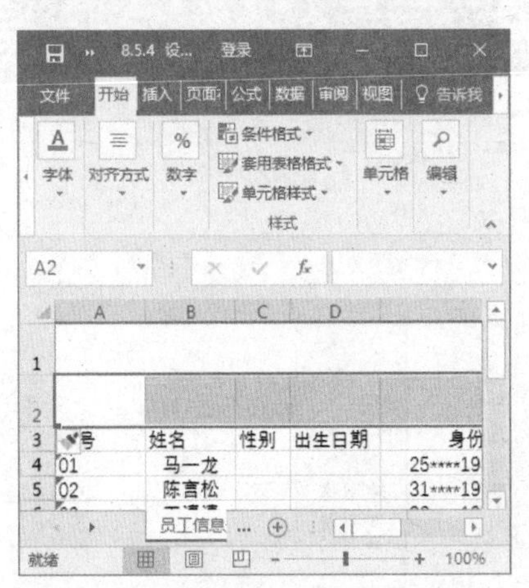

3 单击【单元格】下拉按钮

选中准备删除整行单元格的位置，在【开始】选项卡中单击【单元格】下拉按钮，在弹出的选项中单击【删除】下拉按钮，在弹出的菜单中选择【删除工作表行】菜单项，如图所示。

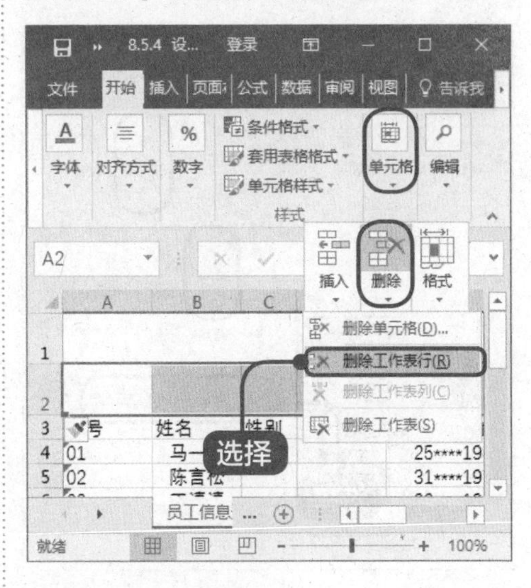

4 完成删除行的操作

可以看到刚刚插入的一行空白单元格已经被删除。通过以上步骤即可完成删除行的操作，如图所示。

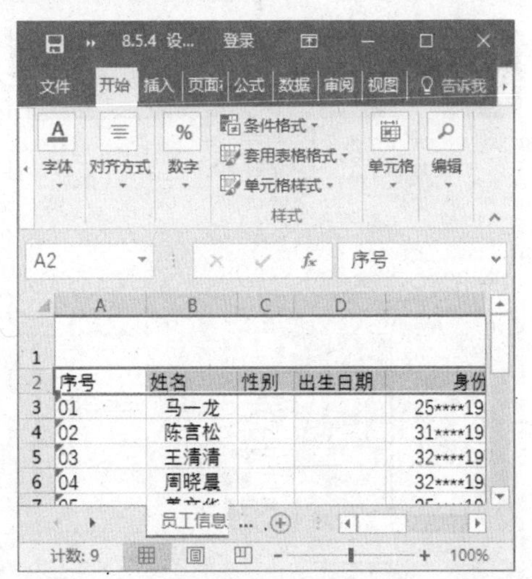

5 单击【单元格】下拉按钮

选中准备插入整列单元格的位置，在【开始】选项卡中单击【单元格】下拉按钮，在弹出的选项中单击【插入】下拉按钮，在弹出的菜单中选择【插入工作表列】菜单项，如图所示。

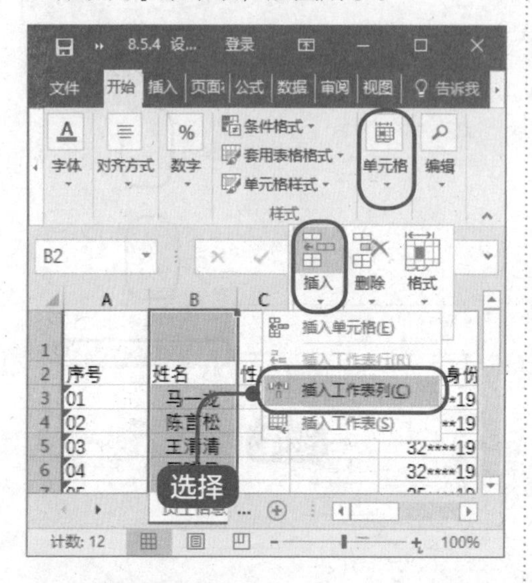

6 完成插入列的操作

可以看到在选中单元格的左侧插入了一列空白单元格。通过以上步骤即可完成插入列的操作，如图所示。

7 单击【单元格】下拉按钮

选中准备删除整列单元格的位置，在【开始】选项卡中单击【单元格】下拉按钮，在弹出的选项中单击【删除】下拉按钮，在弹出的菜单中选择【删除工作表列】菜单项，如图所示。

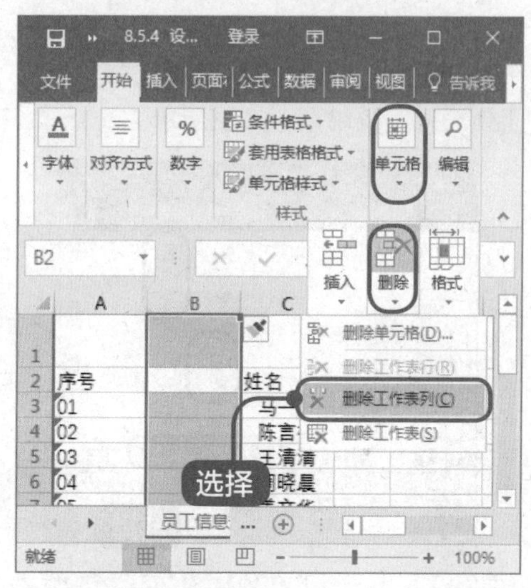

8 完成插入列的操作

可以看到刚刚插入的一列空白单元格已经被删除。通过以上步骤即可完成删除列的操作，如图所示。

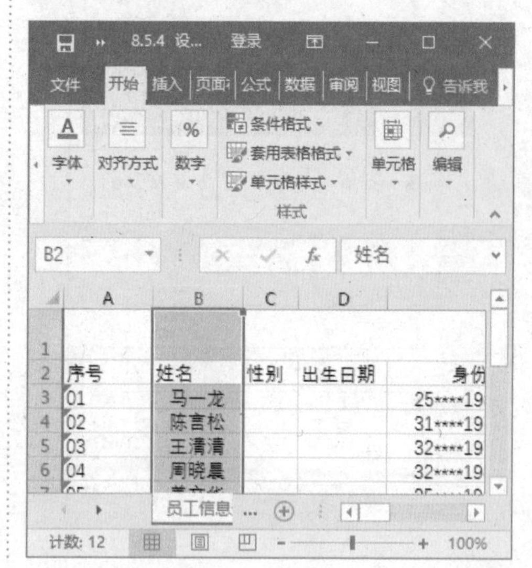

本节将介绍两个操作技巧，包括给单元格文本设置换行和输入货币符号的具体方法。

技巧 1 • 给单元格文本设置换行

如果单元格中的内容太多，一行放不下，用户可以为单元格设置自动换行。

1 单击【对齐方式】下拉按钮

选中单元格，在【开始】选项卡中单击【对齐方式】下拉按钮，在弹出的选项中单击【自动换行】按钮，如图所示。

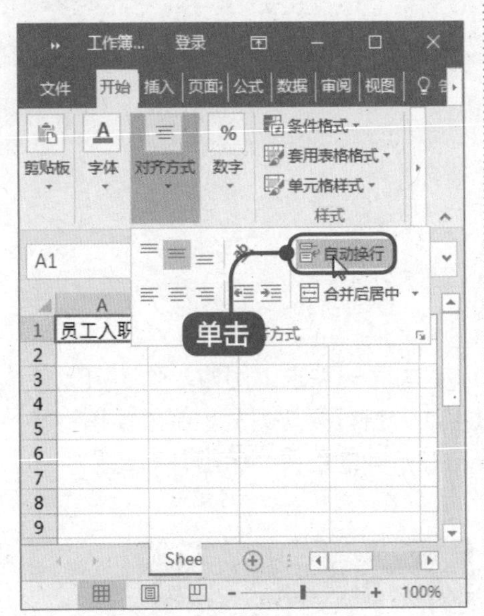

2 完成操作

可以看到单元格中的文本已经呈两行显示。通过以上步骤即可完成给单元格文本设置换行的操作，如图所示。

技巧 2 • 输入货币符号

如果用户想要在单元格中输入货币符号，可以按照如下方法进行。

1 在【开始】选项卡中单击【数字】下拉按钮

选中单元格，在【开始】选项卡中单击【数字】下拉按钮，在弹出的选项中单击【启动器】按钮，如图所示。

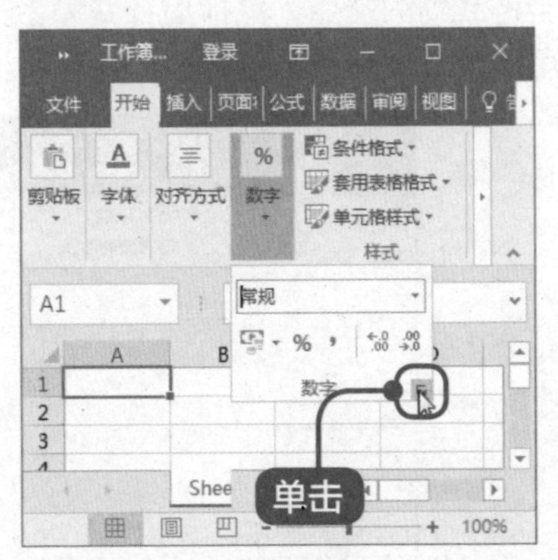

2 弹出【设置单元格格式】对话框

弹出【设置单元格格式】对话框，在【数字】选项卡下的【分类】列表中选择【货币】选项，在【货币符号】列表框中选择准备使用的货币样式，在【负数】列表框中选择一种类型，单击【确定】按钮，如图所示。

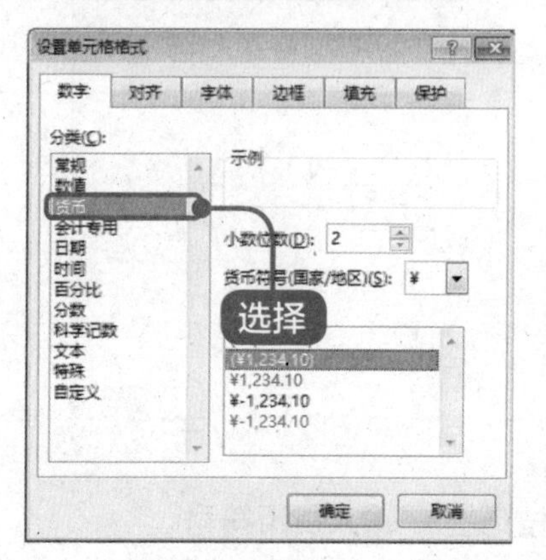

3 完成输入货币符号的操作

在单元格中输入数字，按下回车键，即可显示货币符号，如图所示。

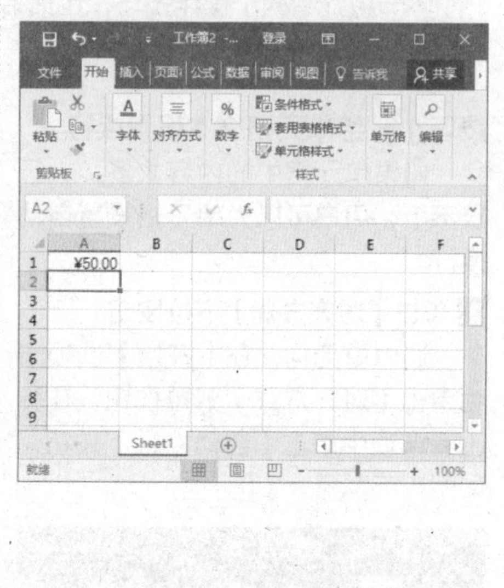

在 Excel 2016 中，有很多操作可以解决同一需求。例如，除了可以使用功能区设置行高和列宽之外，还可以手动调整行高与列宽。将鼠标指针移至行或列的端点，鼠标指针变为上下或左右方向的箭头，单击并拖动鼠标即可扩大或缩小行高和列宽，如图所示。

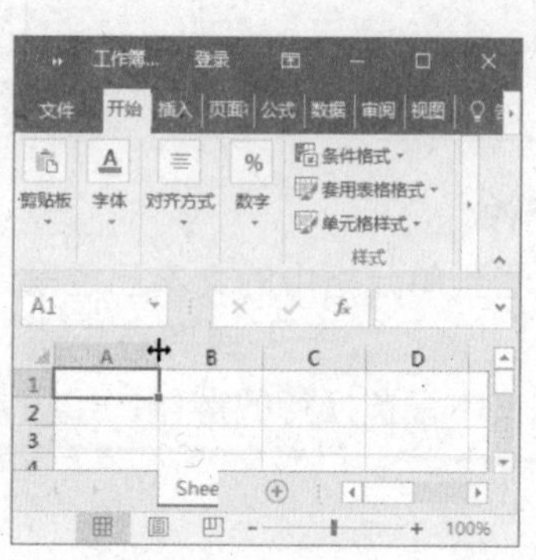

第 9 章

美化 Excel 工作表——办公采购报价表

本章视频教学时间 / 6 分钟 33 秒

重点导读

本章主要介绍设置数据格式、设置表格的边框和背景、插入图片、设置艺术字和文本框方面的知识与技巧，同时讲解使用样式设置表格的方法。本章最后针对实际的工作需求，讲解给表格添加签名行和特殊符号的方法。通过本章的学习，读者可以掌握美化工作表方面的知识，为深入学习 Office 2016 和五笔输入法知识奠定基础。

本章主要知识点

- ✓ 设置数据格式
- ✓ 设置表格的边框和背景
- ✓ 插入图片
- ✓ 设置艺术字和文本框
- ✓ 样式的使用

9.1 实战案例——设置数据格式

本节视频教学时间 / 1 分钟 50 秒

设置数据格式的内容包括设置字体和字号、设置数字格式以及设置对齐方式。本节将详细介绍设置以上内容的方法。

9.1.1 设置字体和字号

设置表格字体和字号的方法非常简单。下面介绍设置表格字体和字号的方法。

1 单击【字体】下拉按钮

打开素材表格，选中表格标题，在【开始】选项卡中单击【字体】下拉按钮，在弹出的选项中设置字体为【方正琥珀简体】，字号为【20】，单击【加粗】按钮，如图所示。

2 单击【字体】下拉按钮

选中表格中的列标题，在【开始】选项卡中单击【字体】下拉按钮，在弹出的选项中设置字体为【宋体】，字号为【11】，单击【加粗】按钮，如图所示。

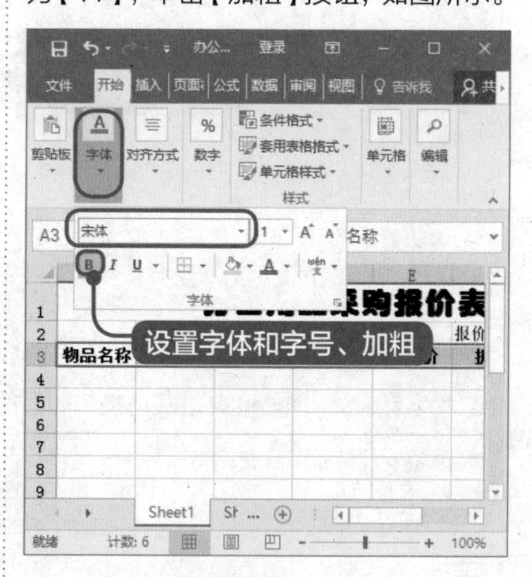

9.1.2 设置数字格式

设置数字格式的方法非常简单。下面详细介绍设置数字格式的方法。

1 单击【数字】下拉按钮

打开素材表格，选中单元格，在【开始】选项卡中单击【数字】下拉按钮，在弹出的选项中单击【常规】下拉按钮，在弹出的列表框中选择【其他数字格式】选项，如图所示。

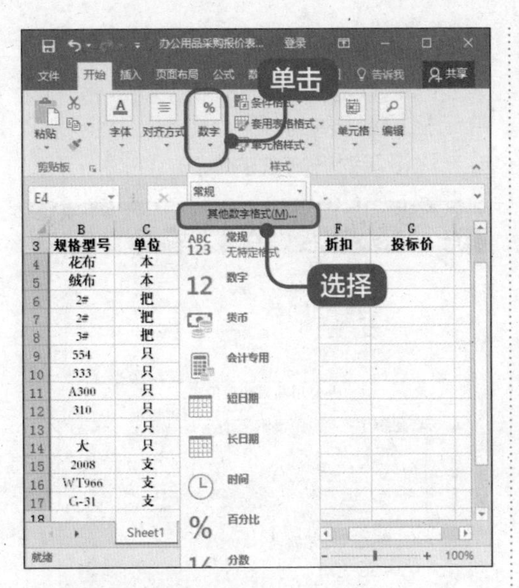

2 弹出对话框

弹出【设置单元格格式】对话框，在【数字】选项卡中选择【数值】选项，在【小数位数】微调框中输入数值，在【负数】列表框中选择一种样式，单击【确定】按钮，如图所示。

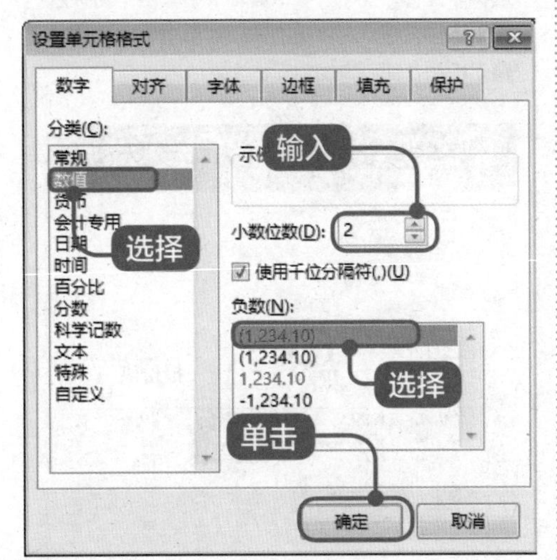

3 输入内容

在设置好数字格式的表格中输入内容，如图所示。

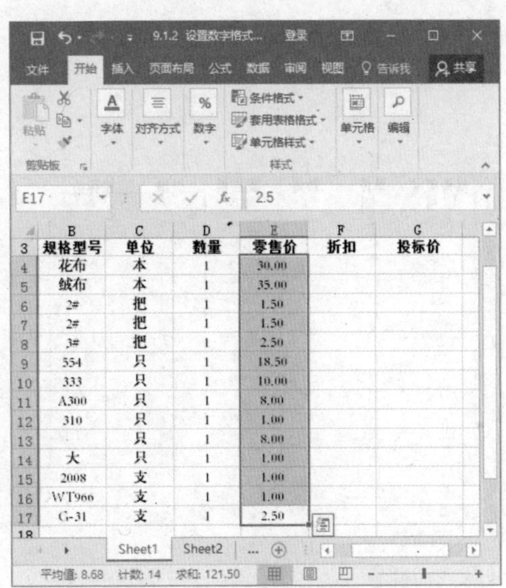

4 单击【数字】下拉按钮

选中单元格，在【开始】选项卡中单击【数字】下拉按钮，在弹出的选项中单击【常规】下拉按钮，在弹出的列表框中选择【百分比】选项，如图所示。

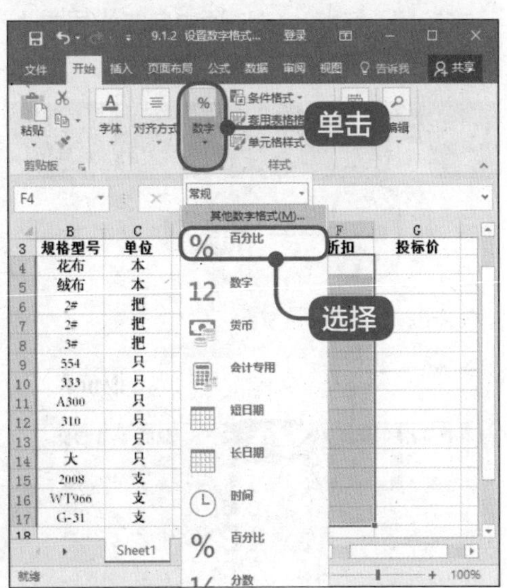

5 完成设置操作

在设置好数字格式的表格中输入内容，将“投标价”所在列的单元格的数字格式设置为数值，并输入内容即可完成操作，如图所示。

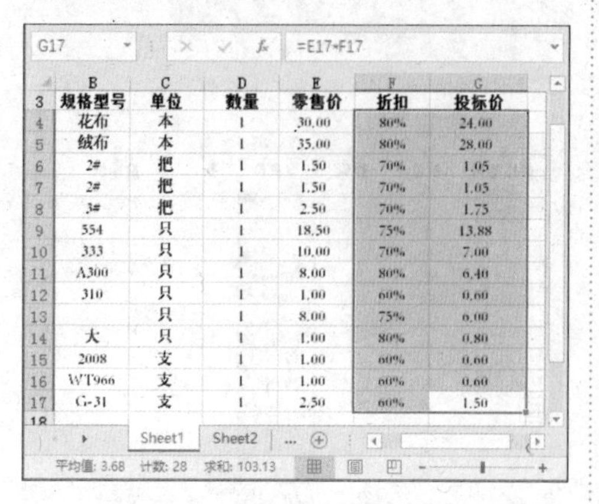

9.1.3 设置对齐格式

设置对齐方式的方法非常简单。下面详细介绍设置对齐方式的方法。

1 单击【对齐方式】下拉按钮

打开素材表格，选中单元格区域，在【开始】选项卡中单击【对齐方式】下拉按钮，在弹出的选项中单击【居中】按钮，如图所示。

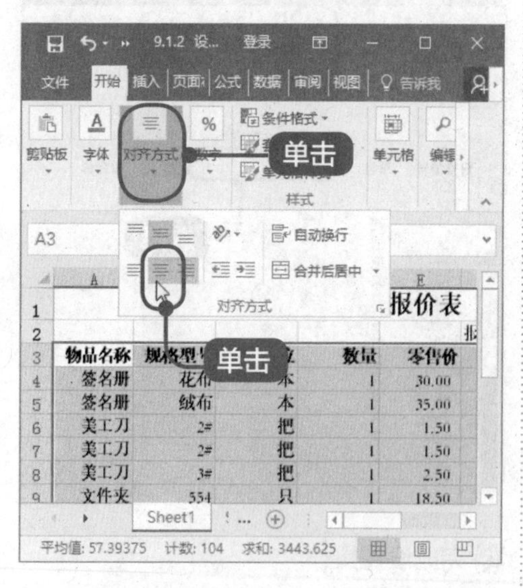

2 完成设置对齐操作

可以看到被选中的单元格区域中的单元格已经居中显示。通过以上步骤即可完成设置对齐方式的操作，如图所示。

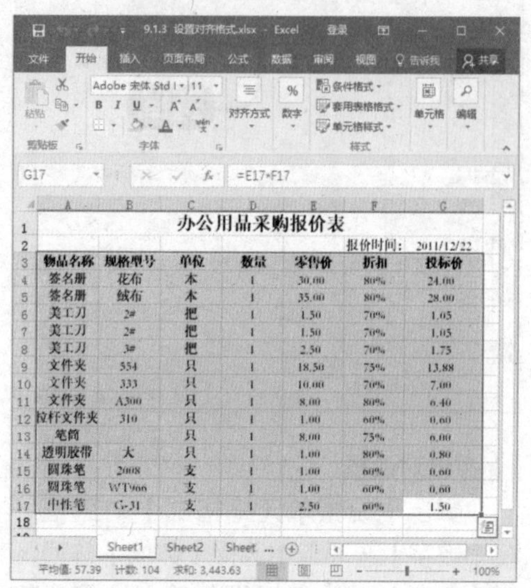

提示

选中单元格，在【开始】选项卡中单击【对齐方式】下拉按钮，在弹出的选项中单击【增加缩进量】按钮，即可增加单元格文本的缩进距离。

9.2 实战案例——设置表格的边框和背景

本节视频教学时间 / 1 分钟 14 秒

设置表格的表框和背景的操作非常简单。本节将详细介绍设置表格的边框和背景的方法。

9.2.1 设置表格边框

设置表格边框的方法非常简单。下面详细介绍设置表格边框的方法。

1 鼠标右键单击表格

选中整个表格，鼠标右键单击表格，在弹出的快捷菜单中选择【设置单元格格式】菜单项，如图所示。

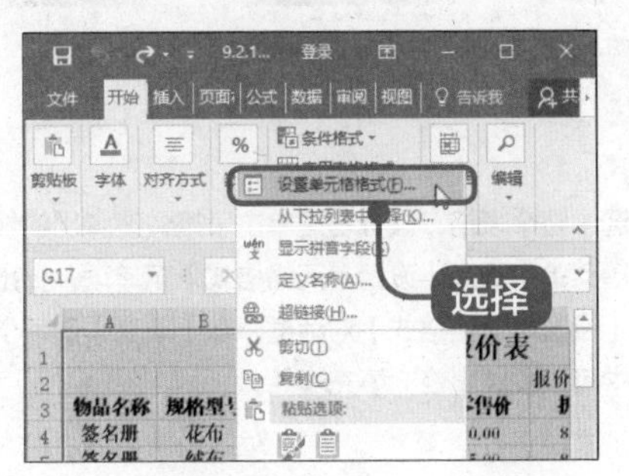

2 弹出【设置单元格格式】对话框

弹出【设置单元格格式】对话框，在【边框】选项卡中设置边框的样式、颜色、位置，设置完成后单击【确定】按钮，如图所示。

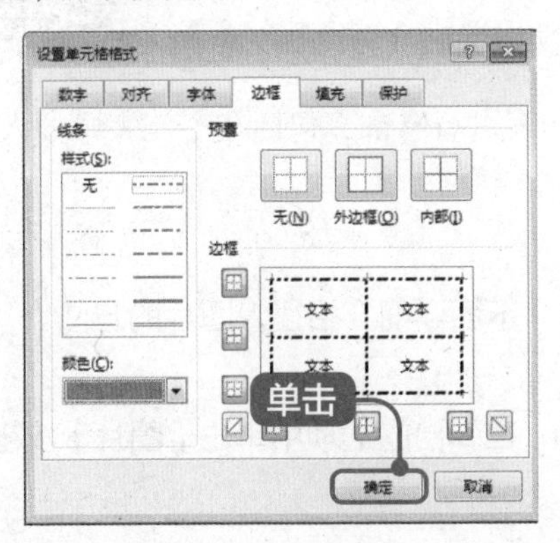

3 完成设置

通过以上步骤即可完成设置表格边框的操作，如图所示。

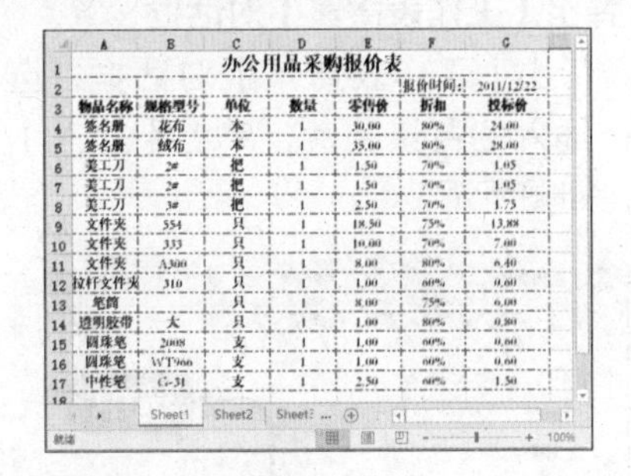

9.2.2 设置表格背景

设置表格背景的方法非常简单。下面详细介绍设置表格背景的方法。

1 单击【背景】按钮

在【页面布局】选项卡中的【页面设置】组中，单击【背景】按钮，如图所示。

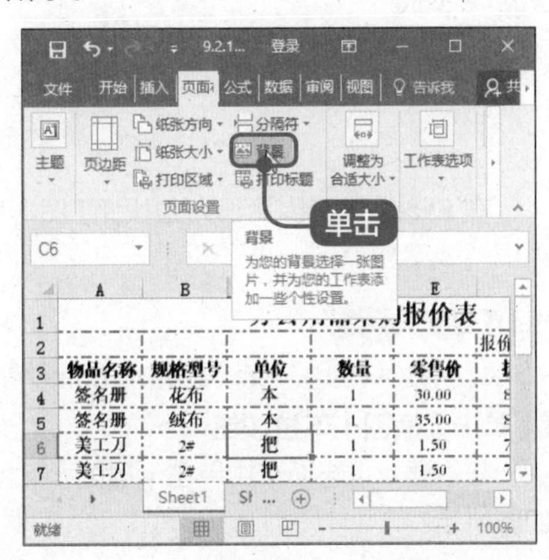

2 弹出【插入图片】对话框

弹出【插入图片】对话框，单击【来自文件】选项的【浏览】按钮，如图所示。

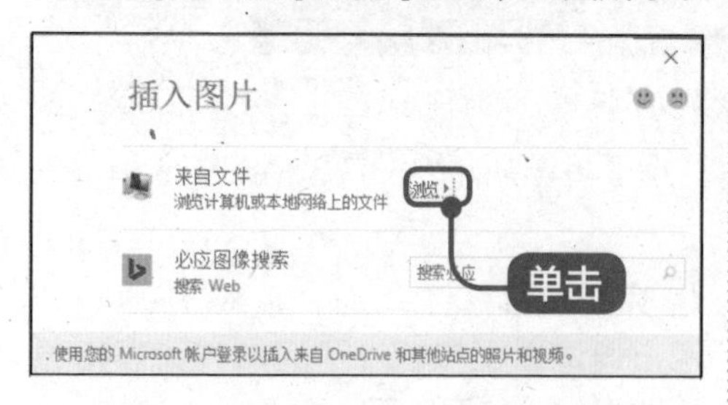

3 弹出【工作表背景】对话框

弹出【工作表背景】对话框，选中准备插入的背景图片，单击【插入】按钮，如图所示。

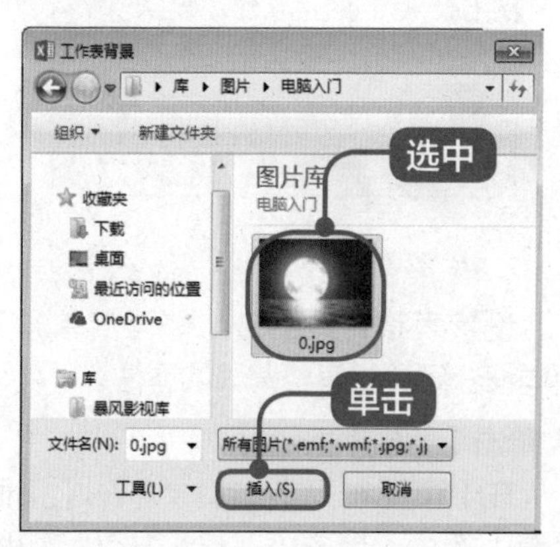

4 完成设置背景操作

可以看到表格的背景已经变为刚刚选择的图片。通过以上步骤即可完成设置表格背景的操作，如图所示。

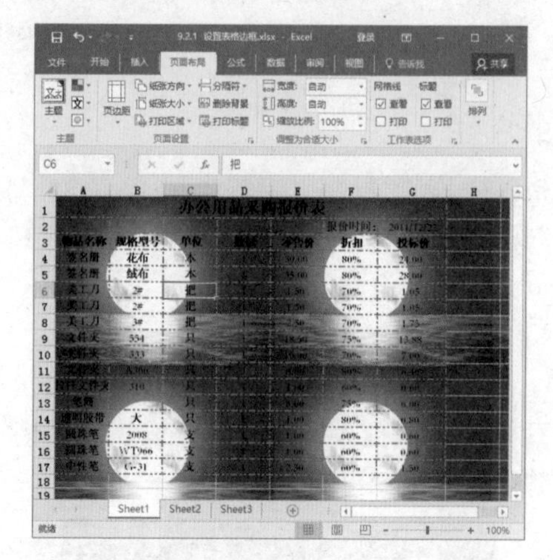

提示

选中整个表格，鼠标右键单击表格，在弹出的快捷菜单中选择【设置单元格格式】菜单项，弹出【设置单元格格式】对话框，在【填充】选项卡中可以设置表格的填充颜色。

9.3 实战案例——插入图片

本节视频教学时间 / 1 分钟 6 秒

在 Excel 中，用户可以使用图像图形对工作表进行修饰，包括在工作表中插入联机图片或图片等。

9.3.1 插入图片

在 Excel 2016 中插入图片的方法非常简单。下面详细介绍插入图片的方法。

1 单击【插图】下拉按钮

在【插入】选项卡中单击【插图】下拉按钮，在弹出的选项中单击【图片】按钮，如图所示。

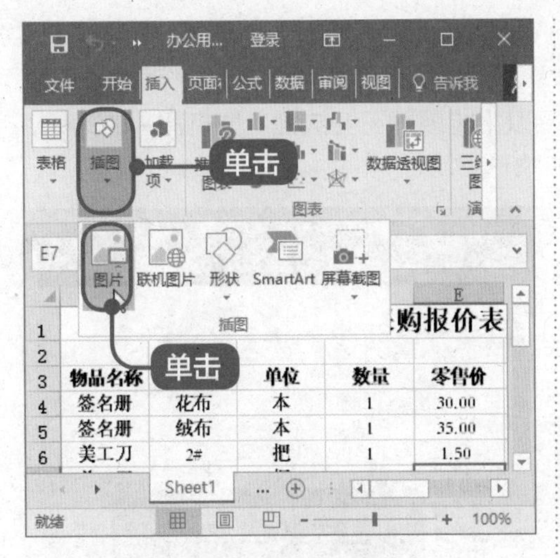

2 弹出【插入图片】对话框

弹出【插入图片】对话框，选中准备插入的图片，单击【插入】按钮，如图所示。

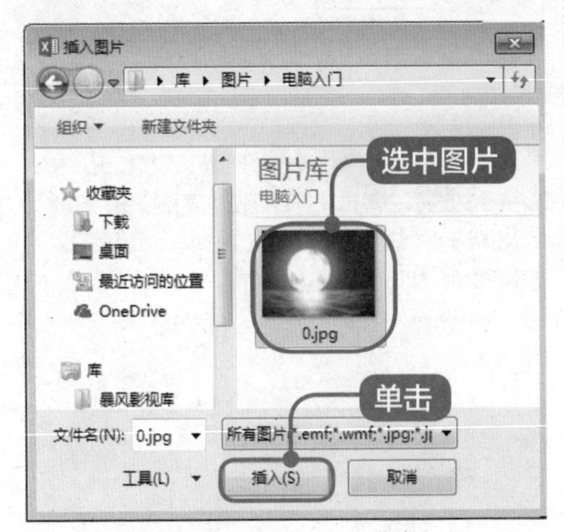

3 插入图片效果

通过以上步骤即可完成插入图片的操作，如图所示。

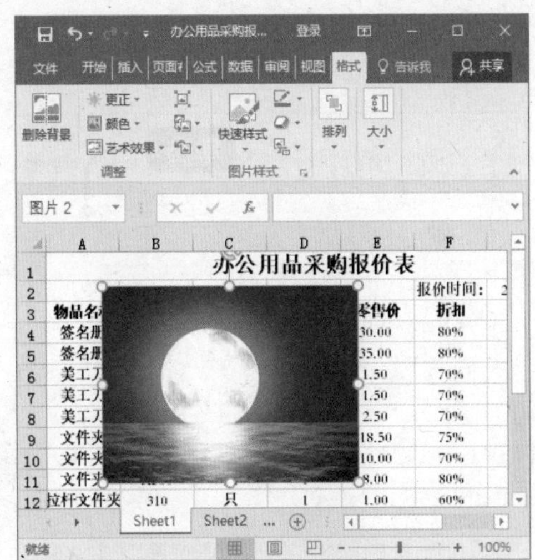

9.3.2 插入联机图片

用户还可以在表格汇总插入联机图片。下面介绍插入联机图片的方法。

1 单击【插图】下拉按钮

在【插入】选项卡中单击【插图】下拉按钮，在弹出的选项中单击【联机图片】按钮，如图所示。

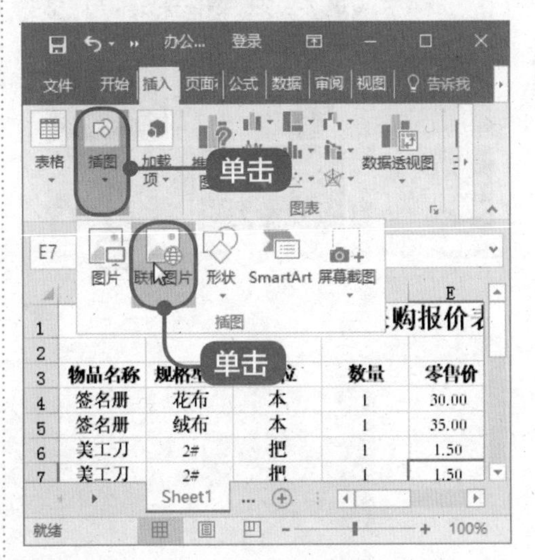

2 弹出【插入图片】对话框

弹出【插入图片】对话框，在文本

框中输入准备查找的图片内容，单击【搜索】按钮，如图所示。

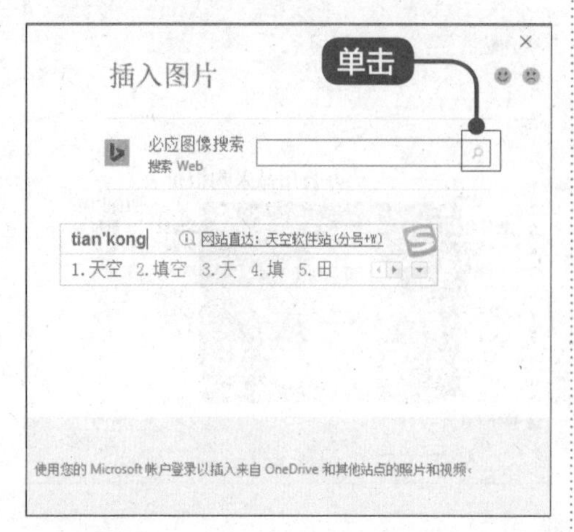

3 单击图片

系统显示搜索到的图片，单击选择一张图片，单击【插入】按钮，如图所示。

4 弹出【插入图片】对话框

可以看到图片已经插入表格。通过以上步骤即可完成插入联机图片的操作，如图所示。

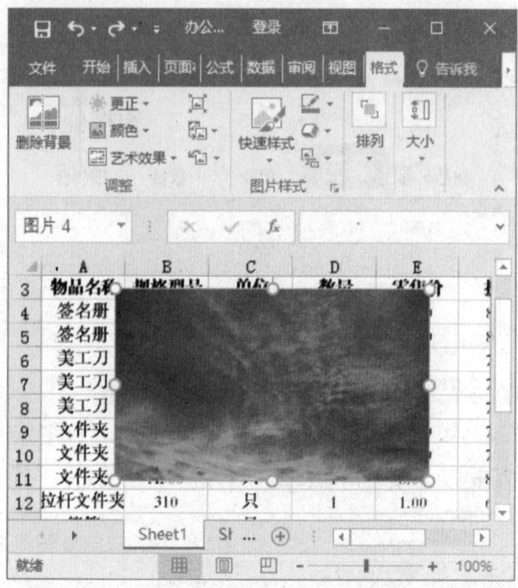

> **提示**
>
> 在【插入】选项卡中单击【插图】下拉按钮，在弹出的选项中单击【屏幕截图】下拉按钮，在弹出的选项中选择【屏幕剪辑】选项，然后截取屏幕图片，即可将截图插入表格。

9.4 实战案例——艺术字与文本框

本节视频教学时间 / 1 分钟 15 秒

本节将介绍在 Excel 2016 工作表中插入艺术字与文本框的方法。

9.4.1 插入艺术字

在表格中插入艺术字的方法非常简单。下面详细介绍插入艺术字的操作方法。

1 单击【文本】下拉按钮

在【插入】选项卡中单击【文本】下拉按钮，在弹出的选项中单击【艺术字】下拉按钮，在弹出的选项中选择一个艺术字样式，如图所示。

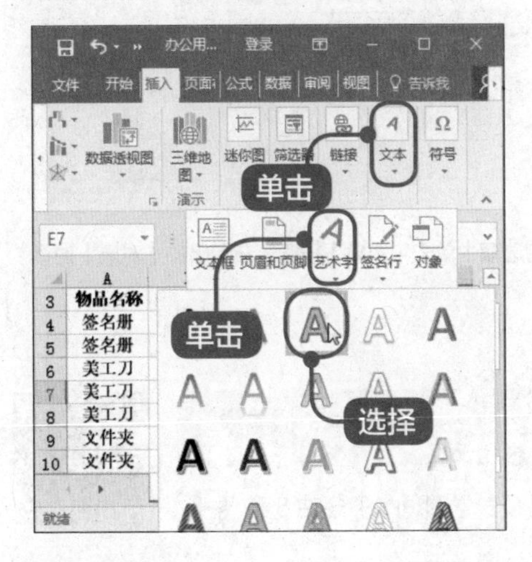

2 输入内容

此时表格内插入了一个艺术字文本框，使用输入法输入内容，如图所示。

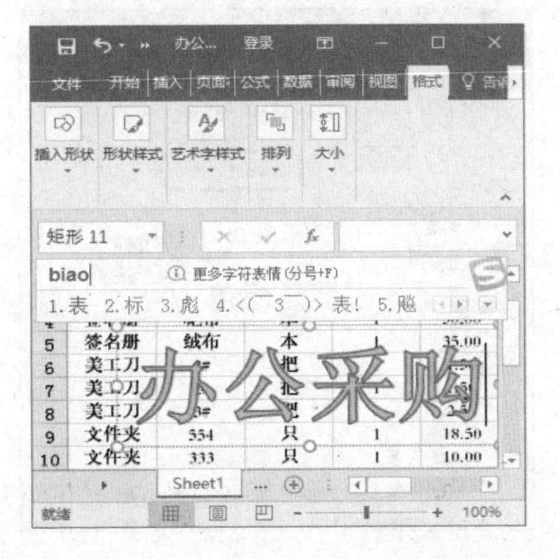

3 完成插入艺术字的操作

输入完成后移动艺术字至合适位置，即可完成在表格中插入艺术字的操作，如图所示。

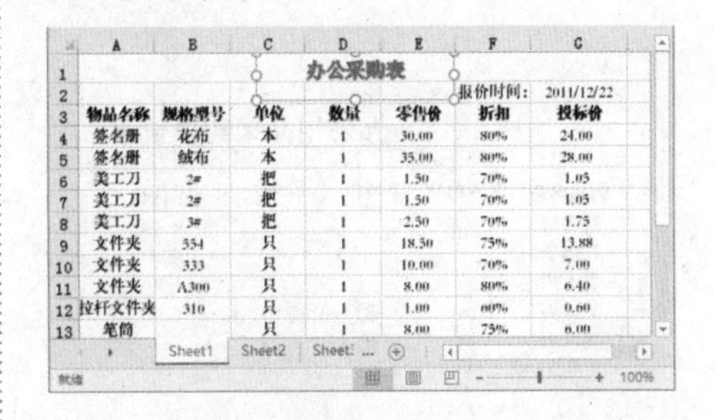

物品名称	规格型号	单位	数量	零售价	折扣	投标价
签名册	花布	本	1	30.00	80%	24.00
签名册	绒布	本	1	35.00	80%	28.00
美工刀	2#	把	1	1.50	70%	1.05
美工刀	2#	把	1	1.50	70%	1.05
美工刀	3#	把	1	2.50	70%	1.75
文件夹	354	只	1	18.50	75%	13.88
文件夹	333	只	1	10.00	70%	7.00
文件夹	A300	只	1	8.00	80%	6.40
拉杆文件夹	310	只	1	1.00	60%	0.60
笔筒		只	1	8.00	75%	6.00

9.4.2 插入文本框

在表格中插入文本框的方法非常简单。下面详细介绍插入文本框的操作方法。

1 单击【文本】下拉按钮

在【插入】选项卡中单击【文本】下拉按钮，在弹出的选项中单击【文本框】下拉按钮，在弹出的选项中选择【横排文本框】选项，如图所示。

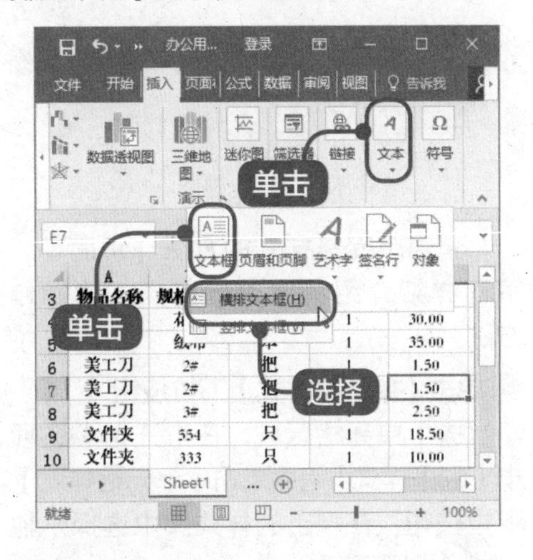

2 绘制文本框

鼠标指针变为十字形状，单击并拖动鼠标绘制文本框，至适当位置释放鼠标，文本框绘制完成，如图所示。

3 输入内容

在文本框中输入内容，即可完成在表格中插入文本框的操作，如图所示。

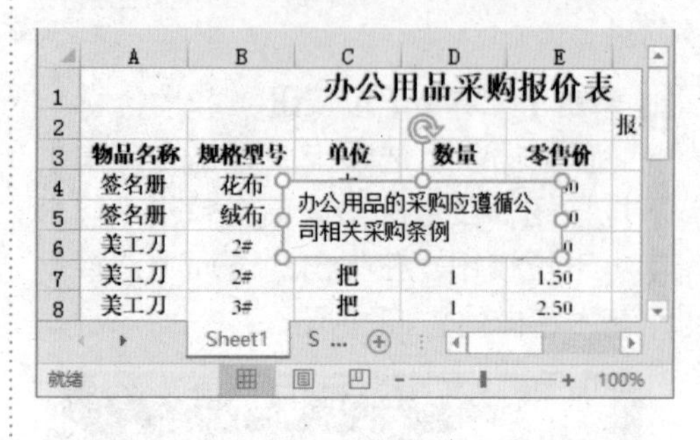

> **提示**
>
> 在【插入】选项卡中单击【文本】下拉按钮，在弹出的选项中单击【对象】按钮，在弹出的【对象】对话框中可以选择插入的对象类型。

9.5 实战案例——样式的使用

本节视频教学时间 / 1 分钟 8 秒

工作表样式的使用包括套用单元格样式、套用表格样式和条件格式的使用，本节将介绍以上内容。

9.5.1 套用单元格样式

套用单元格样式的方法非常简单。下面详细介绍套用单元格样式的操作方法。

1 单击【单元格样式】下拉按钮

选中单元格区域，在【开始】选项卡下的【样式】组中单击【单元格样式】下拉按钮，在弹出的样式库中选择一种样式，如图所示。

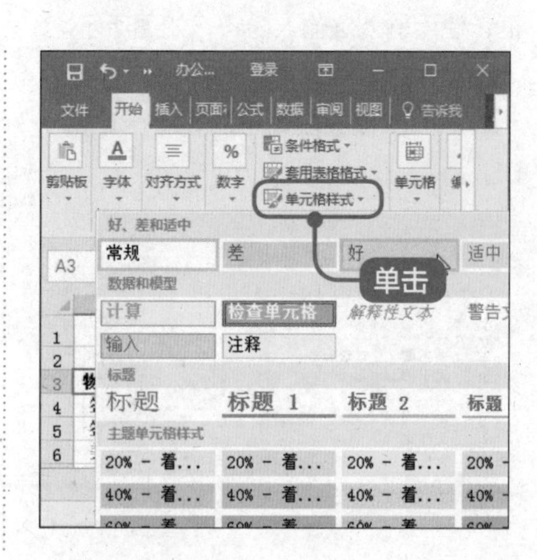

2 完成设置单元格样式的操作

可以看到被选中的单元格区域样式已经更改，如图所示。

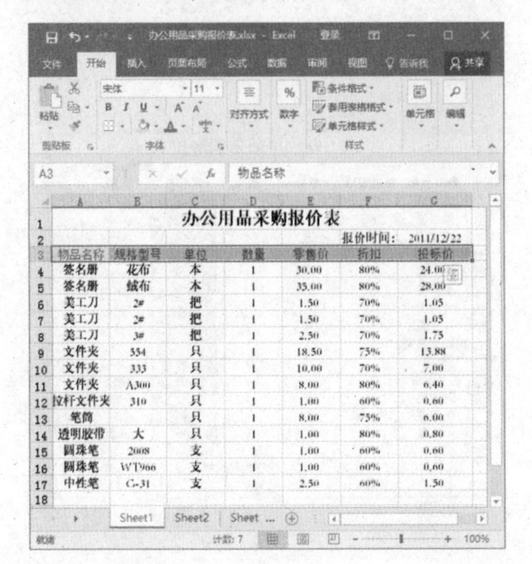

9.5.2 套用表格样式

套用表格样式的方法非常简单。下面详细介绍套用表格样式的操作方法。

1 选择一种格式

选中单元格区域，在【开始】选项卡下的【样式】组中单击【套用表格格式】下拉按钮，在弹出的格式库中选择一种样式，如图所示。

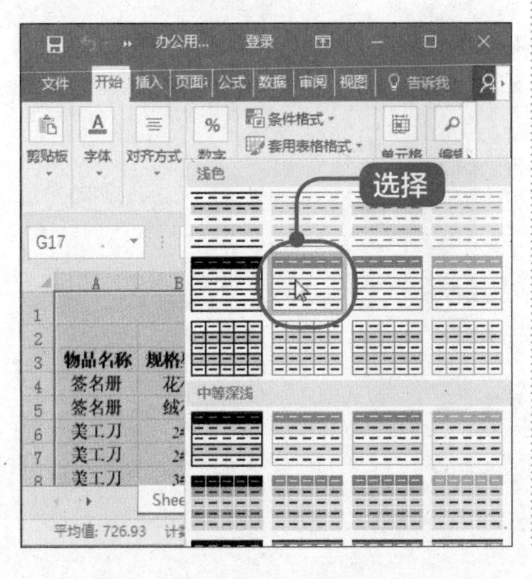

2 弹出【套用表格式】对话框

弹出【套用表格式】对话框，单击【确定】按钮，如图所示。

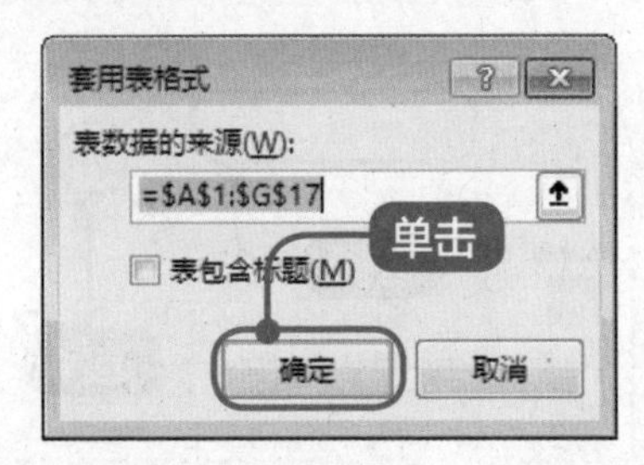

3 完成操作

通过上述操作即可完成套用表格样式的操作，如图所示。

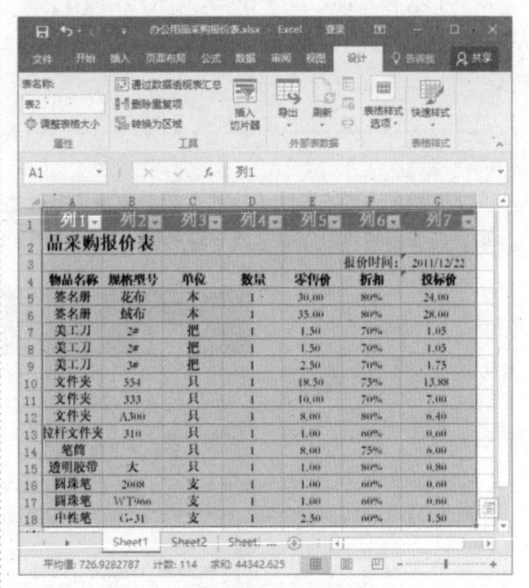

9.5.3 条件格式的使用

用户还可以为表格添加条件格式。下面介绍使用条件格式的方法。

1 单击【条件格式】下拉按钮

选中单元格区域，在【开始】选项卡下的【样式】组中单击【条件格式】下拉按钮，在弹出的菜单中选择【数据条】菜单项，在弹出的子菜单中选择【绿色数据条】菜单项，如图所示。

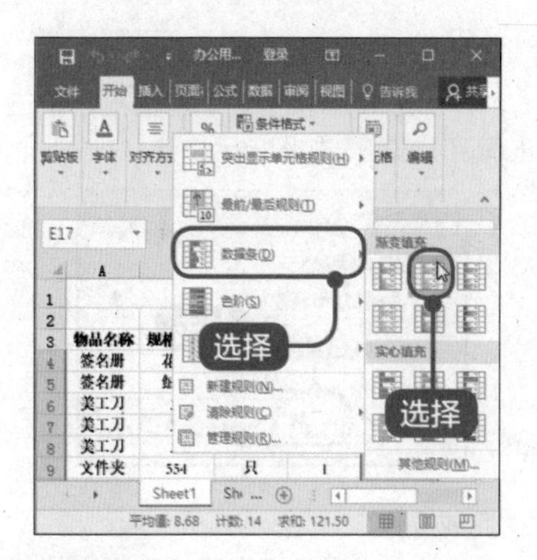

2 完成操作

可以看到被选中的单元格区域的数据已经添加了数据条。通过以上步骤即可完成使用条件格式的操作，如图所示。

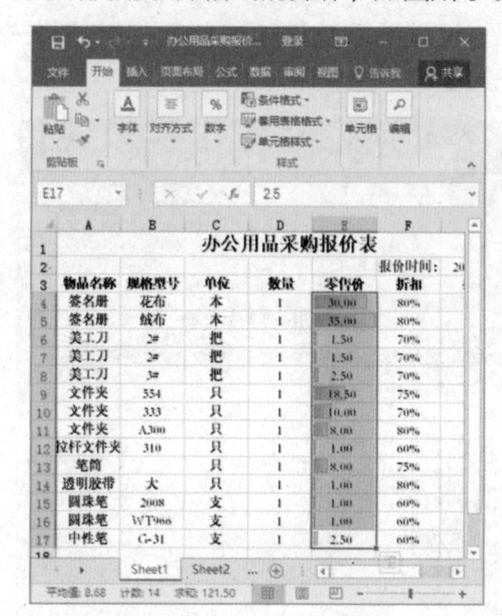

提示

在【开始】选项卡下的【样式】组中单击【条件格式】下拉按钮，在弹出的菜单中选择【色阶】菜单项，在弹出的色阶库中选择一种类型，即可给单元格中的数据添加色阶。

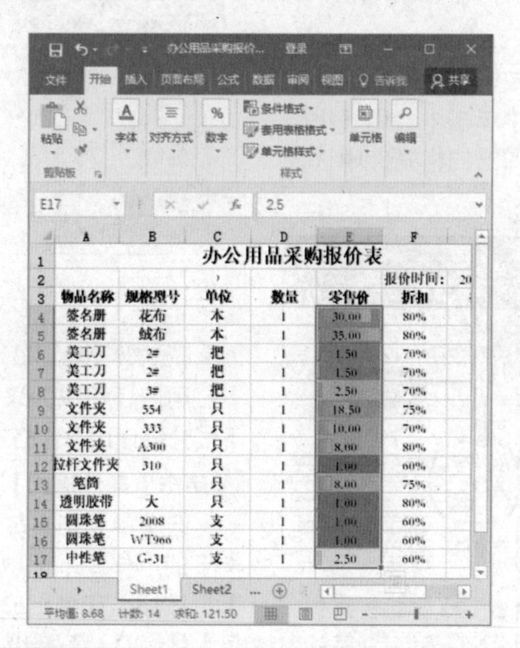

本节将介绍给表格添加签名行的具体方法。

技巧 • 给表格添加签名行

用户还可以给表格添加签名行，这样就节省了手动签名的麻烦。

1 单击【文本】下拉按钮

在【插入】选项卡中单击【文本】下拉按钮，在弹出的选项中单击【签名行】下拉按钮，在弹出的子菜单中单击【Microsoft Office 签名行】菜单项，如图所示。

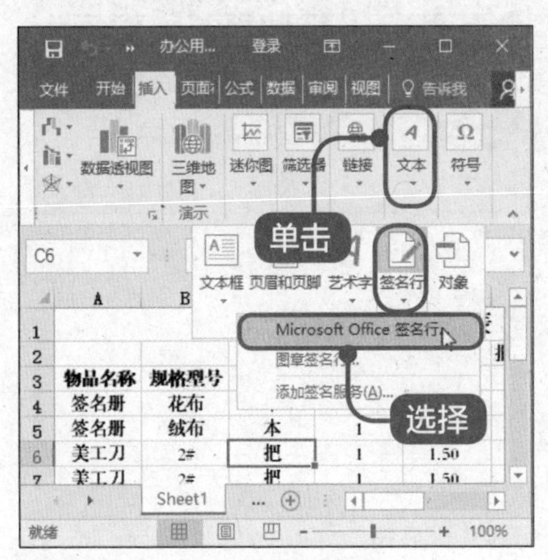

2 弹出【签名设置】对话框

弹出【签名设置】对话框，在【建议的签名人】和【建议的签名人职务】文本框中输入内容，单击【确定】按钮，如图所示。

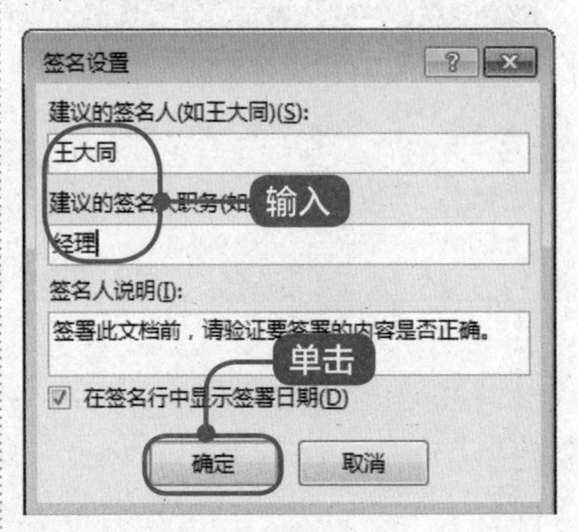

3 签名效果

通过上述操作即可完成给文本添加签字行的操作，如图所示。

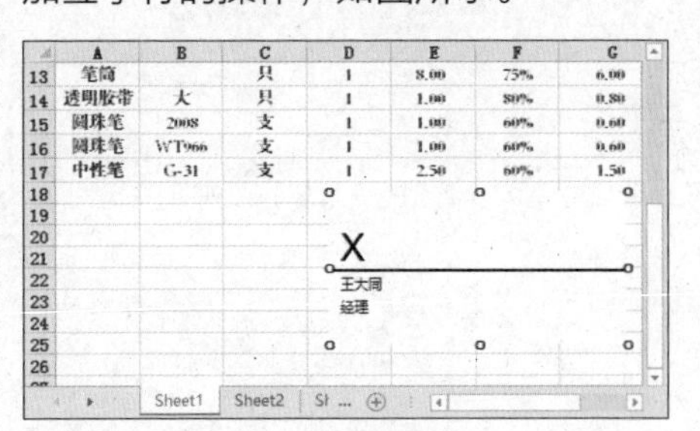

Excel 2016 的插入操作都是类似的，熟练掌握即可触类旁通。例如，插入特殊符号的操作，也是通过菜单打开对话框完成的，如图所示。

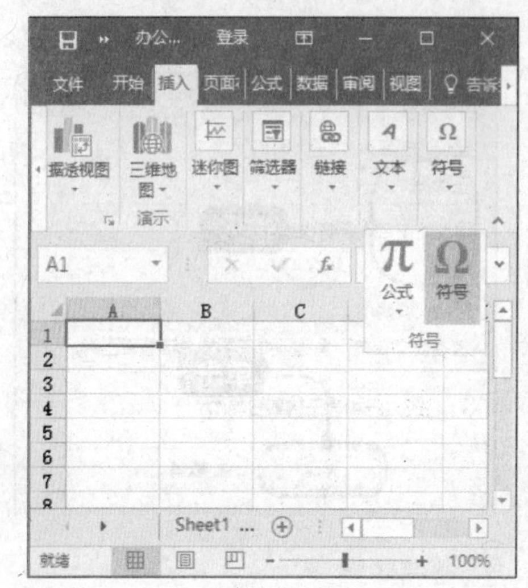

第 10 章

Excel 公式和函数的应用

本章视频教学时间 / 14 分钟 38 秒

重点导读

本章主要介绍引用单元格、使用公式制作增值税销项税额、使用函数计算数据、使用函数计算员工工资等方面的知识与技巧，同时讲解常见函数的应用。本章最后针对实际的工作需求，讲解使用 UPPER 函数将文本转换为大写和计算员工出生日期的方法。通过本章的学习，读者可以掌握公式和函数的相关知识，为深入学习 Office 2016 的实际应用奠定基础。

本章主要知识点

- ✓ 引用单元格
- ✓ 使用公式制作增值税销项税额
- ✓ 使用函数计算数据
- ✓ 使用函数计算员工工资
- ✓ 常见函数的应用

10.1 引用单元格

本节视频教学时间 / 1 分钟 10 秒

在 Excel 2016 工作表中，单元格和区域的引用包括相对应用、绝对引用和混合引用 3 种，下面分别进行详细介绍。

10.1.1 单元格引用与引用样式

单元格的引用是指单元格所在的列标和行号表示其在工作表中的位置。单元格的引用包括绝对引用、相对引用和混合引用 3 种。

10.1.2 相对引用和绝对引用

单元格的相对引用是基于包含公式和引用的单元格的相对位置而言的。如果公式所在单元格的位置改变，引用也将随之改变。如果多行或多列地复制公式，引用会自动调整。默认情况下，新公式使用相对引用。

单元格中的绝对引用则总是在指定位置引用单元格（例如 \$A\$1）。如果公式所在单元格的位置改变，绝对引用的单元格也始终保持不变。如果多行或多列地复制公式，绝对应用将不做调整。

10.1.3 混合引用

混合引用包括绝对列和相对行（例如 \$A1），或者绝对行和相对列（例如 A\$1）两种形式。如果公式所在单元格的位置改变，则相对引用改变，而绝对引用不变。如果多行或多列地复制公式，相对引用自动调整，而绝对引用不做调整。

10.2 实战案例——使用公式制作增值税销项税额

本节视频教学时间 / 2 分钟 3 秒

用户可以利用单元格引用来计算公司每年的增值税销项税额。下面详细介绍计算增值税销项税额的方法。

10.2.1 公式的概念与运算符

公式是对工作表中的数值执行计算的等式，公式以“=”开头，通常情况下，公式由函数、参数、常量和运算符组成。下面分别介绍公式的组成部分。

函数：在 Excel 中包含许多预定义公式，可以对一个或多个数据执行运算，并返回一个或多个值。函数可以简化或缩短工作表中的公式。

参数：是指函数中用来执行操作或计算单元格或单元格区域的数值。

常量：是指在公式中直接输入的数字或文本值，并且不参与运算且不发生改变的数值。

运算符：是用来连接公式中准备进行计算的符号或标记。运算符可以表达公式内执行计算的类型，有数学、比较、逻辑和引用运算符。

公式中用于连接各种数据的符号或标记称之为运算符，可以指定准备对公式中的元素执行的计算类型。运算符分为算术运算符、文本连接运算符、比较运算符以及引用运算符共 4 种。

1. 算术运算符

算术运算符用来完成基本的数学运算，如“加、减、乘、除”等运算。算术运算符的基本含义如表所示。

算术运算符

算术运算符	含义	示例
+（加号）	加法	9+6
—（减号）	减法或负号	9 — 6； — 5
*（星号）	乘法	3*9
/（正斜号）	除法	6/3
%（百分号）	百分比	69%
^（脱字号）	乘方	5^2
！（阶乘）	连续乘法	3！ = 3*2*1

2. 文本连接运算符

文本连接运算符是可以将一个或多个文本连接为一个组合文本的一种运算符号。文本连接运算符使用“&”连接一个或多个文本字符串，从而产生新的文本字符串。文本连接运算符的基本含义如表所示。

文本连接运算符

文本连接运算符	含义	示例
&（和号）	将两个文本连接起来产生一个连续的文本值	“漂”&“亮”得到漂亮

3. 比较运算符

比较运算符用于比较两个数值间的大小关系，并产生逻辑值 TRUE（真）或 FALSE（假）。比较运算符的基本含义如表所示。

比较运算符

比较运算符	含义	示例
=（等号）	等于	A1=B1
>（大于号）	大于	A1>B1
<（小于号）	小于	A1<B1
>=（大于等于号）	大于或等于	A1>=B1
<=（小于等于号）	小于或等于	A1<=B1
< >（不等号）	不等于	A1< >B1

4. 引用运算符

引用运算符是指对多个单元格区域进行合并计算的运算符号，例如 F1=A1+B1+C1+D1，使用引用运算符后，可以将公式变更为 F1=SUM(A1:D1)。引用运算符的基本含义如表 9-4 所示。

引用运算符

引用运算符	含义	示例
:（冒号）	区域运算符，生成对两个引用之间所有单元格的引用	A1:A2
,（逗号）	联合运算符，用于将多个引用合并为一个引用	SUM(A1:A2,A3:A4)
空格	交集运算符，生成在两个引用中共有的单元格引用	SUM(A1:A6 B1:B6)

10.2.2 公式的输入与编辑

在表格中输入公式的方法非常简单。下面详细介绍输入公式的方法。

1 输入公式

打开素材表格，选中 E6 单元格，在

其中输入“=C6*D6”，此时相对引用了公式中的单元格 C6 和 D6，然后按【Enter】键，如图所示。

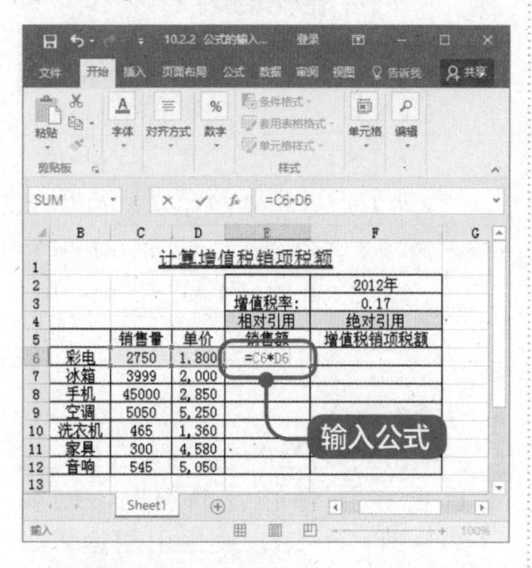

2 填充其他表格数据

此时 E6 单元格中显示计算结果，选中 E6，将鼠标指针移至单元格右下角，鼠标变为十字形状，双击鼠标左键，如图所示。

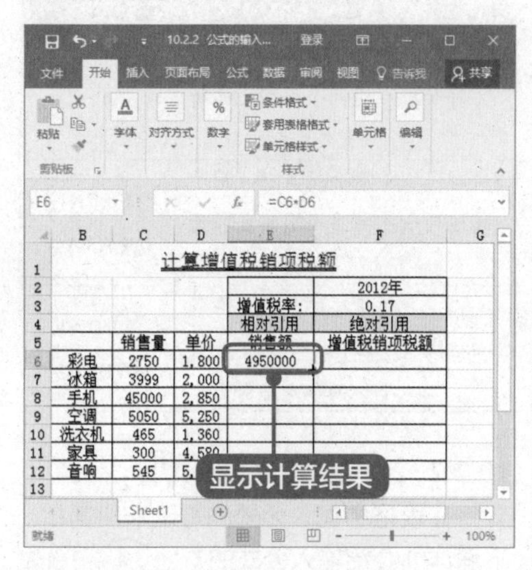

3 完成计算

通过以上步骤即可完成输入公式计算数据的操作，如图所示。

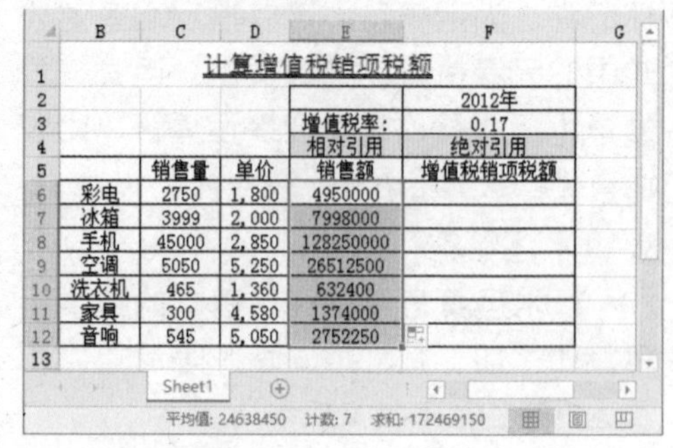

10.2.3 公式的审核

如果表格中的公式出现错误，我们就需要对公式进行检查和审核，以及追踪其错误产生的根源所在，以便对错误进行修正。

1 单击【公式审核】下拉按钮

打开素材表格，在【公式】选项卡中单击【公式审核】下拉按钮，在弹出的选项中单击【错误检查】按钮，如图所示。

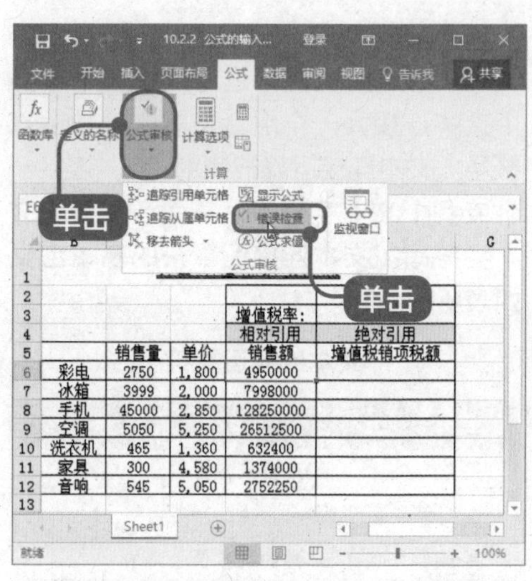

2 弹出提示对话框

弹出【Microsoft Excel】对话框，会提示“已完成对整个工作表的错误检查”，单击【确定】按钮即可完成对公式进行审核的操作，如图所示。

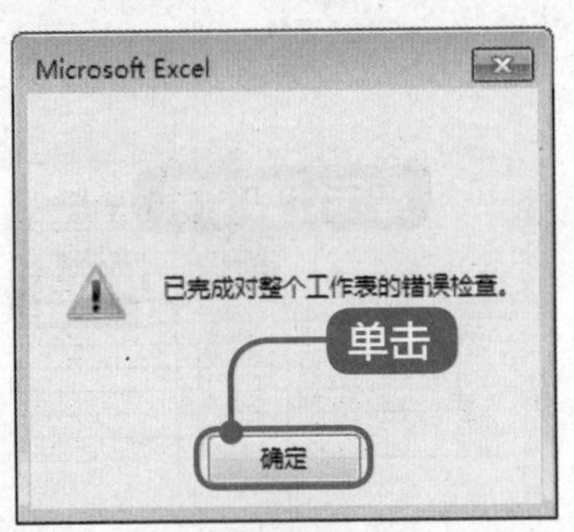

10.2.4 自动求和

在 Excel 2016 中，利用【自动求和】按钮可以快速将指定单元格的数据求和。下面详细介绍自动求和的操作方法。

1 单击【函数库】下拉按钮

选中单元格，在【公式】选项卡中单击【函数库】下拉按钮，在弹出的选项中单击【自动求和】按钮，如图所示。

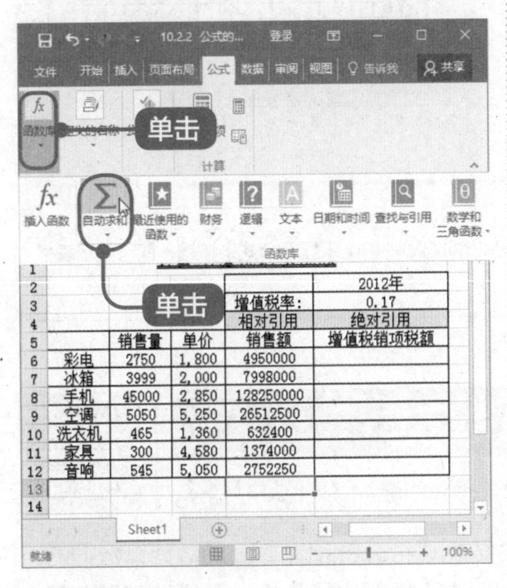

2 出现求和公式

被选中的单元格中出现求和公式，按【Enter】键，如图所示。

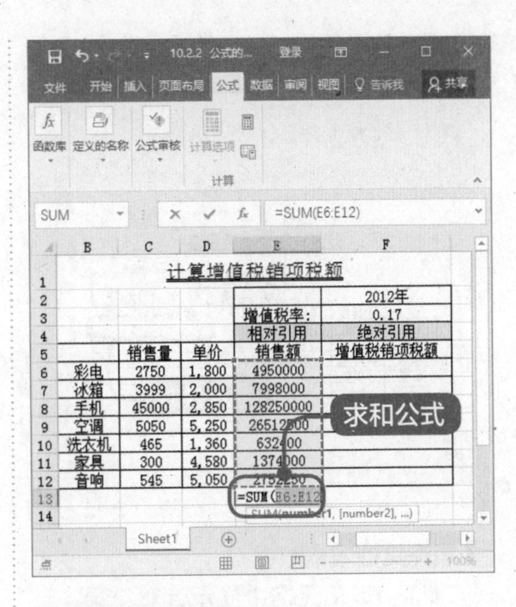

3 完成求和操作

通过以上步骤即可完成进行自动求和的操作，如图所示。

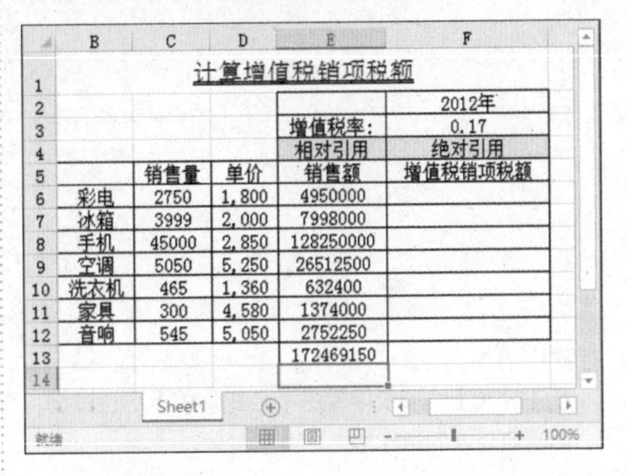

	B	C	D	E	F
1	计算增值税销项税额				
2					2012年
3				增值税率:	0.17
4				相对引用	绝对引用
5		销售量	单价	销售额	增值税销项税额
6	彩电	2750	1,800	4950000	
7	冰箱	3999	2,000	7998000	
8	手机	45000	2,850	128250000	
9	空调	5050	5,250	26512500	
10	洗衣机	465	1,360	632400	
11	家具	300	4,580	1374000	
12	音响	545	5,050	2752250	
13				172469150	
14					

10.2.5 使用绝对引用计算增值税销项税额

本节将详细介绍使用绝对引用计算增值税销项税额的操作方法。

1 输入公式

打开素材表格，选中 F6 单元格，在其中输入“=E6*$F$3”，此时绝对引用了公式中的单元格 F3，然后按【Enter】键，如图所示。

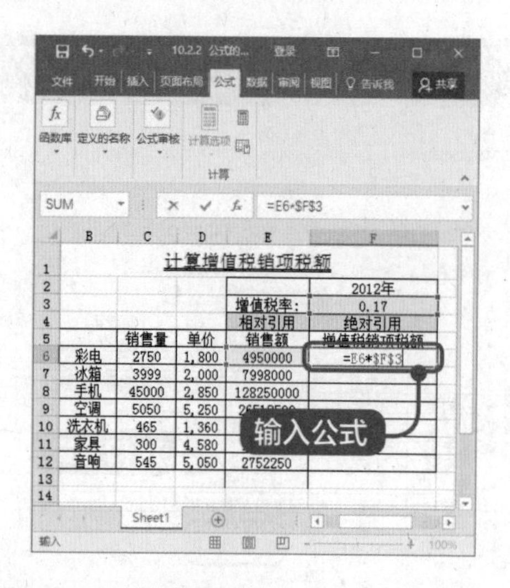

2 填充其他表格数据

此时 F6 单元格中显示计算结果，选中 F6，将鼠标指针移至单元格右下角，鼠标变为十字形状，双击鼠标左键，如图所示。

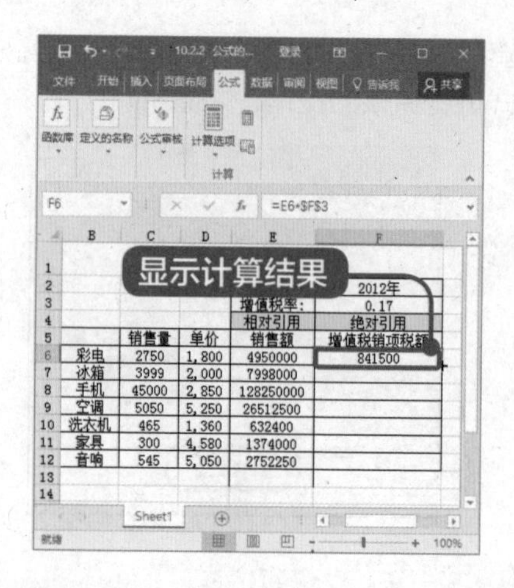

3 完成计算

通过以上步骤即可完成使用绝对引用计算增值税销项税的操作，如图所示。

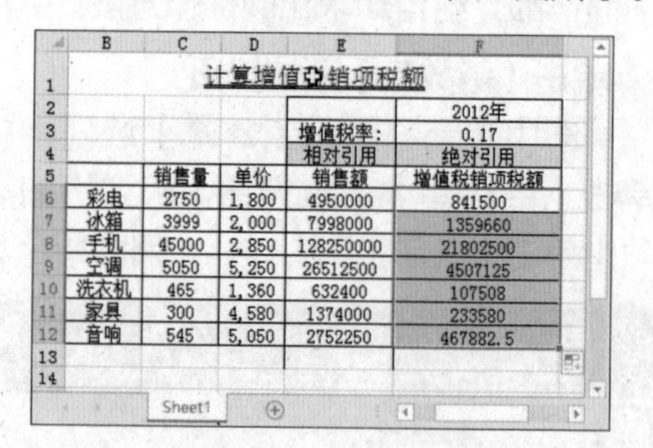

提示

在【公式】选项卡中单击【公式审核】下拉按钮，在弹出的选项中单击【显示公式】按钮，即可显示表格中带有公式的单元格。

10.3 使用函数计算数据

本节视频教学时间 / 1 分钟 24 秒

在 Excel 2016 中，可以使用内置函数对数据进行分析和计算。函数计算数据的方式与公式计算数据的方式大致相同，函数的使用不仅简化了公式，而且节省了时间，从而提高了工作效率。

10.3.1 函数的分类

在 Excel 2016 中，为了方便不同的计算，系统提供了非常丰富的函数，一共有 300 多个。下面介绍主要的函数分类，如表所示。

函数的分类

分类	功能
信息函数	返回单元格中的数据类型，并对数据类型进行判断
财务函数	对财务进行分析和计算
自定义函数	使用 VBA 进行编写并完成特定功能
逻辑函数	用于进行数据逻辑方面的运算
查找与引用函数	用于查找数据或单元格引用
文本和数据函数	用于处理公式中的字符、文本或对数据进行计算与分析
统计函数	对数据进行统计分析
日期与时间函数	用于分析和处理时间和日期值
数学与三角函数	用于进行数学计算

10.3.2 函数的语法结构

在 Excel 2016 中，调用函数时需要遵守 Excel 对于函数所制定的语法结构，否则将会产生语法错误。函数的语法结构由等号、函数名称、参数、括号组成。下面详细介绍其组成部分，如图所示。

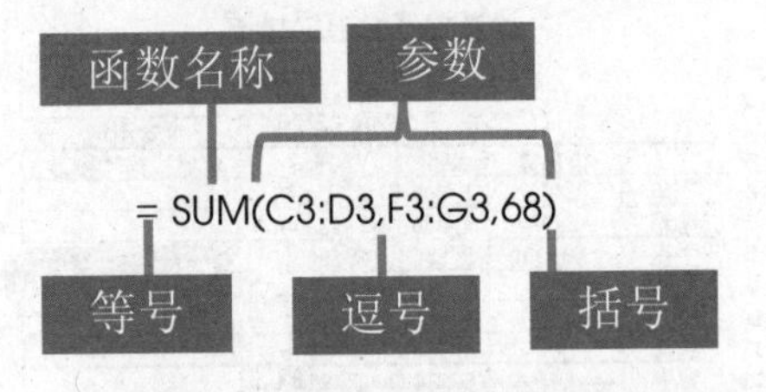

- 等号：函数一般以公式的形式出现，必须在函数名称前面输入“=”号。
- 函数名称：用来标识调用功能函数的名称。
- 参数：参数可以是数字、文本、逻辑值和单元格引用，也可以是公式或其他函数。
- 括号：用来输入函数参数，各参数之间需用逗号隔开（必须是半角状态下的逗号）隔开。
- 逗号：各参数之间用来表示间隔的符号。

10.3.3 输入函数

使用 Excel 2016 中的【插入函数】按钮，可以在列表中选择函数插入单元格。下面详细介绍使用插入函数功能输入函数的操作方法。

1 输入公式

选中插入函数的单元格，在【公式】选项卡中单击【函数库】下拉按钮，在弹出的选项中单击【插入函数】按钮，如图所示。

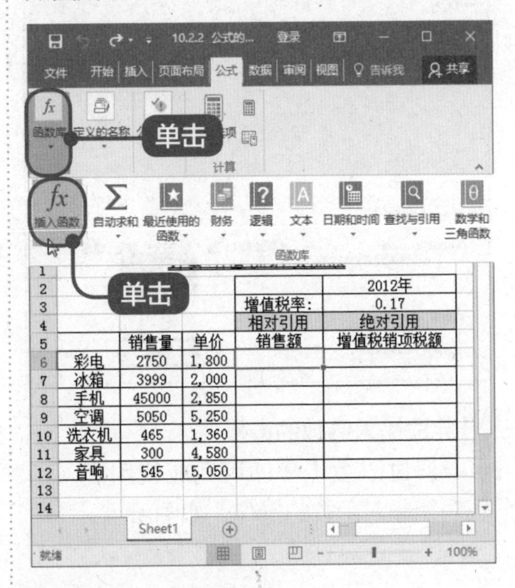

2 填充其他表格数据

弹出【插入函数】对话框，在【或

选择类别】下拉列表框中选择【数学与三角函数】选项，在【选择函数】列表框中选择准备插入的函数，单击【确定】按钮，如图所示。

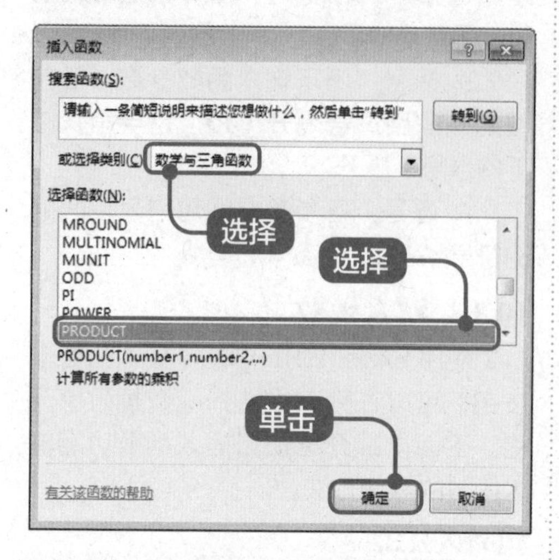

3 弹出【函数参数】对话框

弹出【函数参数】对话框，单击【确定】按钮，如图所示。

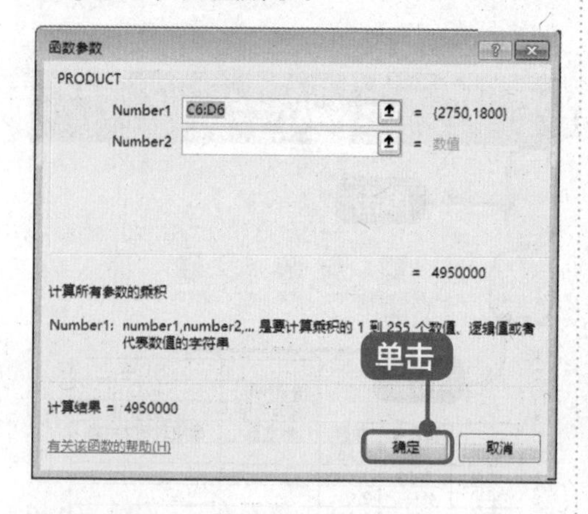

4 完成输入函数的操作

通过以上步骤即可完成使用插入函数功能输入函数的操作，如图所示。

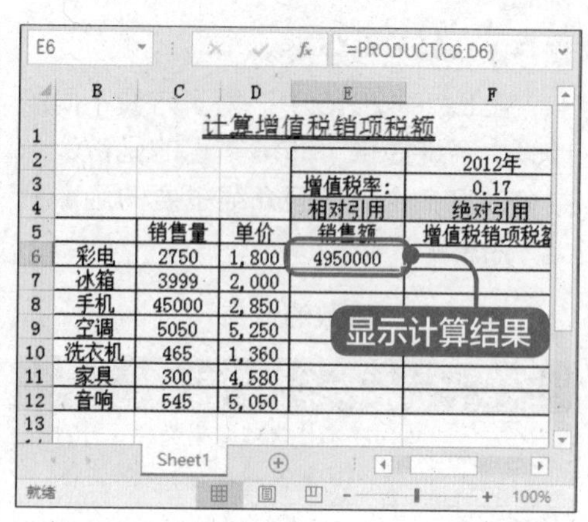

10.3.4 输入嵌套函数

函数的嵌套是指在一个函数中使用另一函数的值作为参数。公式中最多可以包含七级嵌套函数，当函数*B*作为函数*A*的参数时，函数*B*称为第二级函数；如果函数*C*又是函数*B*的参数，则函数*C*称为第三级函数，依次类推。下面详细介绍使用嵌套函数的操作方法。

1 输入函数

选择C13单元格，输入嵌套函数如“=AVERAGE(SUM(E6:E13))”，按【Enter】键，如图所示。

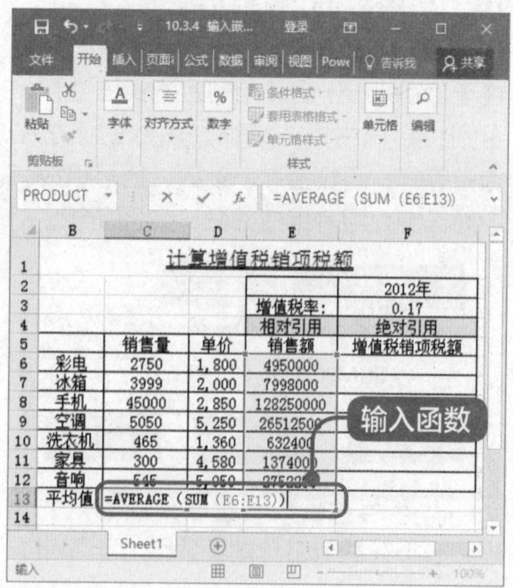

2 完成操作

可以看到被选中的单元格中显示计算结果。通过以上步骤即可完成输入嵌套函数的操作，如图所示。

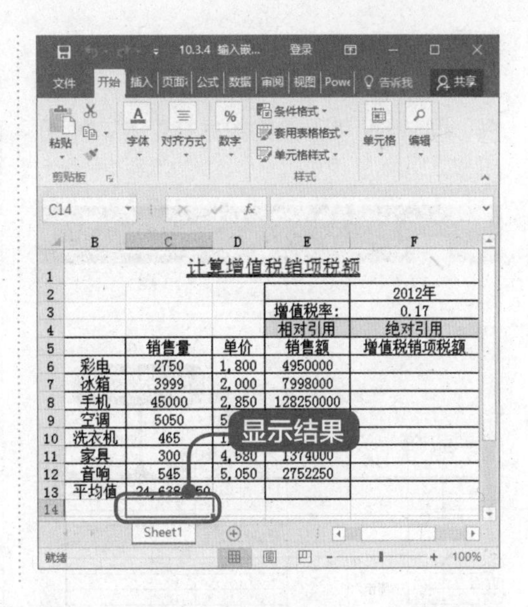

10.4 实战案例——使用函数计算员工工资

本节视频教学时间 / 5 分钟 35 秒

员工的工资由基本工资、绩效工资、加班费、缺勤扣款、五险一金金额、个人所得税等部分组成。

10.4.1 计算员工加班费

计算加班费须谨慎，避免出错，让员工得到应得的酬劳。下面详细介绍计算员工加班费的操作方法。

1 输入公式

打开素材表格，在单元格 H5 中输入“=1020/22/12*200%*12”，按【Enter】键，如图所示。

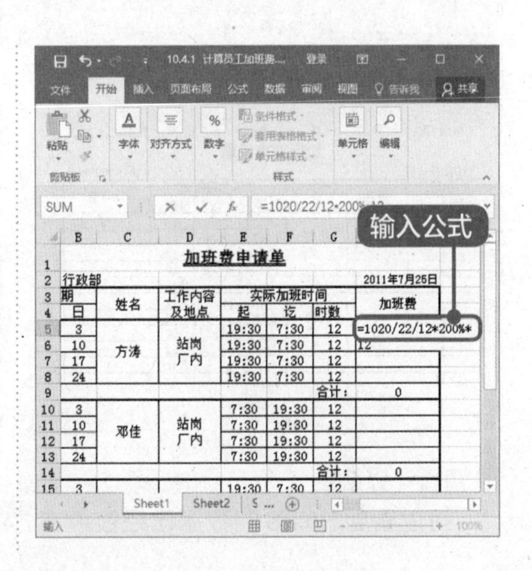

2 查看计算结果

可以看到 H5 单元格中显示计算数据，同时 H9 单元格的数据被更改，如图所示。

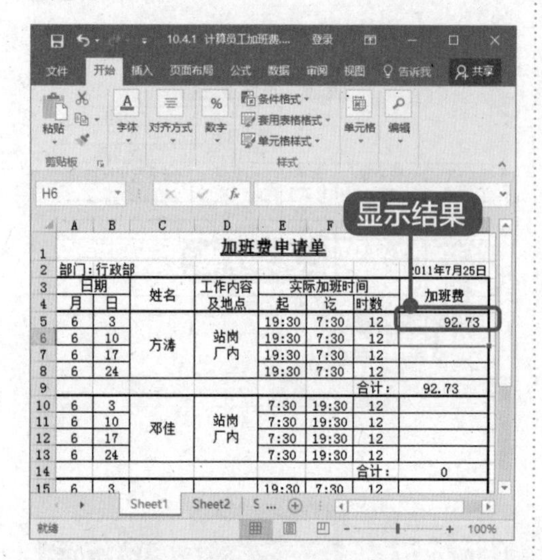

3 填充其他单元格的数据

选中 H5 单元格，将鼠标指针移至单元格右下角，鼠标变为十字形状，双击鼠标填充 H6:H8 的数据，如图所示。

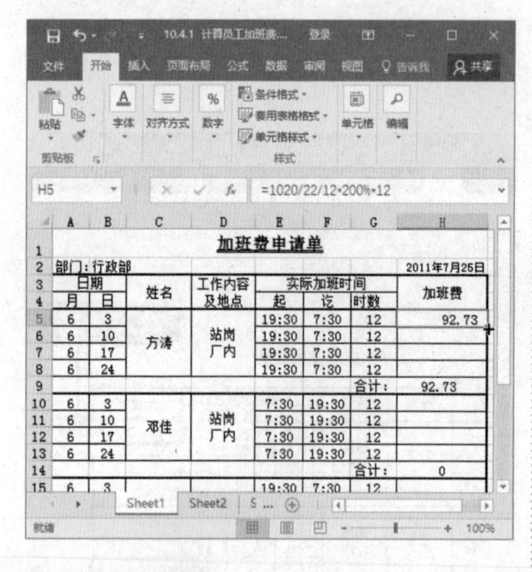

4 查看计算结果

可以看到 H6:H8 的数据已经被填充完毕，同时 H9 的数据也发生改变，如图所示。

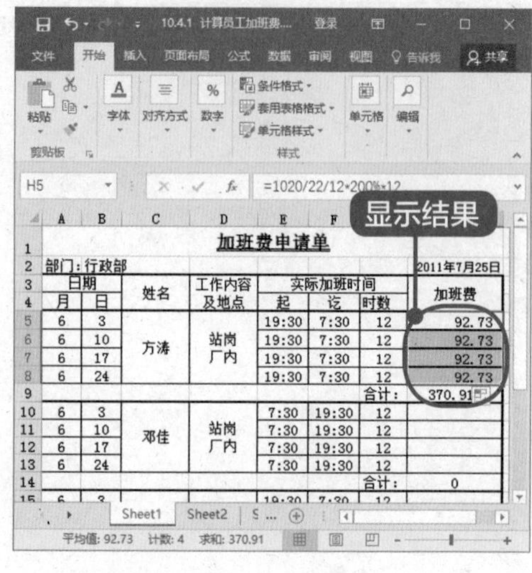

10.4.2 命名单元格区域

命名单元格区域的方法非常简单。下面详细介绍命名单元格区域的方法。

1 定义名称

打开素材表格，选择单元格区域 D3:D9，在名称栏输入“基本工资”，按【Enter】键，如图所示。

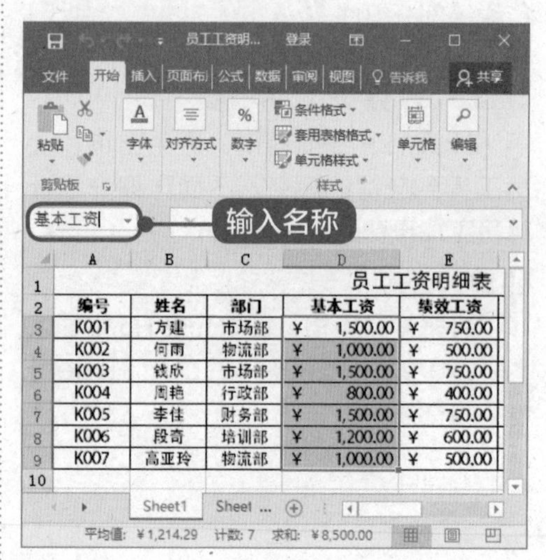

2 定义名称

选择单元格区域 E3:E9，在【公式】选项卡中单击【定义的名称】下拉按钮，在弹出的选项中单击【定义名称】按钮，如图所示。

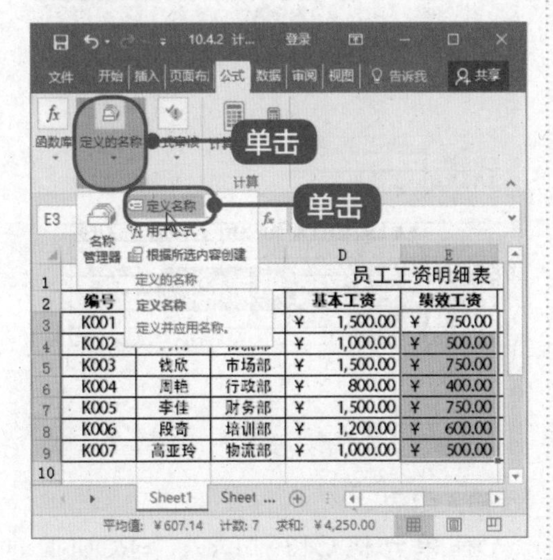

3 弹出【新建名称】对话框

弹出【新建名称】对话框，系统自动填写了【名称】和【引用位置】的内容，单击【确定】按钮，如图所示。

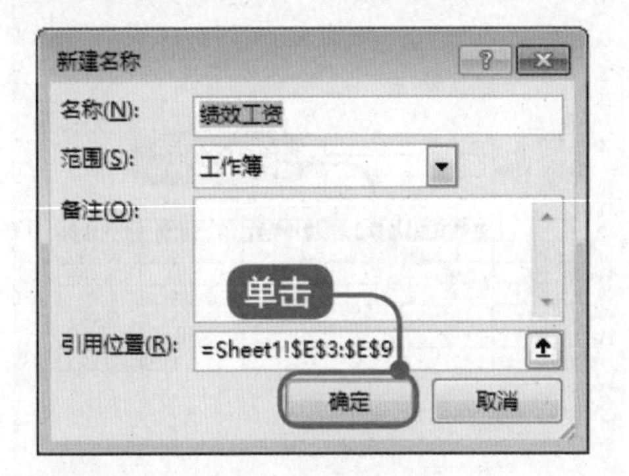

4 查看命名结果

可以看到 E3:E9 的数据已经被命名为“绩效工资”，如图所示。

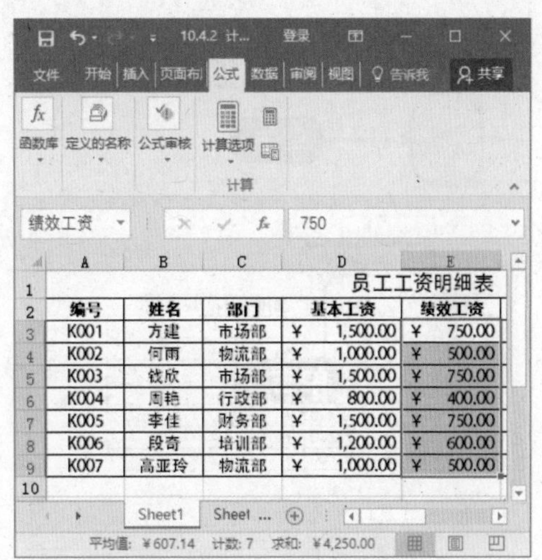

5 命名其他区域

使用相同方法将 F3:F9、G3:G9 单元格区域命名为“工龄工资”和“加班费”，如图所示。

6 命名其他区域

选中 H3:H9 单元格区域，在编辑栏输入“=”，在【公式】选项卡中单击【定义的名称】下拉按钮，在弹出的选项中单击【用于公式】下拉按钮，在弹出的选项中选择【工龄工资】选项，如图所示。

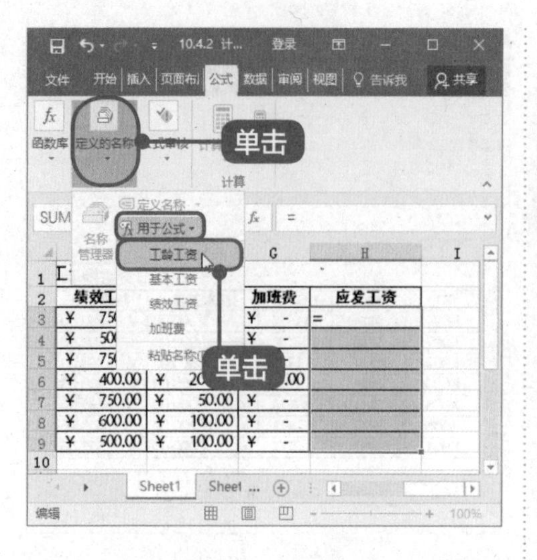

10.4.3 计算五险一金缴纳金额

五险一金是公司为员工提供的基本福利，在缴纳时，包括公司缴纳部分和个人缴纳部分。

1 输入函数

打开素材表格，在 F1 单元格中输入月平均工资数值如“3292”，在单元格 B13 中输入“=ROUND（$F$1*0.6,0）”，如图所示。

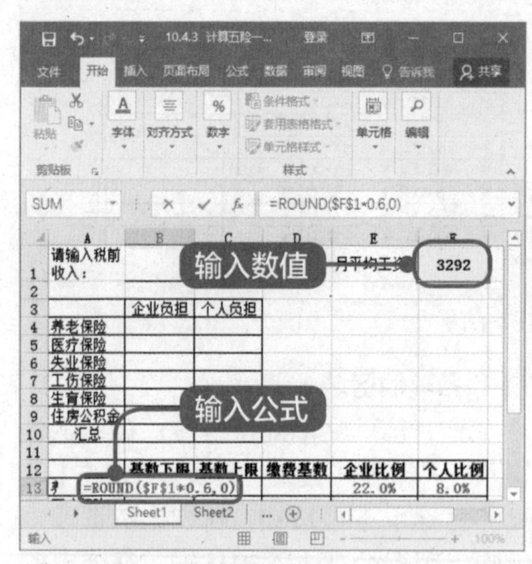

2 填充其他单元格数据

按【Enter】键，可以看到 B13 单元格显示计算结果，并将 B13 单元格的公式填充到单元格 B14:B18 区域中，如图所示。

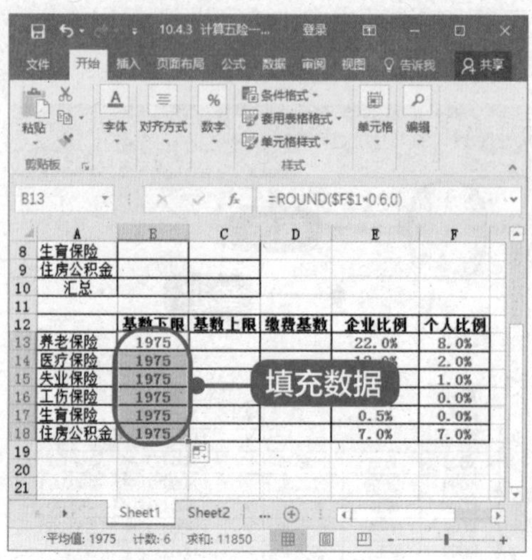

3 输入函数

在单元格 C13 种输入“=ROUND（$F$1*3,0）”，如图所示。

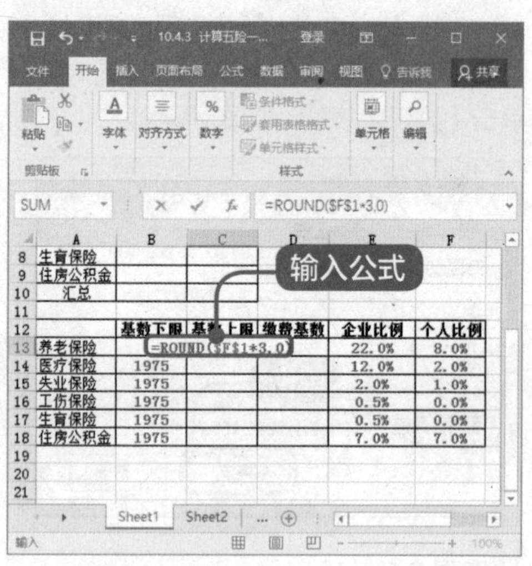

4 填充其他单元格数据

按【Enter】键，可以看到 C13 单元格显示计算结果，并将 C13 单元格的公式填充到单元格 C14:C18 区域，如图所示。

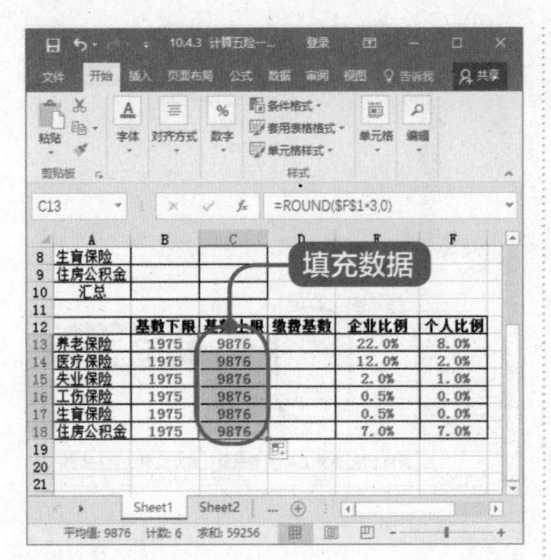

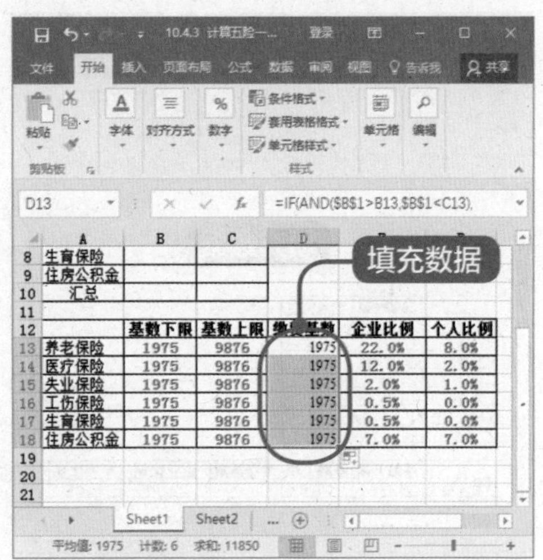

5 输入函数

在单元格 D13 中输入“=IF（AND（$B$1>B13,$B$1<C13）,$B$1,IF($B$1<B13,B13,C13）））”，如图所示。

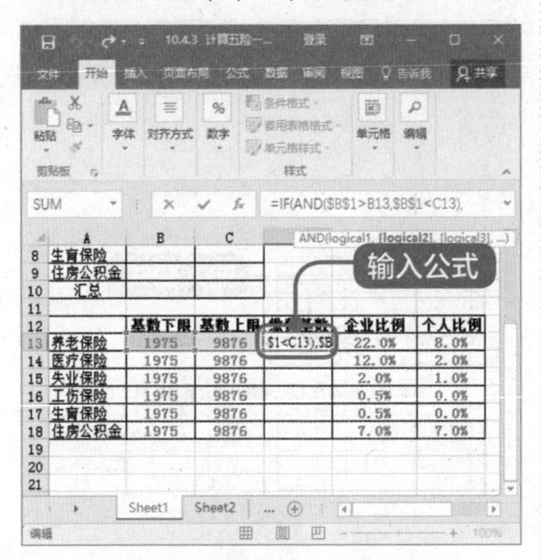

6 填充其他单元格数据

按【Enter】键，可以看到 D13 单元格显示计算结果，并将 D13 单元格的公式填充到单元格 D14:D18 区域，如图所示。

7 输入函数

在 B1 单元格中输入税前收入数值如“6000”，在单元格 B4 中输入“=IF（$B$1= " "，" " ,D13*E13）”，如图所示。

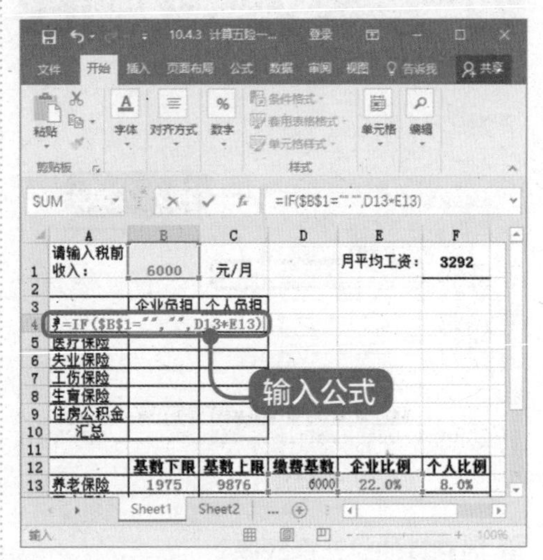

8 填充其他单元格数据

按【Enter】键，可以看到 B4 单元格显示计算结果，并将 B4 单元格的公式填充到单元格 B5:B9 区域，如图所示。

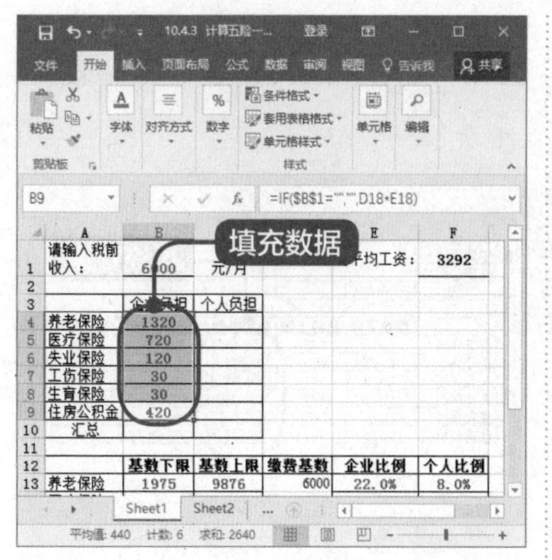

9 输入函数

在C4单元格中输入函数“=IF（$B$1=" "," ",D13*F13）”，如图所示。

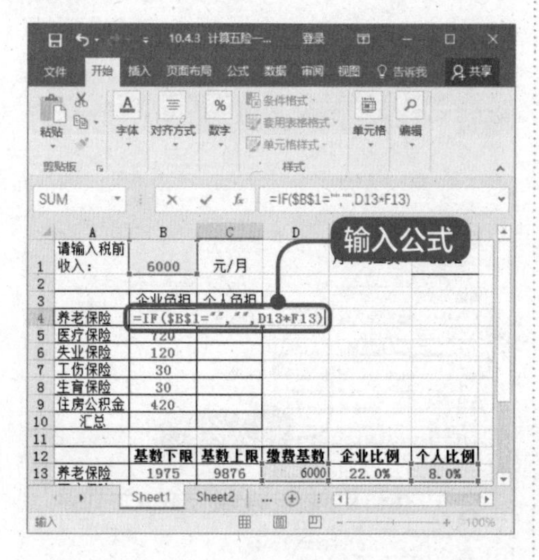

10 填充其他单元格数据

按【Enter】键，可以看到C4单元格显示计算结果，并将C4单元格的公式填充到单元格C5:C9区域，如图所示。

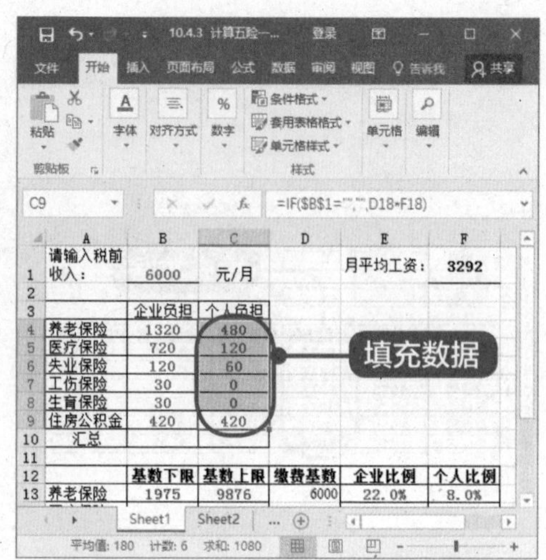

11 输入函数

在B10单元格中输入函数“=IF（B1=" "," ",SUM（B4:B9））”，如图所示。

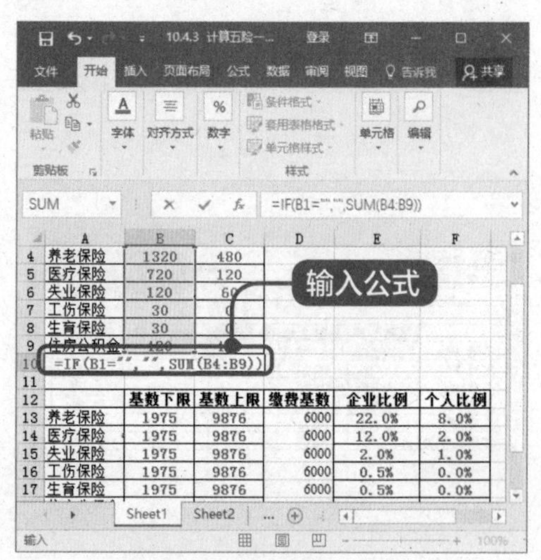

12 填充其他单元格数据

按【Enter】键，可以看到B10单元格显示计算结果，使用相同方法计算C10单元格的数据，如图所示。

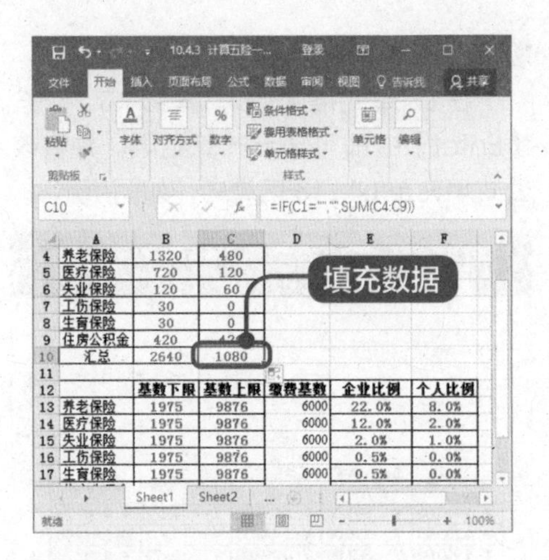

10.4.4 计算个人所得税

根据最新的个人所得税缴纳规定，当个人工资达到 3500 元，应缴纳个人所得税。

1 输入公式

打开素材表格，在单元格 Q3 中输入“=MAX(P3-3500)*5%*{0.6,2,4,5,6,7,9}-5*{0,21,111,201,551,1101,2701},0)”，如图所示。

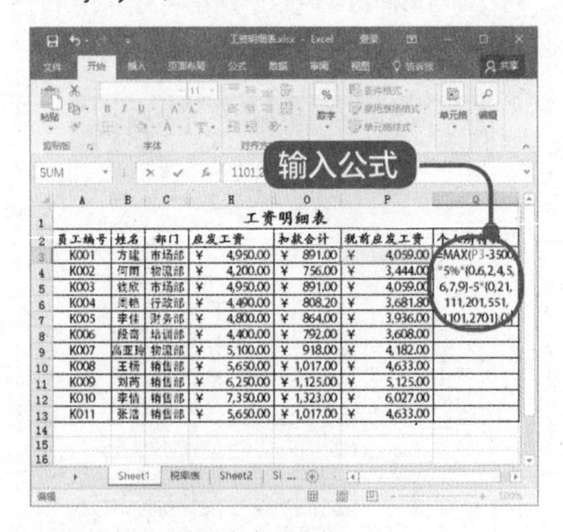

2 填充其他单元格数据

按【Enter】键，可以看到 Q3 单元格显示计算结果，将 Q3 的公式填充到该列其他单元格中即可计算出个员工应缴纳的所得税，如图所示。

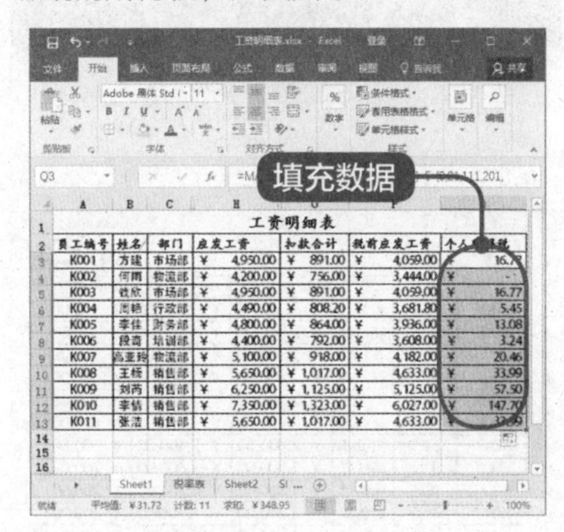

10.4.5 制作员工工资表

根据上面几节的内容，下面开始制作员工工资表。

1 设置表格标题

打开素材工作簿，在 Sheet1 工作表中合并 A1:L1 单元格区域，输入“员工工资表”，并设置字体为隶书，字号为 24，单击【加粗】按钮，得到的表格标题效果如图所示。

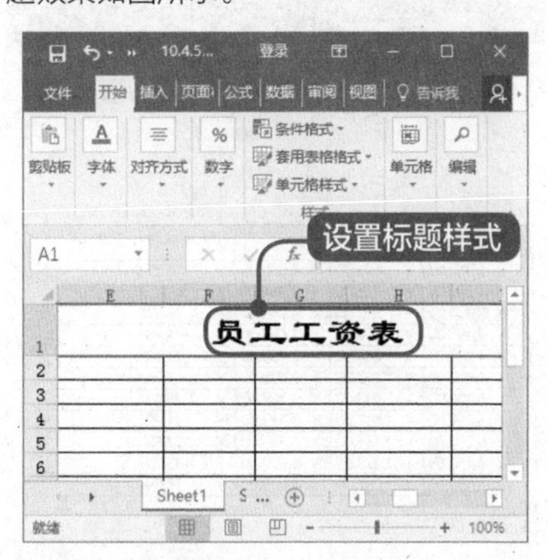

2 复制表格内容

将 Sheet2 工作表中的数据内容复制到 Sheet1 工作表中，如图所示。

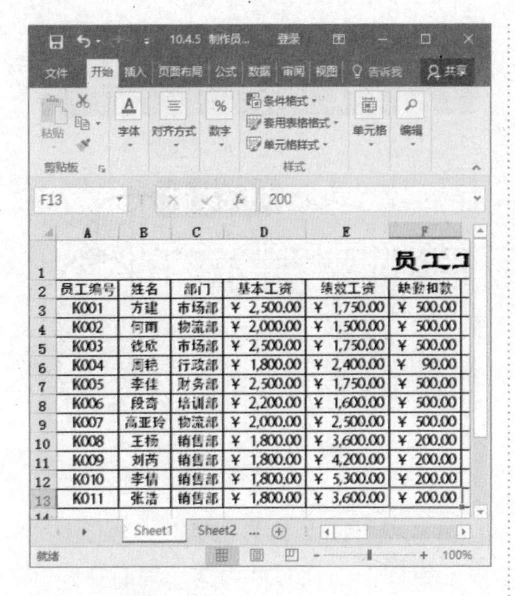

3 输入数据

在 H2:K2 单元格区域内输入“应发工资”“五险一金应扣合计”“税前应发工资”“个人所得税”，然后根据前几节计算出的表格，在 H3:K3 单元格区域内输入数据，如图所示。

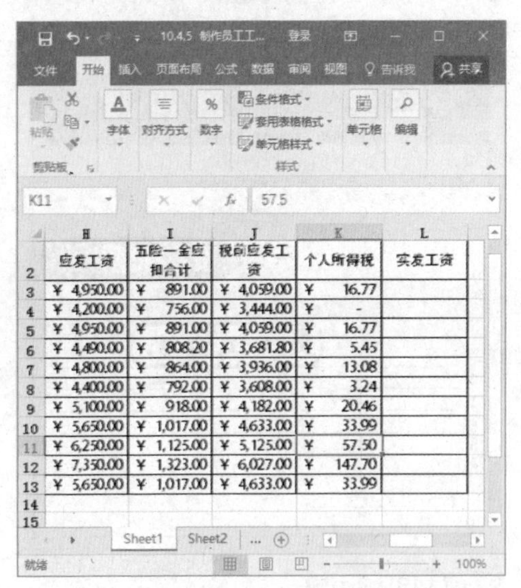

4 复制表格内容

在 L3 单元格中输入“=J3-K3”，按【Enter】键即可显示计算结果，并将该公式填充至 L4:L13 区域内，如图所示。

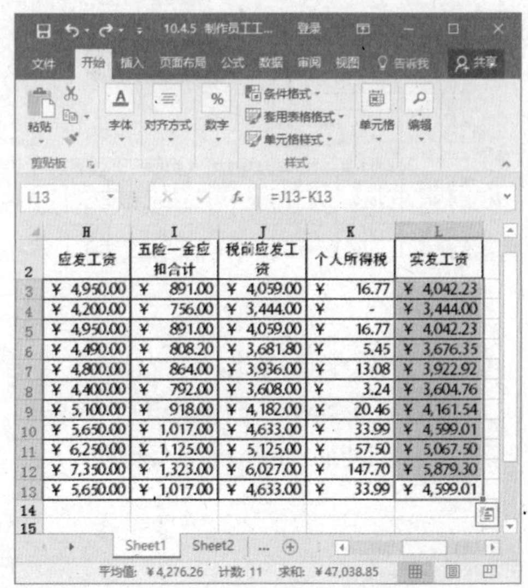

提示

如果已知员工的入职日期和当前日期，使用日期与时间函数中的【TODAY】函数和【WEEKDAY】函数可以计算出员工的工龄。

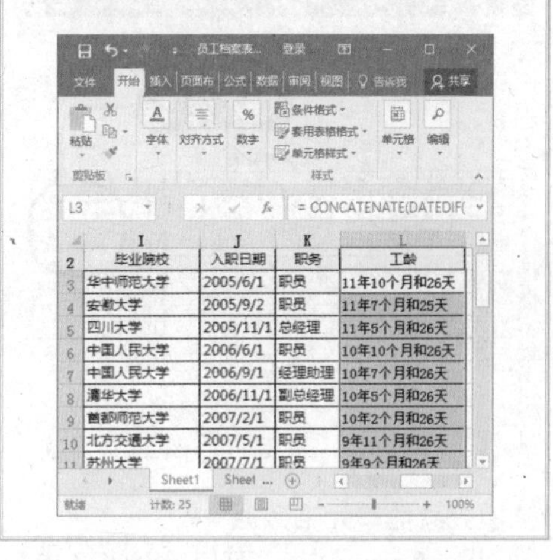

10.5 实战案例——常见函数应用

本节视频教学时间 / 4 分钟 26 秒

常见的函数包括逻辑函数、信息函数、财务函数、日期与时间函数、数学与三角函数以及文本和数据函数等。本节将介绍一些常见函数在实际问题中的应用。

10.5.1 使用 IF 函数计算产品销售年报

IF 函数是一种常用的逻辑函数，其功能是执行真假值判断，并根据逻辑判断值返回结果。该函数主要用于根据逻辑表达式来判断指定条件，如果条件成立，则返回真条件下的指定内容；如果条件不成立，则返回假条件下的指定内容。

1 在单元格中输入函数

打开素材文件，在 F4 单元格中输入 “=SUM（B4:E4）”，如图所示。

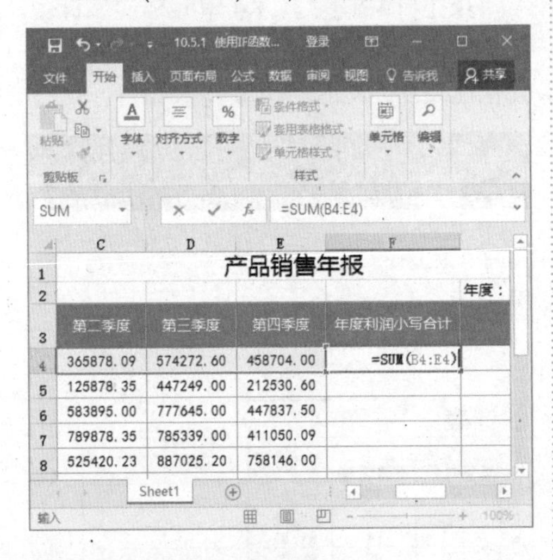

第二季度	第三季度	第四季度	年度利润小写合计
365878.09	574272.60	458704.00	=SUM(B4:E4)
125878.35	447249.00	212530.60	
583895.00	777645.00	447837.50	
789878.35	785339.00	411050.09	
525420.23	887025.20	758146.00	

2 填充其他单元格数据

按【Enter】键，F4 单元格显示计算结果，并将 F4 的函数复制到 F5:F14 单元格区域中，如图所示。

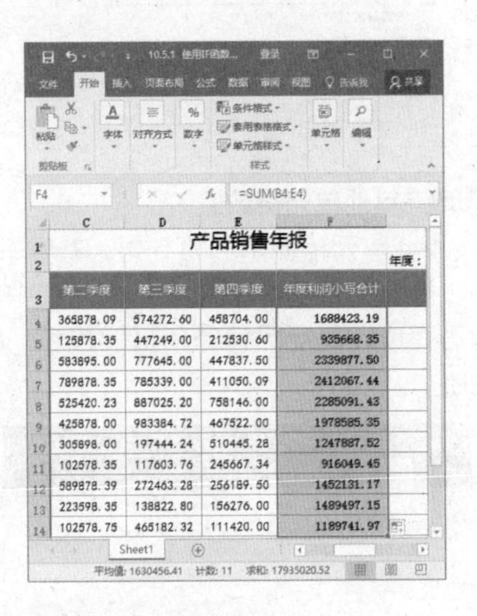

第二季度	第三季度	第四季度	年度利润小写合计
365878.09	574272.60	458704.00	1688423.19
125878.35	447249.00	212530.60	935668.35
583895.00	777645.00	447837.50	2339877.50
789878.35	785339.00	411050.09	2412067.44
525420.23	887025.20	758146.00	2285091.43
425878.00	983384.72	467522.00	1978585.35
305898.00	197444.24	510445.28	1247887.52
102578.35	117603.76	245667.34	916049.45
589878.39	272463.28	256189.50	1452131.17
223598.35	138822.80	156276.00	1489497.15
102578.75	465182.32	111420.00	1189741.97

3 在单元格中输入函数

在 G4 单元格中输入 “=IF（ROUND（F4,2）<0, " 无效数值 " ,IF(ROUND(F4,2)=0, " 零 " ,IF (ROUND(F4,2)<1, " " ,TEXT(INT(ROUND(F4,2)), " [dbnum2] ")& " 元 ")&IF(INT(ROUND(F4,2)*10)-INT(ROUND(F4,2))*10=0,-INT(ROUND(F4,2)*10)*10)=0, " " , " 零 "),TEXT(INT(ROUND(F4,2)*10-INT(ROUND(F4,2))*10, " (dbnum2) ")& " 角 ")&IF((INT(ROUND(F4,2)*100)-INT(ROUND(F4,2)*10)*10)=0, " 整 " ,TEXT(INT(ROUND(F4,2)*100)-INT(ROUND(F4,2)*10)*10), " (dbnum2) ")& " 分 " ）））”，按【Enter】键，如图所示。

4 填充其他单元格数据

G4 单元格显示计算结果，并将 G4 的函数复制到 G5:G14 单元格区域中，即可完成计算产品销售年报的操作，如图所示。

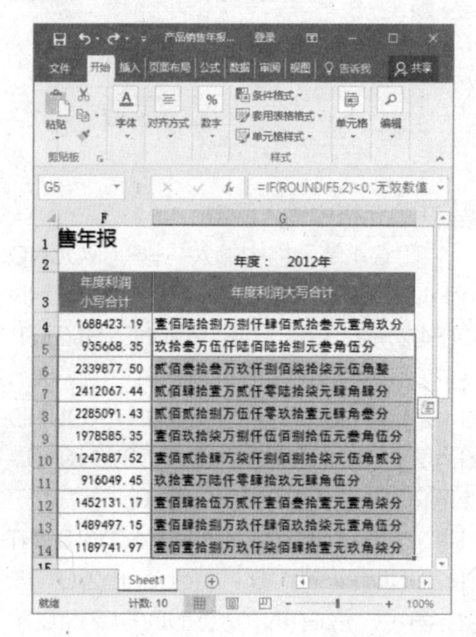

10.5.2 使用 AVERAGE 函数计算培训成绩统计

AVERAGE 函数的功能是返回所有参数的算术平均值，其语法格式为：AVERAGE（number1,number2,…）。

其中，number1、number2 等是要计算平均值的 1~30 个参数。

1 在单元格中输入函数

打开素材文件，在 K4 单元格中输入"= AVERAGE（D4:J4）"，如图所示。

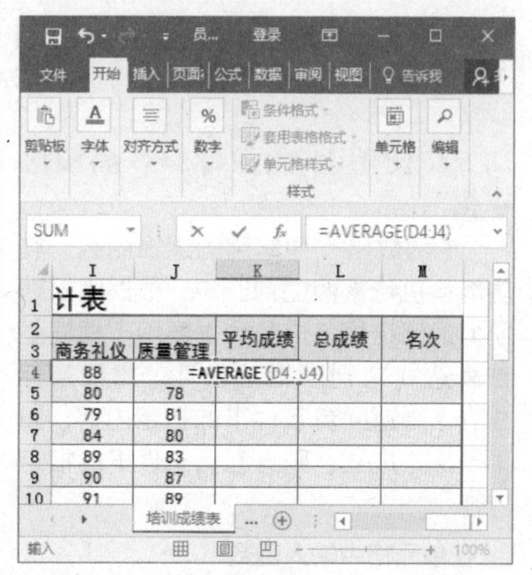

2 填充其他单元格数据

按【Enter】键，K4 单元格显示计算结果，并将 K4 的函数复制到 K5:K21 单元格区域中，如图所示。

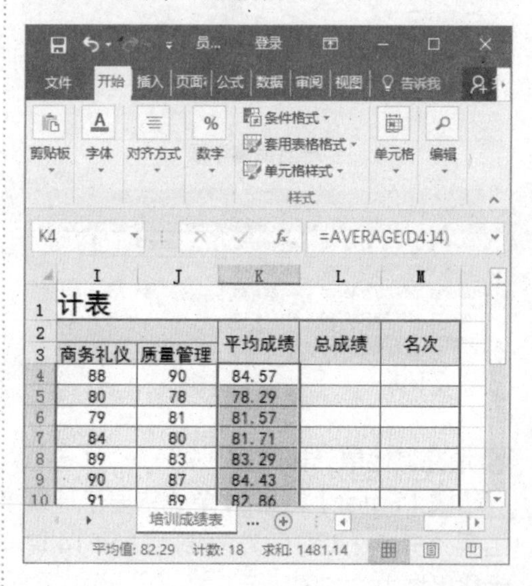

3 在单元格中输入函数

在 L4 单元格中输入"= SUM（D4:J4）"，如图所示。

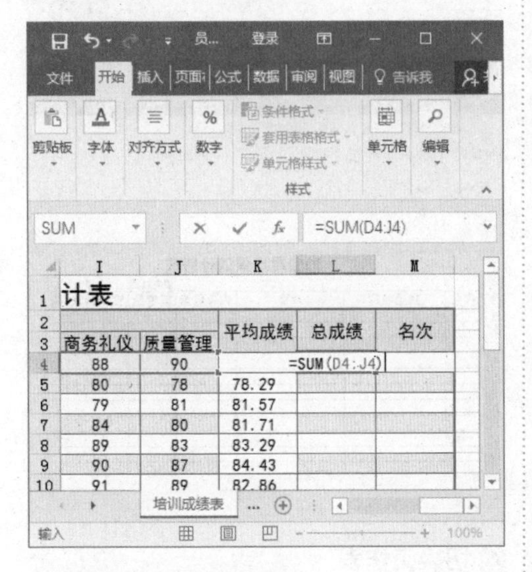

4 填充其他单元格数据

按【Enter】键，L4 单元格显示计算结果，并将 L4 的函数复制到 L5:L21 单元格区域中，如图所示。

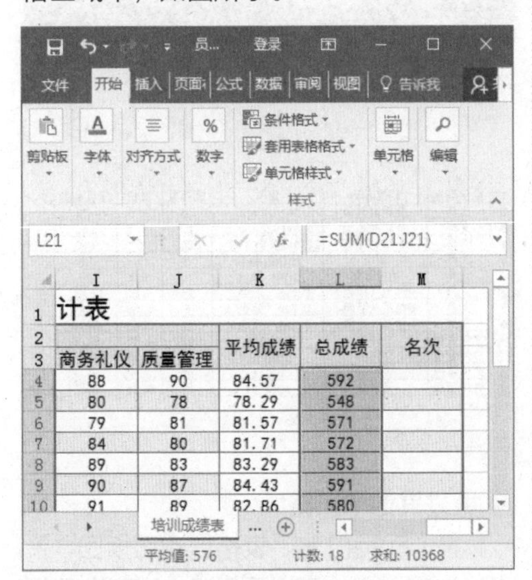

5 在单元格中输入函数

在 M4 单元格中输入"= RANK（L4,$L$4:$L$21）"，如图所示。

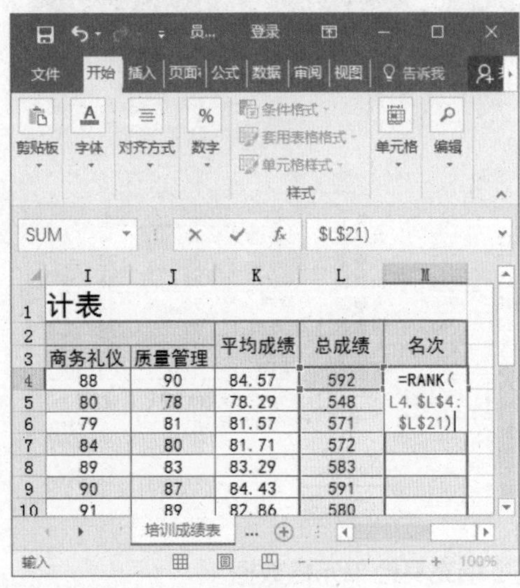

6 填充其他单元格数据

按【Enter】键，M4 单元格显示计算结果，并将 M4 的函数复制到 M5:M21 单元格区域中，如图所示。

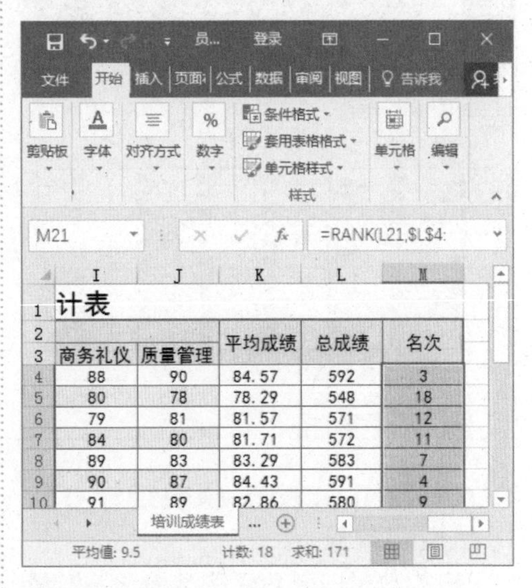

7 在单元格中输入函数

在 D22 单元格中输入"=COUNTIF（D4:D21, " >=90 " ）"，如图所示。

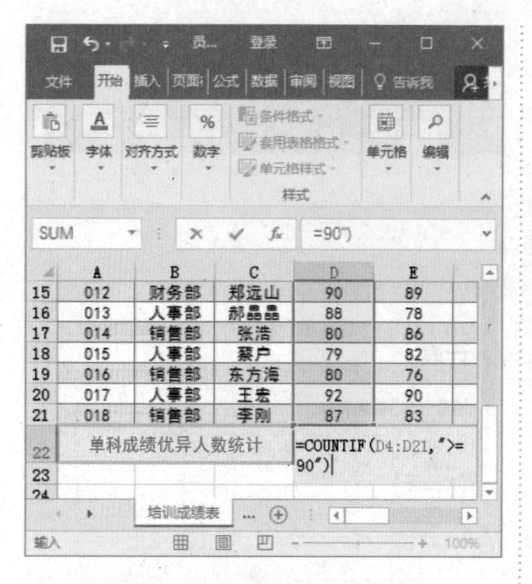

8 填充其他单元格数据

按【Enter】键，D22单元格显示计算结果，并将D22的函数复制到E22:J22单元格区域中，如图所示。

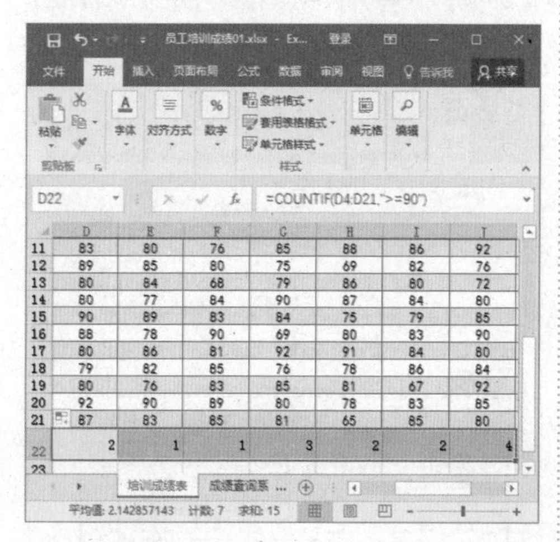

10.5.3 使用SUMIF函数统计办公用品拟购数量

拟购数量即计划采购数量，该数量应以不低于办公用品安全库存为基准。在Excel中可以使用函数快速计算出拟购数量。

1 打开素材文件

打开素材文件，在B4单元格中输入“=”，单击“库存明细表”标签，如图所示。

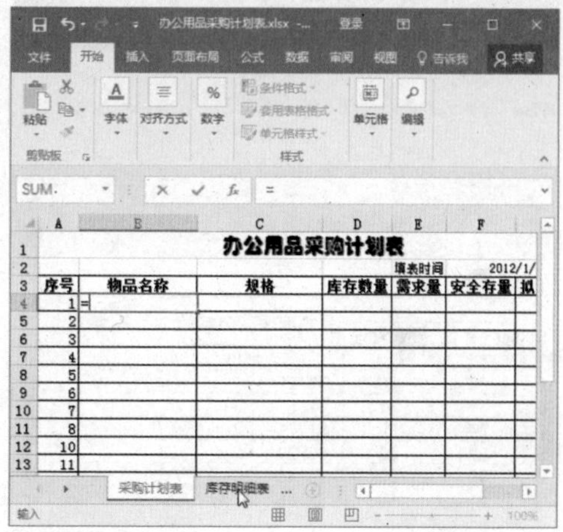

2 切换工作表

在“库存明细表”中单击B2单元格，此时B2单元格边框成虚线选中状态，如图所示。

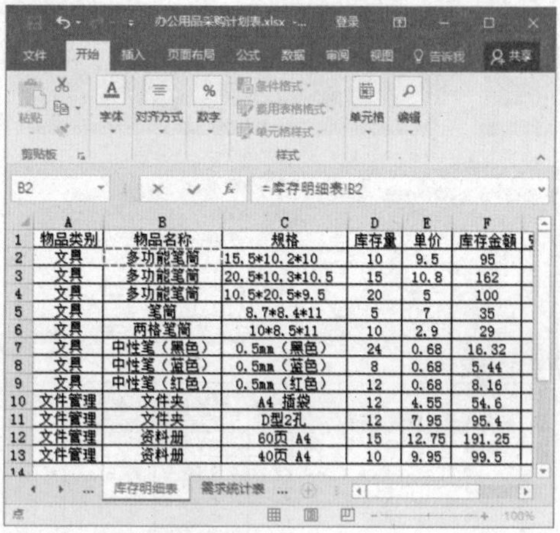

3 填充其他单元格

按【Enter】键，表格自动切换回“采购计划表”中，可以看到B4单元格已经显示输入内容，按照以上方法将该列其他单元格填充完，如图所示。

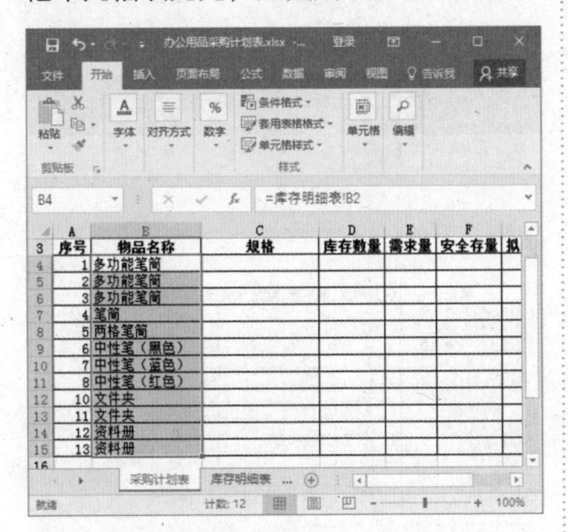

4 填充其他单元格

按照同样方法，在“库存明细表”中获取规格、库存数量和安全存量的数据，如图所示。

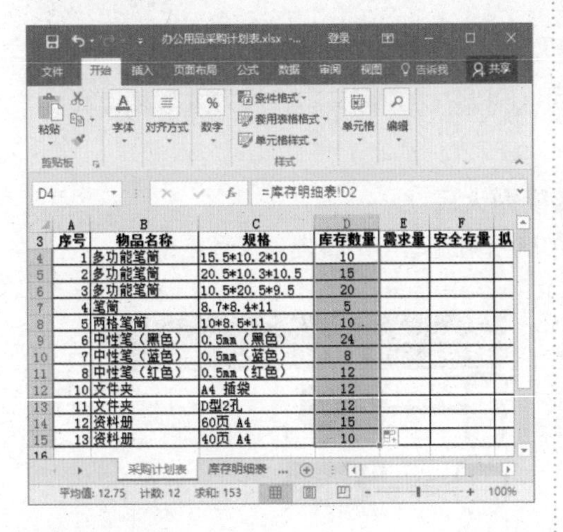

5 输入函数

在单元格 E4 中输入“=SUMIF(需求统计表!$C$2:$C$13,采购计划表!B4,需求统计表!$D$2:$D$13)”，如图所示。

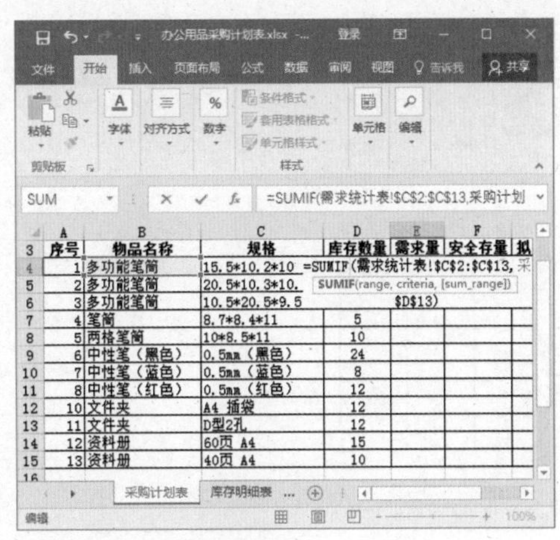

6 填充其他单元格

按【Enter】键，在单元格 E4 中显示计算结果，将 E4 的函数填充到 E5:E15 单元格区域中，如图所示。

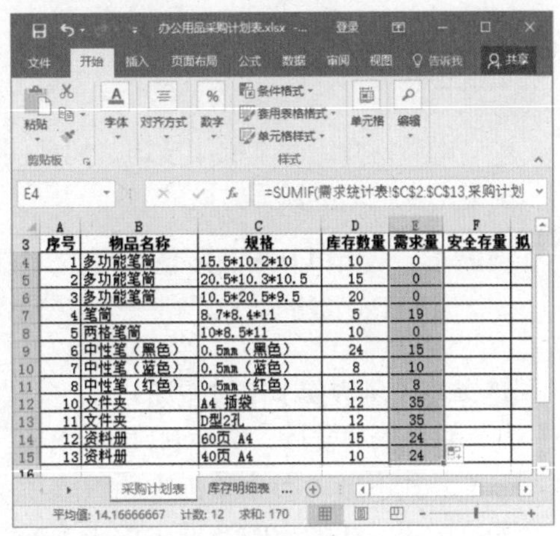

7 输入函数

在 F4:F15 单元格区域内输入 20，然后在单元格 G4 中输入“=IF(D4-E4<F4,F4-D4+E4,0)”，如图所示。

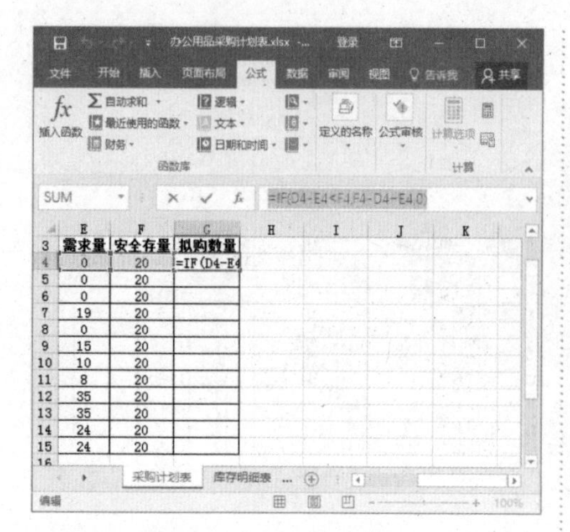

8 填充其他单元格

按【Enter】键，在单元格G4中显示计算结果，将G4的函数填充到G5:G15单元格区域中，如图所示。

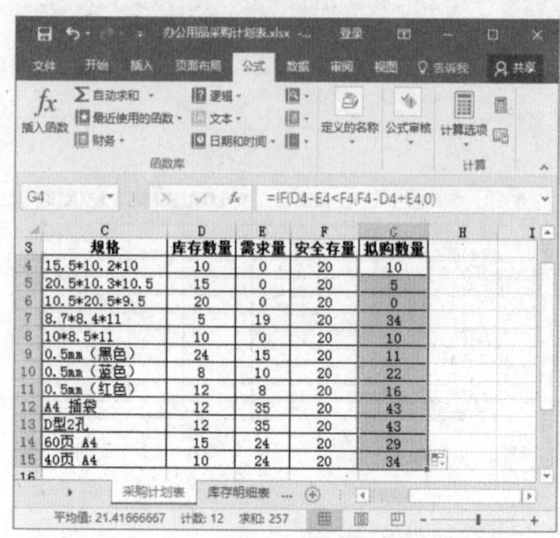

本节将介绍两个操作技巧，包括使用UPPER函数将文本转换为大写和计算员工出生日期的具体方法。

技巧1 • 使用UPPER函数将文本转换为大写

UPPER函数的功能是将一个字符串中的所有小写字母转换为大写字母。

1 单击【函数库】下拉按钮

打开素材文件，选中B3单元格，在【公式】选项卡中单击【函数库】下拉按钮，在弹出的选项中单击【插入函数】按钮，如图所示。

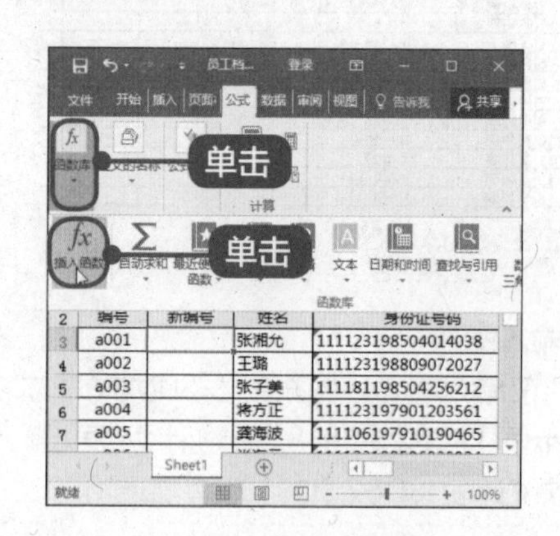

2 弹出【插入函数】对话框

弹出【插入函数】对话框，在【或选择类别】下拉列表框中选择【文本】

选项，在【选择函数】列表框中选择【UPPER】选项，单击【确定】按钮，如图所示。

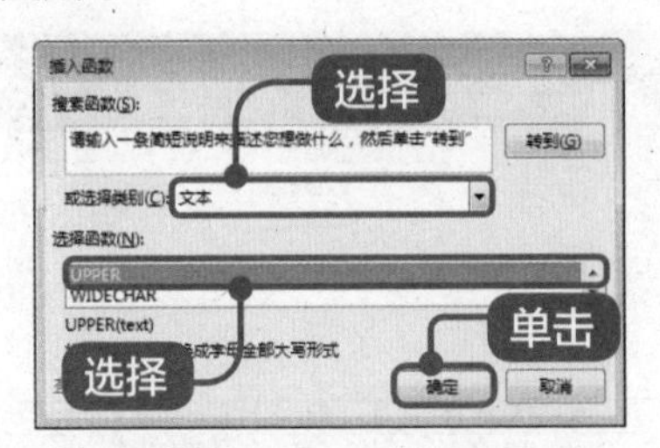

3 弹出【函数参数】对话框

弹出【函数参数】对话框，在【Text】文本框中输入 B3，单击【确定】按钮，如图所示。

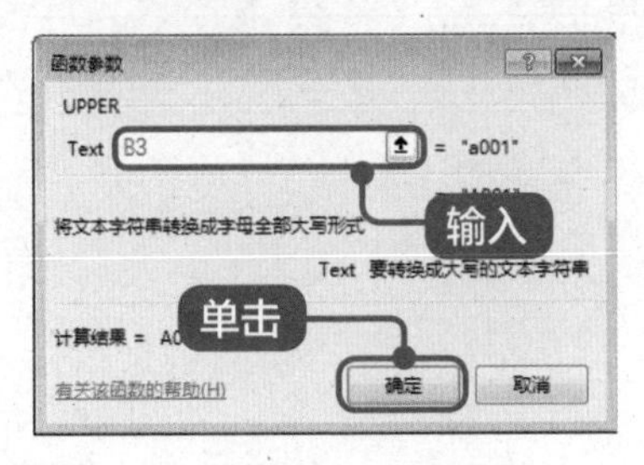

4 弹出【插入函数】对话框

返回到工作表中，此时 B3 单元格中的字母变为大写，将 B3 的函数填充到 B4:B15 单元格区域中，如图所示。

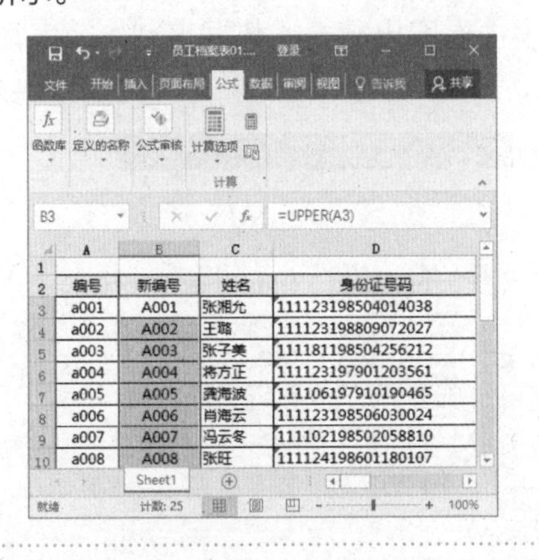

技巧 2 • 计算员工出生日期

配合使用 IF、TEXT、MID 函数，可以从身份证号码中自动计算出生日期。

1 输入函数

选中单元格 F3，输入“=IF(D3<>" ",TEXT((LEN(D3)=15)*19&MID(D3,7,6+(LEN(D3)=18)*2) ,"#-00-00")+0)”，如图所示。

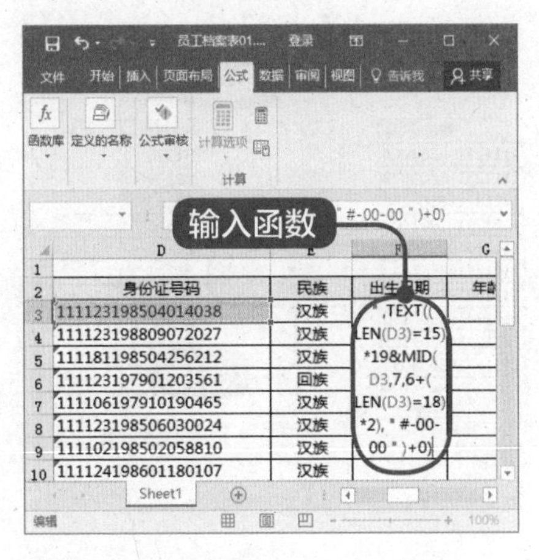

2 填充其他单元格

按【Enter】键，在单元格 F3 中显示计算结果，将 F3 的函数填充到 F4:F27 单元格区域中，如图所示。

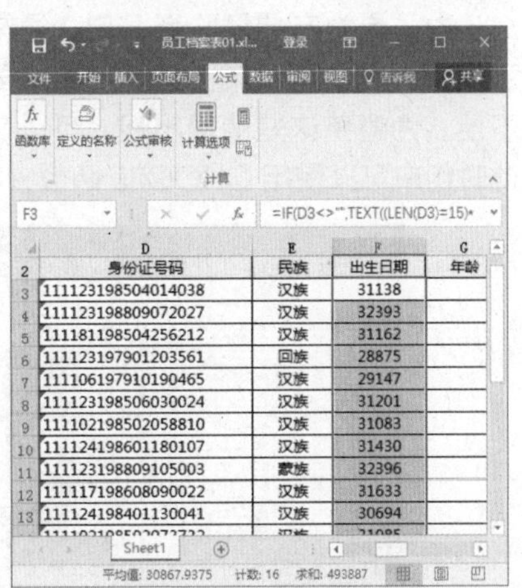

3 单击【数字】下拉按钮

选中单元格 F3:F27 区域，在【开始】选项卡中单击【数字】下拉按钮，在【常规】列表框选择【短日期】选项，如图所示。

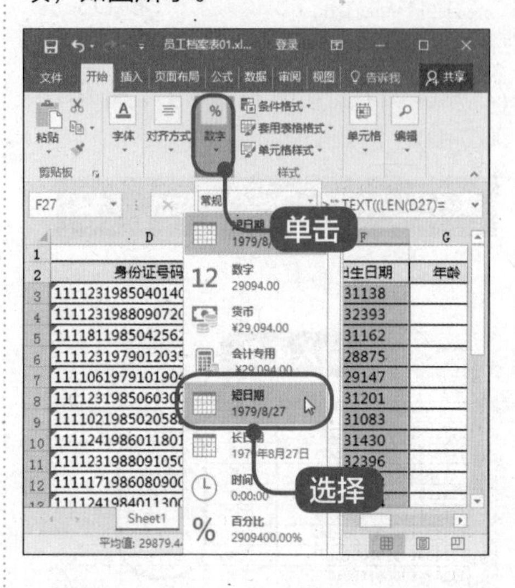

4 完成操作

通过以上步骤即可完成计算员工出生日期的操作，如图所示。

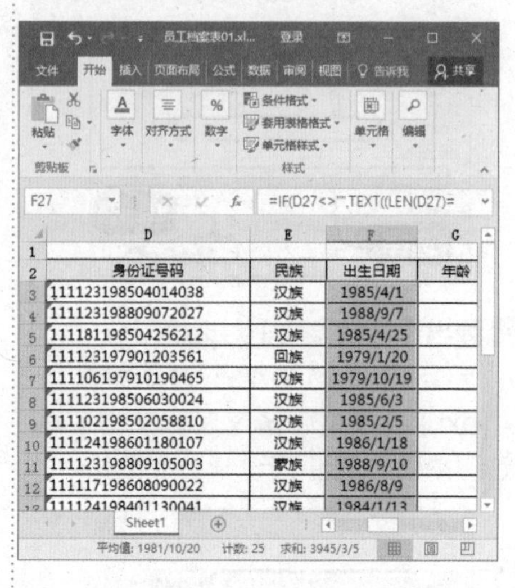

为了更为方便地联系客户，通常客户档案会记录得非常详细，但在实际工作中，很多时候某些数据并不需要，而过多的数据可能给阅读和操作带来不便。为避免这些情况出现，可以在详表中提取出需要的数据来制作简表，此时用户可以使用 CHOOSE 函数来实现，如图所示。

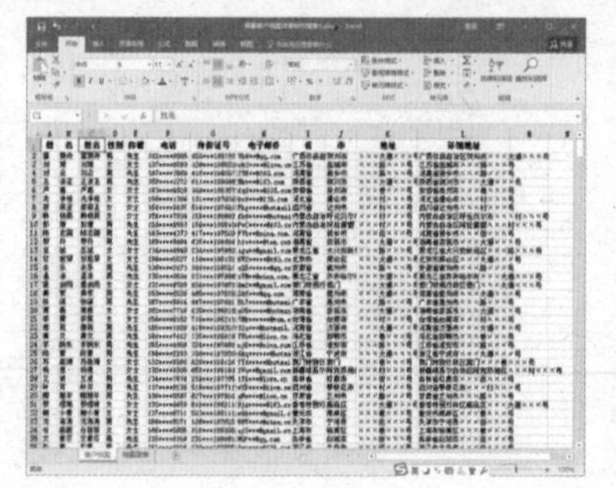

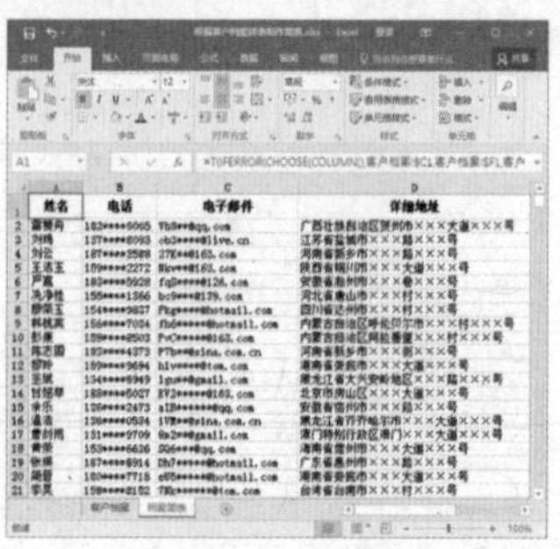

第 11 章

Excel 数据分析与汇总

本章视频教学时间 / 7 分钟 5 秒

重点导读

本章主要介绍在表格中设置数据有效性、排序学生成绩表、筛选公司车辆使用情况表、汇总公司车辆使用情况表方面的知识与技巧。本章最后针对实际的工作需求，讲解在表格中快速输入当前日期的星期数、使用数据有效性功能设置输入的文本长度、删除重复项。通过本章的学习，读者可以掌握数据分析与汇总方面的知识，为深入学习 Office 2016 与五笔输入法知识奠定基础。

本章主要知识点

- ✓ 设置数据有效性
- ✓ 排序学生成绩表
- ✓ 筛选公司车辆使用情况表
- ✓ 汇总公司车辆使用情况表

11.1 设置数据的有效性

本节视频教学时间 / 1 分钟 27 秒

在编辑 Excel 工作表时，设置单元格数据的有效性非常重要。通过设置数据的有效性，可以防止其他用户输入无效数据，极大地减少了数据处理过程中的错误和复杂程度。本节将介绍设置数据有效性的相关操作方法。

11.1.1 设置输入错误时的警告信息

本节以将选中的单元格区域设置为“整数”格式为例，设置输入错误时的警告信息，下面详细介绍其操作方法。

1 单击【数据工具】下拉按钮

选中单元格区域，在【数据】选项卡中单击【数据工具】下拉按钮，在弹出的选项中单击【数据验证】下拉按钮，在弹出的菜单中选择【数据验证】菜单项，如图所示。

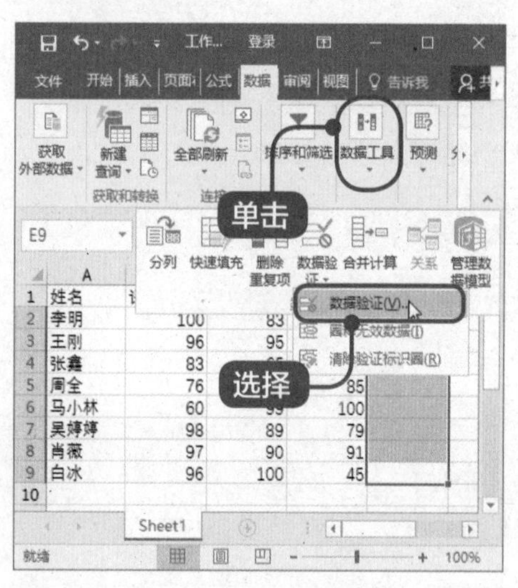

2 弹出【数据验证】对话框

弹出【数据验证】对话框，在【设置】选项卡中的【允许】列表框中选择【整数】选项，在【数据】列表框中选择【介于】选项，在【最大值】和【最小值】文本框中输入数值，如图所示。

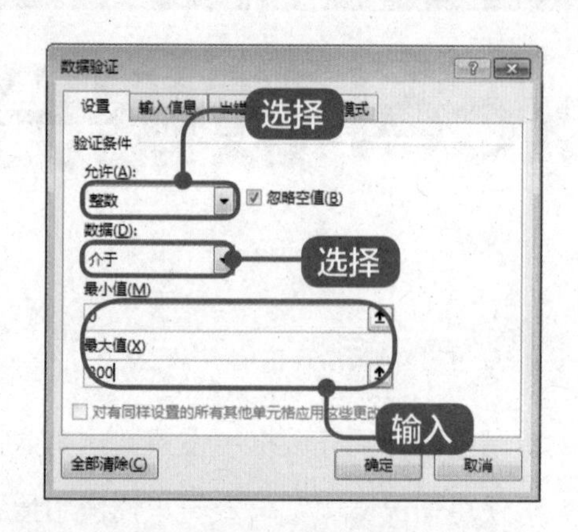

3 选择【出错警告】选项卡

选择【出错警告】选项卡，在【样式】下拉列表中选择【停止】列表项，在【标题】和【错误信息】文本框中输入内容，单击【确定】按钮，如图所示。

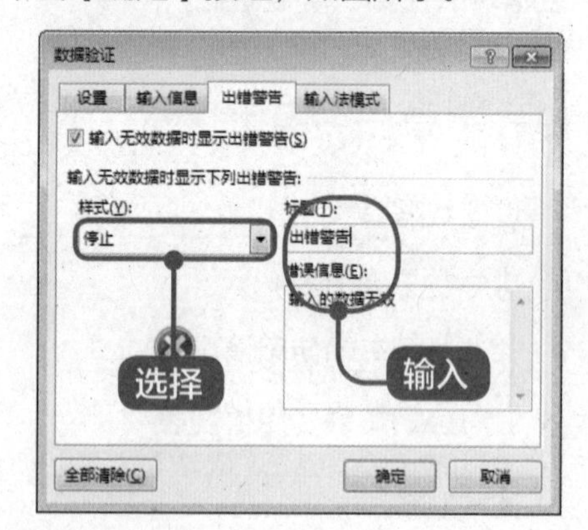

4 完成操作

返回到表格中，如果用户输入了设置的整数条件以外的数据，系统将会弹出对话框，提示错误警告信息。通过以上步骤即可完成设置输入错误时的警告信息的操作，如图所示。

11.1.2 设置输入前的提示信息

用户还可以设置单元格区域在输入数据前的提示信息。下面详细介绍设置输入前的提示信息的方法。

1 单击【数据工具】下拉按钮

选中单元格区域，在【数据】选项卡中单击【数据工具】下拉按钮，在弹出的选项中单击【数据验证】下拉按钮，在弹出的菜单中选择【数据验证】菜单项，如图所示。

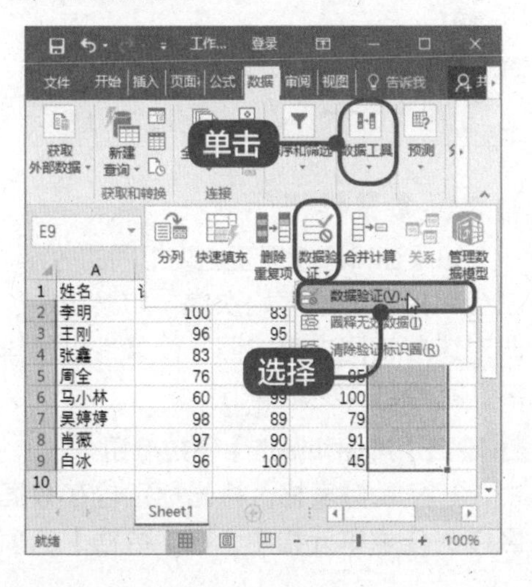

2 弹出【数据验证】对话框

弹出【数据验证】对话框，在【输入信息】选项卡中的【标题】和【输入信息】文本框中输入内容，单击【确定】按钮，如图所示。

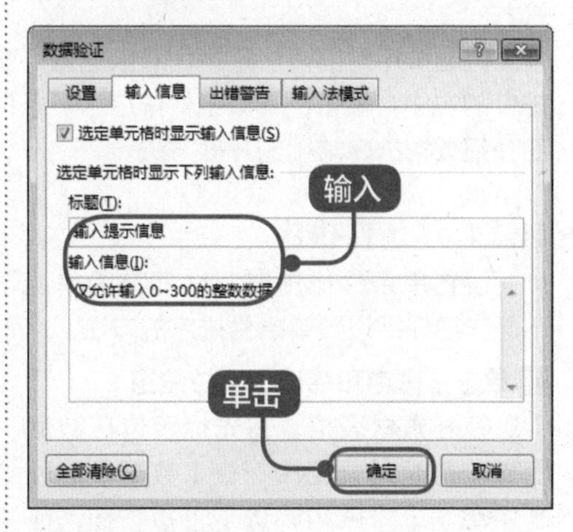

3 完成设置操作

返回到表格，可以看到选中单元格时出现输入提示信息框，信息框中的内容即刚刚设置的内容，如图所示。

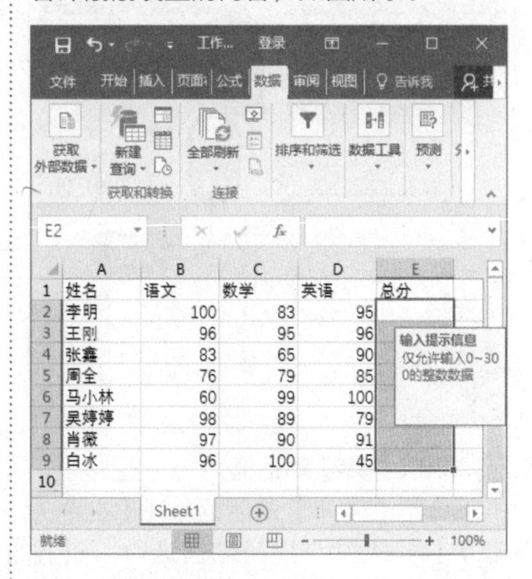

11.2 实战案例——排序学生成绩表

本节视频教学时间 / 2 分钟 31 秒

数据排序是指按一定规则对数据进行整理、排列的操作。在 Excel 2016 中，数据排序的方法有很多，如单条件排序、多条件排序、自定义排序、按行和列排序等。下面介绍数据排序常用的几种方法。

11.2.1 单条件排序

设置单条件排序的方法非常简单。下面详细介绍设置单条件排序的方法。

1 单击【排序和筛选】下拉按钮

打开素材表格，将光标定位在数据区域的任意单元格中，在【数据】选项卡中单击【排序和筛选】下拉按钮，在弹出的选项中单击【排序】按钮，如图所示。

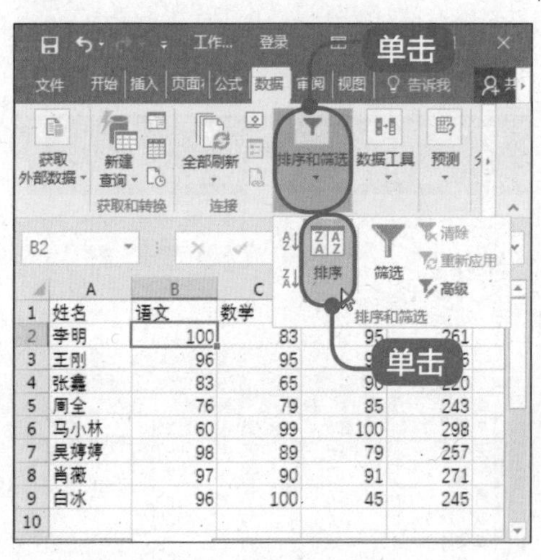

2 弹出【排序】对话框

弹出【排序】对话框，在【主要关键字】列表框中选择【语文】选项，在【排序依据】列表框中选择【数值】选项，在【次序】选项中选择【升序】选项，单击【确定】按钮，如图所示。

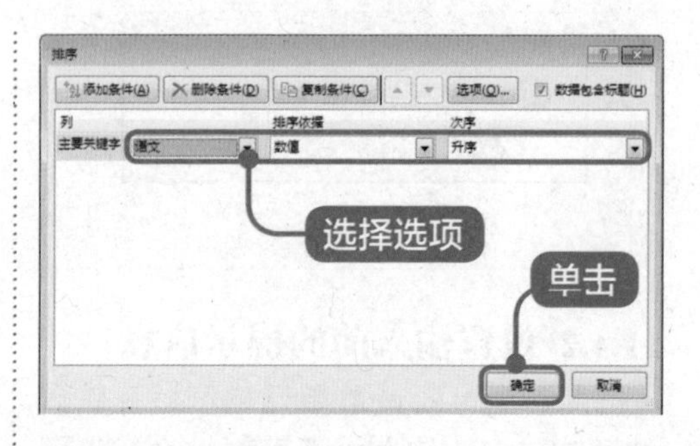

3 完成单条件排序操作

返回到表格，可以看到表中数据已经按照语文成绩进行升序排序，如图所示。

	A	B	C	D	E
1	姓名	语文	数学	英语	总分
2	马小林	60	99	100	298
3	周全	76	79	85	243
4	张鑫	83	65	90	220
5	王刚	96	95	96	286
6	白冰	96	100	45	245
7	肖薇	97	90	91	271
8	吴婷婷	98	89	79	257
9	李明	100	83	95	261
10					

11.2.2 多条件排序

如果在排序字段里出现相同的内容，就会保持它们的原始次序。如果用户还要对这些相同内容按照一定条件进行排序，就用到了多条件排序。

1 单击【排序和筛选】下拉按钮

打开素材表格，将光标定位在数据区域的任意单元格中，在【数据】选项卡中单击【排序和筛选】下拉按钮，在弹出的选项中单击【排序】按钮，如图所示。

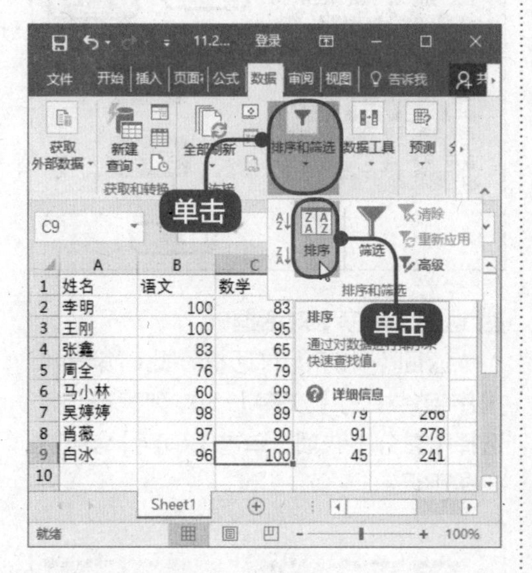

2 弹出【排序】对话框

弹出【排序】对话框，在【主要关键字】列表框中选择【语文】选项，在【排序依据】列表框中选择【数值】选项，在【次序】选项中选择【升序】选项，如图所示。

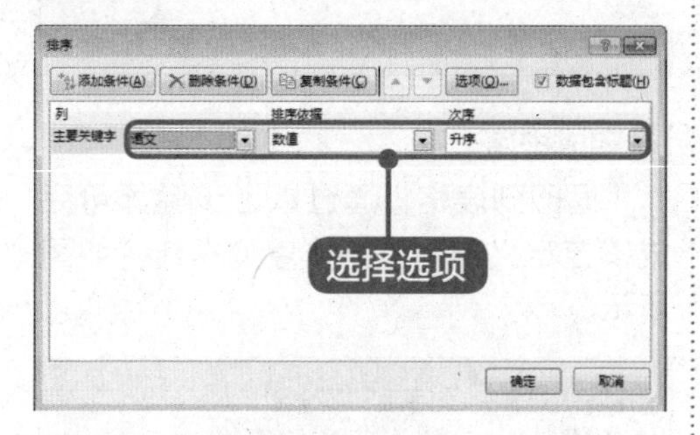

3 单击【添加条件】按钮

单击【添加条件】按钮，在【次要关键字】列表框中选择【数学】选项，在【排序依据】列表框中选择【数值】选项，在【次序】选项中选择【升序】选项，单击【确定】按钮，如图所示。

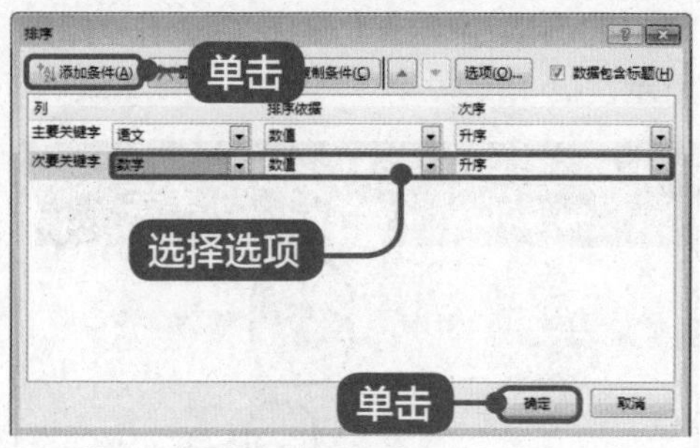

4 弹出【排序】对话框

返回到表格，可以看到表中数据已经按照以语文成绩为主要条件、以数学成绩为次要条件进行的升序排序。通过以上步骤即可完成多条件排序的操作，如图所示。

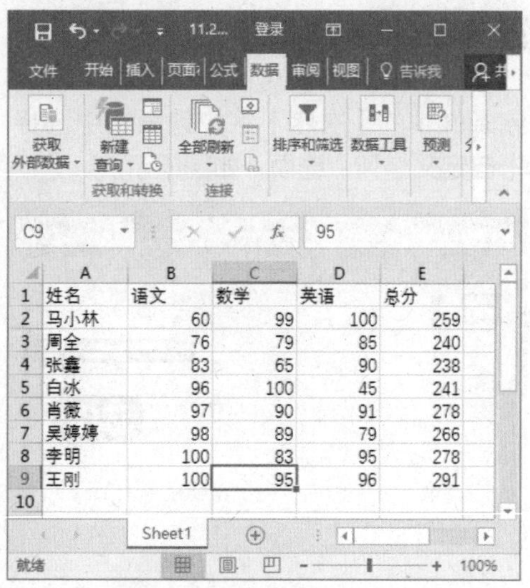

11.2.3 自定义排序

数据的排序方式除了按照数字大小和拼音字母顺序外，还会涉及一些特殊的顺序，此时就用到了自定义排序。

1 单击【排序和筛选】下拉按钮

打开素材表格，将光标定位在数据区域的任意单元格中，在【数据】选项卡中单击【排序和筛选】下拉按钮，在弹出的选项中单击【排序】按钮，如图所示。

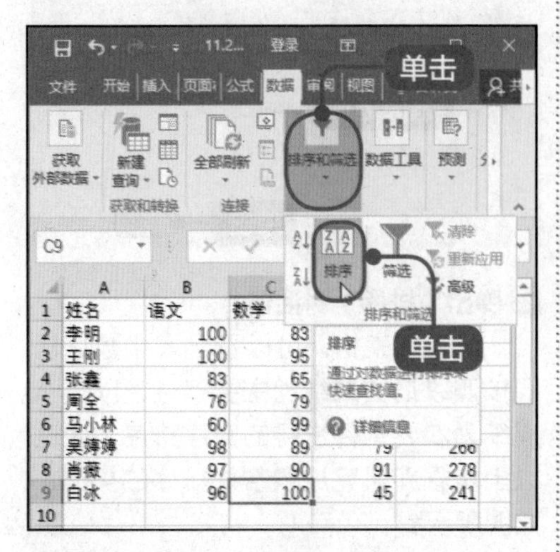

2 弹出【排序】对话框

弹出【排序】对话框，在第 1 个排序条件中的【次序】下拉列表框中选择【自定义序列】选项，如图所示。

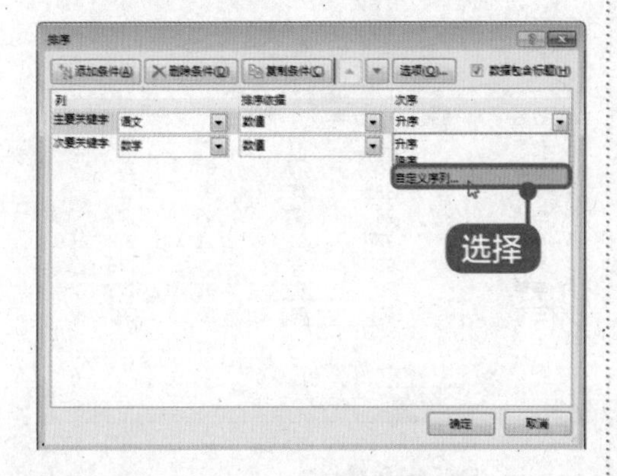

3 弹出【自定义序列】对话框

弹出【自定义序列】对话框，在【自定义序列】列表中选择【新序列】选项，在【输入序列】文本框中输入“总分”，单击【添加】按钮，此时新定义的序列就添加在【自定义序列】列表框中了，单击选择【总分】选项，单击【确定】按钮，如图所示。

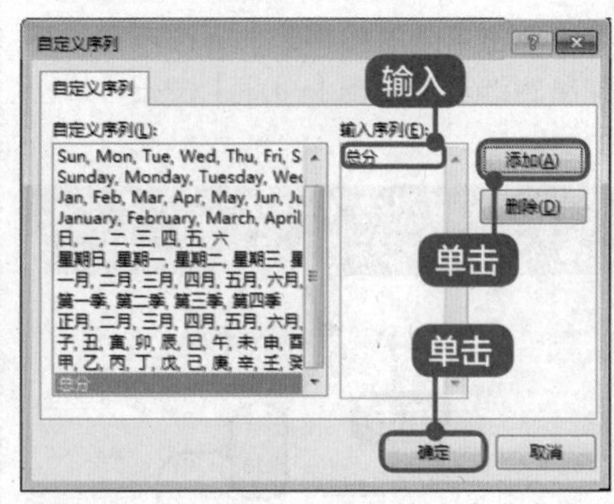

4 返回【排序】对话框

返回【排序】对话框，此时第一个排序条件中的【次序】下拉列表框自动选择【总分】选项，单击【确定】按钮，如图所示。

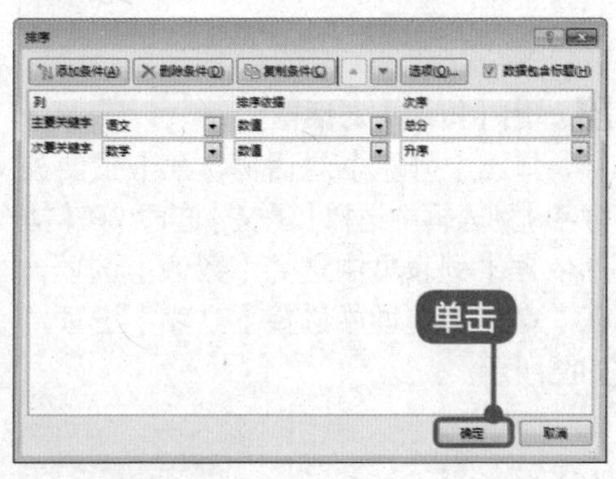

5 完成排序

返回到表格，通过以上步骤即可完成按自定义序列进行排序的操作，如图所示。

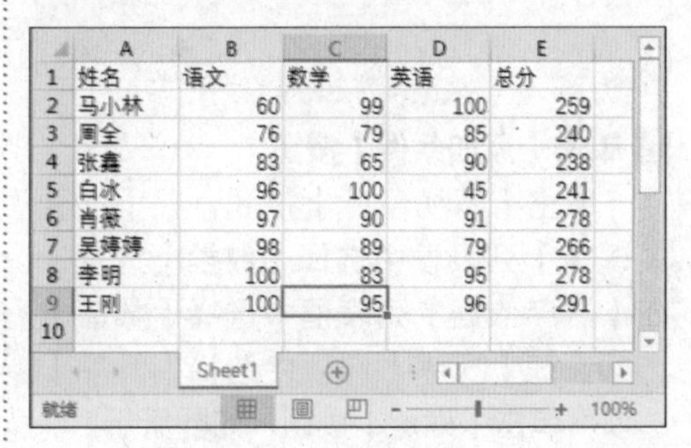

	A	B	C	D	E
1	姓名	语文	数学	英语	总分
2	马小林	60	99	100	259
3	周全	76	79	85	240
4	张鑫	83	65	90	238
5	白冰	96	100	45	241
6	肖薇	97	90	91	278
7	吴婷婷	98	89	79	266
8	李明	100	83	95	278
9	王刚	100	95	96	291
10					

提示

除了可以按单条件、多条件和自定义序列进行排序以外，用户还可以按照行或列进行排序。只要在【排序选项】对话框中单击【选项】按钮，在弹出的【选项】对话框中选择【按列排序】或【按行排序】单选按钮即可。

11.3 实战案例——筛选公司车辆使用情况表

本节视频教学时间 / 1 分钟 24 秒

Excel 2016 提供了多种数据的筛选操作，用户可以根据需要筛选公司车辆使用情况表。

11.3.1 自动筛选

自动筛选一般用于简单的条件筛选，筛选时将不满足条件的数据暂时隐藏起来，只显示符合条件的数据。

1 单击【排序和筛选】下拉按钮

打开素材表格，将光标定位在数据区域的任意单元格中，在【数据】选项卡中单击【排序和筛选】下拉按钮，在弹出的选项中单击【筛选】按钮，如图所示。

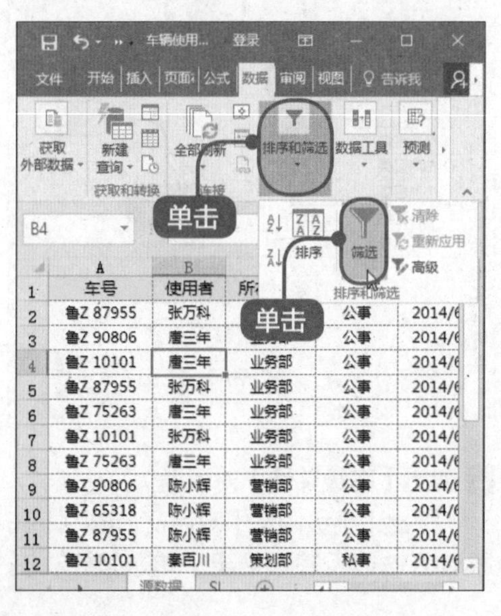

2 单击【所在部门】下拉按钮

此时工作表进入筛选状态，各标题字段的右侧出现一个下拉按钮，单击【所在部门】右侧的下拉按钮，在弹出的筛选条件中撤选【宣传部】、【业务部】和【营销部】复选框，单击【确定】按钮，如图所示。

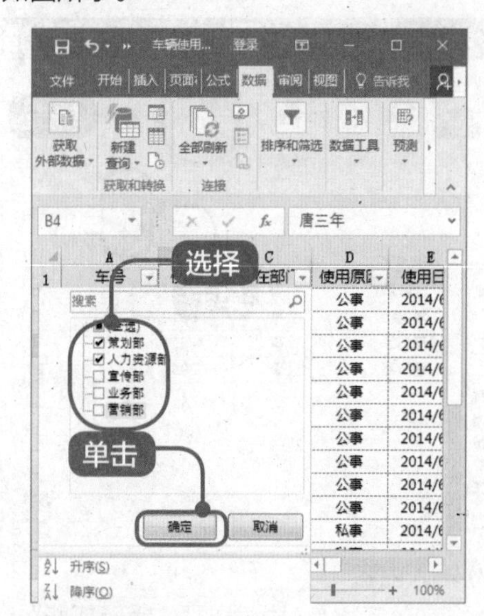

3 查看筛选效果

返回到工作表，此时“所在部门”为“策划部”和“人力资源部”的车辆使用明细数据的筛选结果，如图所示。

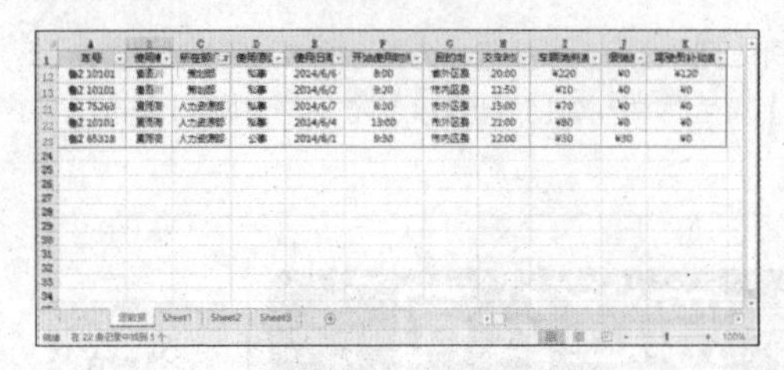

11.3.2 高级筛选

高级筛选一般用于条件复杂的筛选操作，其筛选的结果可以显示在原数据表格中，不符合条件的记录同时保留在数据表中而不会被隐藏起来，这样会更加便于进行数据比对。

1 单击【排序和筛选】下拉按钮

打开素材表格，将光标定位在数据区域的任意单元格中，在【数据】选项卡中单击【排序和筛选】下拉按钮，在弹出的选项中单击【筛选】按钮，撤销之前的筛选，如图所示。

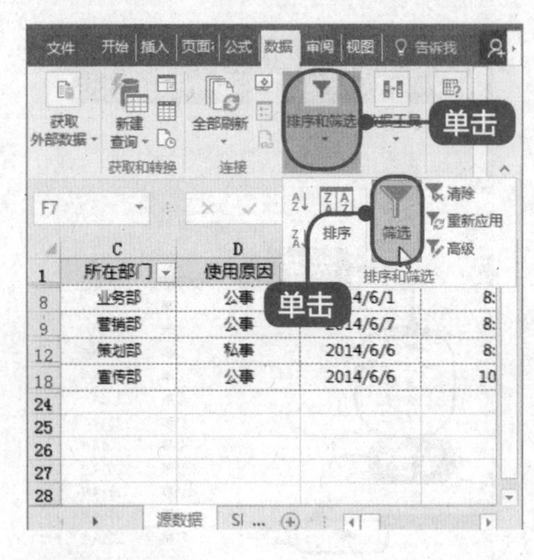

2 输入内容

在单元格I24中输入“车辆消耗费”，在单元格I25中输入“>100”，如图所示。

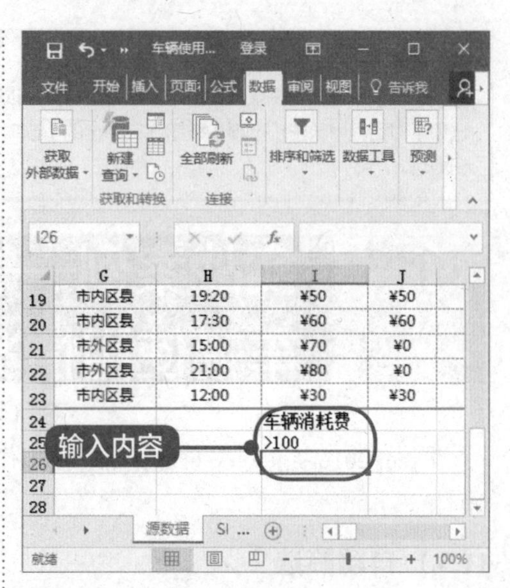

3 单击【排序和筛选】下拉按钮

将光标定位在数据区域的任意单元格中，在【数据】选项卡中单击【排序和筛选】下拉按钮，在弹出的选项中单击【高级】按钮，如图所示。

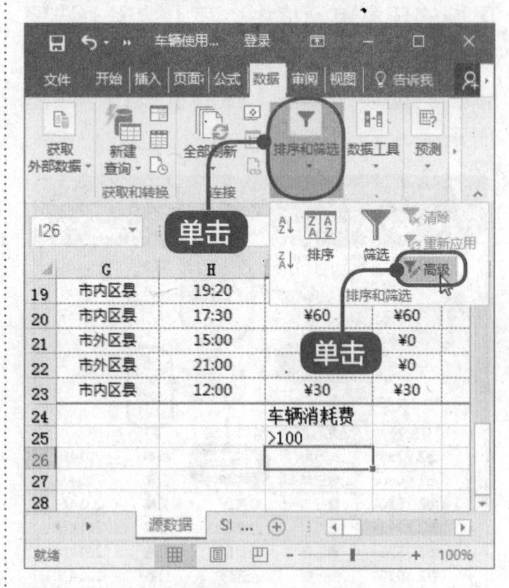

4 弹出【高级筛选】对话框

弹出【高级筛选】对话框，选中【在原有区域显示筛选结果】单选按钮，在

【条件区域】文本框中输入单元格范围，单击【确定】按钮，如图所示。

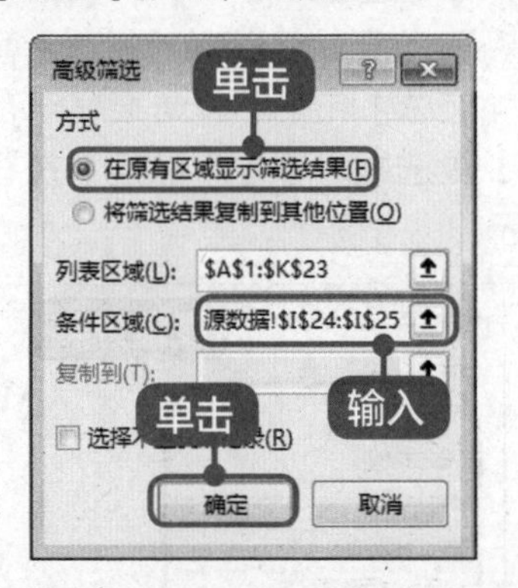

5 查看筛选效果

返回到工作表，筛选结果如图所示。

	G	H	I	J	
1	目的地	交车时间	车辆消耗费	报销费	驾驶
2	省外区县	21:00	¥320	¥320	
8	市外区县	21:00	¥130	¥130	
9	市外区县	20:00	¥120	¥120	
12	省外区县	20:00	¥220	¥0	
18	省外区县	12:30	¥170	¥170	
24			车辆消耗费		
25			>100		
26					

11.4 实战案例——汇总公司车辆使用情况表

本节视频教学时间 / 1 分钟 43 秒

分类汇总是按某一字段的内容进行分类，并对每一类统计出相应的结果数据。用户可以根据需要汇总的明细数据，统计和分析车辆的使用情况、各部门的用车情况以及车辆运行里程和油耗等。

11.4.1 建立简单分类汇总

创建分类汇总的方法非常简单。下面详细介绍建立分类汇总的方法。

1 单击【排序和筛选】下拉按钮

打开素材表格，将光标定位在数据区域的任意单元格中，在【数据】选项卡中单击【排序和筛选】下拉按钮，在弹出的选项中单击【排序】按钮，如图所示。

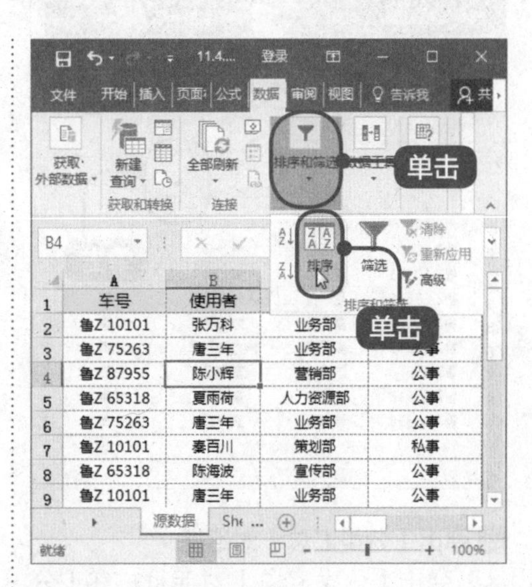

2 弹出【排序】对话框

弹出【排序】对话框，在【主要关

键字】列表框中选择【所在部门】选项，在【排序依据】列表框中选择【数值】选项，在【次序】列表框中选择【升序】选项，单击【确定】按钮，如图所示。

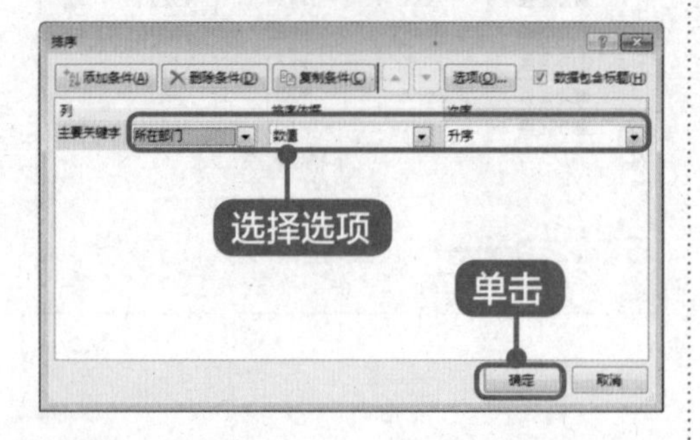

3 查看排序结果

返回到工作表，此时表格中的数据已经根据 C 列中“所在部门”的拼音首字母进行升序排列，在【数据】选项卡中单击【分级显示】下拉按钮，在弹出的选项中单击【分类汇总】按钮，如图所示。

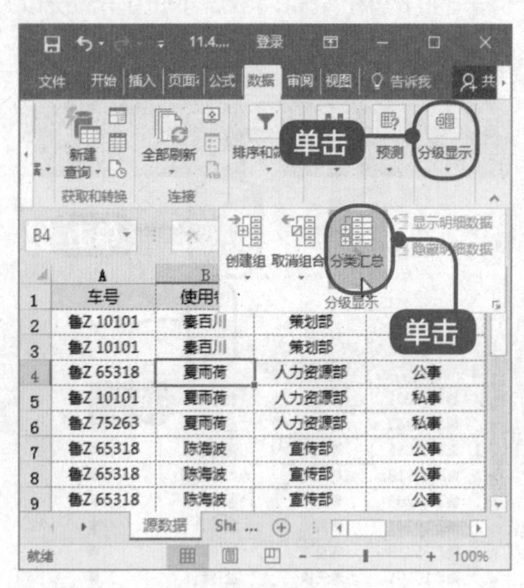

4 弹出【分类汇总】对话框

弹出【分类汇总】对话框，在【分类字段】列表框中选择【所在部门】选项，在【汇总方式】列表框中选择【求和】选项，在【选定汇总项】列表框中勾选【车辆消耗费】复选框，勾选【替换当前分类汇总】和【汇总结果显示在数据下方】复选框，单击【确定】按钮，如图所示。

5 查看汇总效果

返回到工作表，汇总效果如图所示。

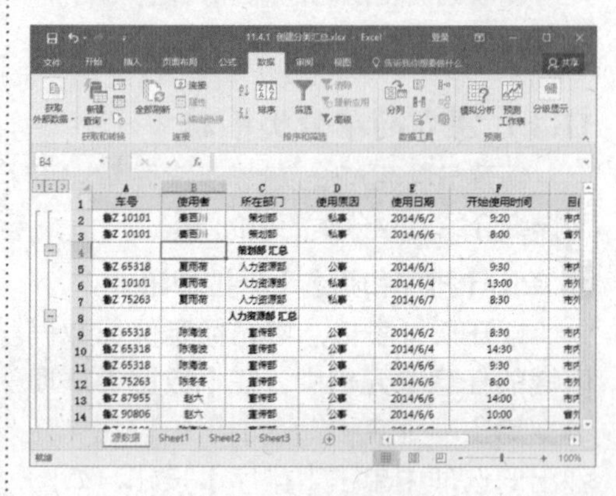

11.4.2 建立多重分类汇总

用户可以使用多个条件对表格数据进行分类汇总，下面详细介绍设置多重分类汇总的方法。

1 单击【分级显示】下拉按钮

打开表格素材，在【数据】选项卡中单击【分级显示】下拉按钮，在弹出的选项中单击【分类汇总】按钮，如图所示。

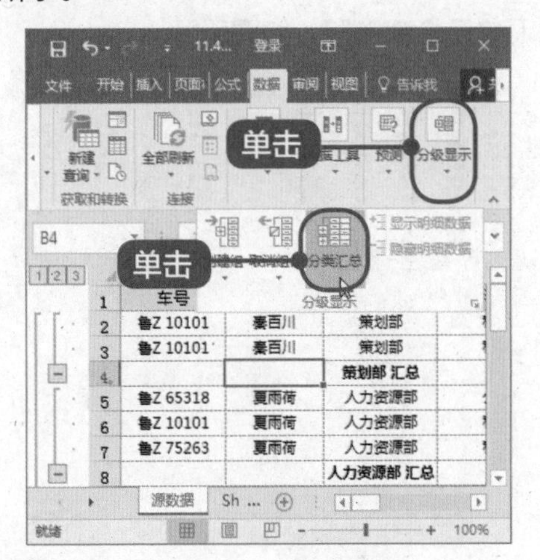

2 弹出【分类汇总】对话框

弹出【分类汇总】对话框，在【分类字段】列表框中选择【所在部门】选项，在【汇总方式】列表框中选择【求和】选项，在【选定汇总项】列表框中勾选【开始使用时间】和【交车时间】复选框，勾选【替换当前分类汇总】和【汇总结果显示在数据下方】复选框，单击【确定】按钮，如图所示。

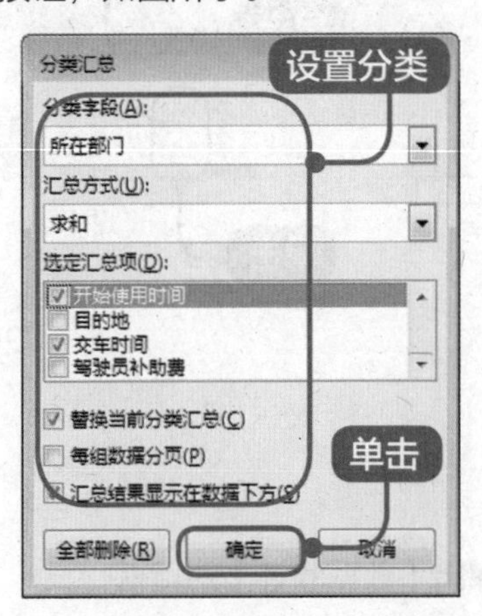

3 查看汇总效果

返回到工作表，汇总效果如图所示。

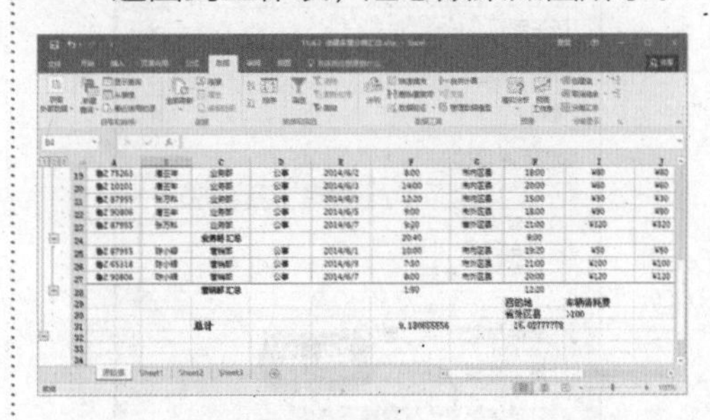

11.4.3 清除分类汇总

如果用户不再需要将工作表中的数据以分类汇总的方式显示，则可将刚刚创建的分类汇总删除。

1 单击【分级显示】下拉按钮

打开表格素材，在【数据】选项卡中单击【分级显示】下拉按钮，在弹出的选项中单击【分类汇总】按钮，如图所示。

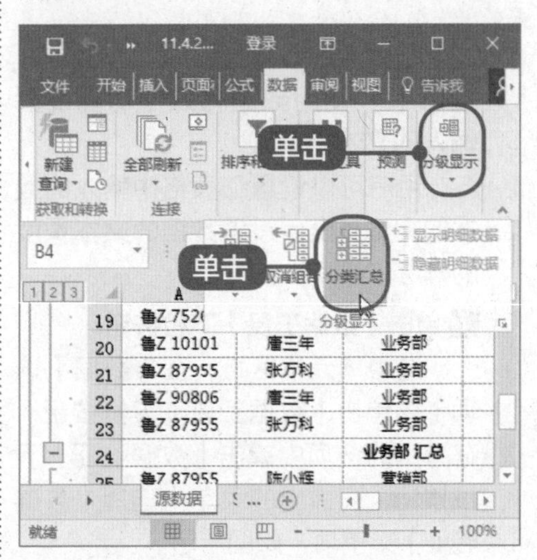

2 弹出【分类汇总】对话框

弹出【分类汇总】对话框，单击【全部删除】按钮，如图所示。

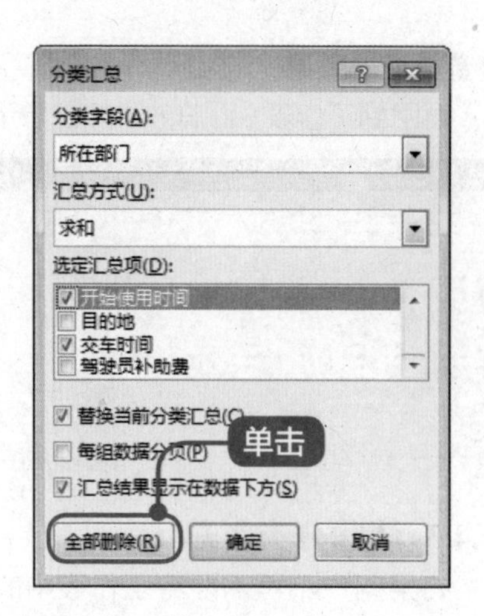

3 完成删除操作

返回到工作表，此时表格中的分类汇总已全部删除，如图所示。

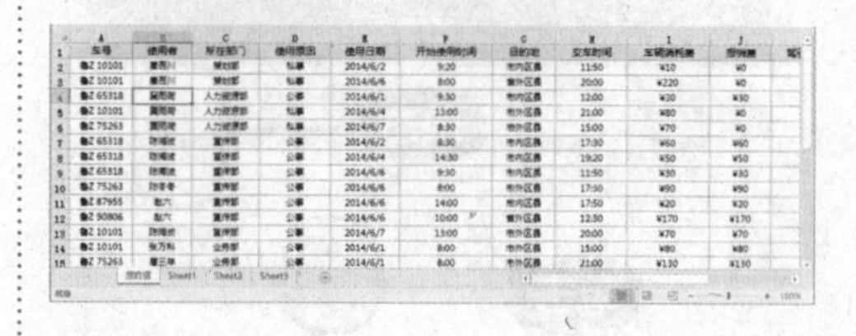

本节将介绍使用数据有效性功能设置输入的文本长度和删除重复项的方法。

技巧 1 • 使用数据有效性功能设置输入的文本长度

用户可以设置在表格中输入的数据的文本长度。设置数据的文本长度的方法非常简单。

1 单击【数据工具】下拉按钮

选中单元格区域，在【数据】选项卡中单击【数据工具】下拉按钮，在弹出的选项中单击【数据验证】下拉按钮，在弹出的菜单中选择【数据验证】菜单项，如图所示。

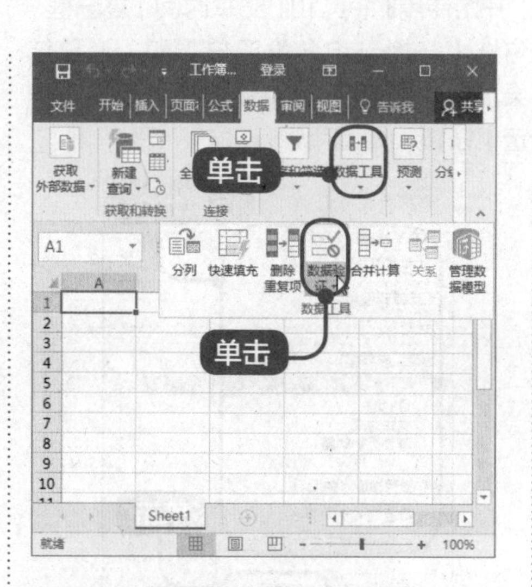

2 弹出【数据验证】对话框

弹出【数据验证】对话框，在【设置】选项卡中的【允许】列表框中选择【文本长度】选项，在【数据】列表框中选择【等于】选项，在【长度】文本框中输入数值 3，单击【确定】按钮，如图所示。

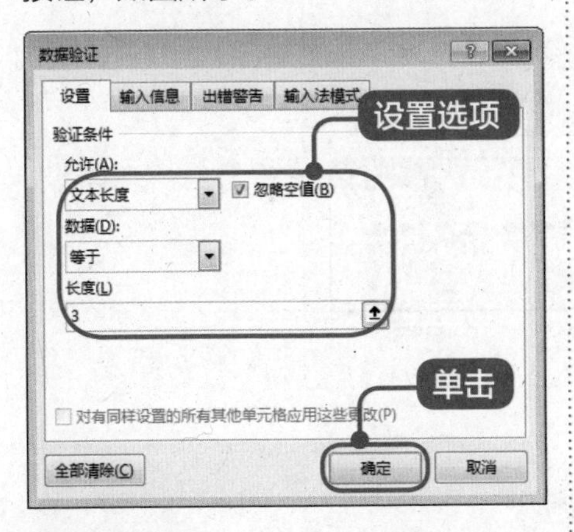

3 完成操作

返回到表格中，在设置了文本长度的单元格中输入文本。如果输入的文本不符合要求，Excel 会弹出提示对话框，效果如图所示。

技巧 2 • 删除重复项

用户除了可以手动删除表格中重复的内容之外，还可以使用功能区来删除表格数据。

1 单击【数据工具】下拉按钮

选中单元格区域，在【数据】选项卡中单击【数据工具】下拉按钮，在弹出的选项中单击【删除重复项】按钮，如图所示。

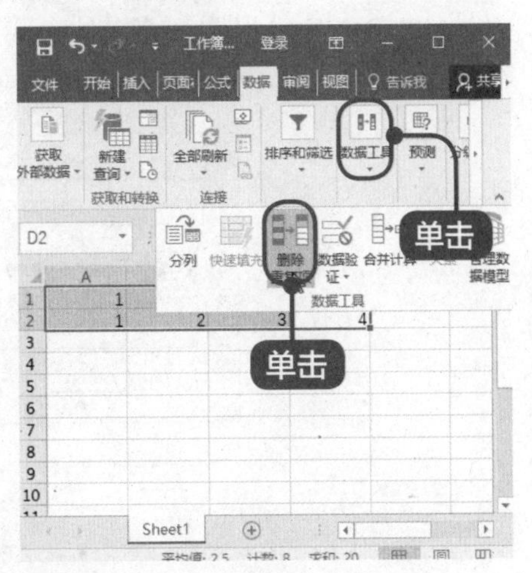

2 弹出【删除重复项】对话框

弹出【删除重复项】对话框，在列表框中勾选准备删除的复选框，如【列 A】复选框，单击【确定】按钮，如图所示。

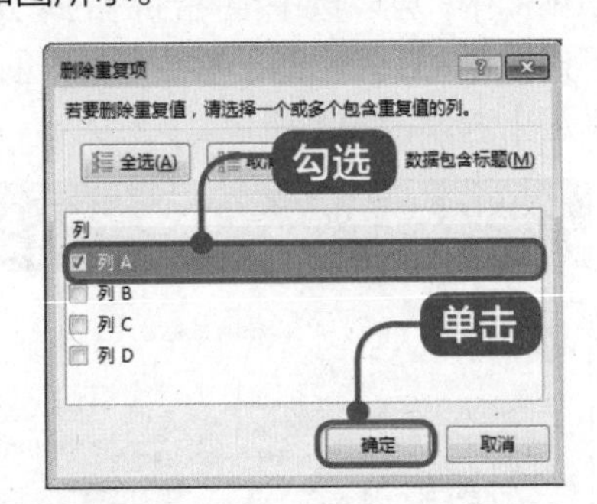

3 完成操作

返回到表格中，Excel 弹出提示对话框，可以看到表格中已经删除了重复的内容，如图所示。

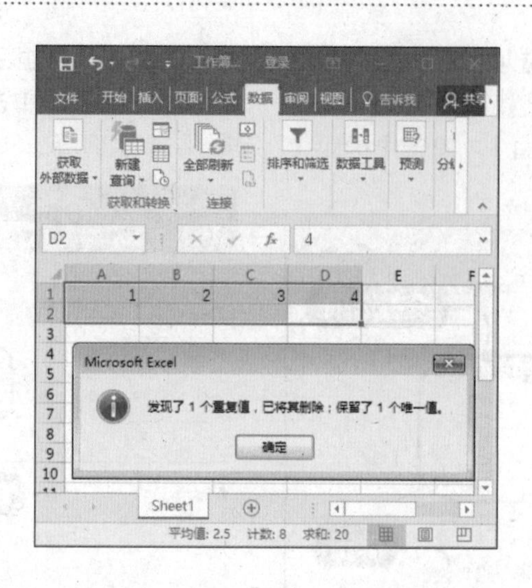

在实际应用中，经常需要对表格中的数据进行分级显示的操作。例如本章案例中，可以选中相同部门的单元格，在【数据】选项卡中单击【分级显示】下拉按钮，在弹出的选项中单击【创建组】下拉按钮，在弹出的选项中选择【创建组】选项，如图所示。

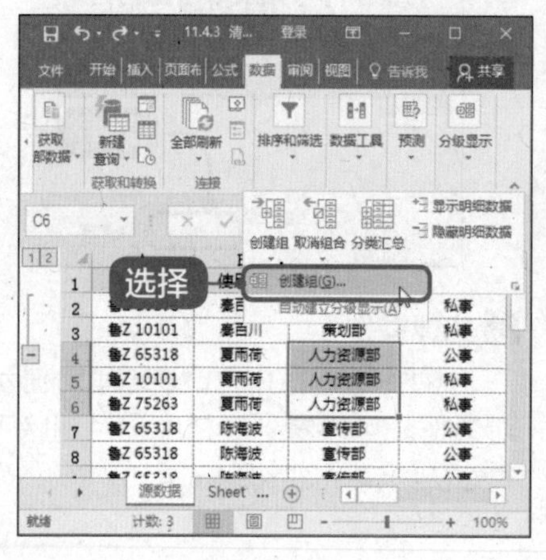

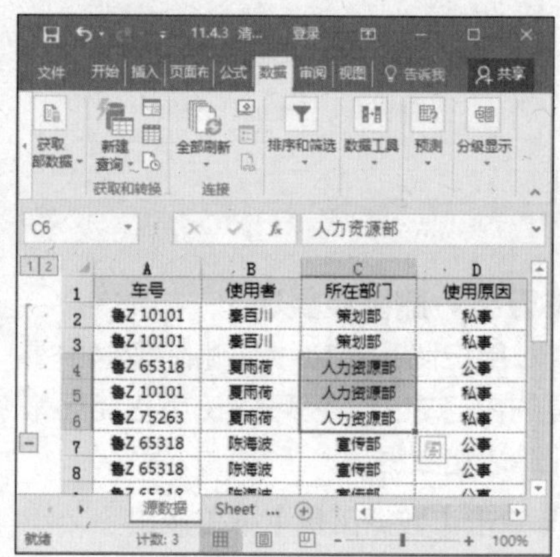

第 12 章

Excel 数据的高级分析

本章视频教学时间 / 6 分钟 31 秒

重点导读

本章主要介绍制作产品销售额统计表、制作产品销售额透视表方面的知识与技巧，同时讲解制作产品销售额透视图的方法。本章最后针对实际的工作需求，讲解更改图表类型、设置折线图的平滑拐点以及给图表添加趋势线的方法。通过本章的学习，读者可以掌握数据的高级分析方面的知识，为深入学习 Office 2016 和五笔输入法知识奠定基础。

本章主要知识点

- ✓ 产品销售额统计表
- ✓ 产品销售额透视表
- ✓ 产品销售额透视图

12.1 实战案例——产品销售额统计表

本节视频教学时间 / 2 分钟 55 秒

文不如表，表不如图。Excel 2016 具有许多高级的制图功能，可以直观地将工作表中的数据用图形表示出来，使其更具说服力。

12.1.1 认识图表的构成元素

在 Excel 2016 中，图表由图表标题、数据系列、图例项和坐标轴等部分组成，不同的元素构成不同的图表，如图所示。

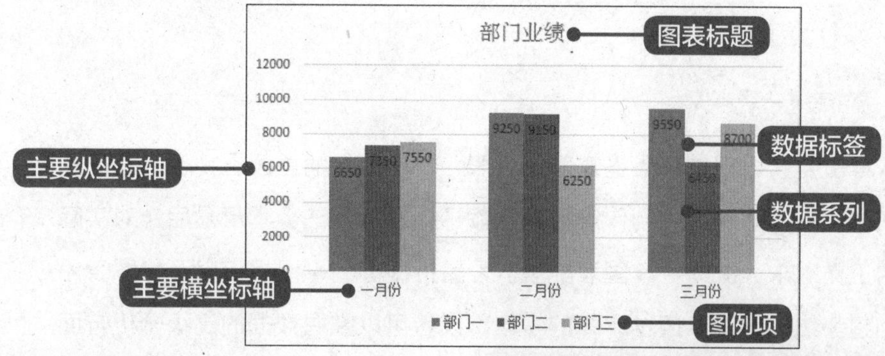

12.1.2 创建图表

Excel 2016 自带了各种各样的图表，如柱形图、折线图、饼图、条形图、面积图、散点图等。通常情况下，使用柱形图来比较数据间的数量关系；使用折线图来反映数据间的趋势关系；使用饼图来表示数据间的分配关系。在 Excel 2016 中创建图表的方法非常简单。下面详细介绍创建图表的操作方法。

1 单击【图表】下拉按钮

打开素材表格，选中 A1:B13 单元格区域，在【插入】选项卡下的【图表】组中单击【柱形图】下拉按钮，在弹出的下拉列表中单击【簇状柱形图】选项，如图所示。

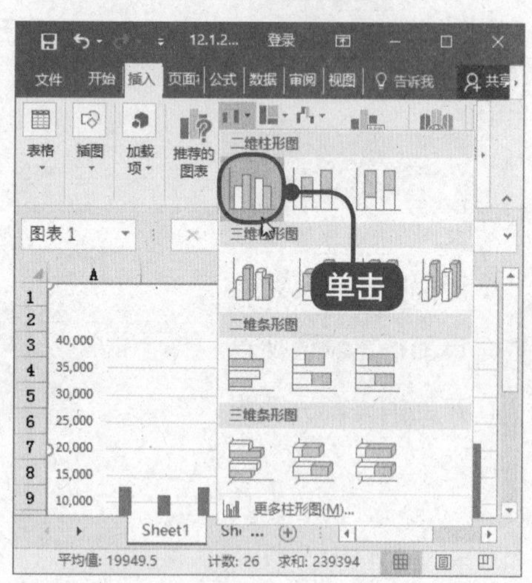

2 完成插入图表的操作

可以看到在工作表中已经插入了一个簇状柱形图。通过以上步骤即可完成创建图表的操作，如图所示。

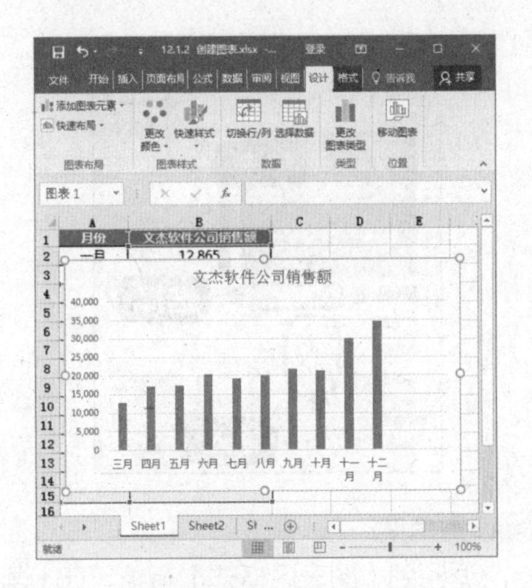

12.1.3 调整图表大小

图表创建完成后，可以根据需要调整图表的位置和大小。

1 单击并拖动鼠标指针

单击选中图表，此时图表区的四周会出现 8 个控制点，将鼠标指针移至图表的右下角，按住鼠标向左上或右下拖动，如图所示。

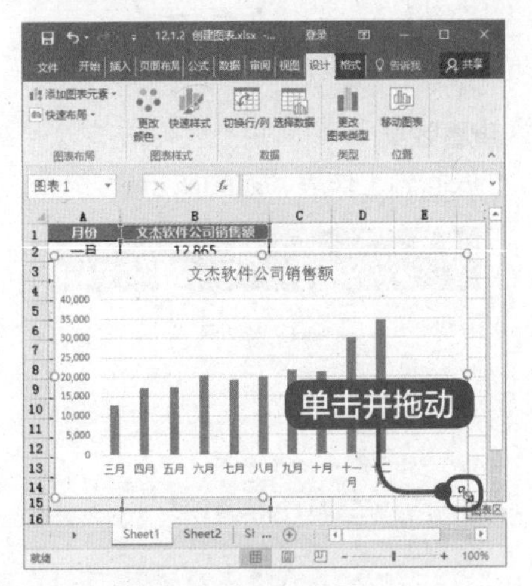

2 完成调整图表的操作

至适当位置释放鼠标，可以看到图表已经变小。通过以上步骤即可完成调整图表大小的操作，如图所示。

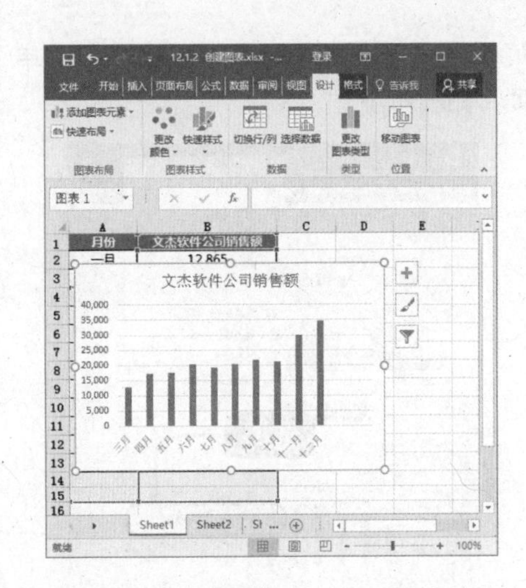

12.1.4 美化图表

为了使创建的图表看起来更加美观，用户可以对图表标题和图例、图表区域、数据系列等项目进行设置。

1 单击【字体】下拉按钮

选中图表标题，在【开始】选项卡中单击【字体】下拉按钮，在弹出的选项中设置【字体】为方正琥珀简体，【字号】为 18，如图所示。

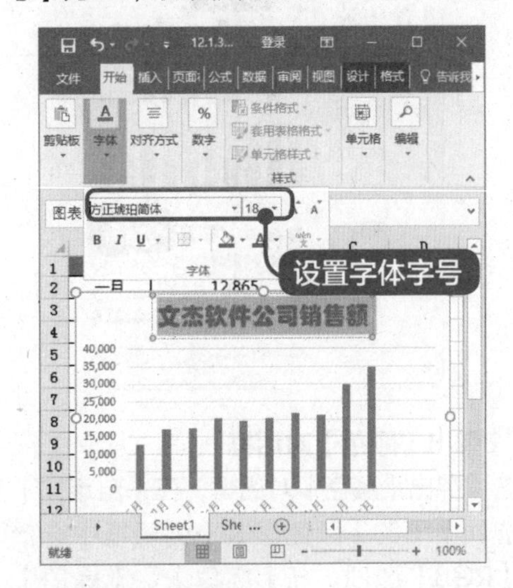

2 鼠标右键单击图表

鼠标右键单击图表，在弹出的快捷

菜单中选择【设置图表区域格式】菜单项，如图所示。

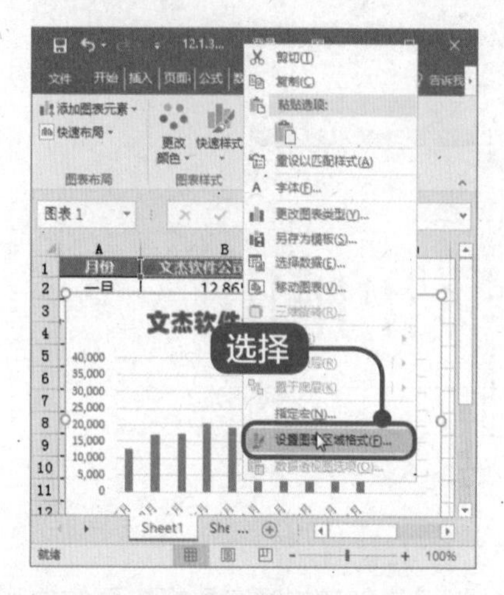

3 弹出【设置图表区格式】窗格

弹出【设置图表区格式】窗格，在【填充】选项卡中单击【渐变填充】单选按钮，在【颜色】下拉列表框中选择【其他颜色】选项，如图所示。

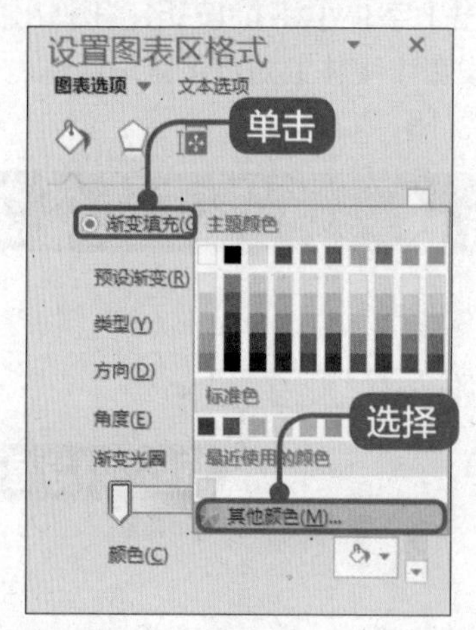

4 弹出【颜色】对话框

弹出【颜色】对话框，在【自定义】选项卡下的【颜色模式】列表框中选择【RGB】选项，在【红色】、【绿色】和【蓝色】微调框中输入数值，单击【确定】按钮，如图所示。

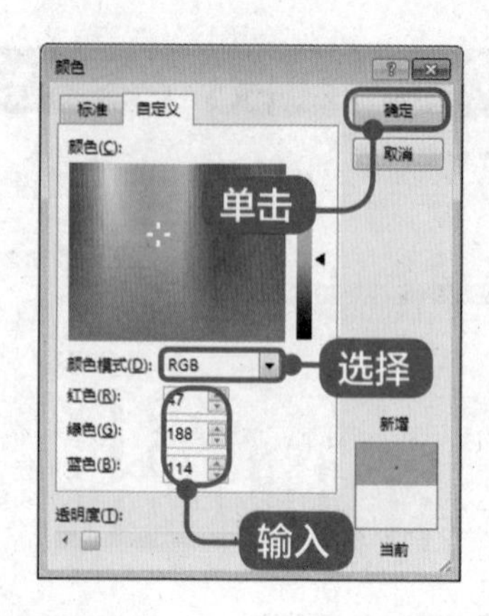

5 设置角度

返回到【图表区格式】窗格，在【角度】微调框中输入315°，单击窗格右上角的关闭按钮，如图所示。

6 查看效果

返回到工作表，如图所示。

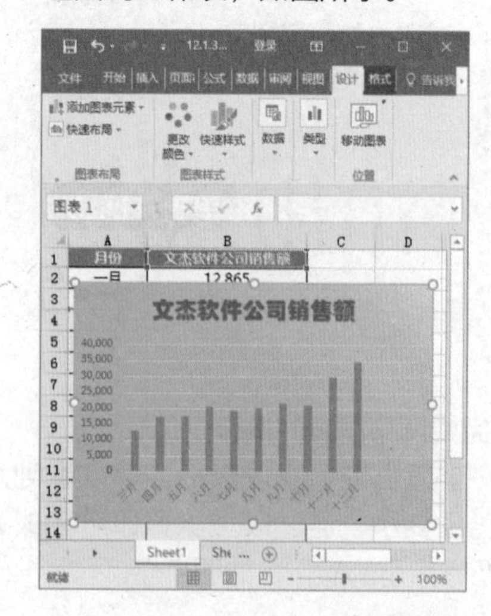

12.1.5 创建和编辑迷你图

迷你图是一个显示数据变化趋势的微型图表。下面详细介绍创建和编辑迷你图的方法。

1 单击【迷你图】下拉按钮

选中 B2:B13 单元格区域，在【插入】选项卡中单击【迷你图】下拉按钮，在弹出的选项中选择【折线图】选项，如图所示。

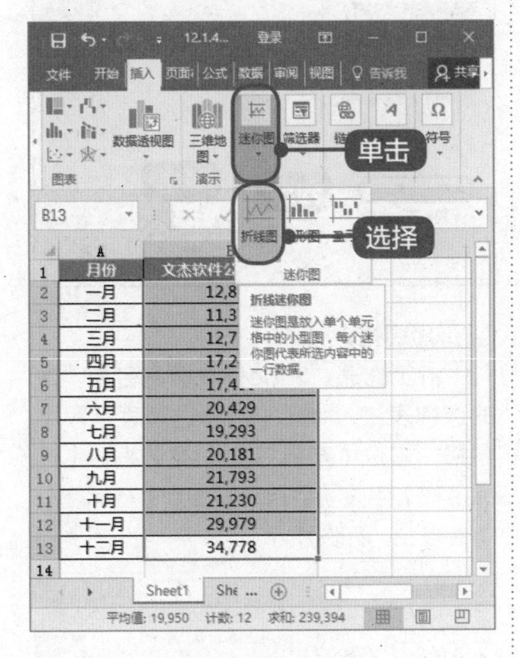

2 弹出【创建迷你图】对话框

弹出【创建迷你图】对话框，在【位置范围】为本框中输入单元格位置如“B14”，单击【确定】按钮，如图所示。

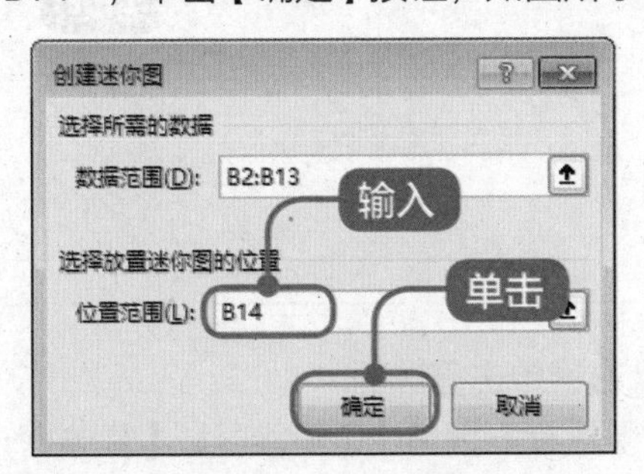

3 单击【样式】下拉按钮

可以看到在 B14 单元格中已经插入了迷你折线图，选中该单元格，在【设计】选项卡中的【样式】组中单击【样式】下拉按钮，在弹出的样式库中选择一种样式，如图所示。

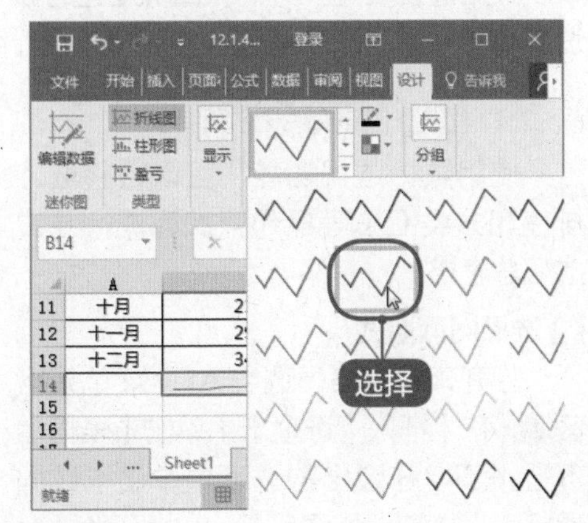

4 完成操作

可以看到折线图的样式已经更改。通过以上步骤即可完成创建并编辑迷你图的操作，如图所示。

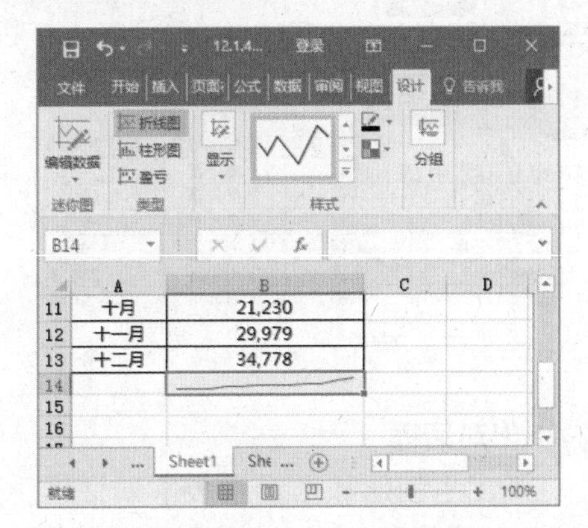

提示

用户还可以创建迷你柱形图。选中单元格区域，在【插入】选项卡中单击【迷你图】下拉按钮，在弹出的选项中选择【柱形图】选项，即可创建一个迷你柱形图。

12.2 实战案例——产品销售额透视表

本节视频教学时间 / 1 分钟 41 秒

数据透视表是一种对大量数据进行快速汇总和建立交叉列表的交互式表格。数据透视表是一个动态的图表。本节将详细介绍创建与编辑数据透视表的方法。

12.2.1 创建数据透视表

使用数据透视功能，可以将筛选、排序和分类汇总等操作依次完成，并生成汇总表格。

1 选择阅读版式

打开素材表格，选中 A1:F32 单元格区域，在【插入】选项卡中单击【表格】下拉按钮，在弹出的选项中单击【数据透视表】按钮，如图所示。

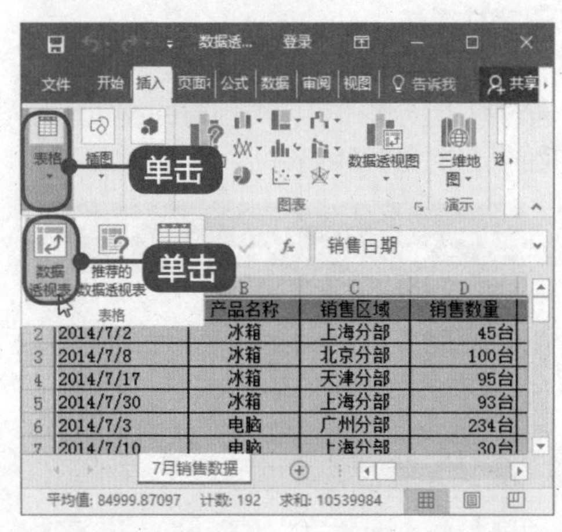

2 弹出对话框

弹出【创建数据透视表】对话框，勾选【新工作表】单选按钮，单击【确定】按钮，如图所示。

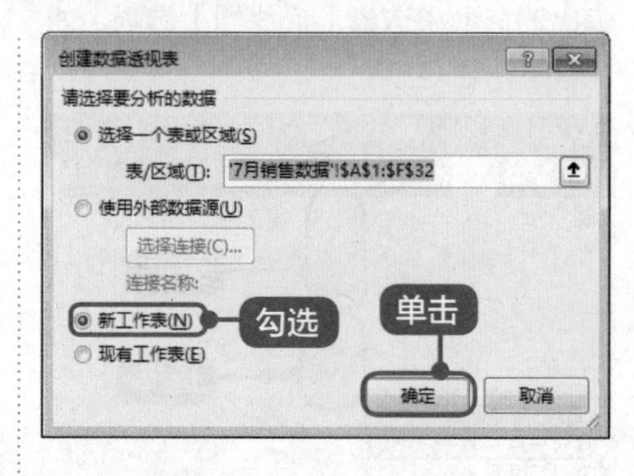

3 弹出窗格

将工作表"Sheet1"重命名为"数据透视表"，弹出【数据透视表字段】窗格，勾选【产品名称】复选框，【产品名称】字段就会自动添加到【行标签】组合框中，如图所示。

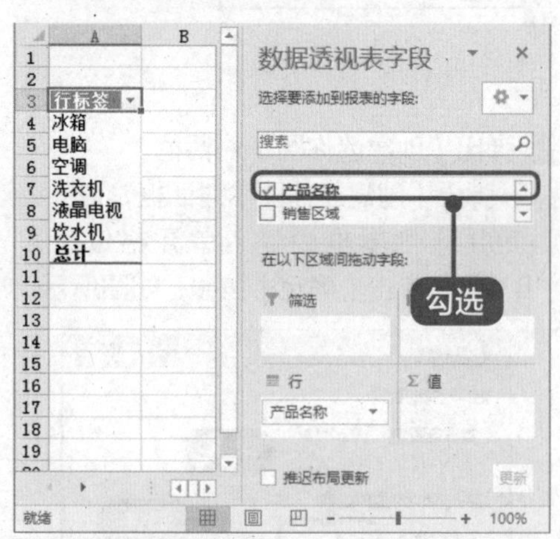

4 右键单击复选框

鼠标右键单击【销售区域】复选框，

在弹出的快捷菜单中选择【添加到报表筛选】菜单项，如图所示。

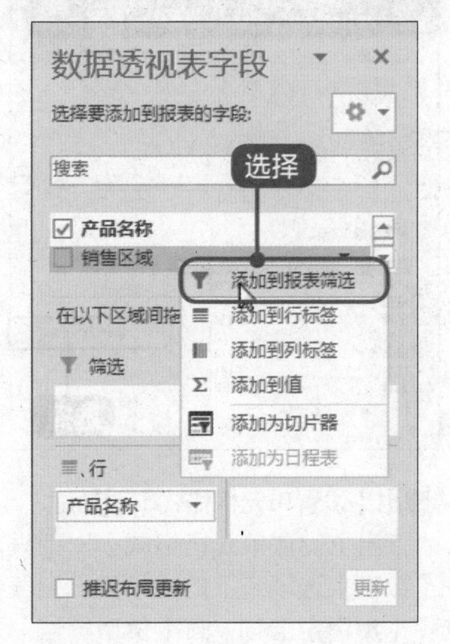

5 查看效果

此时，即可将【销售区域】字段添加到【报表筛选】组合框中，如图所示。

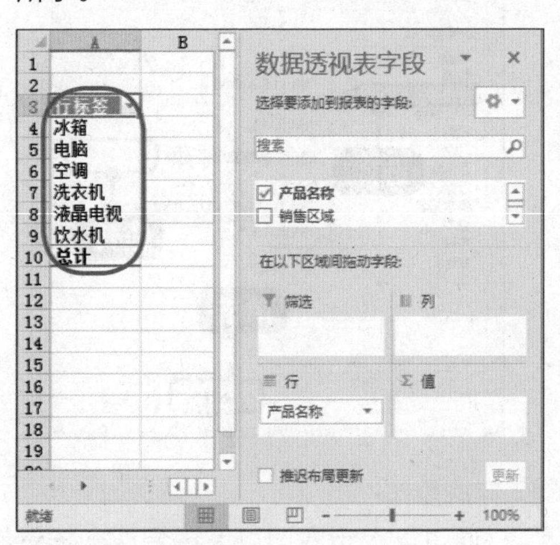

6 添加其他字段

依次选中【销售数量】和【销售额】复选框，即可将【销售数量】和【销售额】字段添加到【数值】组合框中，如图所示。

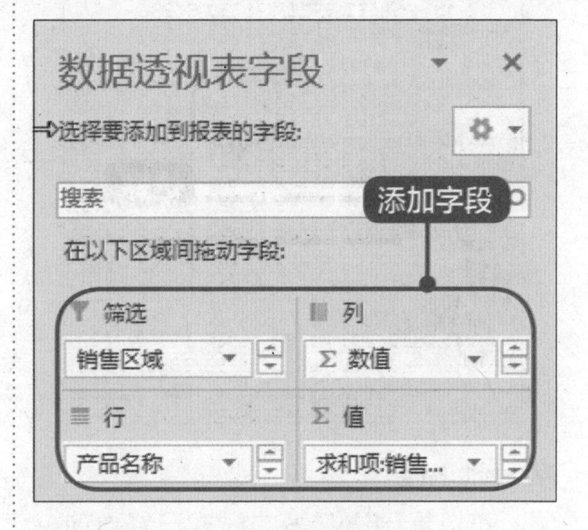

7 完成插入数据透视表的操作

通过以上步骤即可插入数据透视表，如图所示。

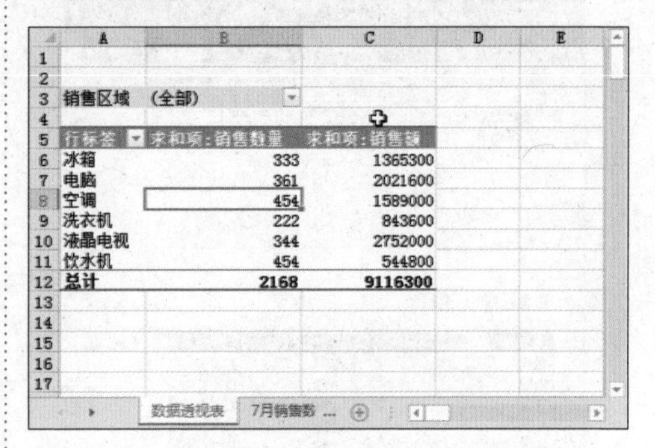

销售区域	(全部)	
行标签	求和项:销售数量	求和项:销售额
冰箱	333	1365300
电脑	361	2021600
空调	454	1589000
洗衣机	222	843600
液晶电视	344	2752000
饮水机	454	544800
总计	2168	9116300

12.2.2 设置数据透视表样式

添加完数据透视表后，用户还可以为透视表设置样式。

1 单击【样式】下拉列表

选中数据透视表，在【设计】选项卡下的【数据透视表样式】组中单击【样式】下拉列表，在弹出的样式库中选择一种样式，如图所示。

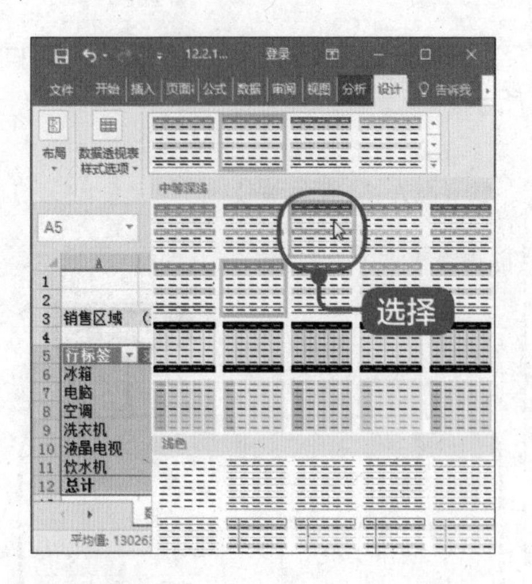

2 完成操作

可以看到透视表的样式已经更改。通过以上步骤即可完成设置数据透视表样式的操作，如图所示。

12.2.3 更改数据透视表格式

默认状态下，数据透视表中的数据都是以常规形式显示的，用户可以将透视表中的数据更改为所需的数字格式。

1 鼠标右键单击单元格区域

选中单元格区域 C6:C12，鼠标右键单击单元格区域，在弹出的快捷菜单中选择【设置单元格格式】菜单项，如图所示。

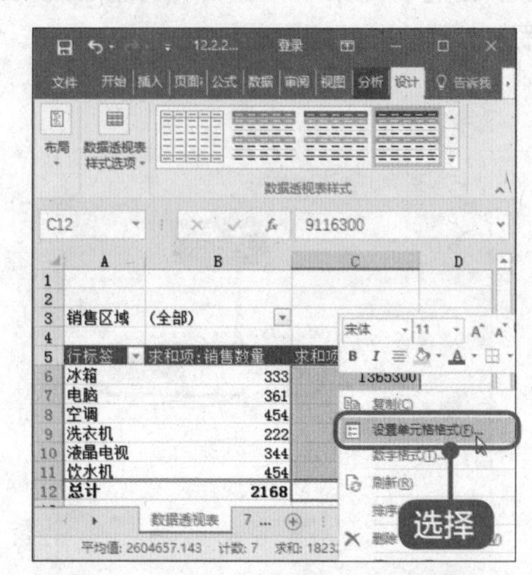

2 弹出【设置单元格格式】对话框

弹出【设置单元格格式】对话框，在【数字】选项卡下的【分类】列表中选择【货币】选项，在【货币符号】列表中选择一种货币符号，单击【确定】按钮，如图所示。

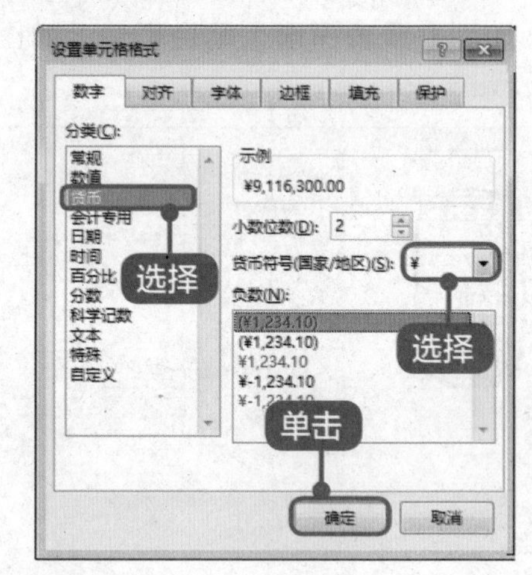

3 完成操作

通过以上步骤即可完成更改数据透视表格式的操作，如图所示。

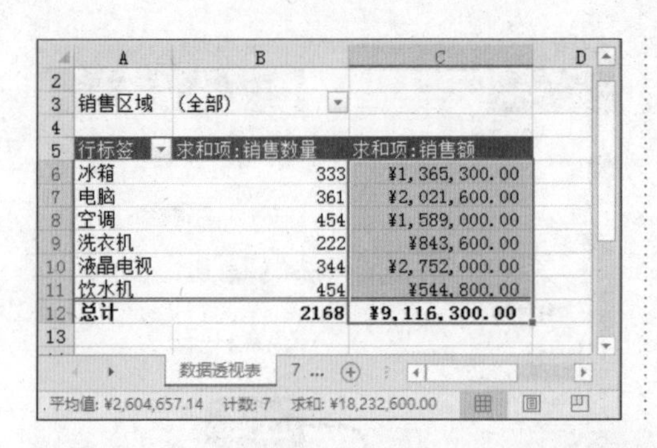

	A	B	C
3	销售区域	(全部)	
5	行标签	求和项:销售数量	求和项:销售额
6	冰箱	333	¥1,365,300.00
7	电脑	361	¥2,021,600.00
8	空调	454	¥1,589,000.00
9	洗衣机	222	¥843,600.00
10	液晶电视	344	¥2,752,000.00
11	饮水机	454	¥544,800.00
12	总计	2168	¥9,116,300.00

平均值: ¥2,604,657.14 计数: 7 求和: ¥18,232,600.00

提示

用户还可以将数据透视表中的字段进行组合。鼠标右键单击准备进行组合的单元格区域，在弹出的快捷菜单中选择【创建组】菜单项，即可完成组合透视表字段的操作。

12.3 实战案例——产品销售额透视图

本节视频教学时间 / 1 分钟 55 秒

使用数据透视图可以在数据透视表中显示该汇总数据，并且可以方便地查看比较、模式和趋势。

12.3.1 创建数据透视图

创建数据透视图的方法非常简单。下面详细介绍创建数据透视图的方法。

1 单击【数据透视图】按钮

打开素材表格，选中单元格区域 A1:F32，在【插入】选项卡下的【图表】组中单击【数据透视图】按钮，如图所示。

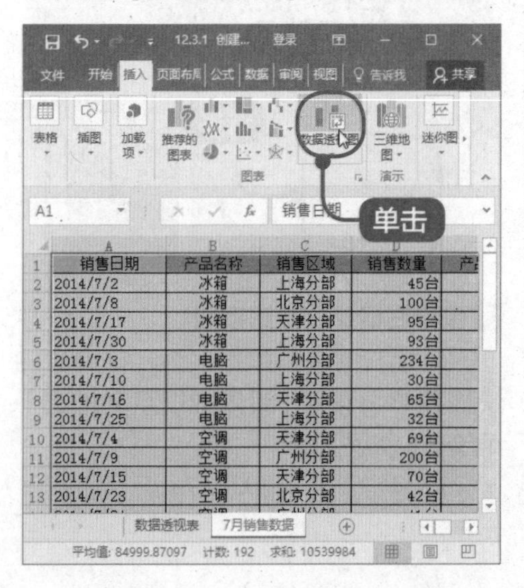

2 弹出对话框

弹出【创建数据透视图】对话框，单击【新工作表】单选按钮，单击【确定】按钮，如图所示。

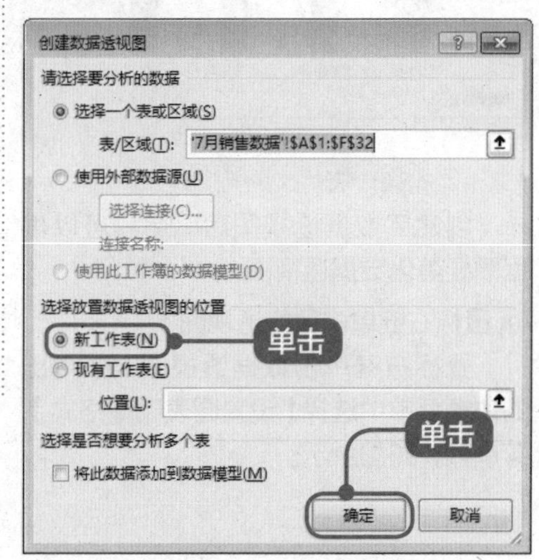

3 弹出【数据透视图字段】窗格

弹出【数据透视图字段】窗格，勾选【销售区域】和【销售额】复选框，如图所示。

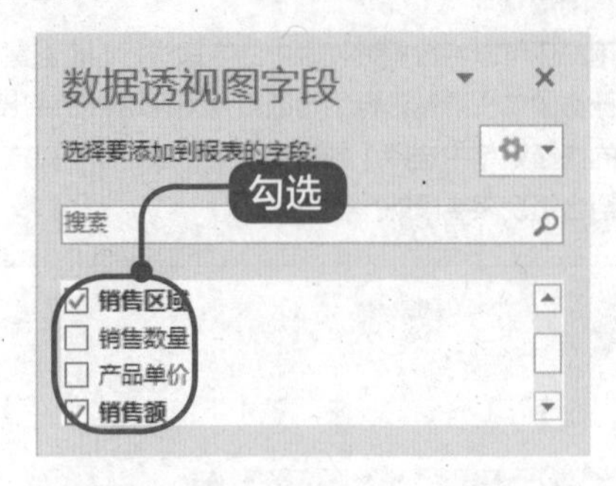

4 完成创建透视图操作

此时【销售区域】字段会自动添加到【行标签】组合框中，【销售额】字段会自动添加到【值】组合框中，即可生成数据透视图，将透视图的标题修改为“各分部销售数据分析”，如图所示。

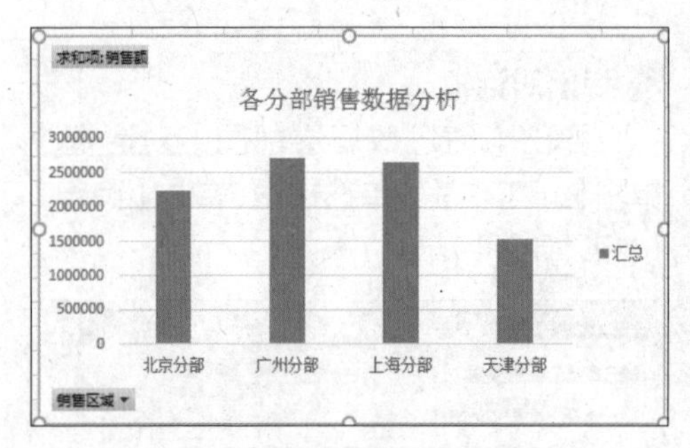

12.3.2 编辑数据透视图

创建完数据透视图后，用户可以根据需要美化数据透视图。

1 鼠标右键单击数据透视图

鼠标右键单击数据透视图，在弹出的快捷菜单中选择【设置图表区域格式】菜单项，如图所示。

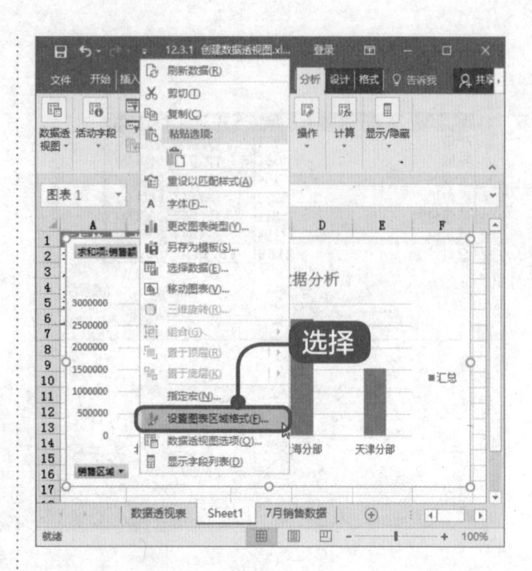

2 弹出窗格

弹出【设置图表区格式】窗格，单击【图片或纹理填充】单选按钮，在【纹理】列表框中选择一种纹理，如图所示。

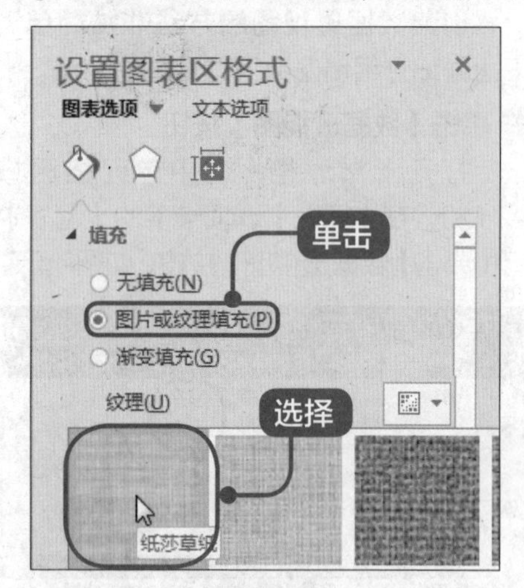

3 鼠标右键单击数据系列

鼠标右键单击数据系列，在弹出的快捷菜单中选择【设置数据系列格式】菜单项，如图所示。

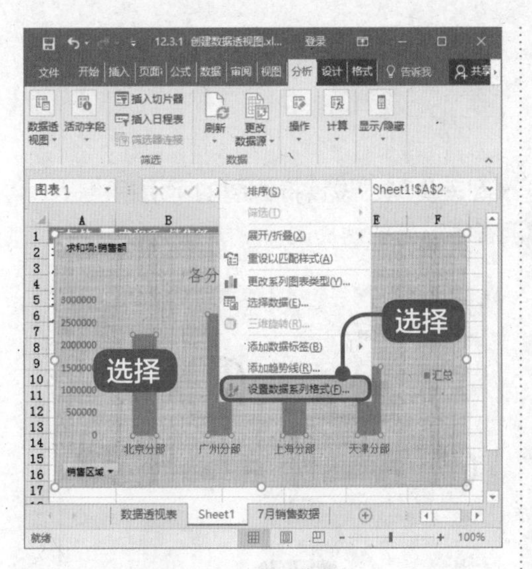

4 弹出窗格

弹出【设置数据系列格式】窗格，在【效果】选项卡下的【三维格式】选项中设置【顶部棱台】的样式，如图所示。

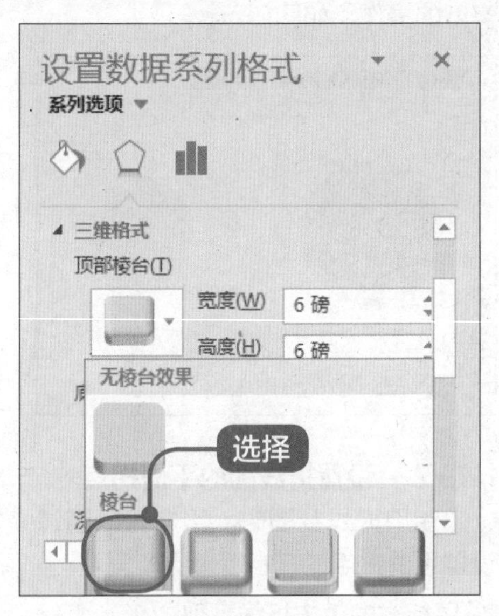

5 设置透视图标题

选中透视图的标题，设置字体为【宋体】,【字号】为 16，单击【加粗】按钮，如图所示。

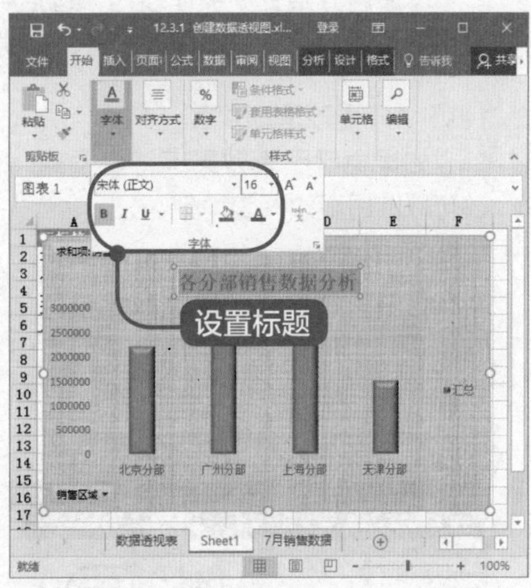

6 完成操作

通过以上步骤即可完成编辑数据透视图的操作，如图所示。

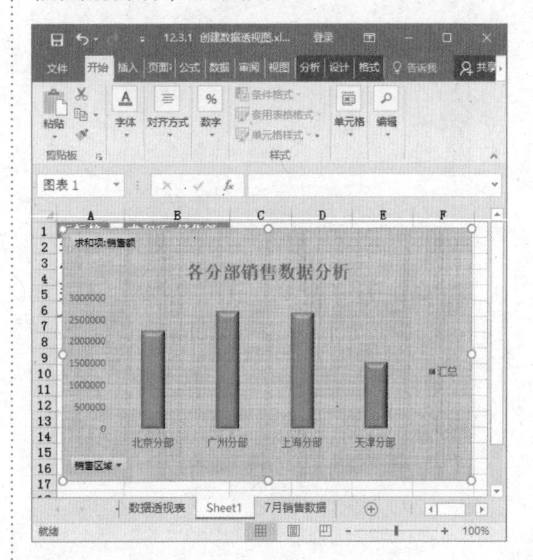

本节将介绍三个操作技巧，包括更改图表类型、设置折线图的平滑拐点以及给图表添加趋势线的具体方法，帮助读者学习与快速提高。

技巧 1 • 更改图表类型

如果觉得图表效果不符合预期，还可以随时更改图表类型。

1 单击【更改图表类型】按钮

打开素材表格，选中数据系列，在【设计】选项卡中单击【类型】组中的【更改图表类型】按钮，如图所示。

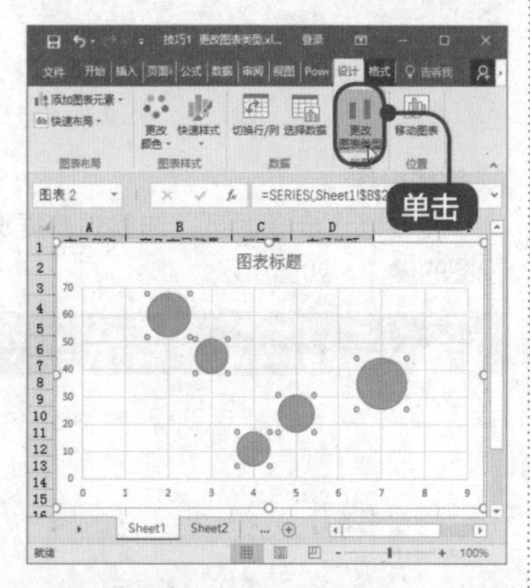

2 弹出对话框

弹出【更改图表类型】对话框，在【所有图表】选项卡中选择【饼图】选项，选择【复合饼图】选项，单击【确定】按钮，如图所示。

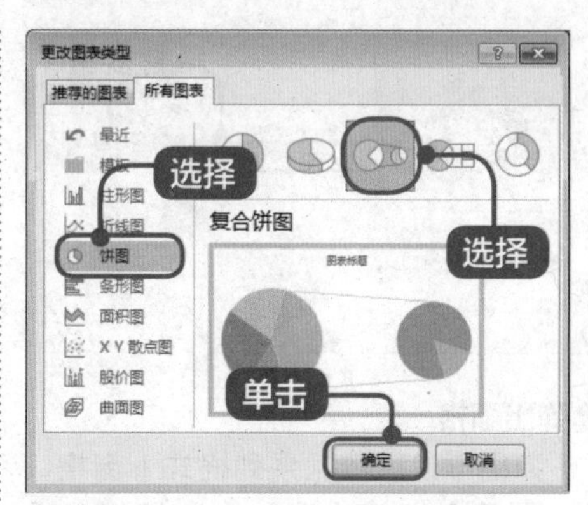

3 完成更改

通过上述操作即可完成更改图表类型的操作，如图所示。

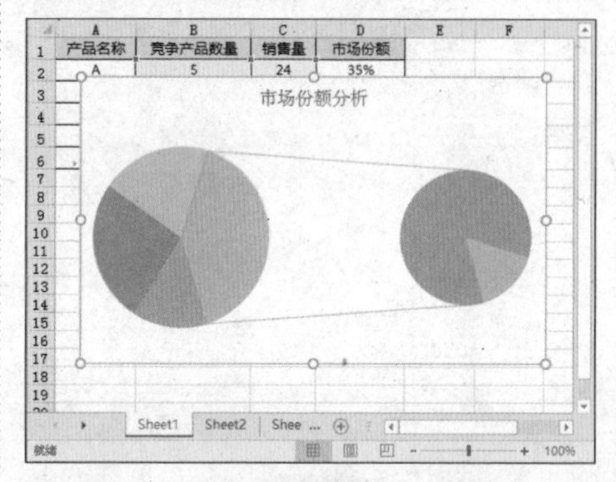

技巧 2 • 设置折线图的平滑拐点

使用折线制图时，用户可以通过设置平滑拐点使其看起来更加美观。

1 鼠标右键单击折线系列

打开素材表格，鼠标右键单击折线系列，在弹出的快捷菜单中选择【设置数据系列格式】菜单项，如图所示。

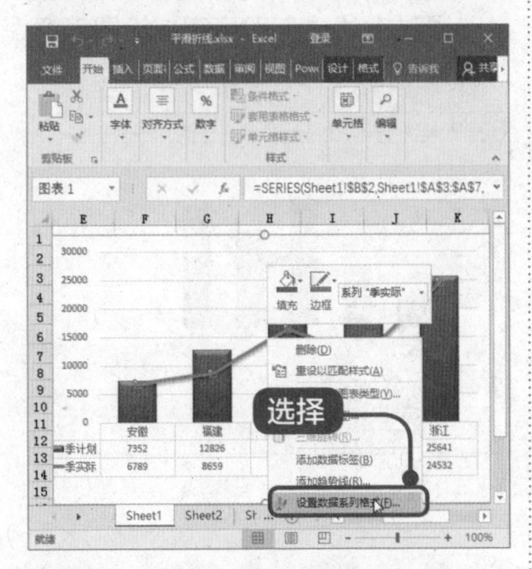

2 弹出【设置数据系列格式】窗格

弹出【设置数据系列格式】窗格，在【填充线条】选项卡下的【线条】选项中勾选【平滑线】复选框，如图所示。

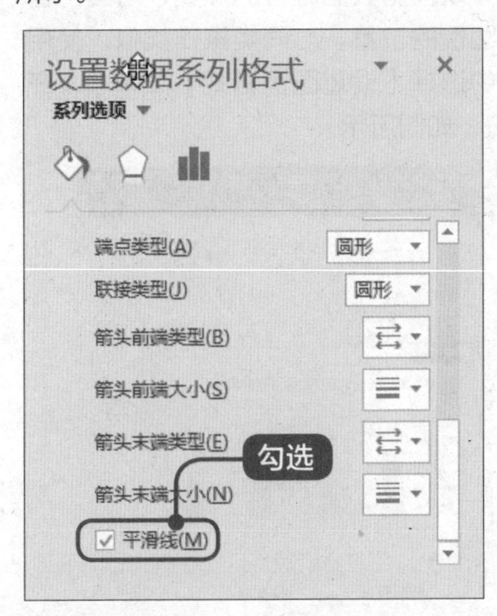

3 完成设置

单击【关闭】按钮关闭窗格，在表格中可以看到折线拐点已经变平滑。通过上述操作即可完成设置折线图的平滑拐点的操作，如图所示。

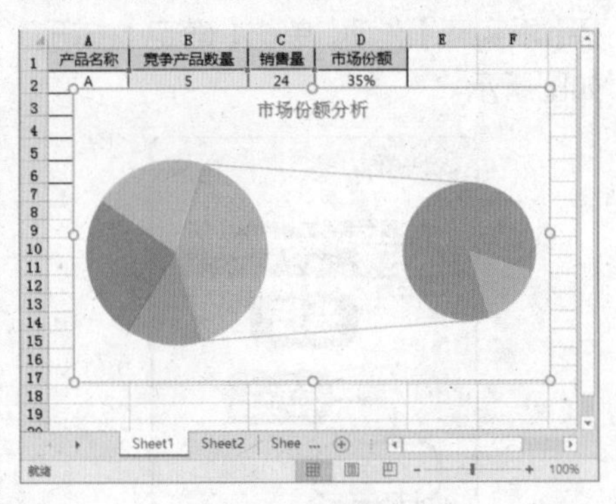

技巧 3 • 给图表添加趋势线

在图表中添加趋势线，可以更加清晰地反映相关数据的未来发展趋势，为领导层制定企业经营管理决策提供及时的参考数据。

1 单击【添加图表元素】下拉按钮

打开素材表格，选中整个表格，在【设计】选项卡中的【图表布局】组中单击【添加图表元素】下拉按钮，在弹出的选项中选择【趋势线】→【线性预测】选项，如图所示。

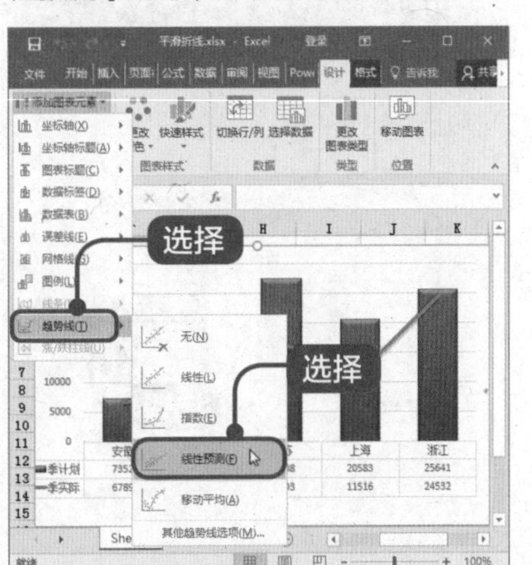

2 弹出【添加趋势线】对话框

弹出【添加趋势线】对话框，选择【季实际】选项，单击【确定】按钮，如图所示。

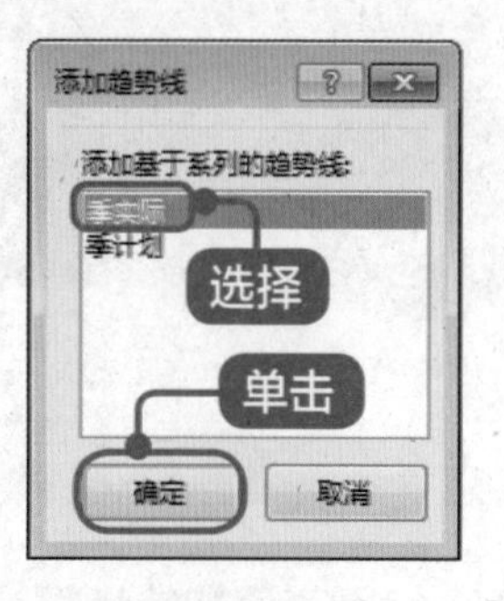

3 完成设置

通过上述操作即可完成给图表添加趋势线的操作，如图所示。

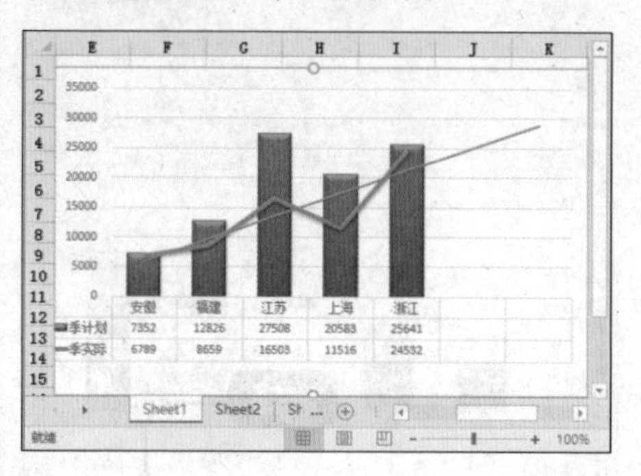

数据透视表和透视图是很灵活的，可以根据数据分析的需要，对其内容和形式进行调整。例如，用户可以设置图例的位置。与同类操作类似，使用鼠标右键单击图例，在弹出的快捷菜单中选择【设置图例格式】菜单项，在弹出的【设置图例格式】窗格中进行设置，如图所示。

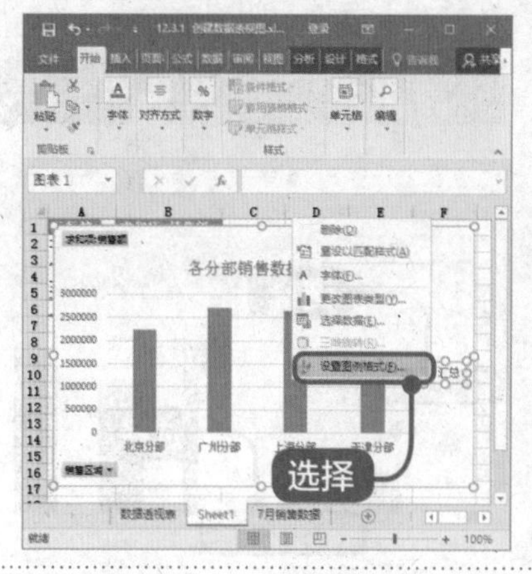

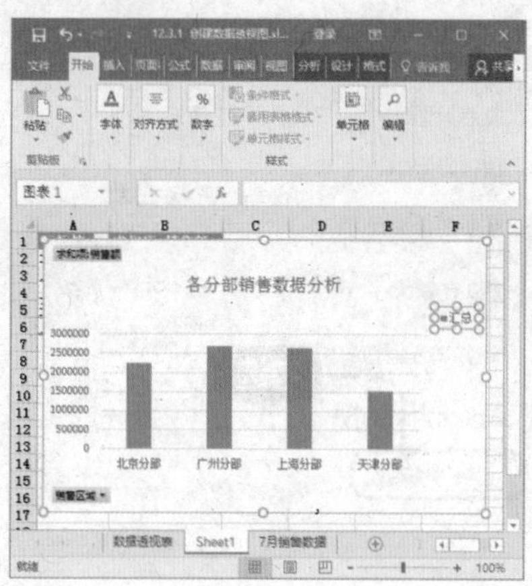

第 13 章

PowerPoint 演示文稿的基本制作——员工培训计划

本章视频教学时间 / 8 分钟 8 秒

重点导读

本章主要介绍认识 PowerPoint 2016、演示文稿的基本操作、添加文本和项目符号以及字体和段落格式的设置方面的知识与技巧，同时讲解幻灯片的图文混排的方法。本章最后针对实际的工作需求，讲解在幻灯片中插入 SmartArt 图形、插入图表的方法。通过本章的学习，读者可以掌握应用 PowerPoint 制作演示文稿的知识，为深入学习 Office 2016 和五笔输入法知识奠定基础。

本章主要知识点

- ✓ 认识 PowerPoint 2016
- ✓ 演示文稿的基本操作
- ✓ 添加文本和项目符号
- ✓ 字体及段落格式的设置
- ✓ 幻灯片的图文混排

13.1 认识 PowerPoint 2016

本节视频教学时间 / 29 秒

PowerPoint 2016 是制作和演示幻灯片的办公软件，能够制作出集文字、图像、声音以及视频剪辑等多媒体元素于一体的演示文稿。

13.1.1 PowerPoint 的工作界面

启动 PowerPoint 2016 后即可进入 PowerPoint 2016 的工作界面。该界面主要由标题栏、【快速访问】工具栏、功能区、大纲区、工作区和状态栏等部分组成，如图所示。

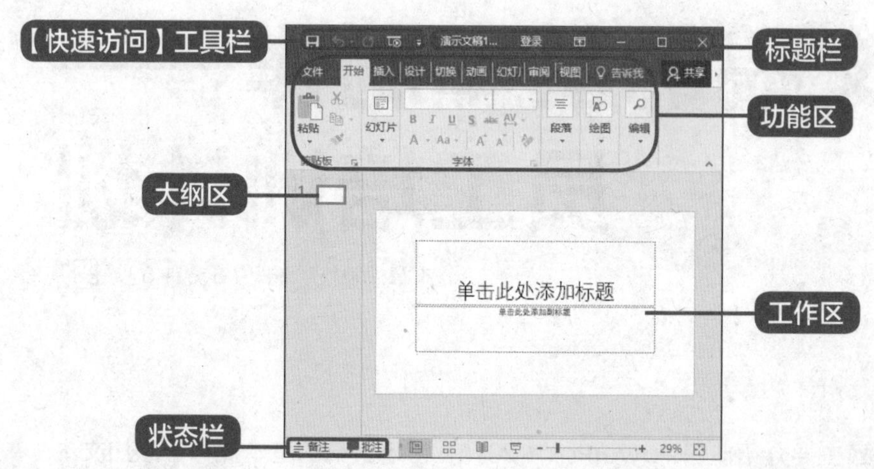

1. 标题栏

标题栏位于 PowerPoint 2016 工作界面的最上方，用于显示文档和程序名称。在标题栏的最右侧，有【功能区显示选项】按钮、【最小化】按钮、【最大化】按钮和【关闭】按钮，用于执行窗口的向下还原、最小化、最大化和关闭等操作，如图所示。

2. 【快速访问】工具栏

【快速访问】工具栏位于 PowerPoint 2016 工作界面的左上方，用于快速执行一些特定操作。在 PowerPoint 2016的使用过程中，可以根据使用需要，添加或删除【快速访问】工具栏中的命令选项，如图所示。

3. 功能区

功能区位于标题栏的下方，默认情况下由9个选项卡组成，分别为【文件】、【开始】、【插入】、【设计】、【切换】、【动画】、【幻灯片放映】、【审阅】和【视图】。为了使用方便，将功能相似的命令分在选项卡下的不同组中，如图所示。

在功能区选择【文件】选项卡，可以打开 Backstage 视图，在该视图中可以管理演示文稿和有关演示文稿的相关数据，如创建、保存和发送演示文稿，检查演示文稿中是否包含隐藏的元数据或个人信息，设置打开或关闭“记忆式键入”建议之类的选项等，如下左图所示。

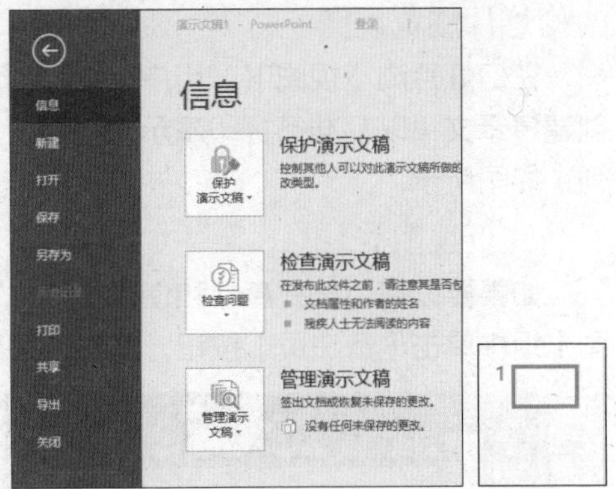

4．大纲区

大纲区位于 PowerPoint 2016 工作界面左侧，可以显示每张幻灯片中标题和主要内容，如下右图所示。

5. 工作区

在 PowerPoint 2016 中，幻灯片的编辑工作主要在工作区中进行，文本、图片、视频和音乐等文件的添加操作主要在该区域进行，每张声色俱佳的演示文稿均在工作区中制作，如图所示。

6．状态栏

状态栏位于 PowerPoint 2016 工作界面的最下方，用于为幻灯片添加备注和批注、切换视图模式和调节显示比例等操作，如图所示。

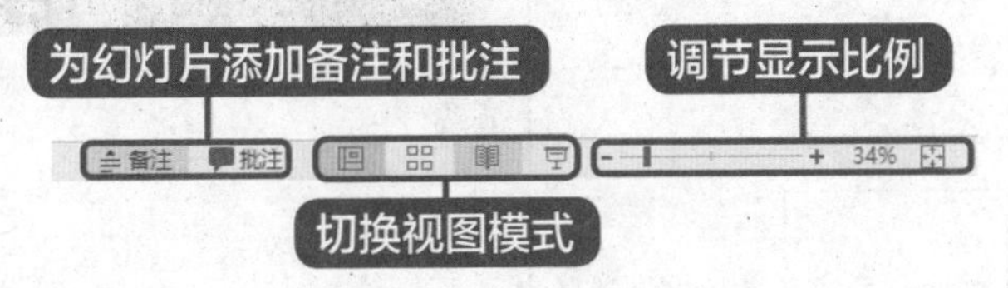

13.1.2 认识视图模式

PowerPoint 2016 包括普通视图、幻灯片浏览视图、备注页视图、阅读视图、母版视图和幻灯片放映视图共 6 种视图模式。

1. 普通视图

普通视图是 PowerPoint 2016 的默认视图方式，是主要的编辑视图，可用于撰写和设计演示文稿，如图所示。普通视图下又有幻灯片模式和大纲模式两种。

2. 幻灯片浏览视图

在幻灯片浏览视图下，用户可以查看缩略图形式的幻灯片。通过此视图，用户在创建演示文稿以及准备打印演示文稿时，可以轻松地对演示文稿的顺序进行组织和排列，如图所示。

3. 备注页视图

如果要以整页格式查看和使用备注，可切换到【视图】选项卡，在【演示文稿视图】组中单击【备注页】按钮，此时，即可切换到备注页视图，如图所示。

普通视图

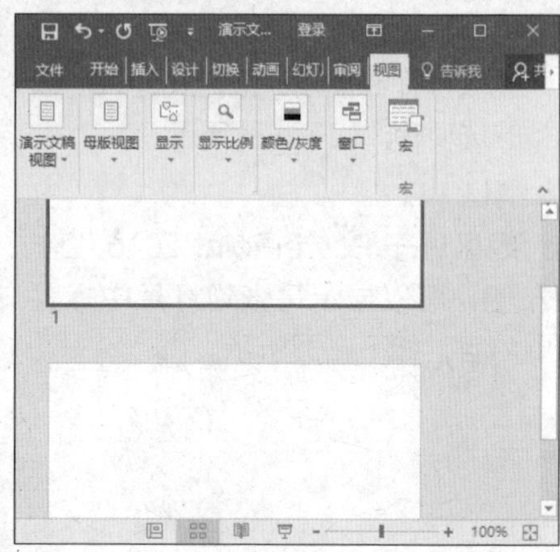

幻灯片浏览视图

4. 阅读视图

阅读视图是一种特殊查看模式，使用户在屏幕上阅读扫描更为方便。如果用户希望在一个设有简单控件以方便审阅的窗口中查看演示文稿，也可以在自己的计算机上使用阅读视图，如图所示。

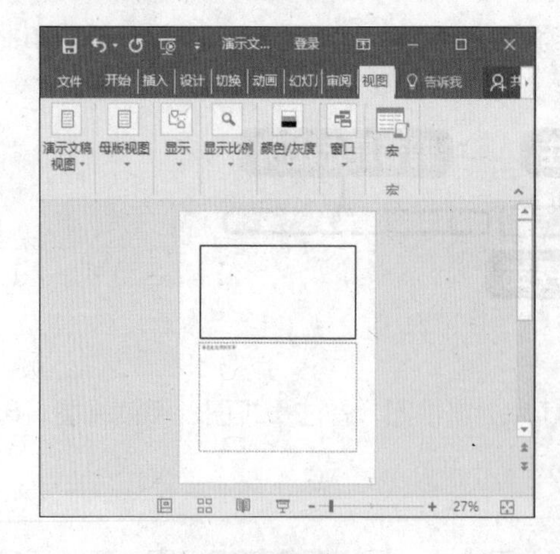

备注页视图

阅读视图

5. 母版视图

母版视图用于设置幻灯片的样式，可供用户设定各种标题文字、背景、属性等，只需要更改一项内容就可更改所有幻灯片的设计，如图所示。

6. 幻灯片放映视图

幻灯片放映视图可用于向受众放映演示文稿。幻灯片放映视图会占据整个计算机屏幕，这与受众观看演示文稿时在大屏幕上显示的演示文稿完全一样，如图所示。

母版视图

幻灯片放映视图

13.2 演示文稿的基本操作

本节视频教学时间 / 2 分钟 31 秒

演示文稿，简称 PPT，是重要的 Office 办公软件之一。演示文稿的基本操作主要包括创建与保存演示文稿、添加与删除幻灯片、复制与移动幻灯片。

13.2.1 创建与保存演示文稿

创建与保存演示文稿的方法非常简单。下面介绍创建与保存演示文稿的方法。

1 单击【开始】按钮

在电脑桌面上单击【开始】按钮，在【所有程序】列表中单击【PowerPoint 2016】程序，如图所示。

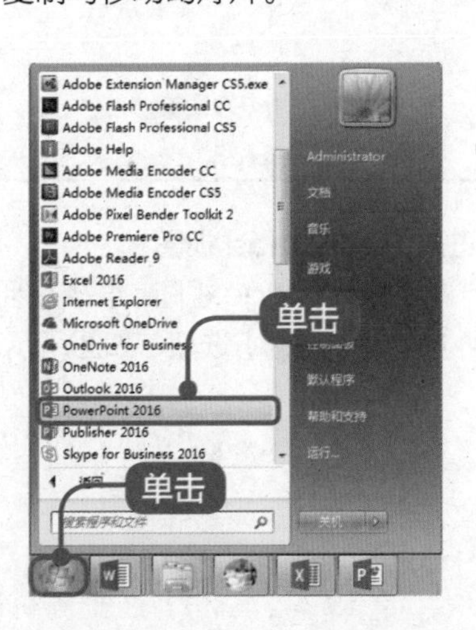

2 进入创建界面

进入 PowerPoint 2016 创建界面，在提供的模板中单击【空白演示文稿】模板，如图所示。

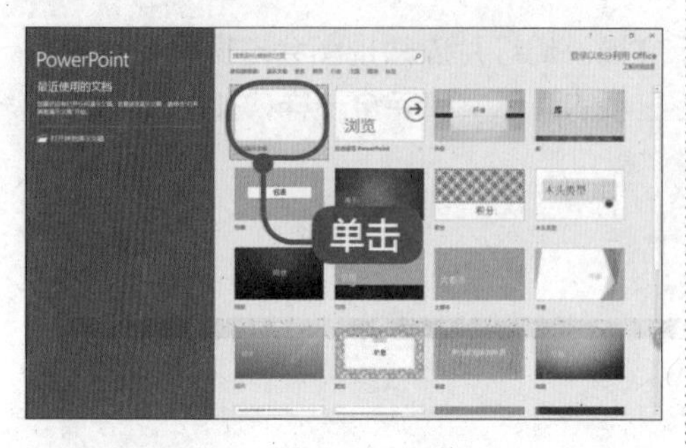

3 完成创建

通过以上步骤即可完成创建演示文稿的操作，单击【文件】选项卡，如图所示。

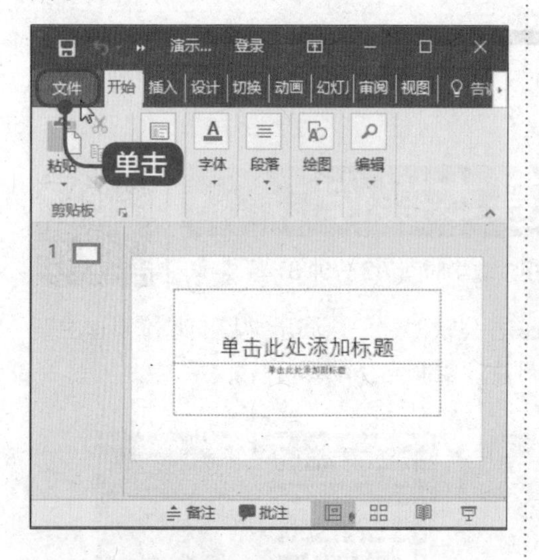

4 进入 Backstage 视图

进入 Backstage 视图，选择【保存】选项，选择【浏览】选项，如图所示。

5 弹出【另存为】对话框

弹出【另存为】对话框，选择准备保存的位置，在【文件名】文本框输入名称，单击【保存】按钮，如图所示。

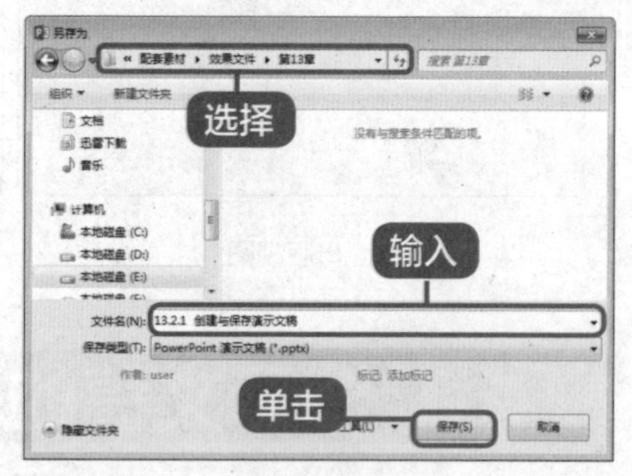

6 进入 Backstage 视图

可以看到演示文稿标题名称已经发生改变。通过以上步骤即可完成创建于保存演示文稿的操作，如图所示。

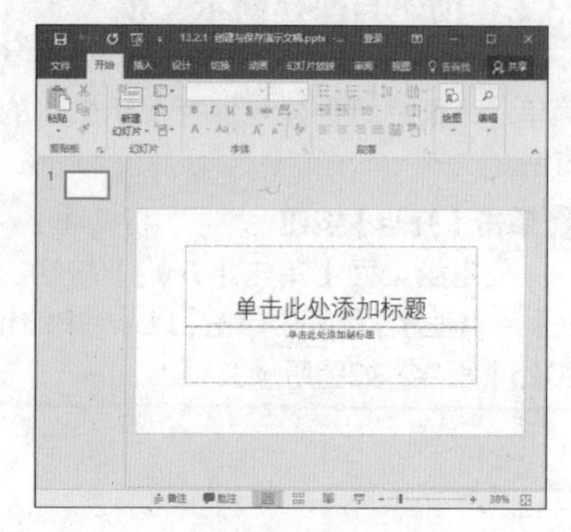

13.2.2 添加和删除幻灯片

用户在制作演示文稿的过程中，经常需要添加新的幻灯片，或者删除不需要的幻灯片。添加和删除幻灯片的方法非常简单。下面详细介绍添加和删除幻灯片的操作方法。

1 鼠标右键单击幻灯片缩略图

打开素材文件，鼠标右键单击大纲区的幻灯片缩略图，在弹出的快捷菜单中选择【新建幻灯片】菜单项，如图所示。

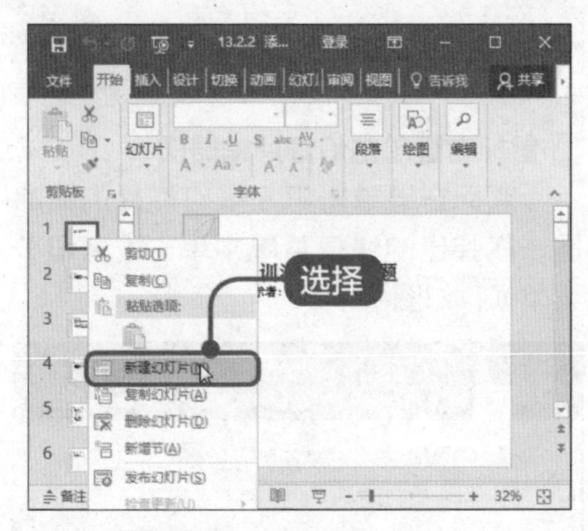

2 完成添加幻灯片的操作

可以看到大纲区的幻灯片缩略图增加了一张新幻灯片。通过以上步骤即可完成添加幻灯片的操作，如图所示。

3 鼠标右键单击幻灯片缩略图

鼠标右键单击大纲区的幻灯片缩略图，在弹出的快捷菜单中选择【删除幻灯片】菜单项，如图所示。

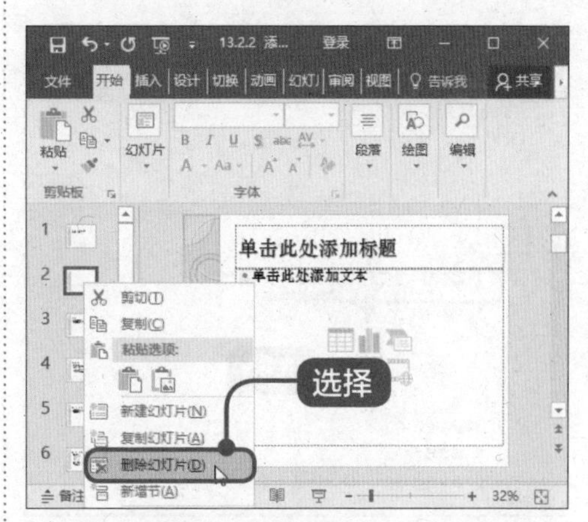

4 完成删除幻灯片的操作

可以看到大纲区的幻灯片缩略图减少了一张。通过以上步骤即可完成删除幻灯片的操作，如图所示。

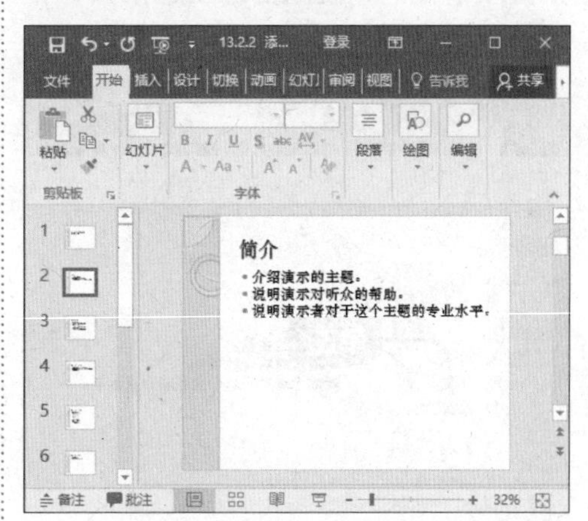

13.2.3 复制和移动幻灯片

在 PowerPoint 2016 中，可以将选择的幻灯片移动到指定位置，还可以为选择的幻灯片创建副本。下面介绍复制和移动幻灯片的操作方法。

1 鼠标右键单击幻灯片缩略图

鼠标右键单击大纲区的第 1 张幻灯片缩略图，在弹出的快捷菜单中选择【复制】菜单项，如图所示。

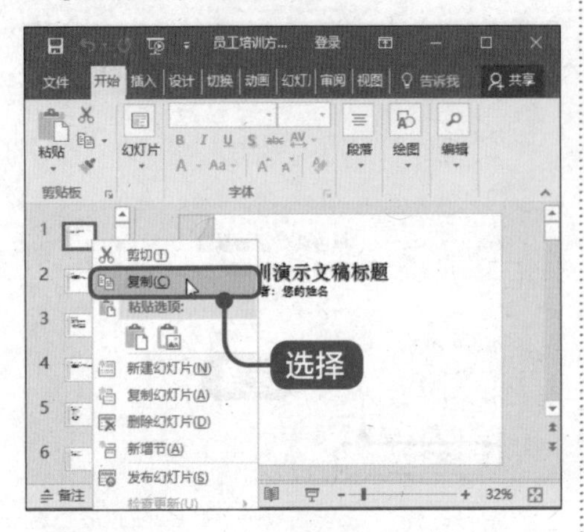

2 完成添加幻灯片的操作

鼠标右键单击大纲区的第 4 张幻灯片缩略图，在弹出的快捷菜单中单击【粘贴选项】下的【使用目标主题】按钮，如图所示。

3 完成复制操作

可以看到复制的幻灯片出现在第 3 张的位置。通过以上步骤即可完成复制幻灯片的操作，如图所示。

4 鼠标右键单击幻灯片缩略图

鼠标右键单击第 2 张幻灯片的缩略图，在弹出的快捷菜单中单击【剪切】菜单项，如图所示。

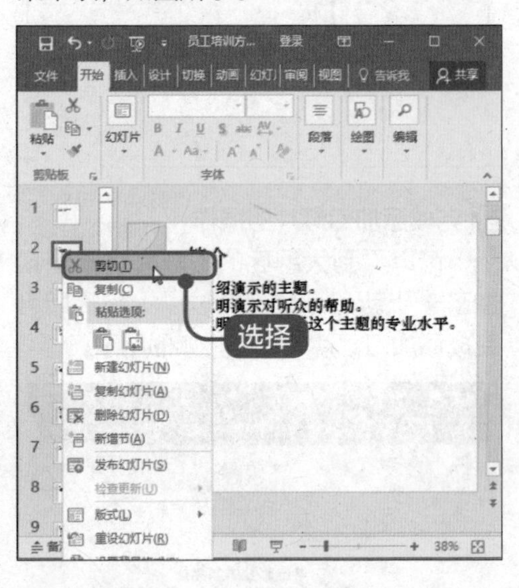

5 鼠标右键单击幻灯片缩略图

鼠标右键单击第 3 张幻灯片缩略图，在弹出的菜单下的【粘贴选项】中单击【使用目标主题】按钮，如图所示。

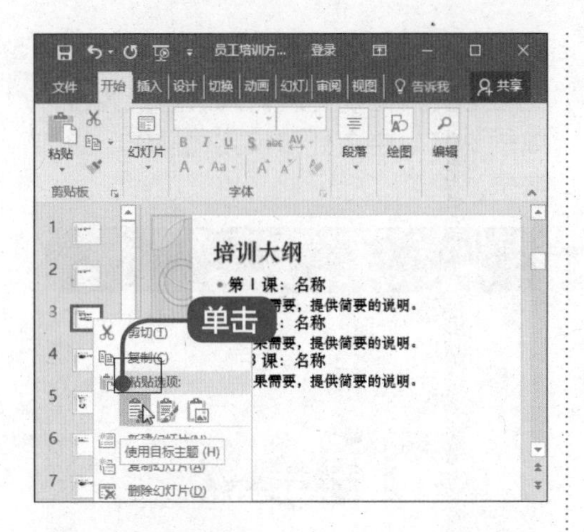

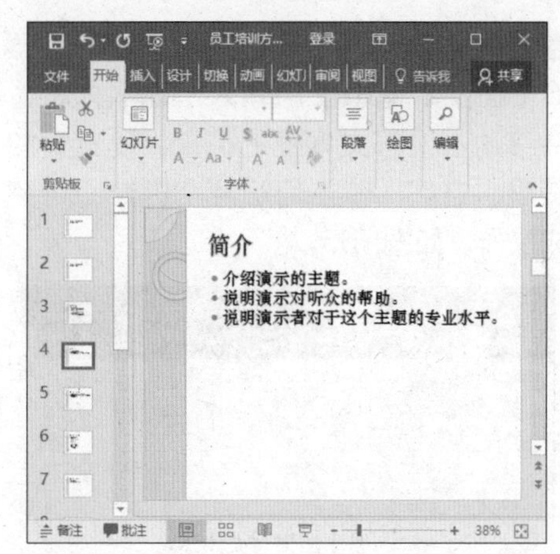

6 完成移动操作

可以看到剪切的幻灯片已经粘贴到第 4 张幻灯片的位置。通过以上步骤即可完成移动幻灯片的操作，如图所示。

提示

用户还可以对所有的幻灯片应用统一的主题。在【设计】选项卡中单击【主题】下拉按钮，在弹出的主题库中选择合适的主题即可。

13.3 添加文本和项目符号

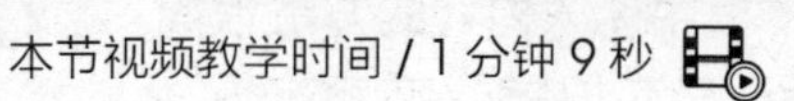

在 PowerPoint 2016 中创建演示文稿后，需要在幻灯片中输入文本，并对幻灯片添加项目符号，从而达到使演示文稿风格独特、样式美观的目的。本节将详细介绍添加文本和项目符号的方法。

13.3.1 输入标题

在幻灯片中输入标题的操作非常简单。下面详细介绍在幻灯片中输入标题的操作方法。

1 单击“单击此处添加标题”占位符文本框

打开素材文件，在第 1 张幻灯片中单击“单击此处添加标题”占位符文本框，将光标定位在文本框中，如图所示。

2 输入内容

在文本框中使用输入法输入内容，并移动占位符文本框的位置，使其更加美观、自然，单击幻灯片空白处即可完成操作，如图所示。

13.3.2 在文本框中输入内容

输入标题后，就可以开始输入正文内容了。在文本框中输入内容的方法很简单。下面介绍在文本框中输入内容方法。

1 选择插入图片

打开素材文件，在第 2 张幻灯片中单击“单击此处添加文本”文本框，如图所示。

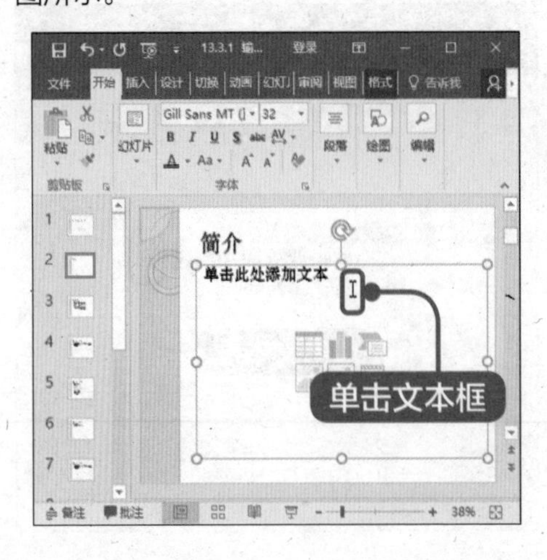

2 输入内容

在文本框中使用输入法输入内容，单击幻灯片空白处即可完成操作，如图所示。

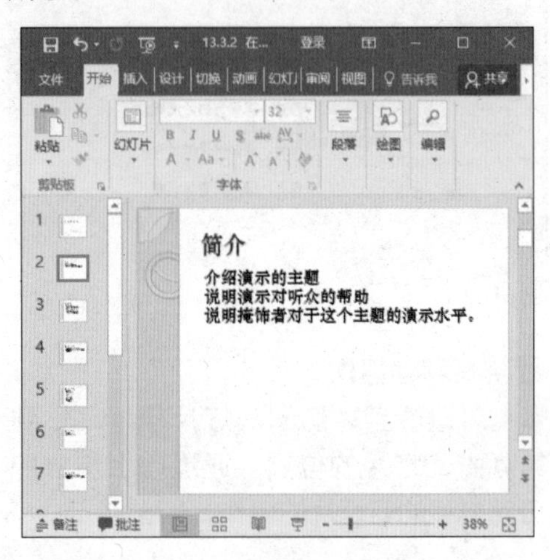

13.3.3 为文本添加项目符号

为文本添加项目符号的方法非常简单。下面详细介绍添加项目符号的方法。

1 单击【段落】下拉按钮

打开素材文件，选中准备插入项目符号的文本，在【开始】选项卡中单击【段落】下拉按钮，在弹出的选项中单击【项目符号】按钮，在弹出的项目符号库中选择一种项目符号，如图所示。

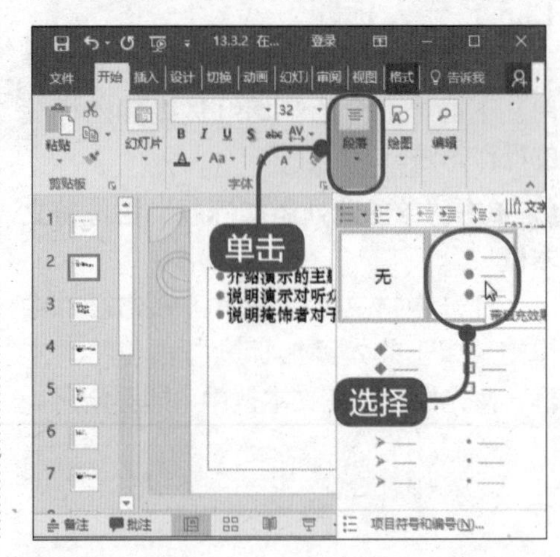

2 完成操作

可以看到文本已经添加了项目符号。通过以上步骤即可完成添加项目符号的操作，如图所示。

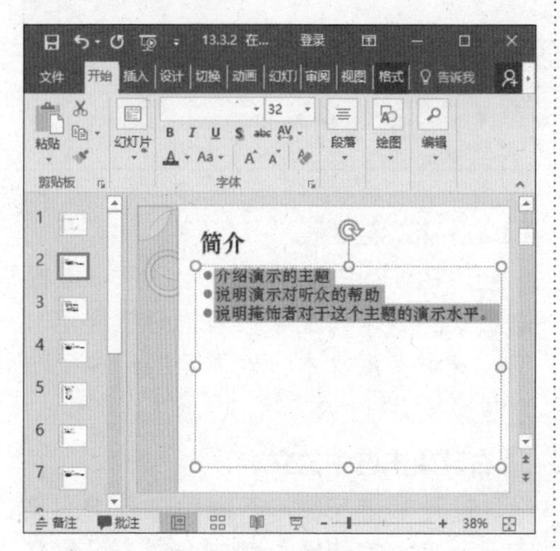

> **提示**
>
> 用户还可以为文本添加编号，在【开始】选项卡中单击【段落】下拉按钮，在弹出的选项中单击【编号】按钮，在弹出的编号库中选择一种编号，如图所示。
>
> 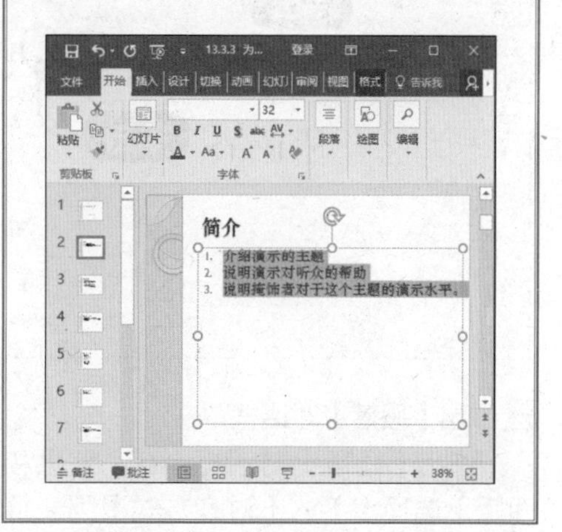

13.4 字体及段落格式的设置

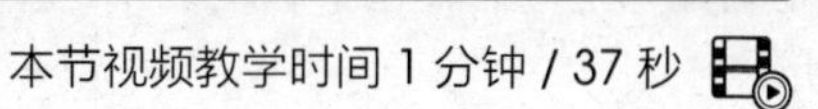
本节视频教学时间 1 分钟 / 37 秒

用户还可以为文本框中的文本设置字体和段落格式，使其更加美观。

13.4.1 设置文本格式

打开素材文件，选中文本，在【开始】选项卡下的【字体】组中设置字体为【方正古隶简体】、字号为【28】，单击【倾斜】按钮，如图所示。

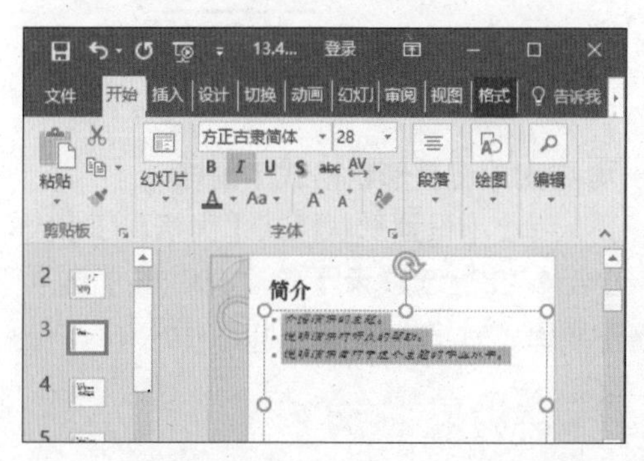

13.4.2 设置段落格式

在 PowerPoint 2016 中，不仅可以将文本的格式自定义设置，还可以根据具体的目标或要求，对幻灯片的段落格式进行设置。下面介绍设置段落格式的操作方法。

1 单击【段落】下拉按钮

打开素材文件，选中文本，在【开始】选项卡中单击【段落】下拉按钮，在弹出的选项中单击【启动器】按钮，如图所示。

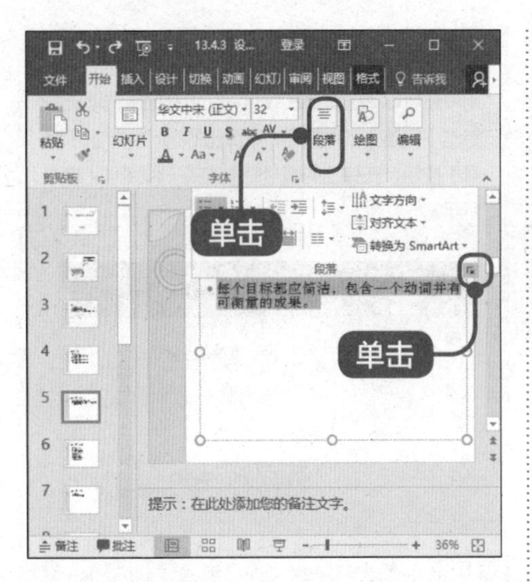

2 弹出【段落】对话框

弹出【段落】对话框，在【缩进和间距】选项卡下的【对齐方式】列表框中选择【居中】选项，在【特殊格式】列表框中选择【无】选项，在【段后】微调框中输入 6 磅，在【行距】列表框中选择【1.5 倍行距】选项，单击【确定】按钮，如图所示。

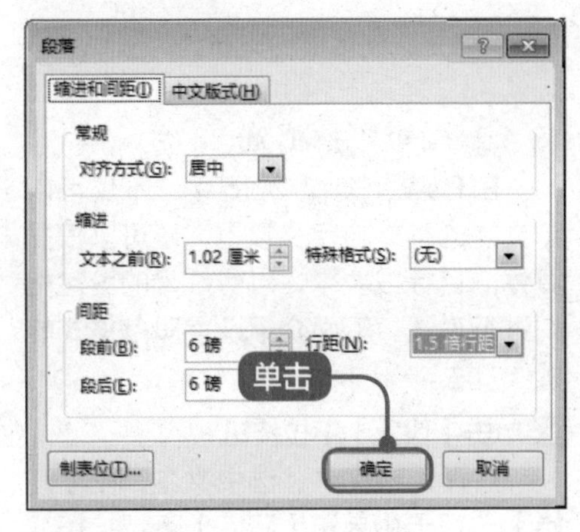

3 完成操作

通过上述操作即可完成设置段落格式的操作，如图所示。

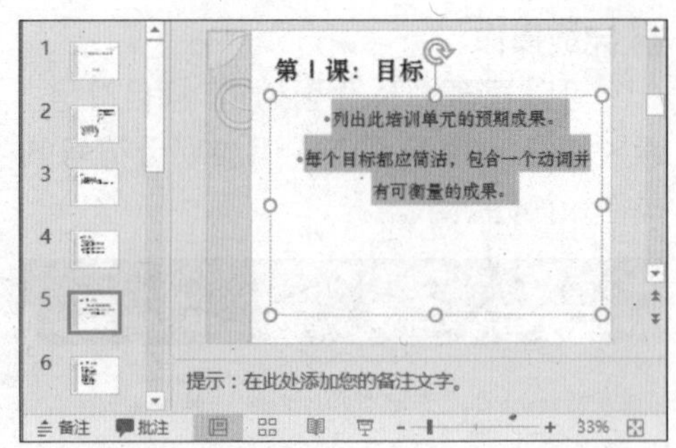

13.4.3 段落分栏

在 PowerPoint 2016 中，还可以根据版式的要求将文字设置为分栏显示。下面介绍设置文本分栏显示的相关操作方法。

1 右键单击选中的文本

打开素材文件，右键单击选中的文本，在弹出的快捷菜单中选择【设置文本效果格式】菜单项，如图所示。

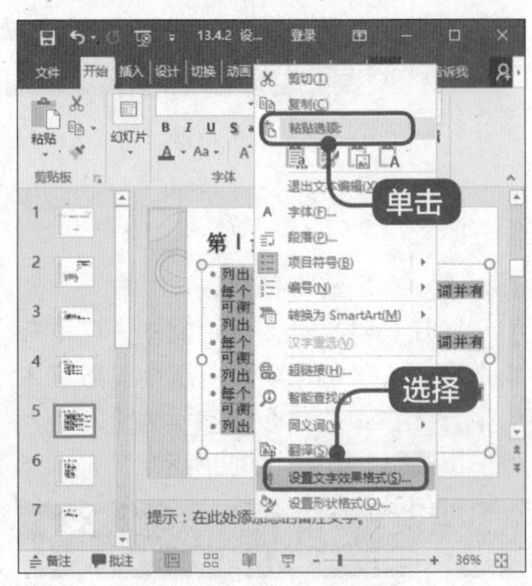

2 弹出【设置形状格式】窗格

弹出【设置形状格式】窗格，在【大小与属性】选项卡下的【文本框】选项中单击【分栏】按钮，如图所示。

3 弹出【分栏】对话框

弹出【分栏】对话框，在【数量】微调框中输入 2，在【间距】微调框汇总输入 1.5 厘米，单击【确定】按钮，如图所示。

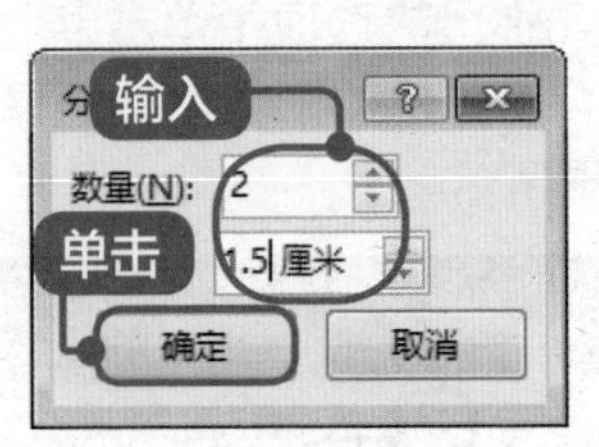

4 完成操作

通过以上步骤即可完成段落分栏的操作，如图所示。

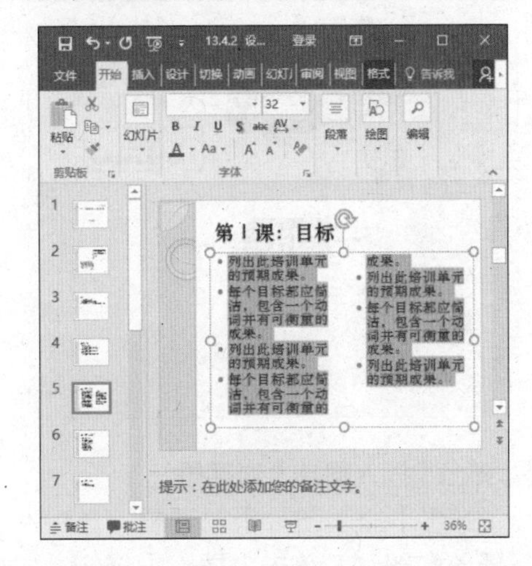

提示

用户还可以设置文本方向。在【开始】选项卡中单击【段落】下拉按钮，在弹出的选项中单击【文字方向】下拉按钮，在弹出的菜单中选择【竖排】菜单项，即可将文本变为竖排。

13.5 幻灯片的图文混排

本节视频教学时间 2 分钟 / 22 秒

美观而漂亮的演示文稿易于更快、更好地介绍宣传者的观点。使用 PowerPoint 2016 制作幻灯片，可以对幻灯片进行图文混排，从而增强幻灯片的艺术效果。本节将介绍在 PowerPoint 2016 幻灯片图文混排的相关知识。

13.5.1 插入图片

用户可以将自己喜欢的图片保存在电脑中，然后将这些图片插入 Power Point 2016 演示文稿。

1 单击【图像】下拉按钮

打开素材文件，选中第 2 张幻灯片，在【插入】选项卡中单击【图像】下拉按钮，在弹出的选项中单击【图片】按钮，如图所示。

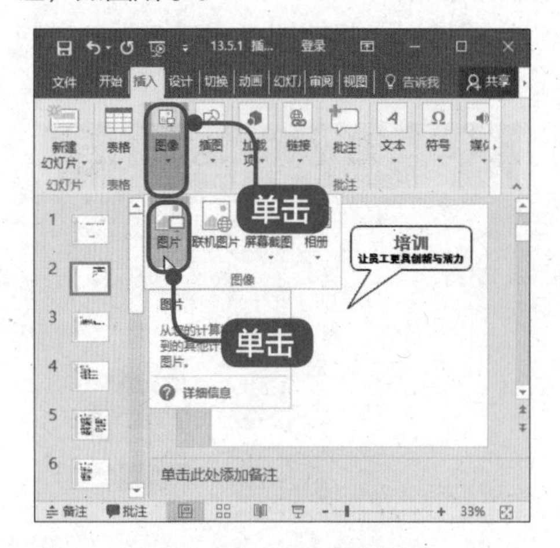

2 弹出【插入图片】对话框

弹出【插入图片】对话框，选中准备插入的图片，单击【插入】按钮，如图所示。

3 完成插入图片的操作

可以看到图片已经插入幻灯片，移动图片至合适位置。通过上述操作即可完成插入图片的操作，如图所示。

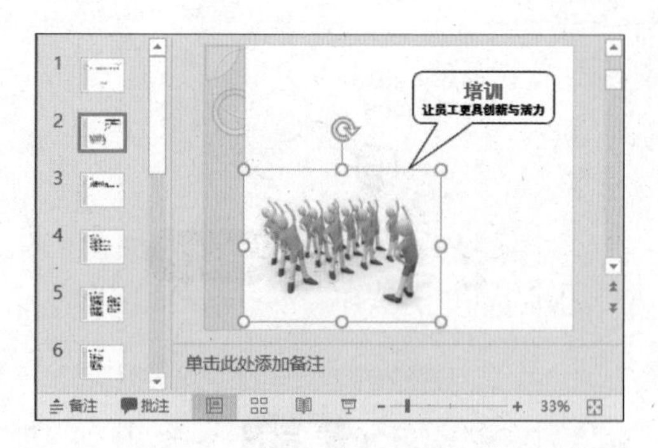

13.5.2 插入自选图形

用户还可以在幻灯片中插入自选图形。下面介绍在幻灯片中插入自选图形的操作方法。

1 单击【图像】下拉按钮

打开素材文件，选中第2张幻灯片，在【插入】选项卡中单击【插图】下拉按钮，在弹出的选项中单击【形状】下拉按钮，在弹出的形状库中选择一种形状，如图所示。

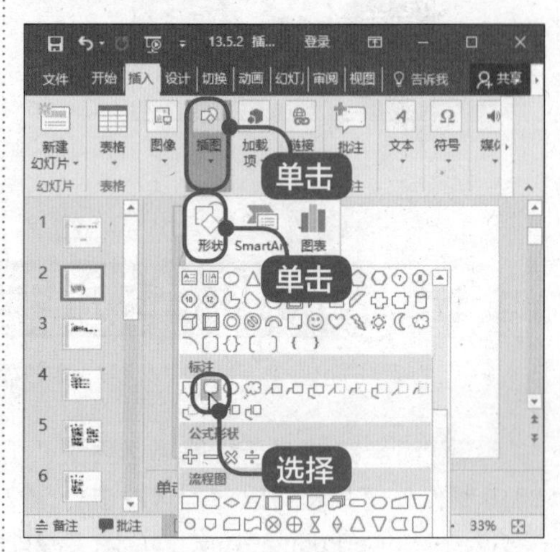

2 设置图形样式

鼠标变为十字形状，在幻灯片中单击并拖动鼠标绘制图形。选中绘制的图形，在【格式】选项卡中的【形状样式】组中单击【形状填充】下拉按钮，在弹出的选项中选择【无填充颜色】选项，如图所示。

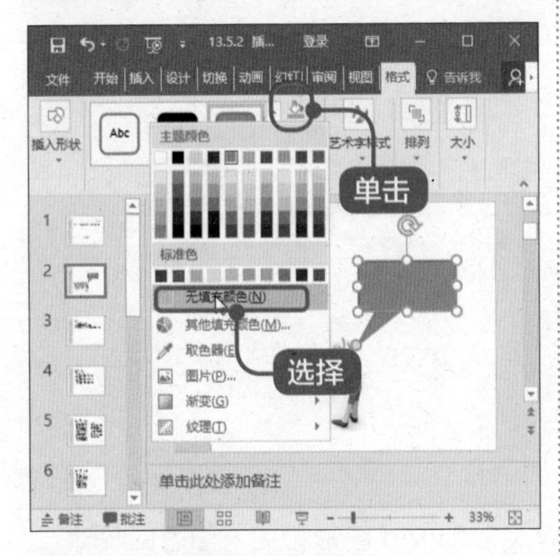

3 鼠标右键单击选中的图形

鼠标右键单击选中的图形，在弹出的快捷菜单中选择【编辑文字】菜单项，如图所示。

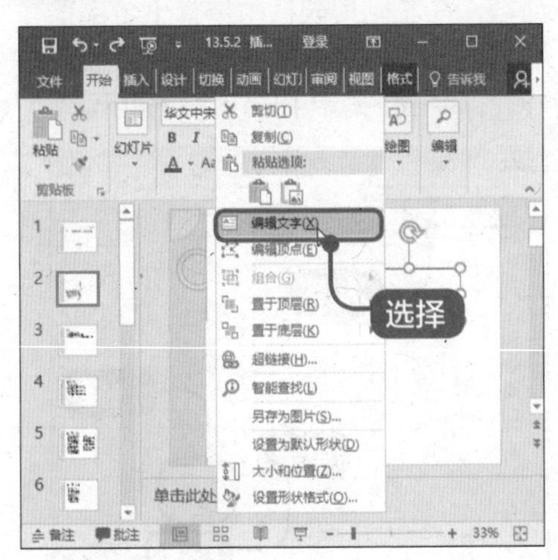

4 设置文本样式

选择输入法，在图形中输入“培训让员工更具创新与活力”，并设置“培训”的颜色为红色、字号为 36，其余文本的颜色为黑色，字号为 18，如图所示。

13.5.3 插入表格

用户还可以在幻灯片中插入表格。下面介绍在幻灯片中插入表格的操作方法。

1 单击【表格】下拉按钮

打开素材文件，选中第 16 张幻灯片，在【插入】选项卡中单击【表格】下拉按钮，在弹出的选项中选择【插入表格】选项，如图所示。

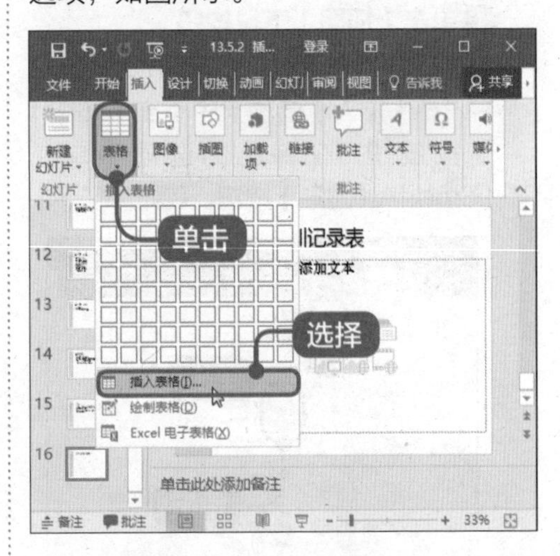

2 弹出【插入表格】对话框

弹出【插入表格】对话框，在【列数】微调框中输入 7，在【行数】微调框中输入 10，单击【确定】按钮，如图所示。

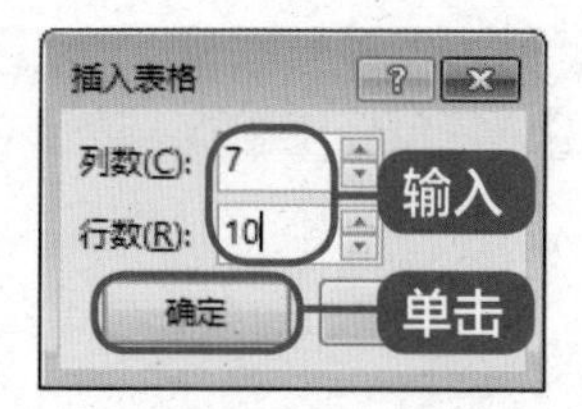

3 完成操作

可以看到幻灯片中已经插入了表格，在第一行输入标题，如图所示。

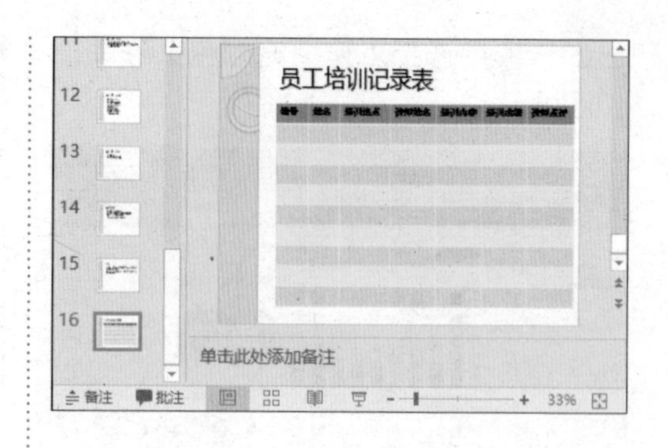

高手私房菜

本节将介绍两个操作技巧，包括插入 SmartArt 图形和插入图表的具体方法。

技巧 1 • 插入 SmartArt 图形

用户还可以给幻灯片插入 SmartArt 图形。下面介绍插入 SmartArt 图形的方法。

1 单击【插图】下拉按钮

打开素材文件，选择第 3 张幻灯片，在【插入】选项卡中单击【插图】下拉按钮，在弹出的选项中单击【SmartArt 图形】按钮，在如图所示。

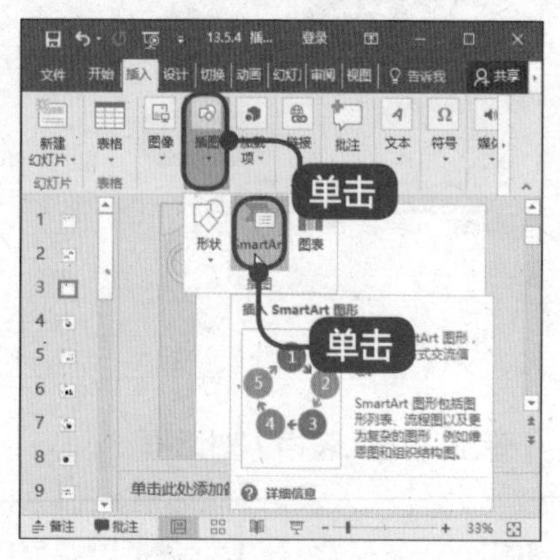

2 弹出对话框

弹出【选择 SmartArt 图形】对话框，在左侧列表框中选择【全部】选项，在【列表】区域选择一种图形样式，单击【确定】按钮，如图所示。

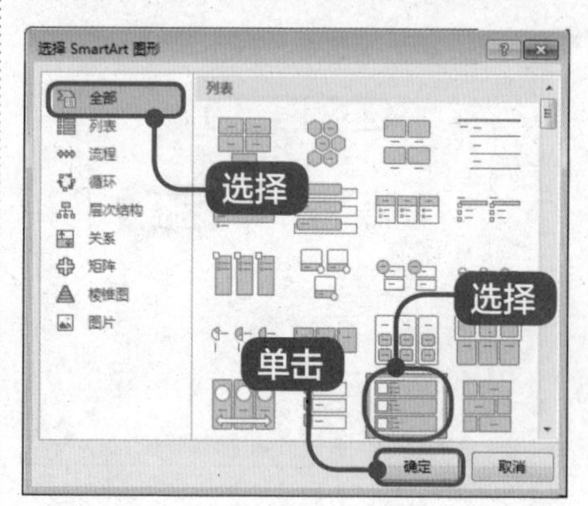

3 完成操作

可以看到在幻灯片中已经添加了 SmartArt 图形，在图形中添加文本内容。通过上述操作即可完成给幻灯片添加 SmartArt 图形的操作，如图所示。

技巧 2 • 插入图表

用户还可以给幻灯片插入图表。下面介绍插入图表的方法。

1 单击【插图】下拉按钮

打开素材文件，选择第 18 张幻灯片，在【插入】选项卡中单击【插图】下拉按钮，在弹出的选项中单击【图表】按钮，如图所示。

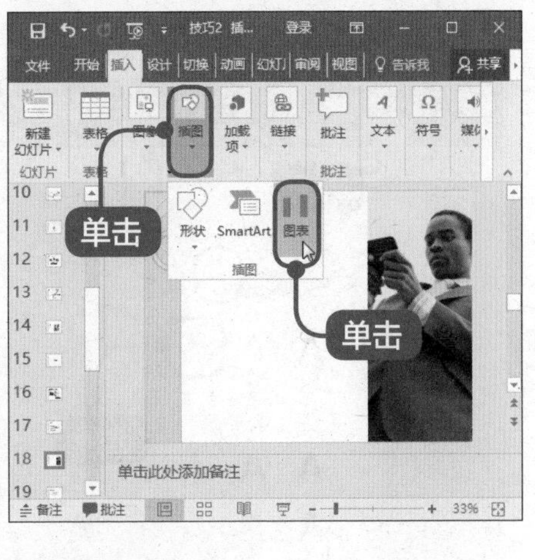

2 完成操作

通过以上步骤即可完成在幻灯片中插入图表的操作，如图所示。

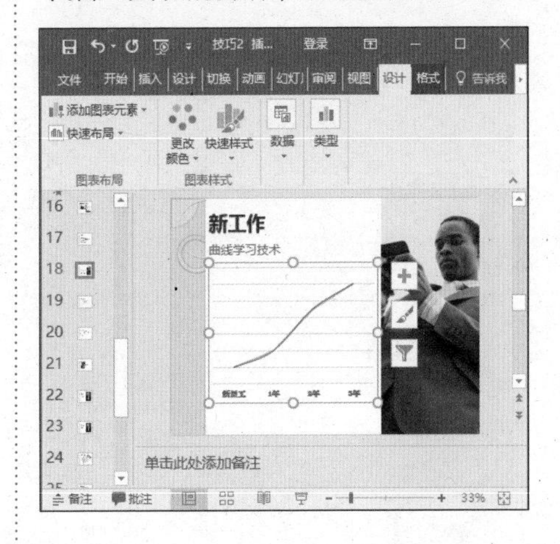

除了图片、表格外，对于某些文字信息，为了突出，也可以使用艺术字。在【插入】选项卡中单击【文本】下拉按钮，在弹出的选项中单击【艺术字】下拉按钮，在弹出的艺术字库中选择一种艺术字样式，即可在幻灯片中插入

艺术字，如图所示。

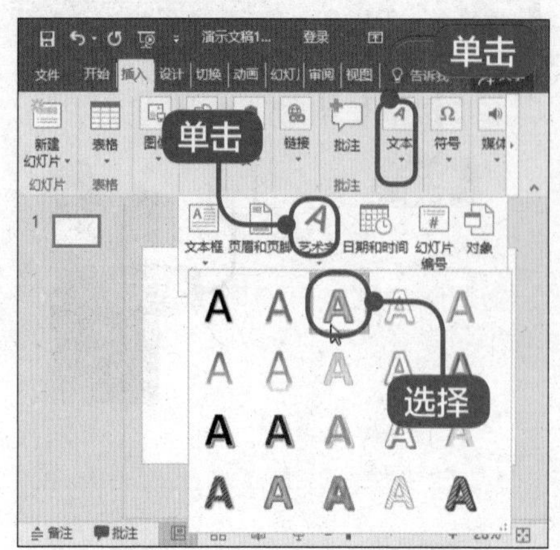

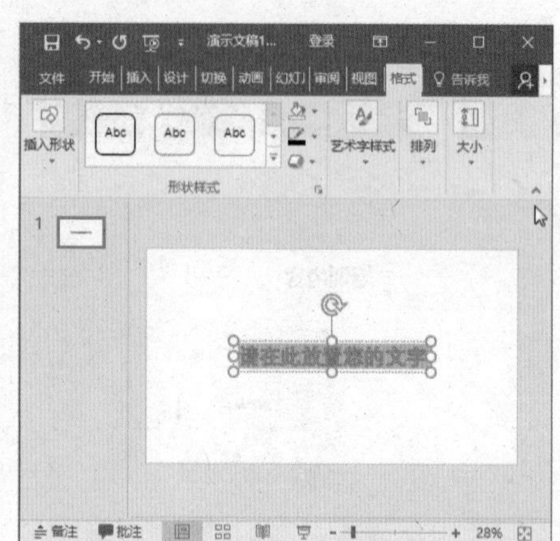

第 14 章

幻灯片的高级编辑与放映——制作产品销售推广方案

本章视频教学时间 / 9 分钟 42 秒

重点导读

本章主要介绍母版的设计与使用、设置幻灯片切换效果、设置幻灯片动画效果和放映演示文稿方面的知识与技巧，同时讲解打包演示文稿的方法。本章最后针对实际的工作需求，讲解保护演示文稿、设置黑白模式的方法。通过本章的学习，读者可以掌握幻灯片高级编辑与放映方面的知识，为深入学习 Office 2016 与五笔输入法知识奠定基础。

本章主要知识点

- ✓ 母版的设计与使用
- ✓ 设置幻灯片切换效果
- ✓ 设置幻灯片动画效果
- ✓ 放映演示文稿
- ✓ 打包演示文稿

14.1 母版的设计与使用

本节视频教学时间 / 1 分钟 32 秒

母版是定义演示文稿中所有幻灯片或页面格式的幻灯片视图或页面，使用母版可以方便地统一幻灯片的风格。

14.1.1 母版的类型

在 PowerPoint 2016 中有 3 种母版：幻灯片母版、讲义母版和备注母版。

1. 幻灯片母版

使用幻灯片母版视图，用户可以根据需要设置演示文稿样式，包括项目符号、字体的类型和大小、占位符大小和位置、背景设计和填充、配色方案以及幻灯片母版和可选的标题母版，如左图所示。

2. 讲义母版

讲义母版提供在一张打印纸上同时打印多张幻灯片的讲义版面布局和“页眉与页脚”的设置样式，如右图所示。

幻灯片母版

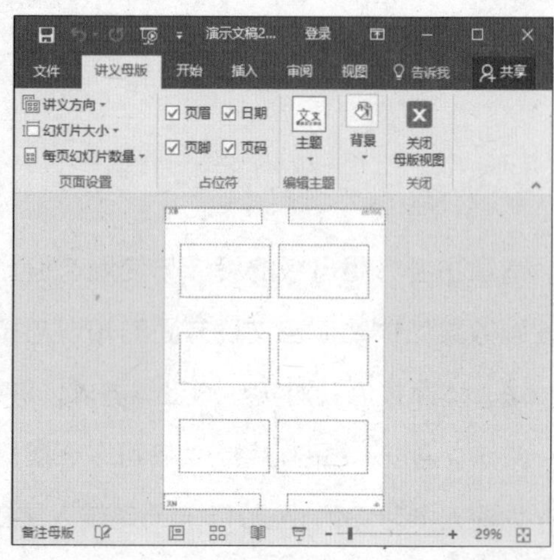

讲义母版

3. 备注母版

通常情况下，用户会把不需要展示给观众的内容写在备注里。对于提倡无纸化办公的单位、集体备课的学校，编写备注是保存交流资料的一种方法，如图所示。

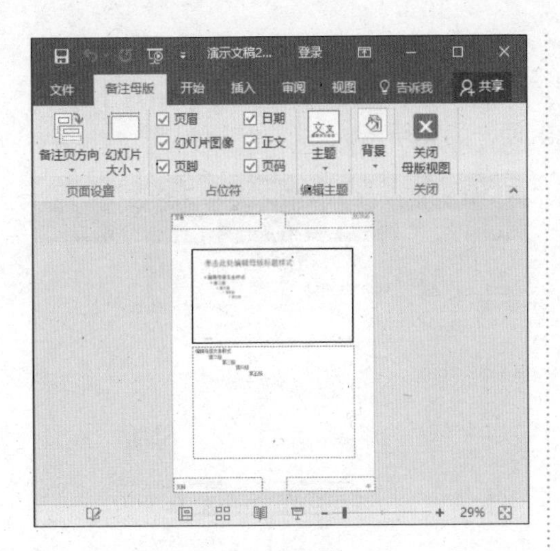

备注母版

14.1.2 打开和关闭母版视图

使用母版视图首先应熟悉母版视图的基础操作，包括打开和关闭母版视图。

1 单击【母版视图】下拉按钮

打开演示文稿，在【视图】选项卡中单击【母版视图】下拉按钮，在弹出的选项中单击【幻灯片母版】按钮，如图所示。

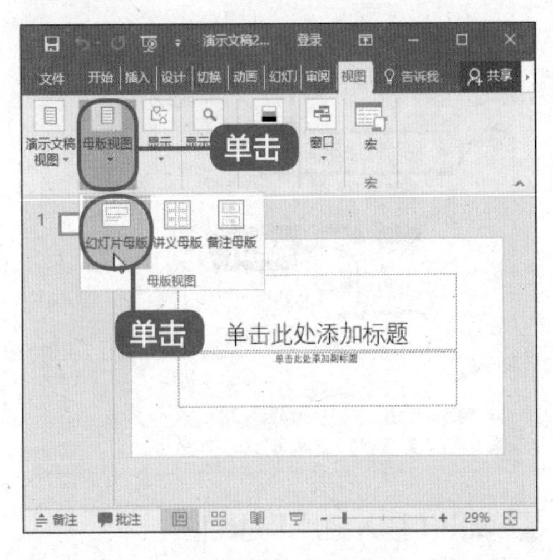

2 完成打开操作

可以看到进入幻灯片母版视图模式。通过以上步骤即可完成打开母版视图的操作，如图所示。

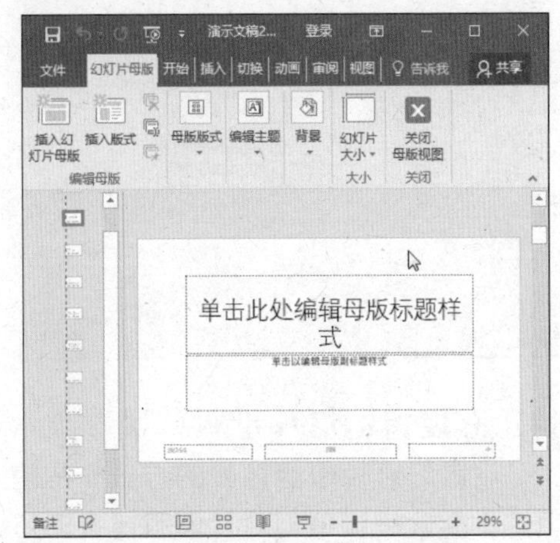

3 单击【关闭母版视图】按钮

在【幻灯片母版】选项卡中单击【关闭母版视图】按钮，如图所示。

4 完成关闭操作

可以看到幻灯片退出母版视图模式。通过以上步骤即可完成关闭母版视图的操作，如图所示。

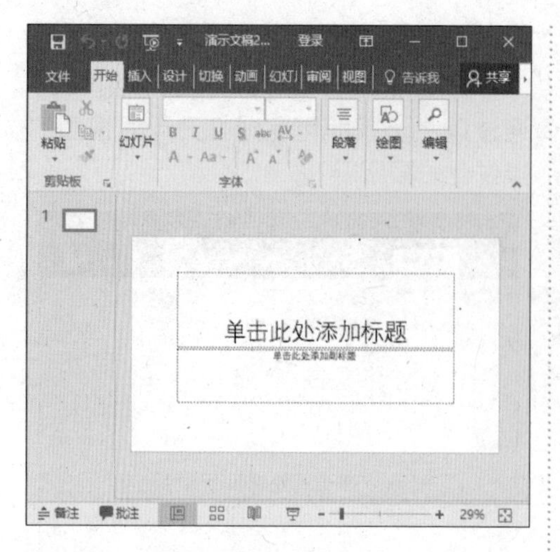

14.1.3 设置幻灯片母版背景

设置幻灯片母版背景的方法非常简单。下面介绍设置幻灯片母版背景的方法。

1 单击【母版视图】下拉按钮

打开素材文件，在【视图】选项卡中单击【母版视图】下拉按钮，在弹出的选项中单击【幻灯片母版】按钮，如图所示。

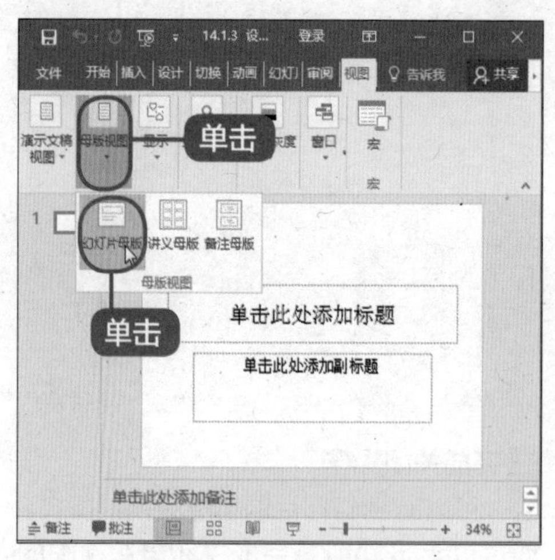

2 鼠标右键单击幻灯片空白处

可以看到进入幻灯片母版视图模式，鼠标右键单击幻灯片空白处，在弹出的快捷菜单中选择【设置背景格式】菜单项，如图所示。

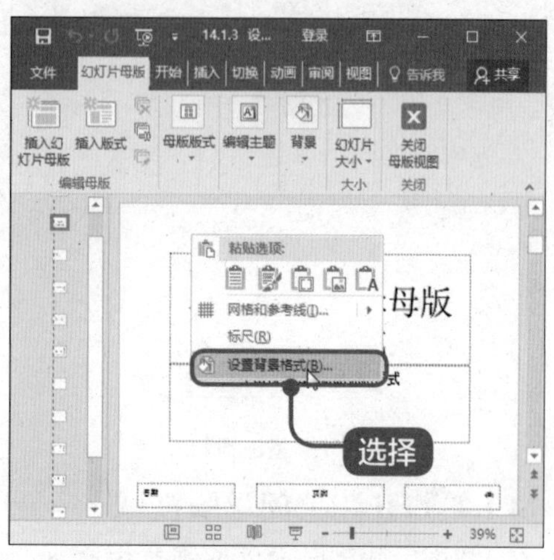

3 弹出【设置背景格式】窗格

弹出【设置背景格式】窗格，在【填充】选项卡下单击【图片或纹理填充】单选按钮，在【插入图片来自】区域单击【文件】按钮，如图所示。

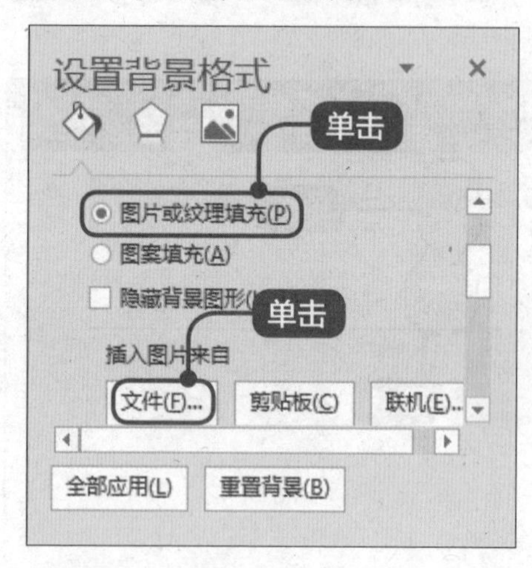

4 弹出【插入图片】对话框

弹出【插入图片】对话框，选择准备插入的图片，单击【插入】按钮，如图所示。

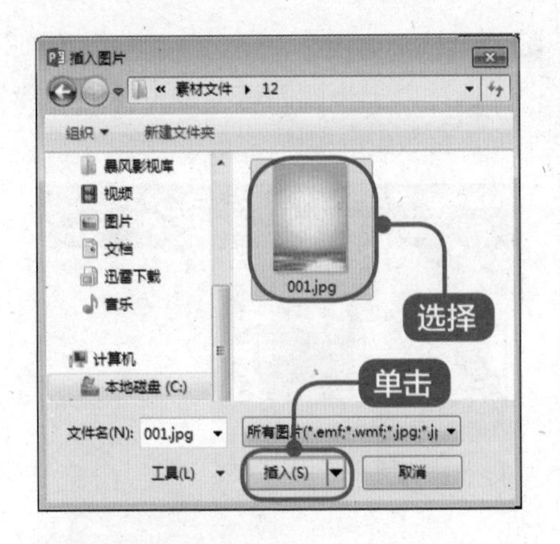

5 完成设置操作

通过以上步骤即可完成设置幻灯片母版背景的操作，如图所示。

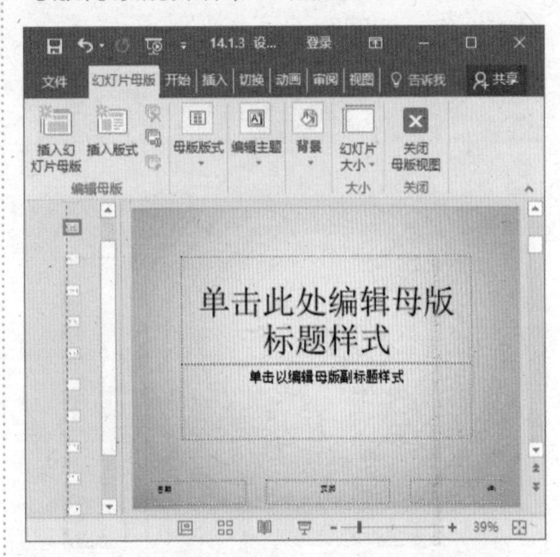

14.2 设置幻灯片切换效果

本节视频教学时间 / 2 分钟 28 秒

企业要销售上市产品，首先需要制定一系列的推广方案。本节将使用 PowerPoint 制作一个产品销售推广方案演示文稿。

14.2.1 设置页面切换效果

在 PowerPoint 2016 中预设了细微型、华丽型、动态内容 3 种类型的页面切换效果，其中包括切入、淡出、推进、擦除等 34 种切换方式。下面详细介绍添加幻灯片切换效果的操作方法。

1 单击【切换效果】下拉按钮

打开素材文件，选择第 1 张幻灯片，在【切换】选项卡下的【切换到此幻灯片】组中单击【切换效果】下拉按钮，在弹出的切换效果库中选择准备添加的切换方案，如图所示。

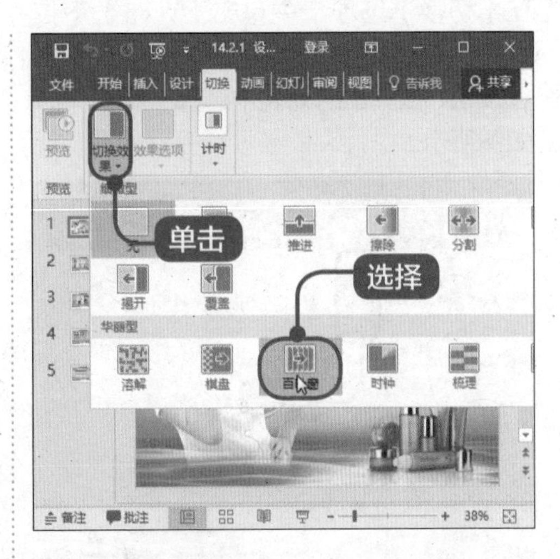

2 完成设置操作

可以看到从第 1 张幻灯片进入第 2 张幻灯片时的切换效果已经发生改变。

通过以上步骤即可完成设置页面切换效果的操作，如图所示。

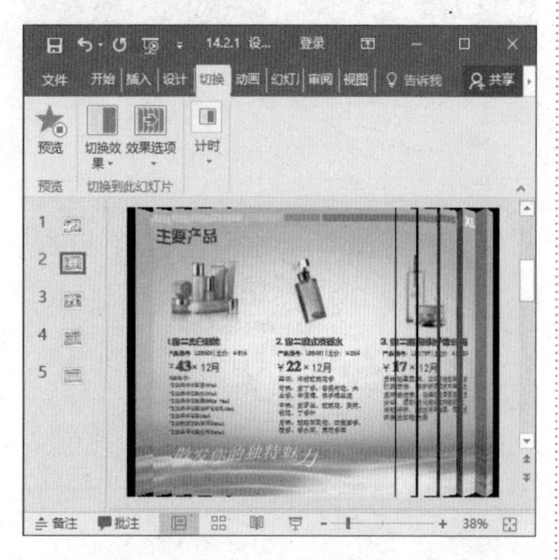

14.2.2 设置幻灯片切换声音效果

用户还可以给幻灯片添加声音效果。下面介绍设置幻灯片切换声音效果的方法。

1 单击【计时】下拉按钮

打开素材文件，选中第1张幻灯片，在【切换】选项卡中单击【计时】下拉按钮，在弹出的选项中单击【声音】下拉按钮，在弹出的列表中选择一种效果，如图所示。

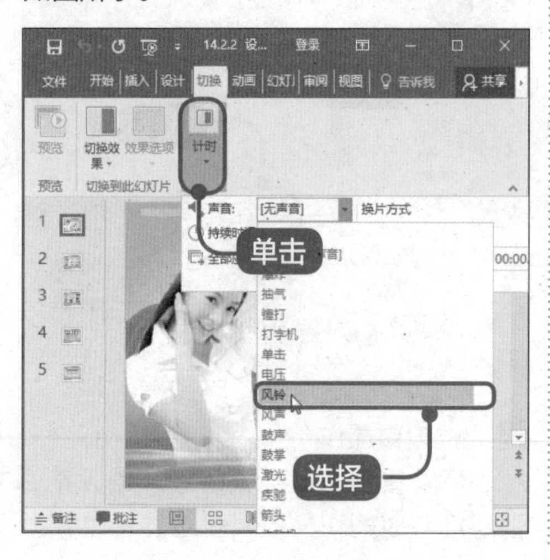

2 完成切换操作

通过以上步骤即可完成设置幻灯片切换声音效果的操作，如图所示。

14.2.3 设置幻灯片切换速度

PowerPoint 2016 默认设置了幻灯片切换效果的速度，在实际编排演示文稿时，可以根据不同的要求设置幻灯片的切换速度。下面介绍设置幻灯片切换速度的方法。

1 单击【计时】下拉按钮

打开素材文件，选中第1张幻灯片，在【切换】选项卡中单击【计时】下拉按钮，在弹出的选项【持续时间】微调框中输入数值，如图所示。

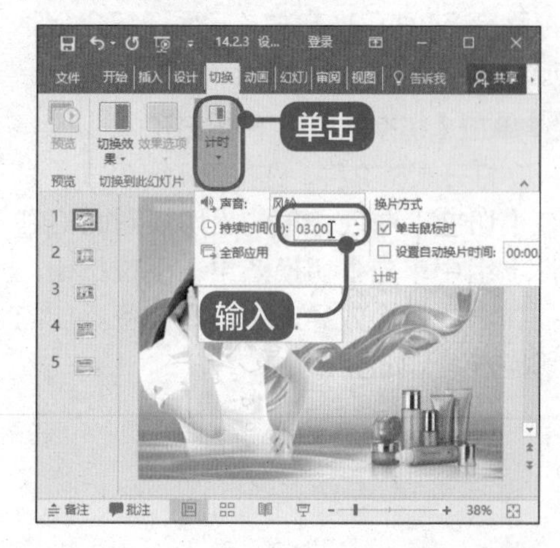

2 完成切换操作

通过以上步骤即可完成设置幻灯片切换速度的操作，如图所示。

14.2.4 添加和编辑超链接

在 PowerPoint 2016 中，使用超链接可以在幻灯片与幻灯片之间切换，从而增强演示文稿的可视性。下面将介绍设置演示文稿超链接的操作方法。

1 鼠标右键单击文本框

打开素材文件，在第 2 张幻灯片中鼠标右键单击【下一页】文本框，在弹出的菜单中选择【超链接】菜单项，如图所示。

2 弹出【插入超链接】对话框

弹出【插入超链接】对话框，单击【本文档中的位置】按钮，选择【下一张幻灯片】选项，单击【确定】按钮，如图所示。

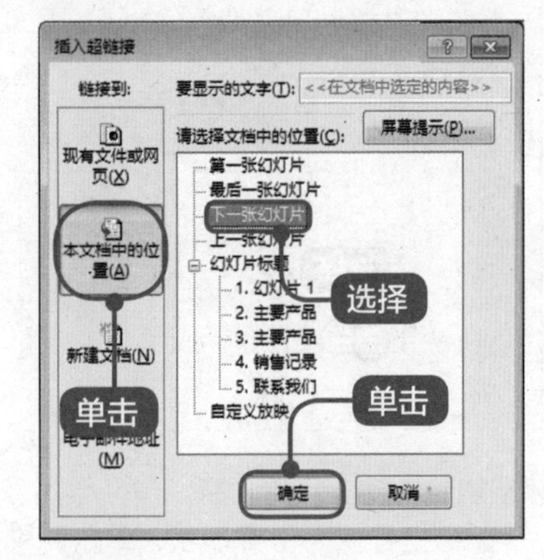

3 完成操作

可以看到“下一页”的文字颜色发生了变化。通过以上步骤即可完成添加和编辑超链接的操作，如图所示。

14.2.5 插入动作按钮

用户还可以在幻灯片中插入动作按钮。下面详细介绍在幻灯片中插入动作按钮的方法。

1 鼠标右键单击文本框

打开素材文件，选择第1张幻灯片，在【插入】选项卡中单击【插图】下拉按钮，在弹出的选项中单击【形状】下拉按钮，在弹出的形状库中选择一种动作按钮，如图所示。

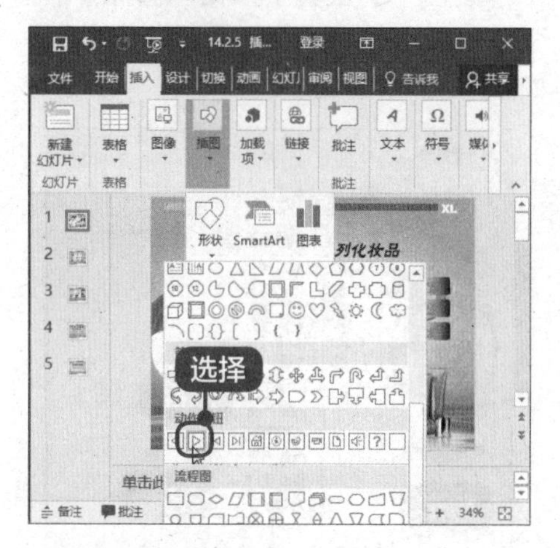

2 绘制动作按钮

鼠标指针变为十字形状，单击并拖动鼠标绘制动作按钮，至适当大小释放鼠标，如图所示。

3 弹出【操作设置】对话框

弹出【操作设置】对话框，在【单击鼠标】选项卡中单击【超链接到】单选按钮，选择【下一张幻灯片】选项，勾选【播放声音】复选框，选择【鼓掌】选项，单击【确定】按钮，如图所示。

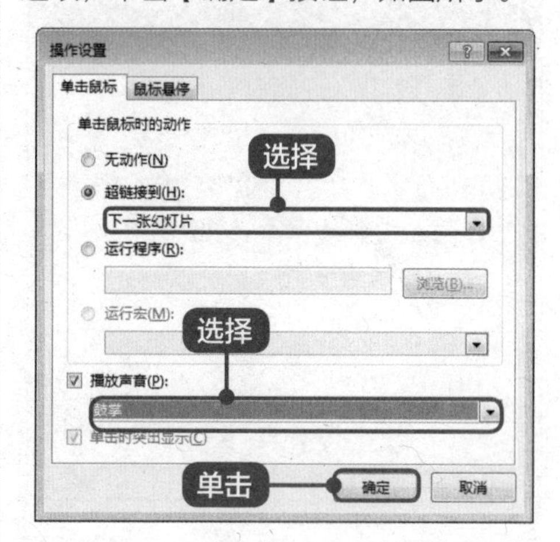

4 完成操作

返回到幻灯片中，调整动作按钮的位置和大小。通过以上步骤即可完成在幻灯片中插入动作按钮的操作，如图所示。

提示

用户还可以为幻灯片添加多媒体文件。在【插入】选项卡中单击【媒体】下拉按钮，在弹出的选项中单击【视频】下拉按钮，在弹出的选项中选择【PC上的视频】选项，即可在幻灯片中插入视频。

14.3 设置幻灯片动画效果

本节视频教学时间 / 1 分钟 52 秒

在 PowerPoint 2016 中，除了可以为演示文稿设计幻灯片的切换方案，还可以对幻灯片中的图片和文字对象设置各自的动画效果。

14.3.1 添加动画效果

为幻灯片添加动画效果的方法非常简单。下面详细介绍添加动画效果的操作。

1 单击【添加动画】下拉按钮

选中第 4 张幻灯片中的文本框，在【动画】选项卡中的【高级动画】组中单击【添加动画】下拉按钮，在弹出的动画库中选择一种动画，如图所示。

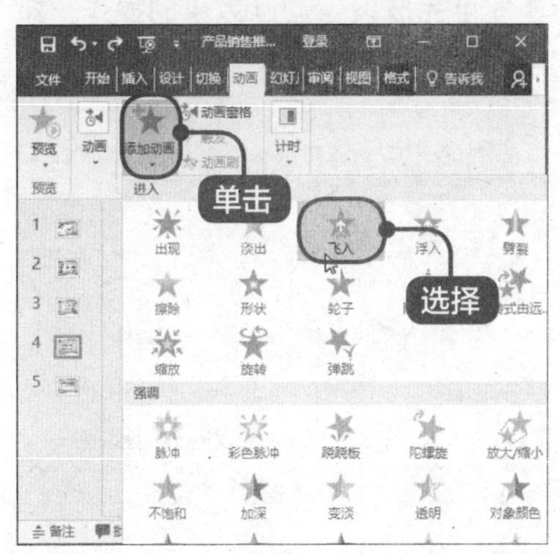

2 完成操作

可以看到文本框左侧出现一个数字 1，表示该文本框含有动画效果。通过以上步骤即可完成添加动画效果的操作，如图所示。

14.3.2 设置动画效果

为幻灯片中的对象添加动画效果后，可以根据需要设置不同的动画效果。下面详细介绍设置动画效果的操作方法。

1 单击【动画窗格】按钮

选中第 4 张幻灯片中的文本框，在【动画】选项卡下的【高级动画】组中单击【动画窗格】按钮，如图所示。

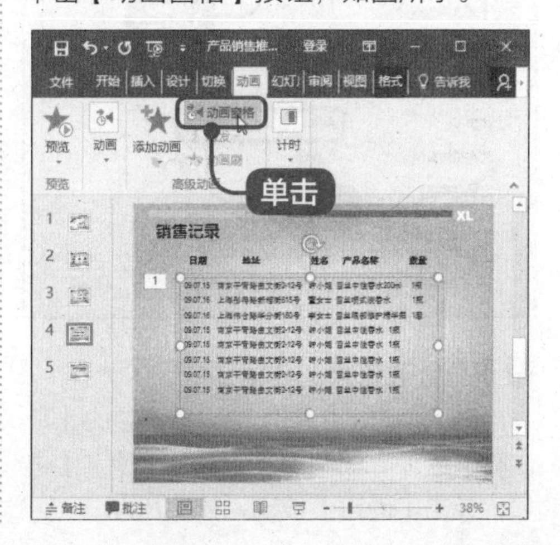

2 弹出【动画窗格】窗口

弹出【动画窗格】窗口，右键单击动画效果，在弹出的快捷菜单中选择【效果选项】菜单项，如图所示。

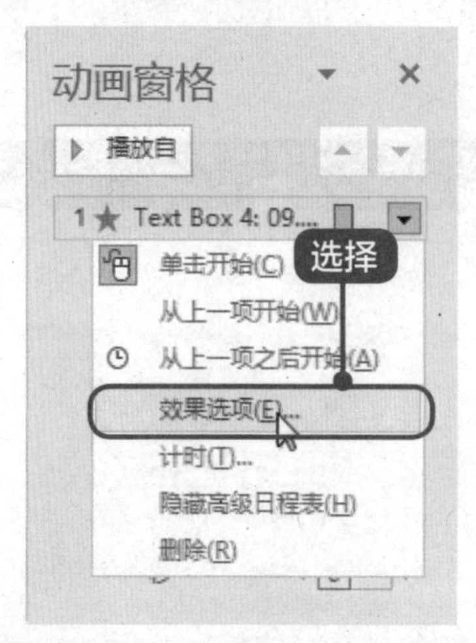

3 弹出【飞入】对话框

弹出【飞入】对话框，在【效果】选项卡中设置方向为【自底部】选项，声音为【爆炸】选项，如图所示。

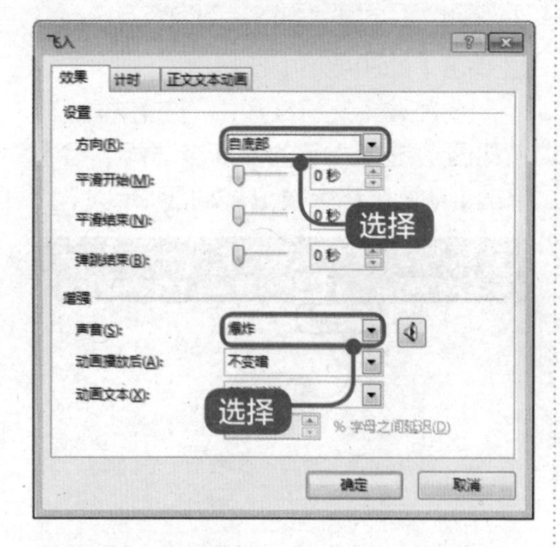

4 设置计时效果

在【计时】选项卡中设置开始为【单击时】选项，期间为【中速（2 秒）】选项，单击【确定】按钮，如图所示。

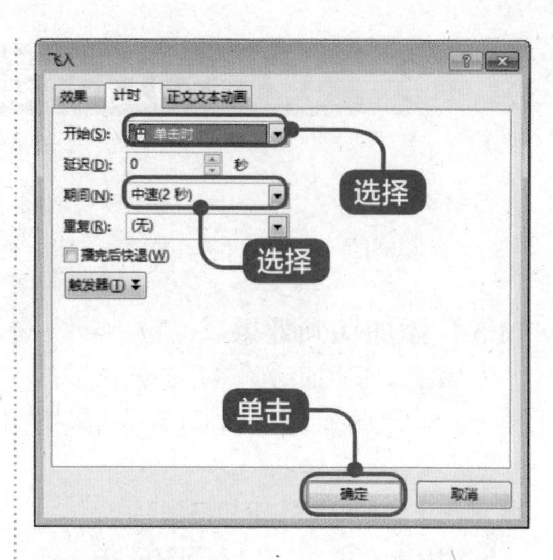

5 完成设置

可以看到【动画窗格】窗口自动播放刚刚设置的动画效果。通过上述操作即可完成设置动画效果的操作，如图所示。

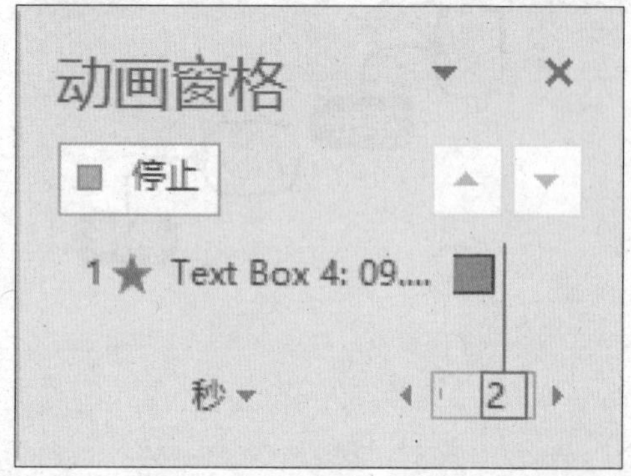

14.3.3 使用动作路径

动作路径用于自定义动画运动的路线及方向。下面介绍使用动作路径的方法。

1 单击【添加动画】下拉按钮

选中第 4 张幻灯片中的文本框，在【动画】选项卡下的【高级动画】组中单击【添加动画】下拉按钮，在弹出的选项中选择【其他动作路径】选项，如图所示。

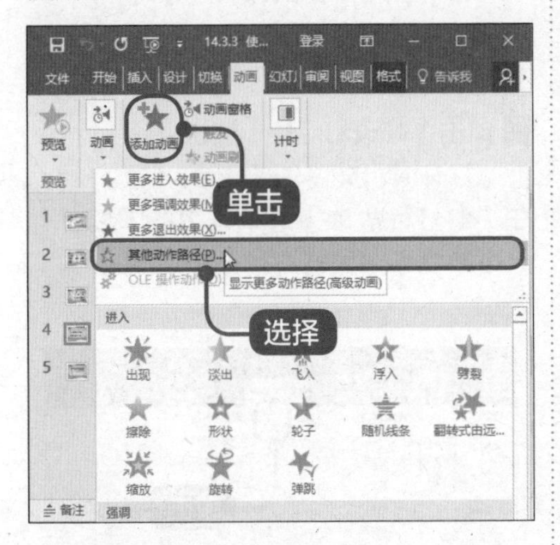

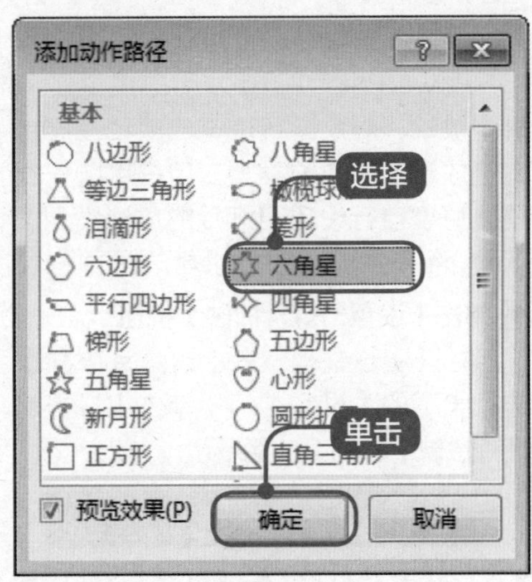

2 弹出对话框

弹出【添加动作路径】对话框，选择【六角星】选项，单击【确定】按钮，如图所示。

3 完成操作

可以看到文本框内增加了一个六角星形状。通过上述操作即可完成使用动作路径的操作，如图所示。

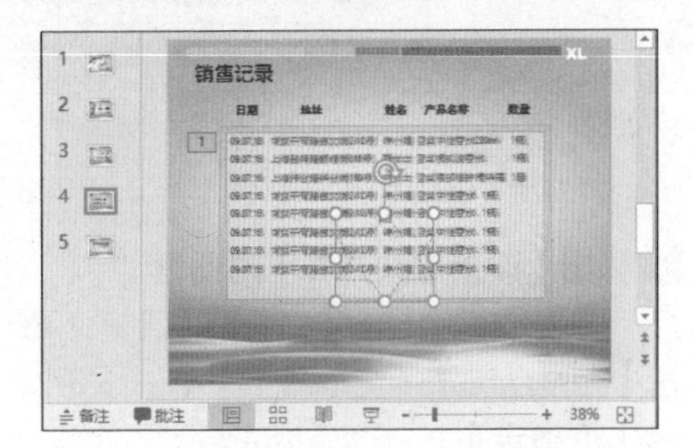

提示

如果不再需要动画效果，用户可以将其删除。在【动画窗格】窗口中右键单击动画效果，在弹出的菜单中选择【删除】菜单项，即可将动画删除。

14.4 放映演示文稿

本节视频教学时间 / 2 分钟 24 秒

将演示文稿的内容编辑完成后，就可以将其放映出来供观众欣赏了。为了能够达到良好的效果，在放映前还需要在电脑中对演示文稿进行一些设置。本节将介绍设置演示文稿放映的相关知识。

14.4.1 设置幻灯片的放映方式

PowerPoint 2016 为用户提供了演讲中放映、观众自行浏览放映和在展台浏览放映三种放映类型，用户可以根据具体情境自行设定幻灯片的放映类型。下面介绍设置放映方式的操作方法。

1 单击【设置幻灯片放映】按钮

打开演示文稿，在【幻灯片放映】选项卡下的【设置】组中单击【设置幻灯片放映】按钮，如图所示。

2 弹出【设置放映方式】对话框

弹出【设置放映方式】对话框，单击【在展台浏览（全屏幕）】单选按钮，单击【确定】按钮即可完成设置操作，如图所示。

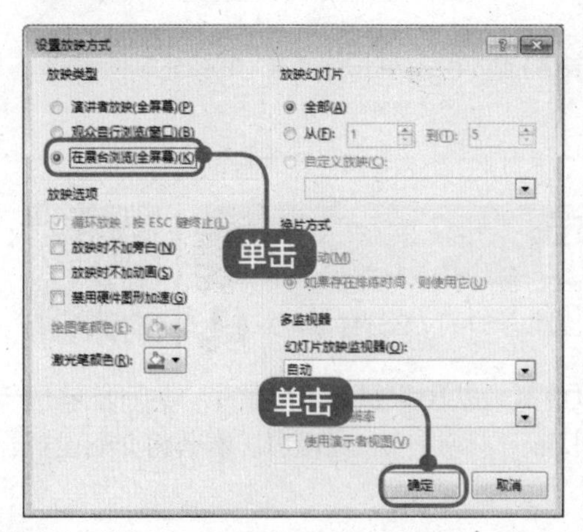

14.4.2 隐藏不放映的幻灯片

用户还可以将当前幻灯片进行隐藏。下面介绍隐藏不放映的幻灯片的方法。

1 单击【隐藏幻灯片】按钮

打开演示文稿，选择第 5 张幻灯片，在【幻灯片放映】选项卡下的【设置】组中单击【隐藏幻灯片】按钮，如图所示。

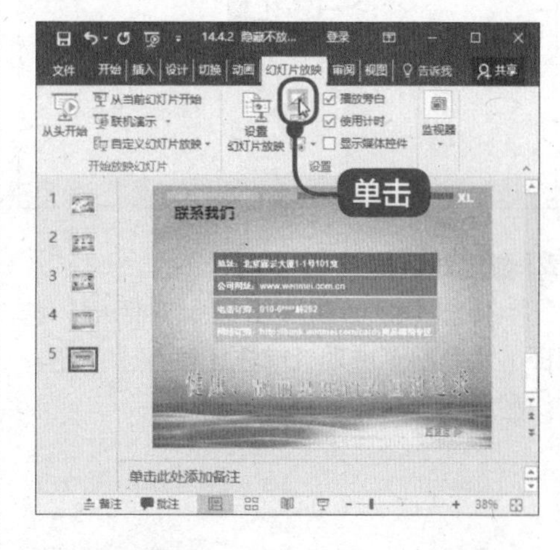

2 完成操作

可以看到在大纲区第 5 张幻灯片的缩略图被划掉。通过以上步骤即可完成隐藏不放映的幻灯片的操作，如图所示。

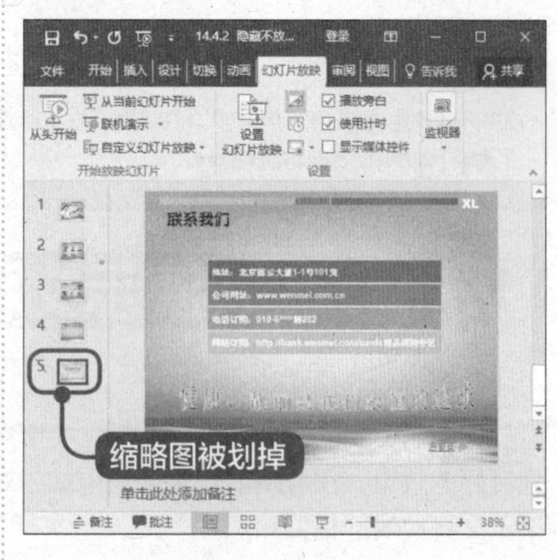

14.4.3 开始放映幻灯片

幻灯片设置完成后，就可以开始放映幻灯片了。下面详细介绍放映幻灯片的操作方法。

1 单击【从头开始】按钮

打开演示文稿，选择第1张幻灯片，在【幻灯片放映】选项卡下的【开始放映幻灯片】组中单击【从头开始】按钮，如图所示。

2 完成操作

进入幻灯片放映模式，演示文稿从第1张幻灯片开始放映。通过以上步骤即可完成放映幻灯片的操作，如图所示。

14.4.4 排练计时

用户可以对幻灯片进行排练计时的设置。下面详细介绍排练计时的操作方法。

1 单击【排练计时】按钮

打开演示文稿，选择第1张幻灯片，在【幻灯片放映】选项卡下的【设置】组中单击【排练计时】按钮，如图所示。

2 进入幻灯片放映模式

进入幻灯片放映模式，在屏幕左上角会出现【录制】工具栏，此时用户可以开始放映幻灯片，系统会在【录制】工具栏中显示出放映时间，如图所示。

3 弹出【Microsoft PowerPoint】对话框

幻灯片排练完成，按下【Esc】键退出“排练计时”状态，随即弹出【Microsoft

PowerPoint】对话框，出现“幻灯片放映共需 0:00:46。是否与保留新的幻灯片计时？”提示信息，单击【是】按钮即可完成给幻灯片添加排练计时的操作，如图所示。

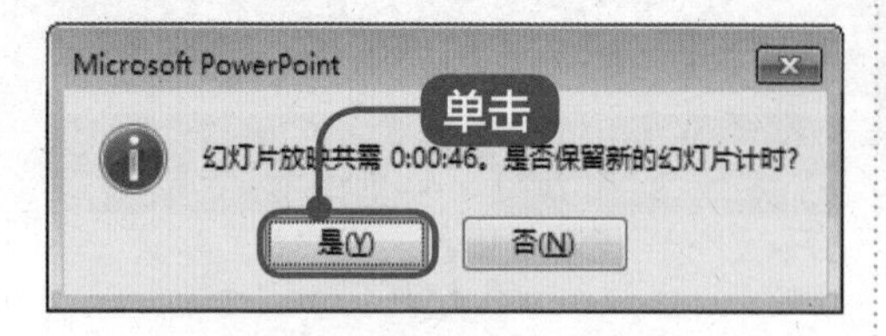

14.4.5 添加墨迹注释

放映演示文稿时，如果需要对幻灯片进行讲解或标注，可以直接在幻灯片中添加墨迹注释。下面介绍添加墨迹注释的操作方法。

1 单击【指针工具】图标

全屏放映演示文稿，在幻灯片放映页面左下角单击【指针工具】图标，在弹出的菜单中选择【荧光笔】菜单项，如图所示。

2 勾画出需要强调的内容

将鼠标指针移动到幻灯片中，单击并拖动鼠标勾画出需要强调的内容，如图所示。

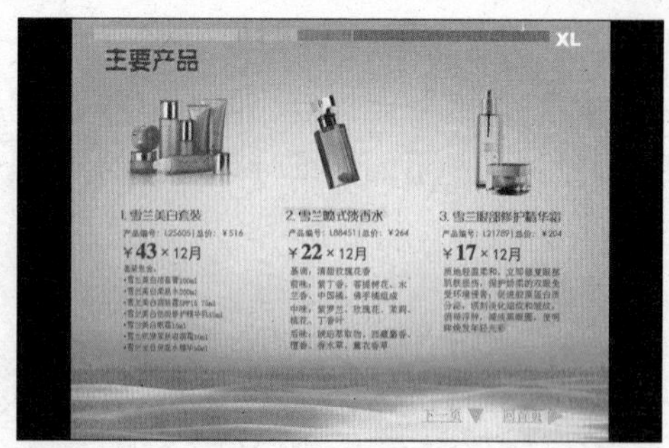

3 弹出对话框

按下【Esc】键退出全屏状态，弹出【Microsoft PowerPoint】对话框，出现“是否保留墨迹注释”提示信息，单击【保留】按钮，如图所示。

4 完成操作

返回到普通视图中，可以看到注释已经被保留，如图所示。

提示

用户可以设置幻灯片循环播放。在【幻灯片放映】选项卡下的【设置】组中单击【设置幻灯片放映】按钮，弹出【设置放映方式】对话框，勾选【循环放映，按ESC键终止】复选框，单击【确定】按钮即可完成设置操作。

14.5 打包演示文稿

本节视频教学时间 / 2 分钟 24 秒

在实际工作中，经常需要将制作的演示文稿放到他人的计算机中放映。如果准备使用的电脑中没有安装 PowerPoint 2016 程序，则需要在制作演示文稿的电脑中将幻灯片打包，准备播放时，将压缩包解压后即可正常播放。

14.5.1 将演示文稿打包到文件夹

将演示文稿打包到文件夹的方法非常简单。下面详细介绍将演示文稿打包的操作方法。

1 选择【文件】选项卡

打开准备打包的演示文稿，选择【文件】选项卡，如图所示。

2 进入 Backstage 视图

进入 Backstage 视图，选择【导出】选项卡，单击【将演示文稿打包成 CD】选项，单击右侧【打包成 CD】按钮，如图所示。

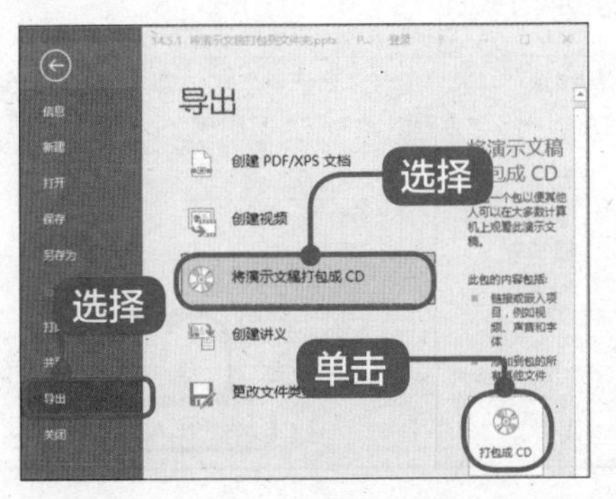

3 弹出【打包成 CD】对话框

弹出【打包成 CD】对话框，选中列表框中的文件，单击【复制到文件夹】按钮，如图所示。

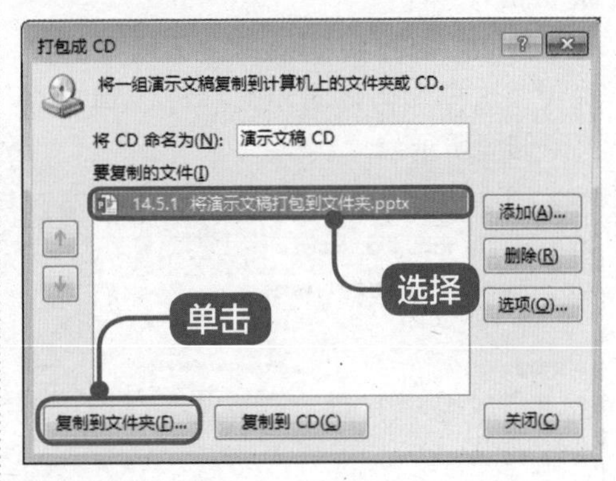

4 弹出对话框

弹出【复制到文件夹】对话框，在【位置】文本框中输入文件保存的位置路径，或者单击【浏览】按钮选择文件保存的位置，单击【确定】按钮，如图所示。

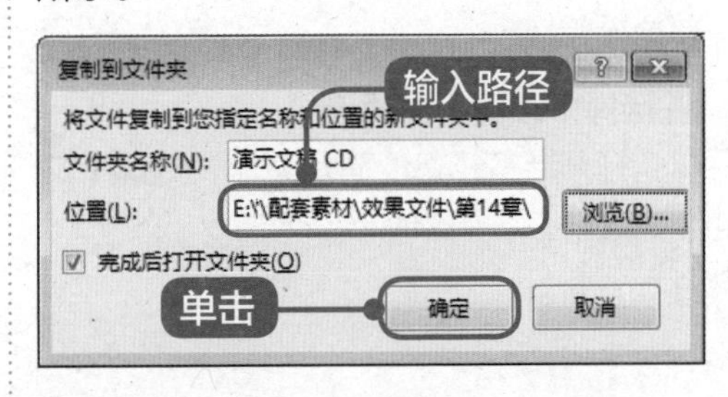

5 弹出【Microsoft PowerPoint】对话框

弹出【Microsoft PowerPoint】对

话框，单击【是】按钮，如图所示。

6 弹出【正在将文件复制到文件夹】提示框

弹出【正在将文件复制到文件夹】提示框，如图所示。

7 完成打包操作

自动打开打包的演示文稿所在的文件夹，这样即可将演示文稿打包到文件夹，如图所示。

14.5.2 创建演示文稿视频

用户还可以将演示文稿创建为一个视频文件，从而通过光盘、网络和电子邮件分发。下面介绍创建演示文稿视频的操作方法。

1 选择【文件】选项卡

打开准备打包的演示文稿，选择【文件】选项卡，如图所示。

2 进入 Backstage 视图

进入Backstage视图，选择【导出】选项卡，选择【创建视频】选项，单击右侧【创建视频】按钮，如图所示。

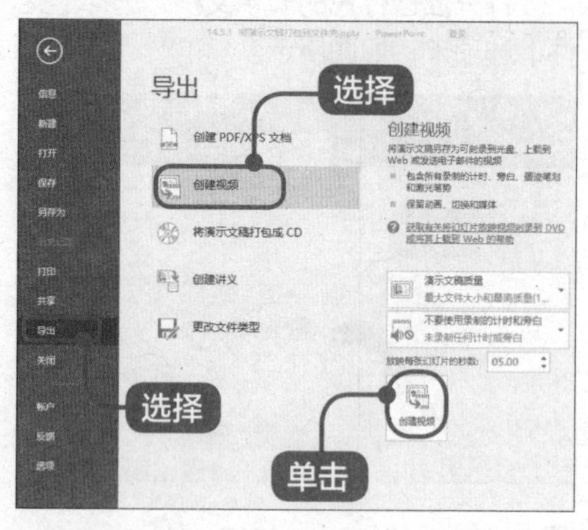

3 完成操作

弹出【另存为】对话框，选择保存位置，在【文件名】文本框中输入文件名称，单击【保存】按钮即可完成操作，如图所示。

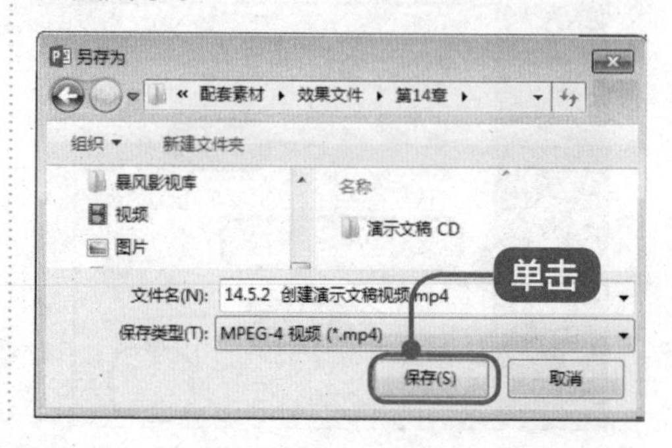

本节将介绍两个操作技巧，包括保护演示文稿和设置黑白模式的具体方法。

技巧1 • 保护演示文稿

当用户不希望他人随意查看或更改演示文稿时，可以对演示文稿设置访问密码，以加强演示文稿的安全性。

1 选择【文件】选项卡

打开准备打包的演示文稿，选择【文件】选项卡，如图所示。

2 进入Backstage视图

进入Backstage视图，选择【信息】选项卡，单击【保护演示文稿】下拉按钮，在弹出的选项中选择【用密码进行加密】选项，如图所示。

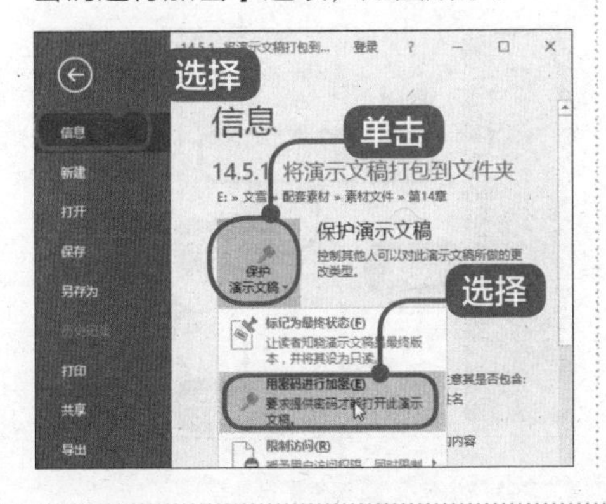

3 弹出【加密文档】对话框

弹出【加密文档】对话框，在【密码】文本框中输入密码如“1234”，单击【确定】按钮，如图所示。

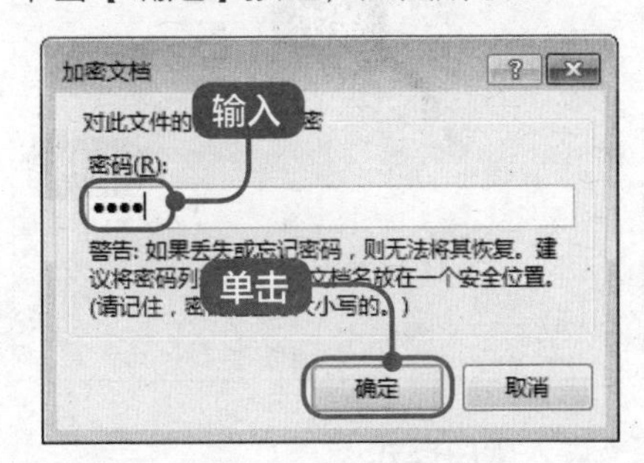

4 弹出【确认文档】对话框

弹出【确认文档】对话框，在【重新输入密码】文本框中再次输入密码“1234”，单击【确定】按钮即可完成操作，如图所示。

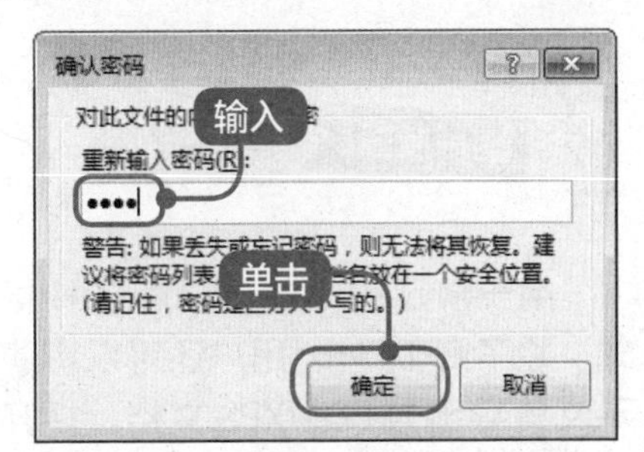

技巧2 • 设置黑白模式

如果用户需要去掉演示文稿的颜色，可以将演示文稿设置为黑白模式。设置黑边模式的方法非常简单。下面详细介绍设置黑白模式的方法。

1 单击【颜色 / 灰度】下拉按钮

打开演示文稿，在【视图】选项卡中单击【颜色 / 灰度】下拉按钮，在弹出的选项中选择【黑白模式】选项，如图所示。

2 进入黑白模式

此时演示文稿进入黑白模式，如果想要退出该模式，可以单击【黑白模式】选项卡中的【返回颜色视图】按钮，如图所示。

提示

PowerPoint 2016为用户提供了颜色、灰度以及黑白模式三种显示模式，颜色模式即彩色模式，可以显示所有颜色信息；灰度模式只能显示黑白灰三种颜色；而黑白模式只能显示黑白两种颜色。

用于演示的文件可以有多种格式，除了 PPTX 外，用户还可以将演示文稿导出为 PDF/XPS 文档。打开准备打包的演示文稿，选择【文件】选项卡，进入 Backstage 视图，选择【导出】选项卡，选择【创建 PDF/XPS 文档】选项，单击右侧【创建 PDF/XPS】按钮即可，如图所示。

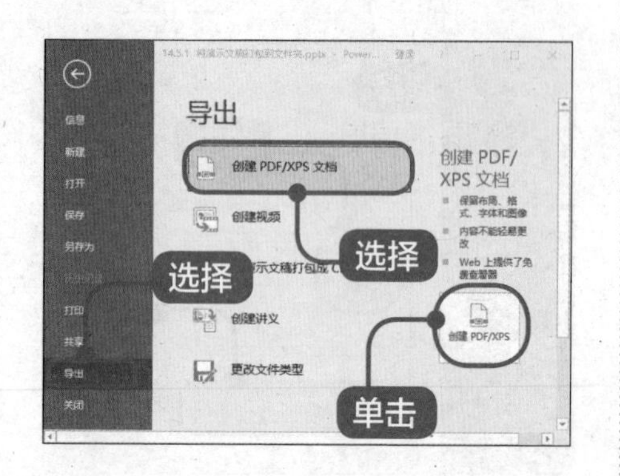

第 15 章

网络办公

本章视频教学时间 / 7 分钟 3 秒

重点导读

本章主要介绍组建办公室局域网、局域网办公资料的共享、上网浏览与搜索工作信息、使用 QQ 协助办公方面的知识与技巧，同时讲解使用电子邮件传递信息的方法。本章最后针对实际的工作需求，讲解使用 QQ 的演示白板功能和删除垃圾邮件的方法。通过本章的学习，读者可以掌握局域网办公与上网应用方面的知识，为深入学习 Office 2016 和五笔输入法知识奠定基础。

本章主要知识点

- ✓ 组建办公室局域网
- ✓ 局域网办公资料的共享
- ✓ 上网浏览与搜索信息
- ✓ 使用 QQ 协助办公
- ✓ 使用电子邮件传递信息

15.1 组建办公室局域网

本节视频教学时间 / 1 分 8 秒

局域网（Local Area Network，LAN）是指在某一区域内由多台计算机互联成的计算机组。一般是方圆几千米以内。局域网可以实现文件管理、应用软件共享、打印机共享、工作组内的日程安排、电子邮件和传真通信服务等功能。局域网是封闭型的，可以由办公室内的两台计算机组成，也可以由公司内的上千台计算机组成。

15.1.1 局域网工作模式

局域网的工作模式是根据局域网中各计算机的位置来决定的，常见的工作模式有客户机 / 服务器（Client/Server，C/S）模式和对等式（Peer-to-Peer）通信模式。

1. 客户机 / 服务器

在这种模式中，其中一台或几台较大的计算机集中进行共享数据库的管理和存取，称为服务器。将其他的应用处理工作分散到网络中其他电脑上去做，构成分布式的处理系统。当工作站与工作站之间进行通讯时，必须通过服务器作为中介，所有的工作站都必须以服务器为中心，如下左图所示。

2. 对等式

对等式网络在网络中没有专门的服务器，每一台电脑既是服务器又是客户机，它们拥有完全的自主权，用户之间可以进行相互访问、文件交换，还可以共享打印机和光驱等硬件设备，如下右图所示。

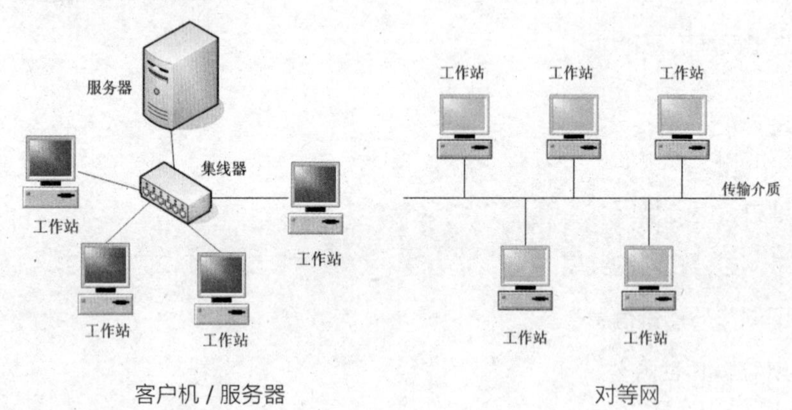

客户机 / 服务器　　　　对等网

15.1.2 组建局域网

在组建局域网时，需要把传输介质和硬件设备连接好。在连接传输介质和硬件设备时，需要使用专业的制作工具和网线测试仪器。

1. 制作网线

当组建局域网前，需要先把网线制作好。制作双绞线时，需要使用双绞线压线钳。

双绞线压线钳的作用是剥线、切线和压线，如下左图所示。

制作网线时，需要将接头有金属面的一面面向自己，金属头向上，从左向右，分别把已露出铜线并且切面整齐的双绞线头按EIA586B标准顺序插入RJ-45接头中，用网线钳用力压紧。

制作双绞线常见有两种国际标准方法，分别是EIA/TIA568A和EIA/TIA568B。

EIA/TIA568A的接线线序为：白绿，绿，白橙，蓝，白蓝，橙，白棕，棕。

EIA/TIA568B的接线线序为：白橙，橙，白绿，蓝，白蓝，绿，白棕，棕。

2. 测线器

完成网线的制作后，还需要使用测线器测试已经制作好的网线是否已经导通。只有导通才能应用到网络的连接中。如测线器的指示灯显示全部为黄色时一般表示全部接通；当某个灯不亮时，说明某一根线没有接通，如下右图所示。

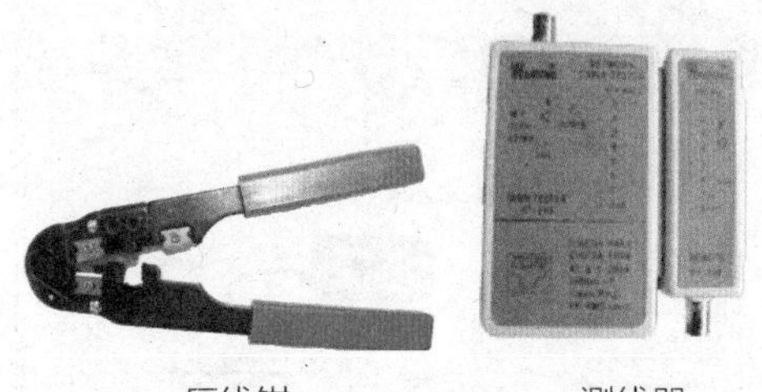

压线钳　　测线器

3. 连接网线到网络设备

在局域网中，通常使用的连接设备是双绞线、网卡和交换机。

（1）连接双绞线到网卡。

将双绞线一端插入电脑主机后面的网卡接口，当把水晶头插入网卡时，一定要注意网卡的接口方向。在插入过程中，会听到一声清脆的水晶头弹片与接口的撞击声，此时表明接触良好。

（2）连接双绞线与交换机。

用双绞线连接交换机时，一定要注意水晶头插入的接线口。如果双绞线一端连接的是网卡，那另一端水晶头应插在交换机的直连接口。

（3）连接路由器。

如果需要上网，可以使用路由器作为互联网的连接设备。路由器不仅能实现局域网之间连接，更重要的应用是用于局域网与广域网、广域网与广域网之间的连接。连接时，首先将入户上网线插入路由器WAN广域网接口，然后将交换机与路由器通过网线连接。

15.2 实战案例——局域网办公资料的共享

本节视频教学时间 / 1分钟19秒

用户可以非常方便地在公司使用局域网资源，从而通过局域网功能共享文档、音乐、图片、视频、打印机以及使用 Windows 流媒体等功能。

15.2.1 在局域网中共享文件

对于拥有多台计算机的公司来说，当完成设置局域网后，将办公资源设置成共享资源，可以更加方便、快捷地进行工作。下面将详细介绍设置办公共享资源的方法。

1 右键单击文件夹

在电脑中找到准备共享的文件夹所在位置，右键单击准备共享资源的文件夹，在弹出的快捷菜单中选择【属性】菜单项，如图所示。

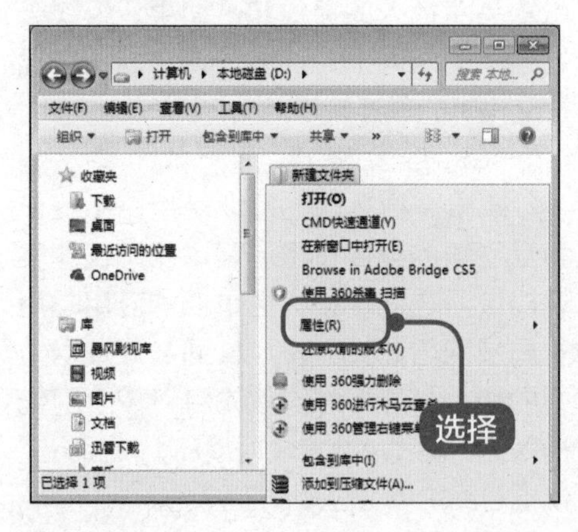

2 弹出对话框

弹出【新建文件夹属性】对话框，在【共享】选项卡中单击【共享】按钮，如图所示。

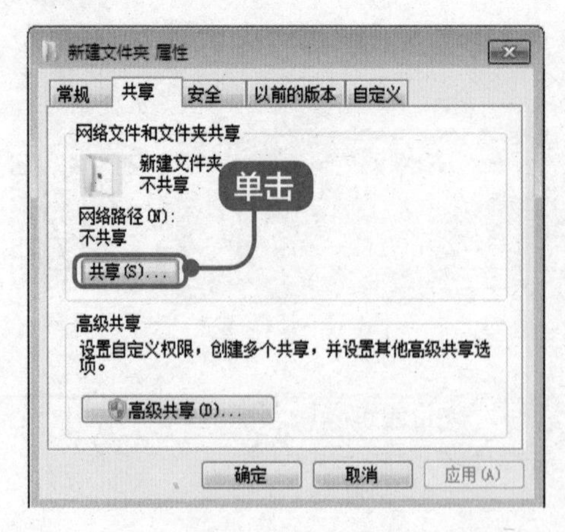

3 弹出【文件共享】对话框

弹出【文件共享】对话框，单击下拉列表框按钮，在弹出的下拉列表项中选择【Everyone】列表项，单击【添加】按钮，如图所示。

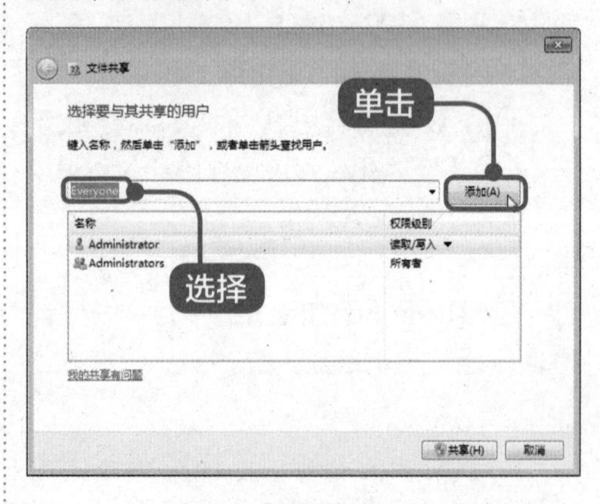

4 进入【选择要与其共享的用户】界面

单击【权限级别】区域下的下拉按钮，在弹出的下拉列表框中选择【读取/写入】选项，单击【共享】按钮，如图所示。

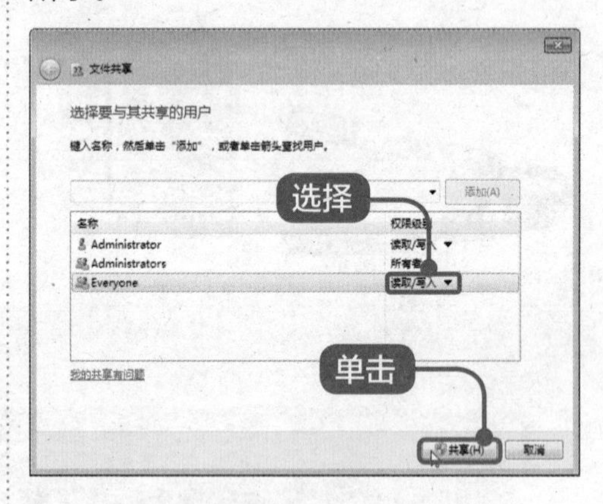

5 进入【您的文件夹已共享】界面

进入【您的文件夹已共享】界面，在界面中显示共享的各个项目，单击【完成】按钮即可完成设置办公共享资源的操作，如图所示。

15.2.2 访问局域网上的其他电脑

完成设置办公共享资源后，用户就可以使用局域网资源了。下面将详细介绍访问局域网上的其他电脑的操作方法。

1 在电脑中打开【网络】窗口

在电脑中打开【网络】窗口，双击选择准备进行访问的资源用户，如“NO-17”，如图所示。

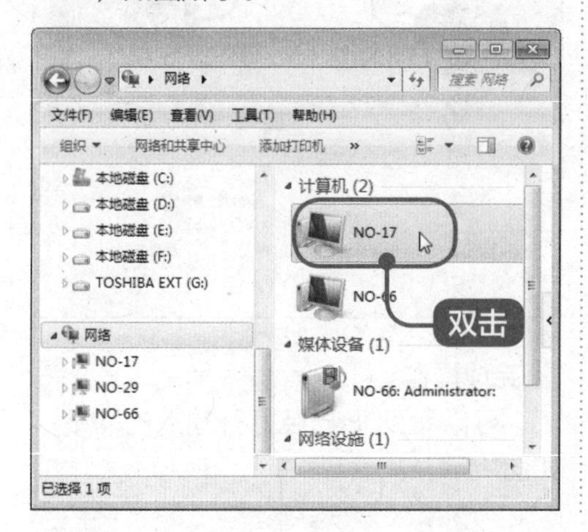

2 双击【公用音乐】文件夹

打开资源用户窗口，双击准备进行访问的共享文件夹，如【公用音乐】文件夹，如图所示。

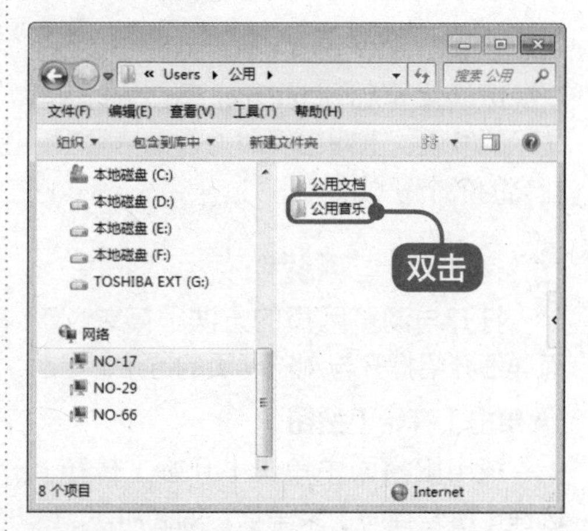

3 完成操作

通过以上步骤即可访问局域网上的其他电脑，如图所示。

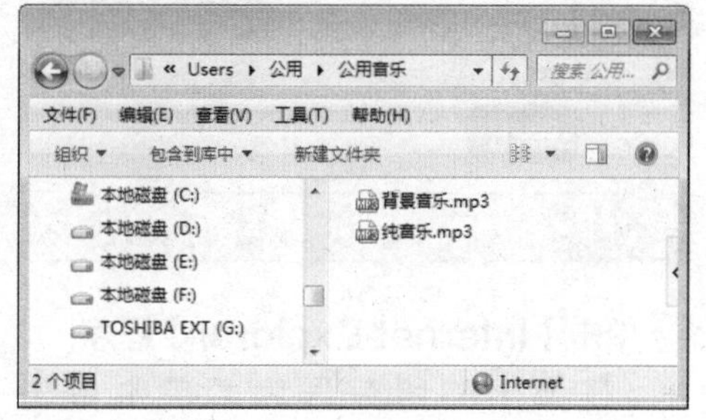

提示

用户还可以取消已经共享的文件夹。单击【开始】按钮，在【所有程序】的搜索框中输入“计算机”，会出现一些搜索结果。单击【计算机管理】选项，进入【计算机管理】窗口，单击选择【共享文件夹】选项。在共享文件夹中右键单击准备取消共享的文件夹，在弹出的快捷菜单中选择【停止共享】菜单项即可取消共享文件夹。

15.3 实战案例——上网浏览与搜索信息

本节视频教学时间 / 1 分钟 30 秒

IE 英文全称为 Internet Explorer，是微软公司推出的一款网络浏览器。随着网络技术的发展，上网已经成为人们日常生活工作中不可或缺的一部分，并且已经渗透到社会的各个领域中。

15.3.1 打开与浏览网页

打开与浏览网页的方法很简单。下面详细介绍打开与浏览网页的方法。

1 单击【开始】按钮

在电脑桌面中单击【开始】按钮，选择【所有程序】菜单项，如图所示。

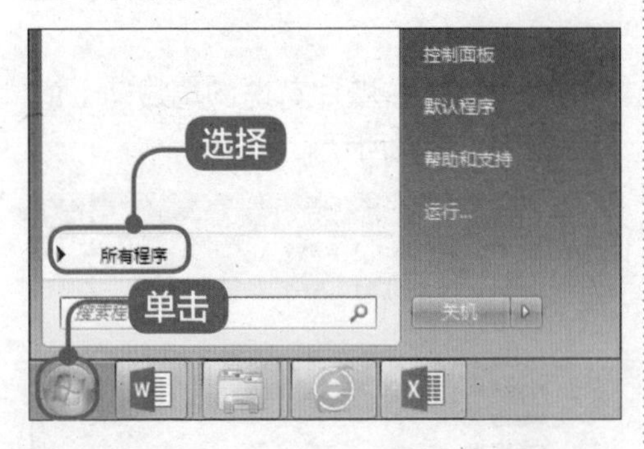

2 单击【Internet Explorer】程序

在弹出的所有程序菜单中单击【Internet Explorer】程序，如图所示。

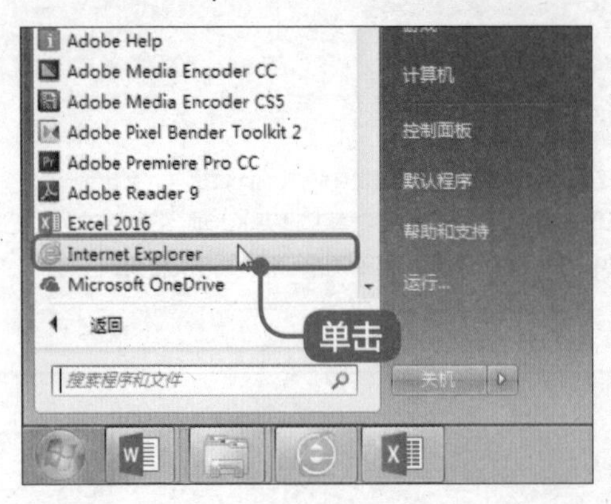

3 输入网址

启动 IE，在【地址】文本框中输入网址“http://www.baidu.com”，单击【转到】按钮，如图所示。

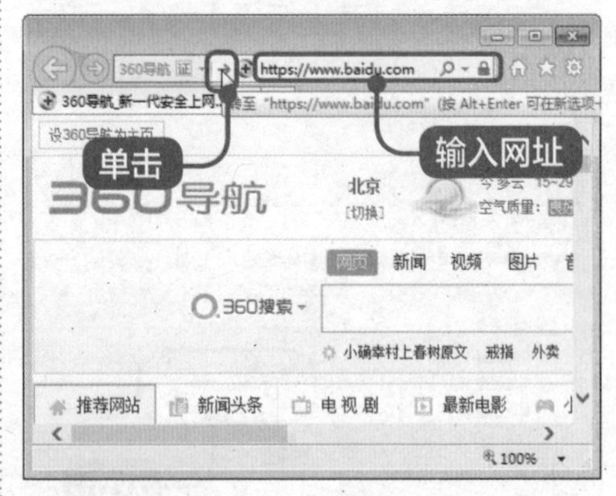

4 完成操作

可以看到 IE 已经打开输入的网站，如图所示。

15.3.2 保存网上的文字和图片信息

在浏览网上信息的过程中，如果发现十分有用的信息、文本或图片，可以将其保存在电脑中。下面将详细介绍保存网上文字和图片信息的操作方法。

1 单击【工具】按钮

在网页中选中准备保存的文本，单击【工具】按钮，在弹出的菜单中选择【文件】菜单项，在弹出的子菜单中选择【另存为】菜单项，如图所示。

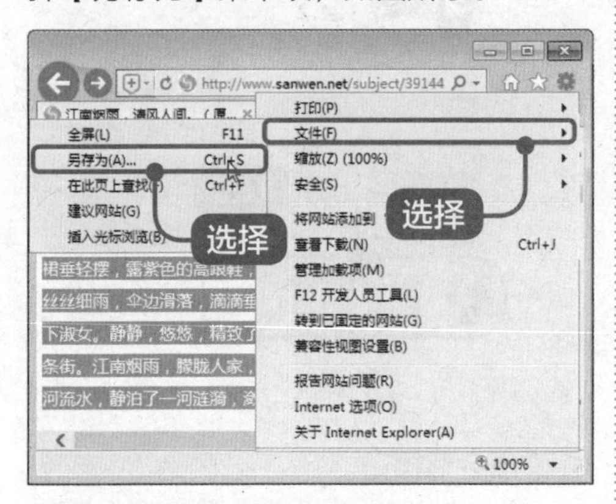

2 弹出【另存为】对话框

弹出【另存为】对话框，选择存储位置，在【文件名】文本框中输入名称，在【保存类型】列表中选择【文本文件（*.txt）】选项，单击【保存】按钮即可完成保存文本的操作，如图所示。

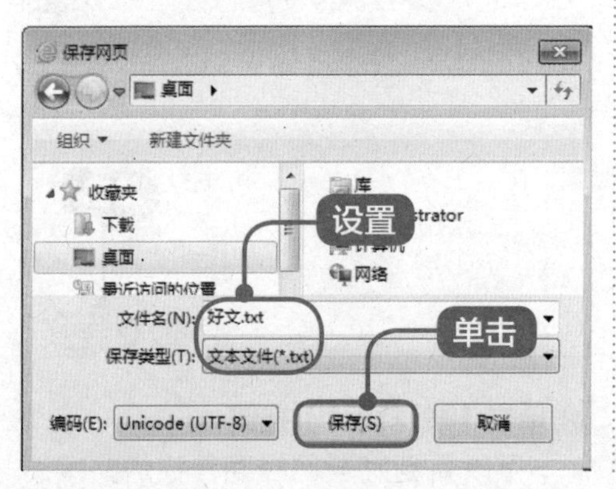

3 右键单击准备保存的图片

打开准备保存图片的网页，右键单击准备保存的图片，在弹出的快捷菜单中选择【图片另存为】菜单项，如图所示。

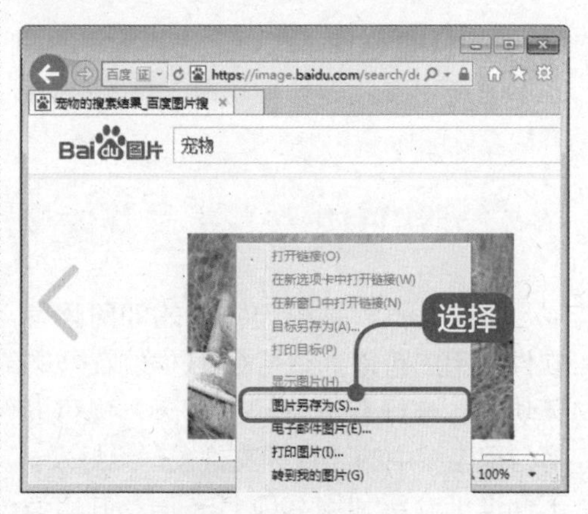

4 弹出【保存图片】对话框

弹出【保存图片】对话框，选择存储位置，在【文件名】文本框中输入名称，在【保存类型】列表中选择【JPEG（*.jpeg）】选项，单击【保存】按钮即可完成保存图片的操作，如图所示。

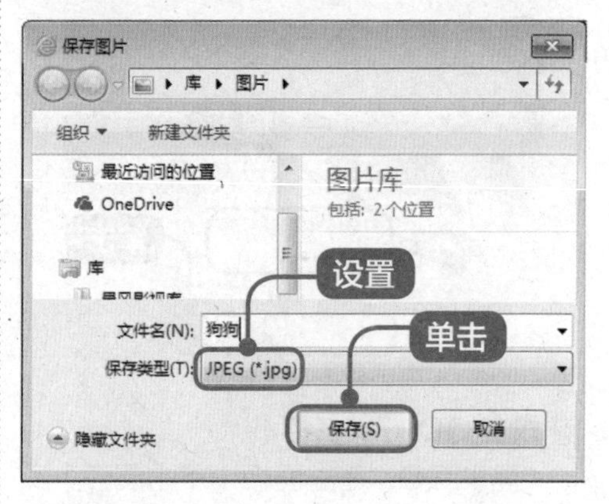

15.4 实战案例——使用 QQ 协助办公

本节视频教学时间 / 1 分钟 37 秒

使用 QQ 软件不仅可以进行简单的即时通信，还支持在线聊天，以及即时传送视频、语音和文件等多种功能。本节将详细介绍应用 QQ 协助办公的相关知识及操作方法。

15.4.1 利用 QQ 互发信息并传递文件

QQ 是一款基于因特网的即时通信软件，用户可以通过 QQ 软件的在线聊天功能，与好友进行网上聊天，也可以将自己电脑中的照片等文件发送给好友。下面详细介绍利用 QQ 互发信息并传递文件的操作方法。

1 单击【登录】按钮

鼠标双击 QQ 程序图标，进入 QQ 程序启动界面，输入 QQ 账号和密码，单击【登录】按钮，如图所示。

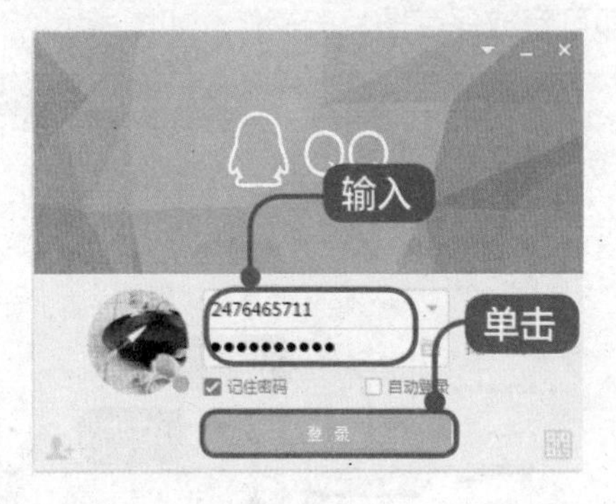

2 双击 QQ 好友名称

登录 QQ，在主面板中单击展开【我的好友】下拉选项，在好友栏中双击准备进行互发消息并传递文件的 QQ 好友名，如图所示。

3 弹出会话窗口

弹出与好友进行文字聊天的会话窗口，在下面的文本框中输入文字，单击【发送】按钮，如图所示。

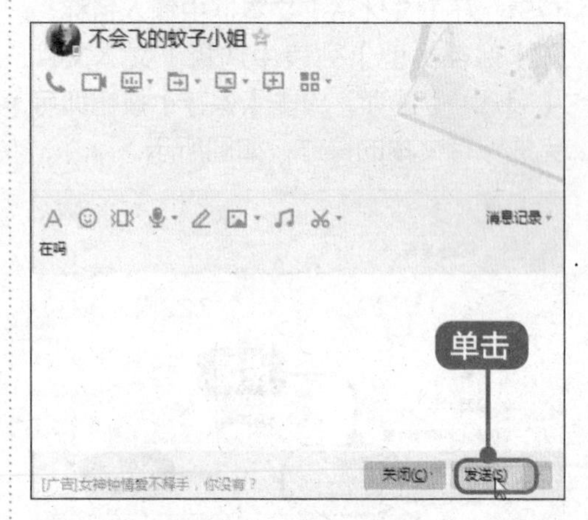

4 单击【发送图片】按钮

可以看到好友已经回复你的文字消

息，单击【发送图片】按钮，如图所示。

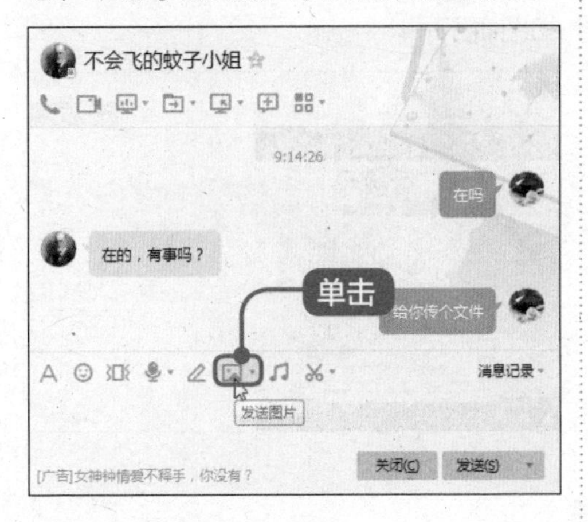

5 弹出【打开】对话框

弹出【打开】对话框，选择文件保存的位置，选中准备发送的文件，单击【打开】按钮，如图所示。

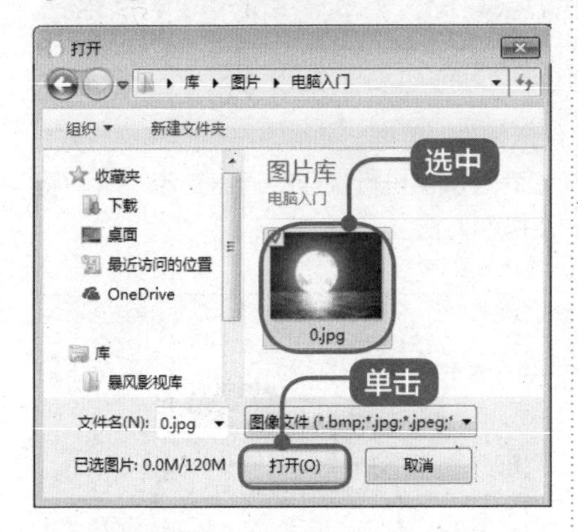

6 完成操作

通过以上步骤即可完成互发消息并传递文件的操作，如图所示。

15.4.2 远程演示幻灯片

用户还可以利用QQ远程演示幻灯片。下面详细介绍远程演示幻灯片的方法。

1 单击【远程演示】下拉按钮

打开聊天窗口，单击【远程演示】下拉按钮，在弹出的选项中单击【演示文稿】按钮，如图所示。

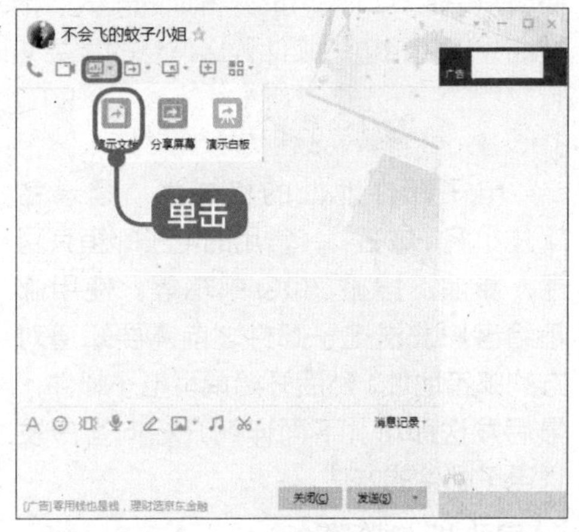

2 弹出【打开】对话框

弹出【打开】对话框，选择文件所在位置，选中准备打开的文件，单击【打开】按钮，如图所示。

■3 完成操作

进入演示文稿演示界面。通过以上步骤即可完成远程演示幻灯片的操作，如图所示。

15.5 实战案例——使用电子邮件传递信息

本节视频教学时间 / 1 分钟 29 秒

电子邮件又称E-mail，是指用电子手段传送信件、单据、资料等信息的通信方式。使用电子邮件可以与世界各地的亲人、朋友和商业伙伴进行快速的通信交流。本节将详细介绍使用电子邮件传递信息的相关知识及操作方法。

15.5.1 向客户发送电子邮件

电子邮件地址的格式为“登录名@主机名.域名”，常用的电子邮箱有网易、新浪、搜狐、QQ邮箱等。使用邮箱给客户发送电子邮件之前需要知道对方的邮箱地址，然后开始撰写电子邮件，最后发送即可。下面详细介绍向客户发送电子邮件的方法。

■1 启动 IE 浏览器

启动IE，在地址栏中输入“www.126.com”，进入“126网易邮箱”官方网站，输入邮箱的【用户名】和【密码】，单击【登录】按钮，如图所示。

■2 单击左侧的【写信】按钮

进入【126网易免费邮】个人电子邮箱网页，单击左侧的【写信】按钮，如图所示。

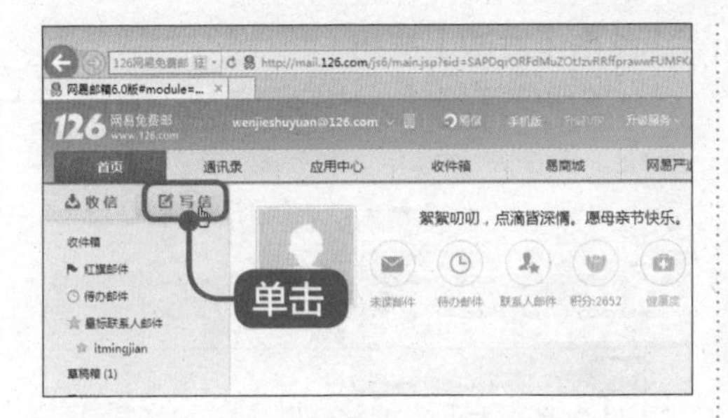

3 进入【写信】界面

进入【写信】界面，在【收件人】文本框中输入邮箱地址，在【主题】文本框中输入邮件标题，单击【添加附件】按钮，如图所示。

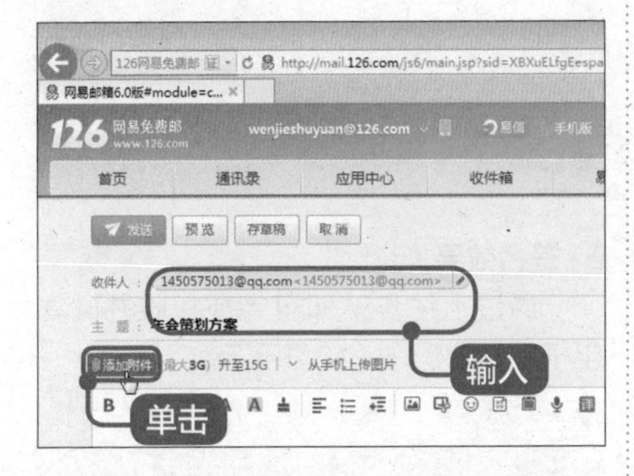

4 弹出【选择要加载的文件】对话框

弹出【选择要加载的文件】对话框，选择文件所在位置，选中文件，单击【打开】按钮，如图所示。

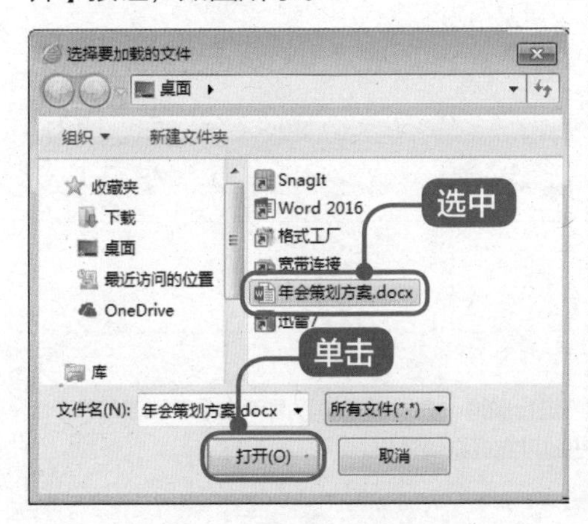

5 返回到【写信】界面

返回到写信界面，等待附件上传完成后单击【发送】按钮，如图所示。

6 完成操作

通过以上步骤即可完成发送电子邮件的操作，如图所示。

15.5.2 接收并回复电子邮件

用户收到电子邮件后，需要及时接收并回复对方的邮件。

1 单击【收信】按钮

打开自己的邮箱网页，单击【收信】按钮，如图所示。

2 单击查看未读邮件

进入收信界面，单击查看未读邮件，如图所示。

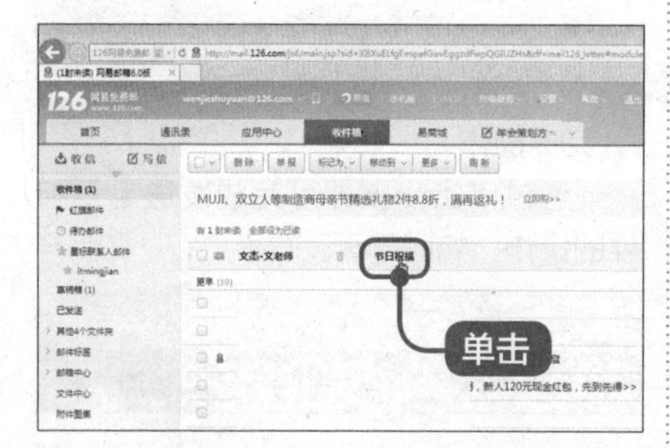

3 单击【回复】按钮

打开邮件进行查看，单击【回复】按钮，如图所示。

4 单击【发送】按钮

在写信区域输入内容，单击【发送】按钮，如图所示。

5 签名效果

通过上述步骤即可完成接收并回复电子邮件的操作，如图所示。

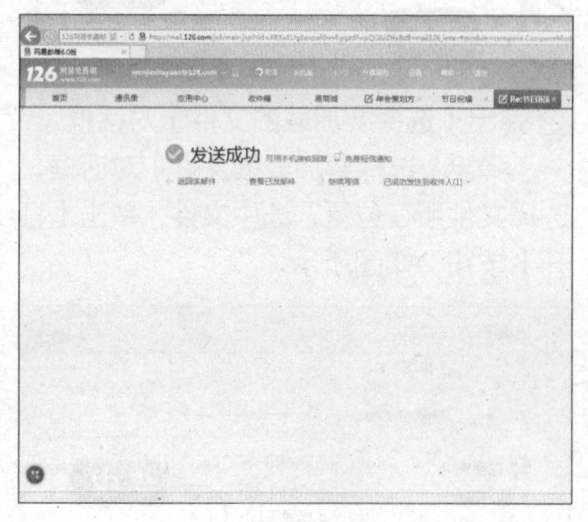

提示

如果发送完的邮件有错误，用户还可以在一段时间内进行撤销。在发送成功界面单击【返回该邮件】链接，进入刚刚发送的邮件，单击【撤回邮件】按钮即可完成撤销操作。

本节将介绍两个操作技巧，包括使用QQ的演示白板功能和删除垃圾邮件的具体方法。

技巧1 • 使用QQ的演示白板功能

用户还可以使用QQ软件的演示白板功能。

1 单击【远程演示】下拉按钮

打开聊天窗口，单击【远程演示】下拉按钮，在弹出的选项中单击【演示白板】按钮，如图所示。

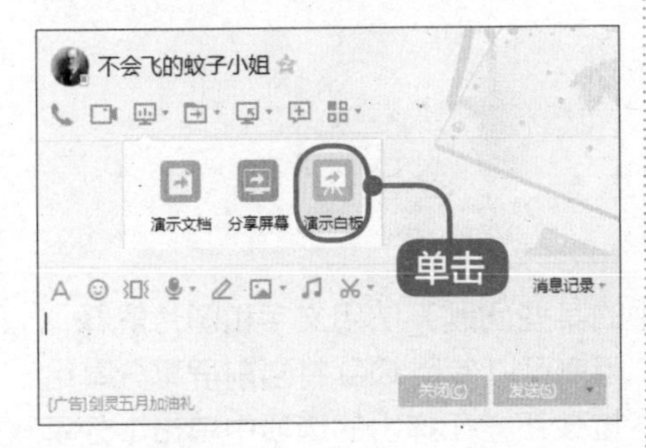

2 完成操作

通过以上步骤即可完成远程演示白板的操作，如图所示。

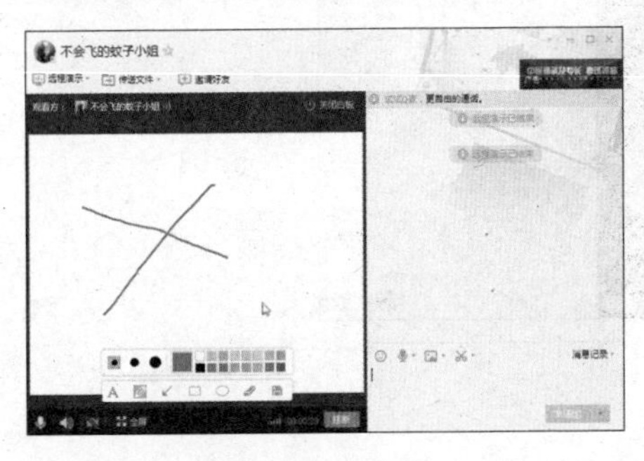

技巧2 • 删除垃圾邮件

垃圾邮件会占用大量空间，因此需要定期清理。

1 单击【垃圾邮件】选项

在邮箱网页中单击【垃圾邮件】选项，如图所示。

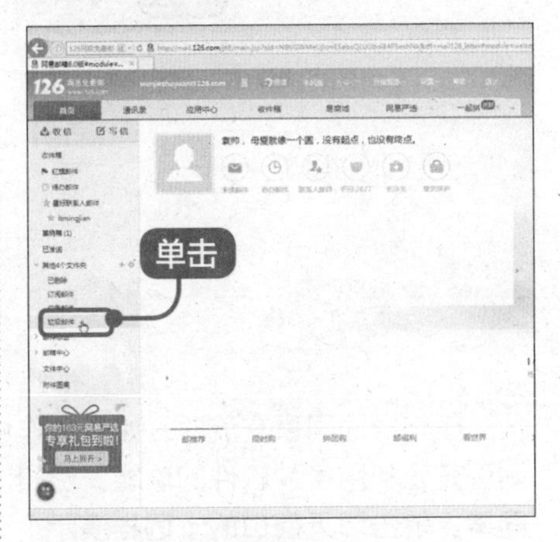

2 单击准备删除的邮件

在垃圾邮件页面中，右键单击准备删除的邮件，在弹出的快捷菜单中选择【彻底删除】菜单项，如图所示。

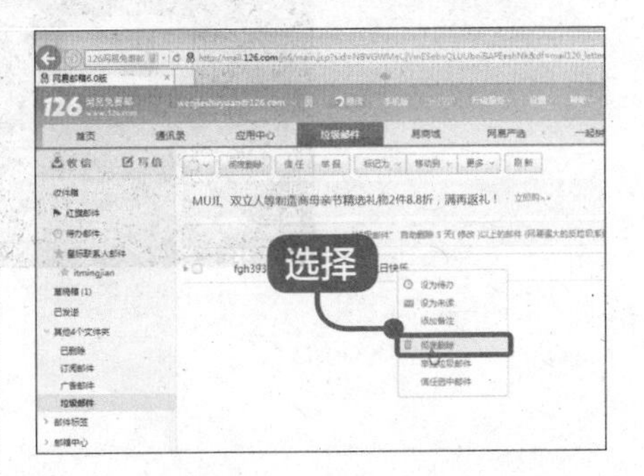

3 单击【垃圾邮件】选项

弹出对话框，提示“确定彻底删除邮件吗？”信息，单击【确定】按钮，如图所示。

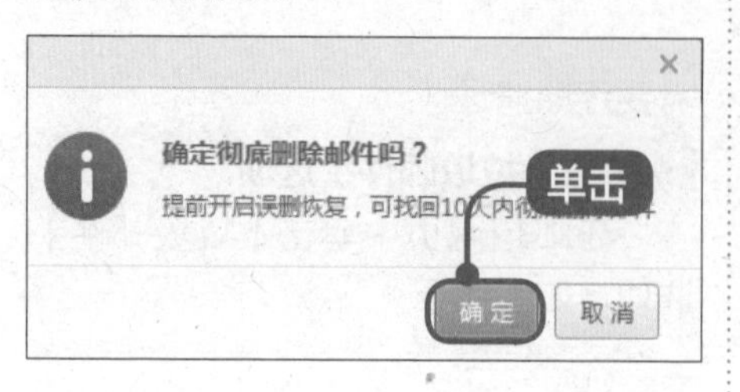

4 完成操作

通过以上步骤即可完成删除垃圾邮件的操作，如图所示。

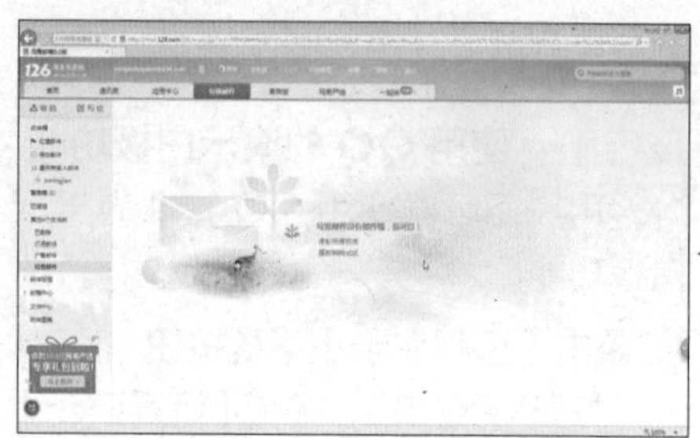

在与异地同事交流时，如果工作中的某些问题无法用文字和图片解释，则可充分利用各种软件的功能。例如，用户可以使用 QQ 将当前屏幕分享给同事。单击聊天窗口的【远程演示】下拉按钮，在弹出的选项中单击【分享屏幕】按钮，即可和好友分享当前电脑屏幕，如图所示。

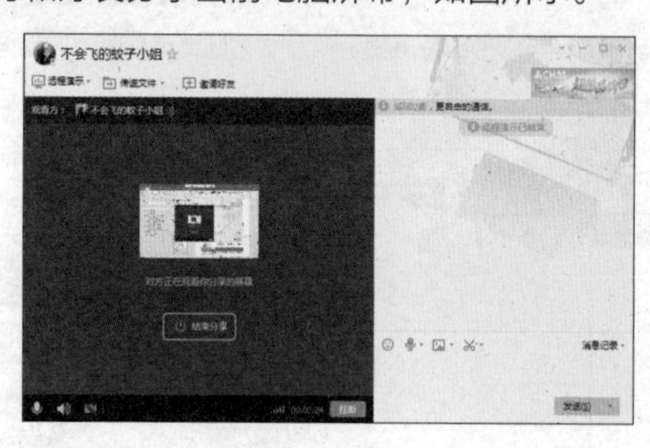

第 16 章

办公设备及辅助办公软件

本章视频教学时间 / 6 分钟 37 秒

重点导读

本章主要介绍打印机的使用和维护、传真机的使用和维护、使用光盘刻录机方面的知识与技巧，同时讲解应用常见的辅助办公软件的方法。本章最后针对实际的工作需求，讲解出现 Windows 7“假死”现象和管理员账户被停用等问题时的解决方法。通过本章的学习，读者可以掌握使用办公设备及辅助办公软件方面的知识，为深入学习 Office 2016 和五笔输入法知识奠定基础。

本章主要知识点

✓ 打印机的使用和维护

✓ 传真机的使用和维护

✓ 使用光盘刻录机

✓ 应用常见的辅助办公软件

16.1 打印机的使用和维护

本节视频教学时间 / 2 分钟 34 秒

打印机是电脑重要的输出设备之一，可以将电脑中的文本和图片等呈现在纸张上。本节将详细介绍打印机使用和维护的相关知识。

16.1.1 认识打印机

使用打印机可以把计算机处理结果打印在相关介质上。打印机的性能指标有 3 项，分别是打印分辨率、打印速度和打印噪声，分辨率越高、速度越快，打印性能越好。打印机分为点阵式打印机、喷墨式打印机、激光式打印机 3 种。

16.1.2 安装打印机及驱动程序

使用添加打印机向导可让用户非常轻松地完成打印机的安装。下面将详细介绍安装打印机的操作方法。

1 单击【开始】按钮

在电脑桌面上单击【开始】按钮，在弹出的菜单中单击【设备和打印机】按钮，如图所示。

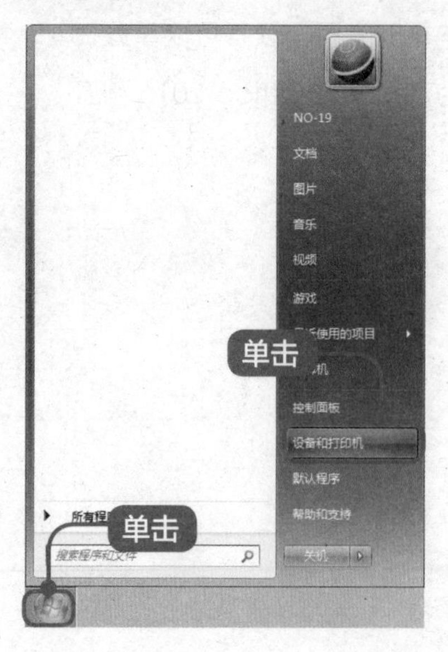

2 打开【设备和打印机】窗口

打开【设备和打印机】窗口，单击【添加打印机】选项卡，如图所示。

3 弹出【添加打印机】对话框

弹出【添加打印机】对话框，进入【要安装什么类型的打印机？】界面，选择【添加本地打印机】选项，如图所示。

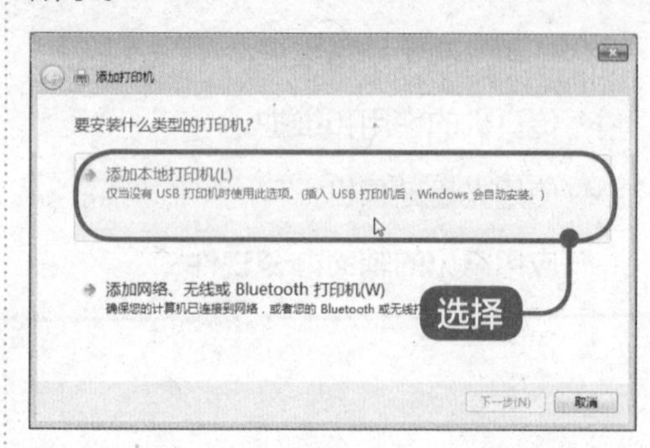

4 进入选择打印机端口界面

进入【选择打印机端口】界面，选择【使用现有的端口】单选项，单击【下一步】按钮，如图所示。

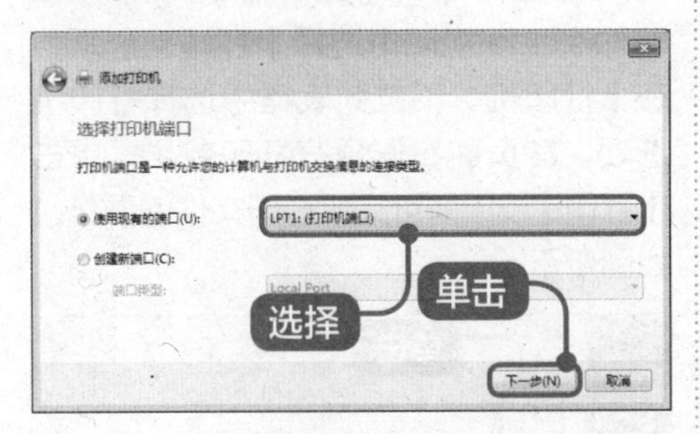

5 进入【安装打印机驱动程序】界面

进入【安装打印机驱动程序】界面，在【厂商】区域选择打印机制造厂商，在【打印机】区域选择打印机型号，单击【下一步】按钮，如图所示。

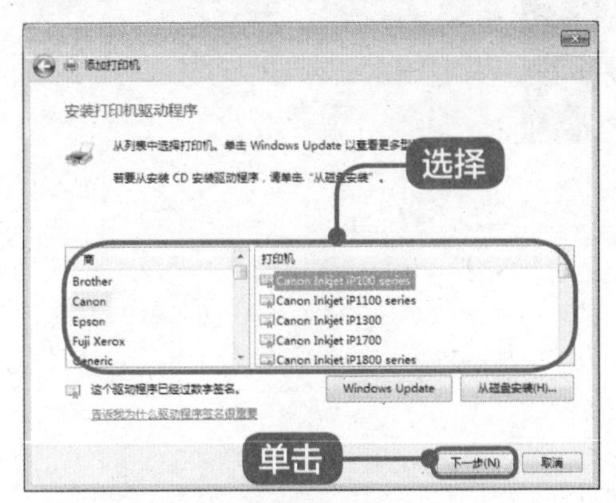

6 进入输入打印机名称界面

进入【输入打印机名称】界面，在【打印机名称】文本框中输入所安装的打印机名称，单击【下一步】按钮，如图所示。

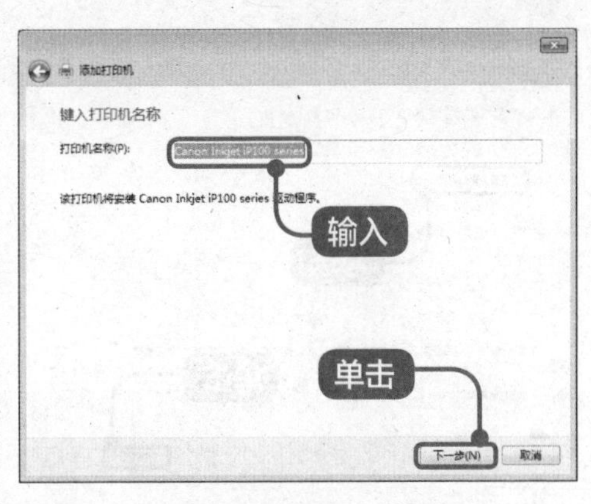

7 进入【正在安装打印机】界面

进入【正在安装打印机】界面，显示安装打印机的进度，用户需要稍等片刻，如图所示。

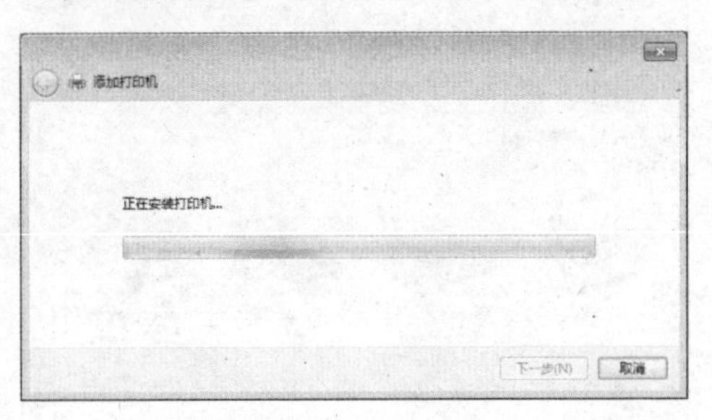

8 进入【打印机共享】界面

进入【打印机共享】界面，选择共享选项，单击【下一步】按钮，如图所示。

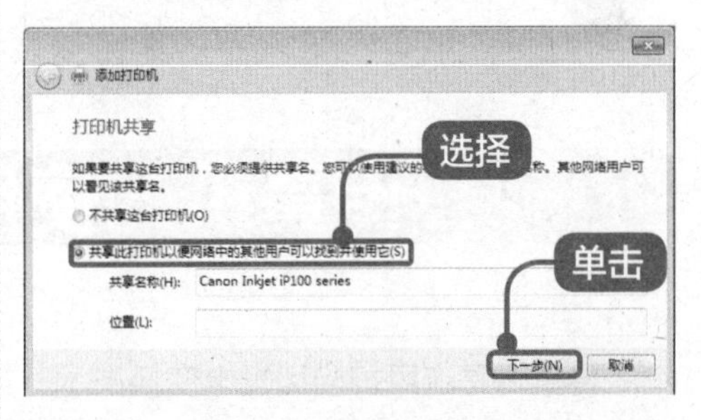

9 进入【已经成功添加打印机】界面

进入【已经成功添加打印机】界面，勾选【设置为默认打印机】复选框，单击【完成】按钮，如图所示。

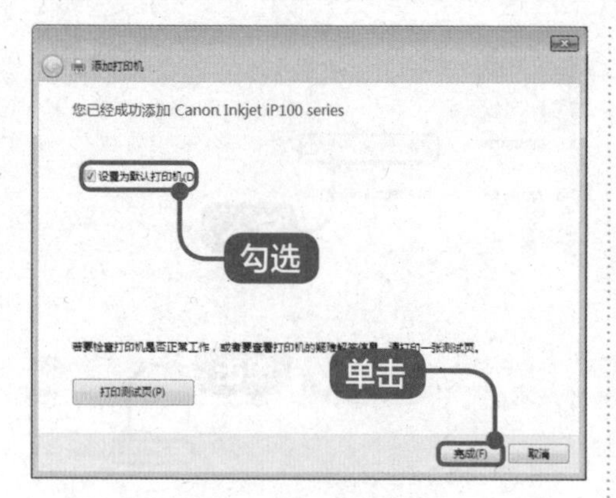

10 打开【设备和打印机】窗口

打开【设备和打印机】窗口，显示刚刚添加的打印机图标，如图所示。

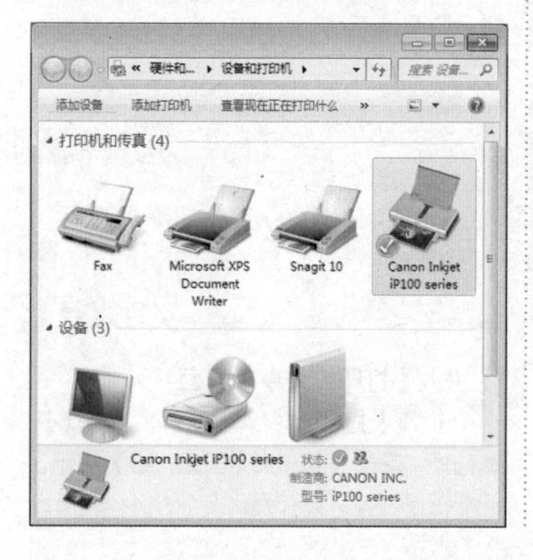

16.1.3 正确使用打印机打印文件

完成安装打印机后就可以进行打印文件了。打开需要打印的 Word 文档，在菜单栏中选择【文件】选项卡，在 Backstage 视图中选择【打印】选项，在【打印机】下拉列表框中选择打印机选项，在页面右侧预览打印效果，单击【打印】按钮即可完成打印文件的操作，如图所示。

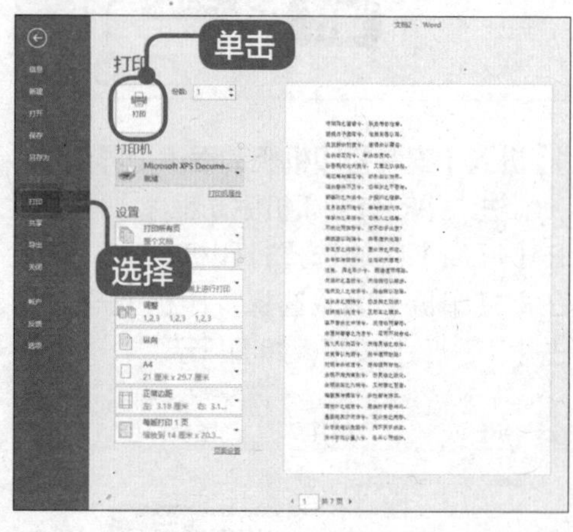

16.2 传真机的使用和维护

本节视频教学时间 / 57 秒

传真机是应用扫描和光电变换技术，把文件、图表、照片等静止图像转换成电信号，传送到接收端，以记录形式进行复制的通信设备。在本节中将介绍传真机及其使用的方法。

16.2.1 认识传真机

传真机能直观、准确地再现真迹，并能传送不易用文字表达的图表和照片，操作简便，在办公通信中广泛应用，如图所示。传真机的种类比较多，分类方法也各不相同。按照它的用途，可以分为相片传真机、报纸传真机、气象传真机和文件传真机 4 种类型。

16.2.2 使用传真机

传真机背后有一个插座标有“LINE”，从该插座引出的连线用于与电信局来的电话线相接。传真机收到文件的质量取决于发送的原文件的质量，为了慎重起见，用户发传真之前，可以先将原稿文件用该传真机复印一下，通过调对比度、清晰度（分辩率）或选用图片（半色调）方式可以改善原稿的传送质量。

1 选择阅读版式

将准备发送的文件文字面向下放入文件进稿器上，选择好清晰度和对比度。然后拨通拨对方的电话号码，如果对方传真机处于自动接收状态，用户会听到“准备好接收”的“哔”音信号（CED 信号），如图所示。

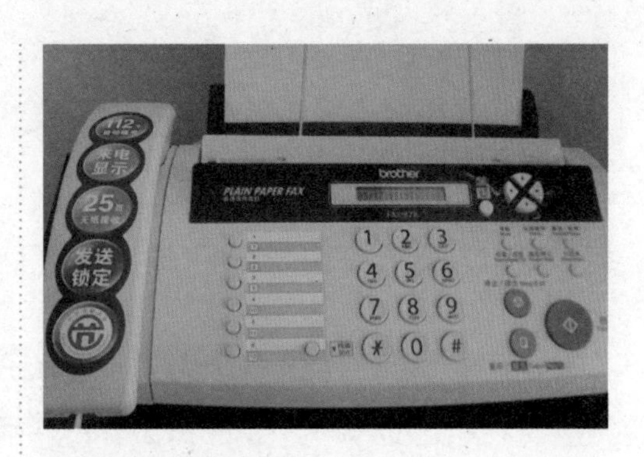

2 阅读版式效果

如果对方是手动接收状态，请对方操作员按下“启动（START）”键，这时将听到类似“哔”音的信号，按下“启动”键并挂下话筒，文稿会自动地进入传真机并被发送到对方。如果传输成功，将会显示“成功发送”信息。如果通信失败也会有出错信息显示，如图所示。

一般传真机可以分为自动接收和手动接收两种方式。

1. 自动接收

自动接收时，传真机必须是处于自动接收状态，可用键选择或者通过编程设置，通常在显示屏上显示现在为自动接收状态。

如果有发送的传真到来时，电话铃在响若干声后即转入自动接收，接收对方发来的传输文稿。接收完毕会有通信成功的信息显示；如果不成功也会有出错信息显示或告警。

2. 手动接收

在传真机处于手动接收的状态下，电话铃声响声后即可进行接收操作。

如果对方是手动发送，回答呼叫后按照对方要求按下“启动”键，放下话筒后即可接收对方来的传真文件。

如果对方是自动发送时，在拿起话筒时会听到类似“哔”的信号音，这表明对方是自动发送传真状态，这时按下“启动”键便能接收文件。

16.3 使用光盘刻录机

本节视频教学时间 / 1 分钟 36 秒

使用光盘刻录机可以轻松地将电脑中的资料保存在光盘上。本节将详细介绍使用光盘刻录机的相关知识及方法。

16.3.1 认识光盘刻录机

光盘刻录机是一种数据写入设备，利用激光将数据写到空光盘上，从而实现数据的储存。其写入过程可以看作普通光驱读取光盘的逆过程，如图所示。光盘刻录机包括 CD - R（CD - Recordable）和 CD - RW（CD - ReWritable）。CD - R 采用一次写入技术，可以被几乎所有 CD - ROM 读出和使用。CD - RW 则采用先进的相变技术，可以多次重复写入。

16.3.2 刻录数据文件

使用 Nero 软件可以让用户以轻松快速的方式制作专属的数据光盘。这种光盘类型是最常见和最常用的。下面具体介绍刻录数据文件的操作方法。

1 启动 Nero Burning ROM

启动 Nero Burning ROM，弹出【新编辑】对话框，选择【CD - ROM（ISO）】选项，在【多重区段】选项卡中单击【没有多重区段】单选按钮，单击【新建】按钮，如图所示。

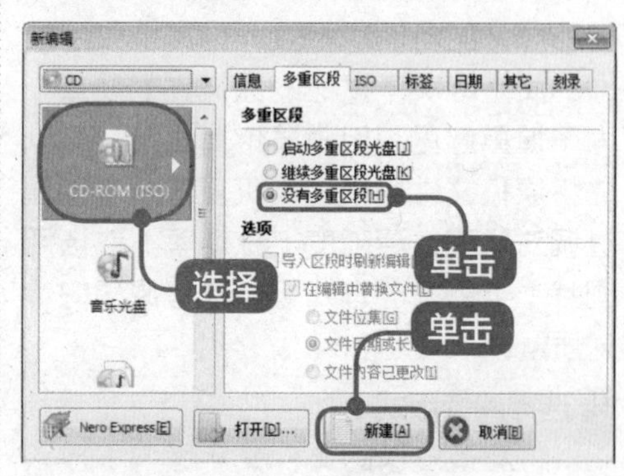

2 弹出【ISO1】对话框

弹出【ISO1】对话框，在【浏览器】区域下方选择准备刻录的文件，单击并拖动文件至窗口左侧的刻录区域中，如图所示。

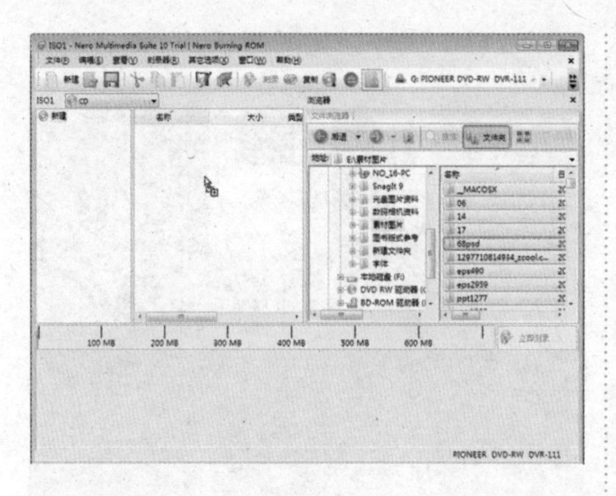

3 单击【刻录】按钮

文件已被拖拽到刻录区域中，单击【刻录】按钮，如图所示。

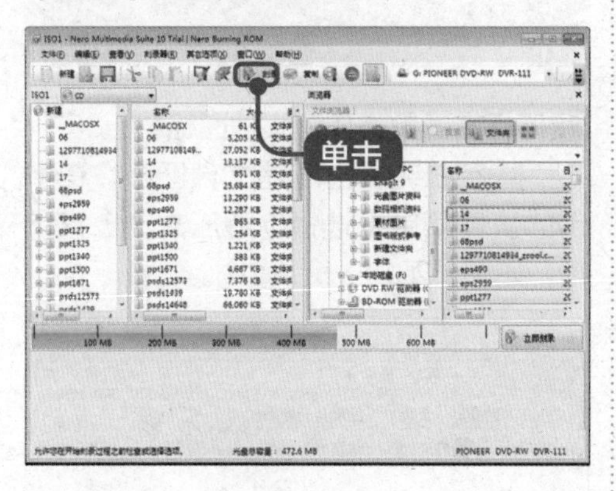

4 弹出【刻录编译】对话框

弹出【刻录编译】对话框，在【操作】区域中选择准备使用的复选框，在【写入】区域中选择写入速度和写入方式，勾选【防烧坏保护】复选框，单击【刻录】按钮，如图所示。

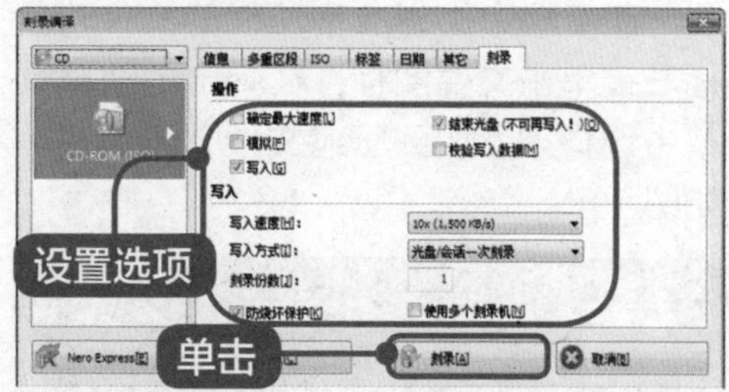

5 完成操作

等待一段时间，系统正在写入文件。文件写入完成后，弹出对话框显示刻录完毕，并自动弹出光盘，这样即完成刻录普通数据光盘，如图所示。

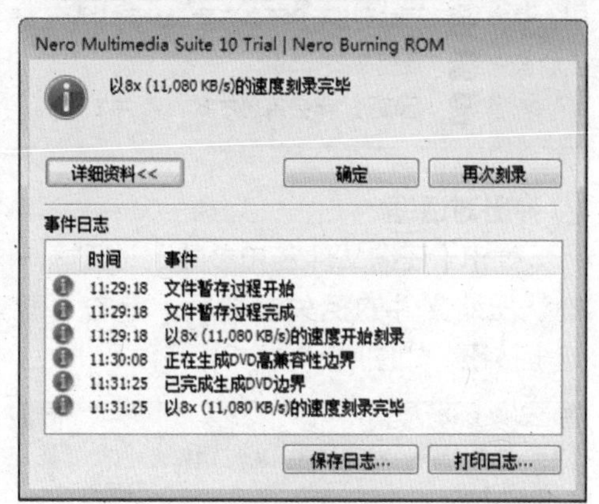

16.4 应用常见的辅助办公软件

本节视频教学时间 / 1 分种 30 秒

熟练使用电脑辅助类工具软件已经成为人们使用电脑办公的必备能力。本节将详细介绍应用常见的辅助办公软件的相关知识及操作方法。

16.4.1 使用 WinRAR 软件压缩和解压缩文件

WinRAR 软件是一款功能强大的压缩包管理器，支持多种格式类型的文件，用于备份数据、缩减电子邮件附件的大小、解压缩从互联网中下载的压缩文件和新建压缩文件等。下面详细介绍使用 WinRAR 软件压缩和解压缩文件的操作方法。

1 鼠标右键单击文件图标

在电脑中找到准备压缩的文件，鼠标右键单击文件图标，在弹出的快捷菜单中选择【添加到压缩文件】菜单项，如图所示。

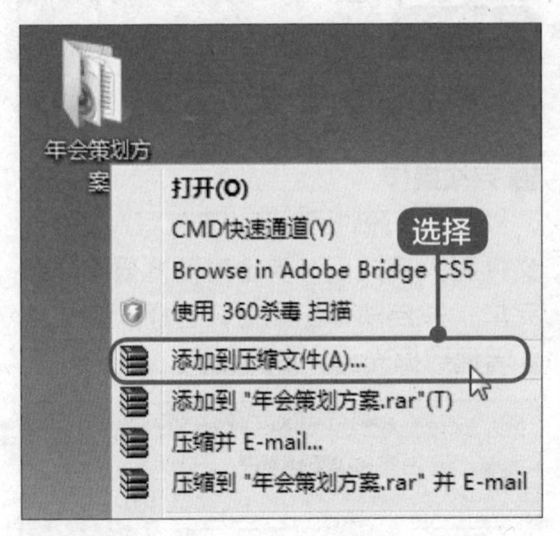

2 弹出对话框

弹出【压缩文件名和参数】对话框，确认压缩文件的相关参数后，单击【确定】按钮，如图所示。

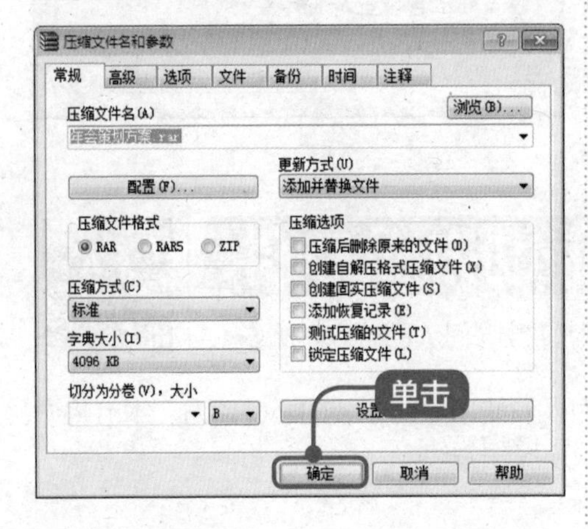

3 完成压缩操作

通过以上步骤即可完成使用 WinRAR 压缩文件的操作，如图所示。

4 鼠标右键单击压缩文件图标

鼠标右键单击压缩文件图标，在弹出的快捷菜单中选择【解压文件】菜单项，如图所示。

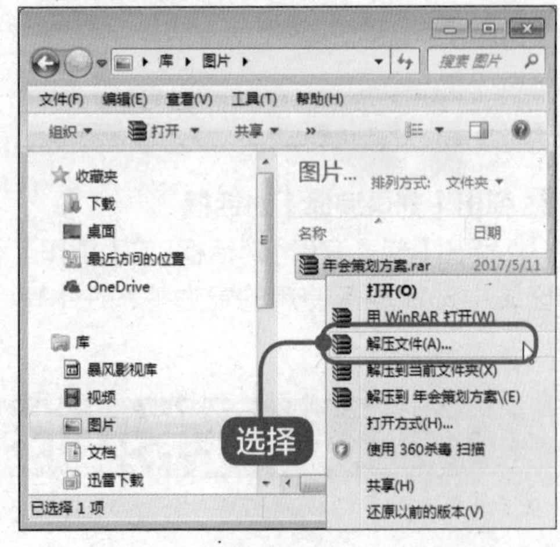

5 弹出【解压路径和选项】对话框

弹出【解压路径和选项】对话框，在【常规】选项卡中选择文件解压后存放的位置，单击【确定】按钮，如图所示。

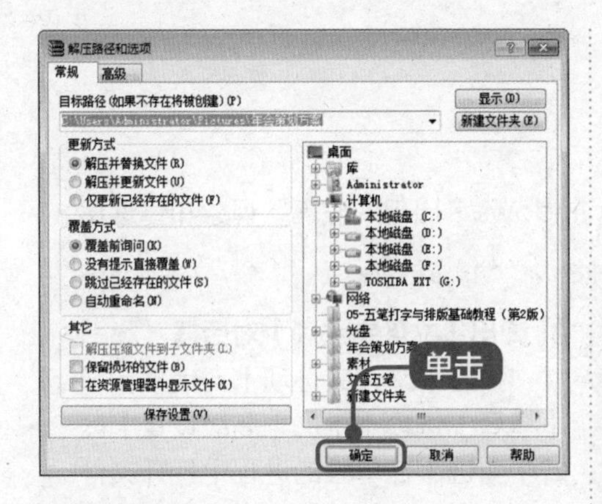

6 完成操作

可以看到文件被解压成普通文件夹。通过以上步骤即可完成使用 WinRAR 解压缩文件的操作，如图所示。

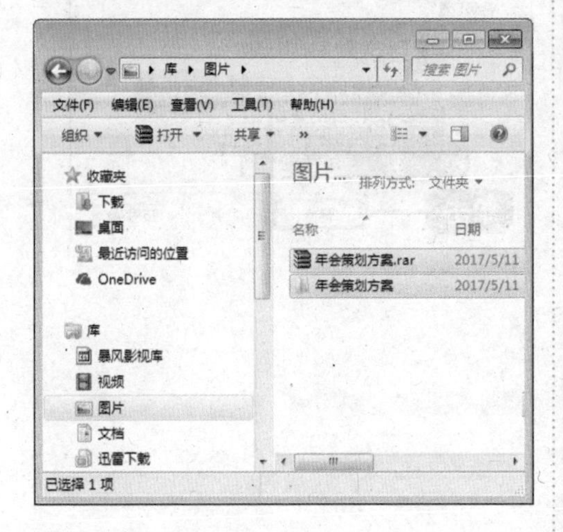

16.4.2 使用金山词霸翻译

金山词霸是由金山公司推出的一款词典类软件，适用于个人用户的免费翻译需要。软件包含取词、查词和查句等经典功能，并新增全文翻译、网页翻译和覆盖新词、流行词查询的网络词典；支持中、日、英三语查询等。下面将详细介绍使用金山词霸翻译的操作方法。

1 启动并运行金山词霸程序

启动并运行金山词霸程序，在【查询】文本框中输入准备翻译的句子，然后按下回车键，如图所示。

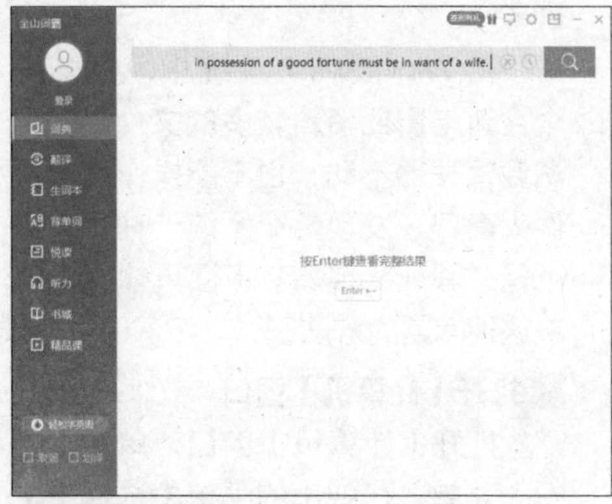

2 完成翻译操作

此时程序界面中显示出句子的中文意思。这样即可完成使用金山词霸翻译句子的操作，如图所示。

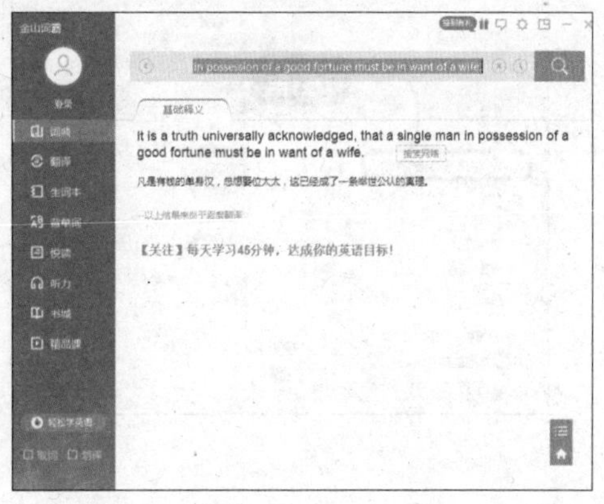

本节将介绍两个操作技巧，包括 Windows 7 出现“假死”现象和管理员账户被停用的具体方法。

技巧 • Windows 7 出现“假死”现象

在 Windows 7 系统中，打开一个含有电影或资料较多的文件夹时，资源管理器不动，也不能操作其他文件夹窗口，发现整个系统卡住了，这就是“假死”现象。下面具体介绍解决这种问题的方法。

1 打开【计算机】窗口

打开【计算机】窗口，单击【组织】菜单，在弹出的菜单中选择【文件夹和搜索选项】菜单项，如图所示。

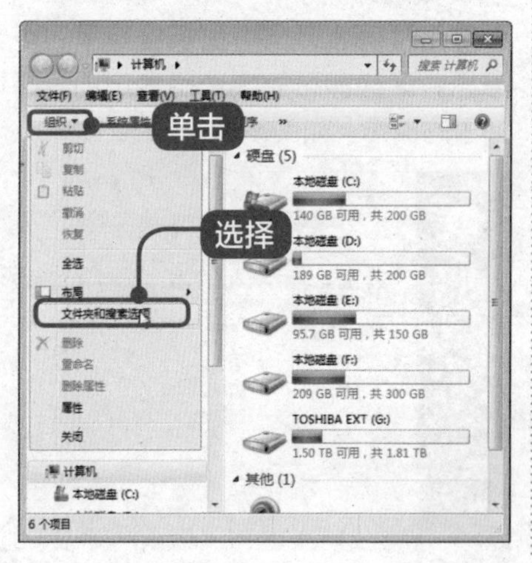

2 弹出【文件夹选项】对话框

弹出【文件夹选项】对话框，在【查看】选项卡下的【高级设置】区域中勾选【在单独的进程中打开文件夹窗口】复选框，单击【确定】按钮即可解决问题，如图所示。

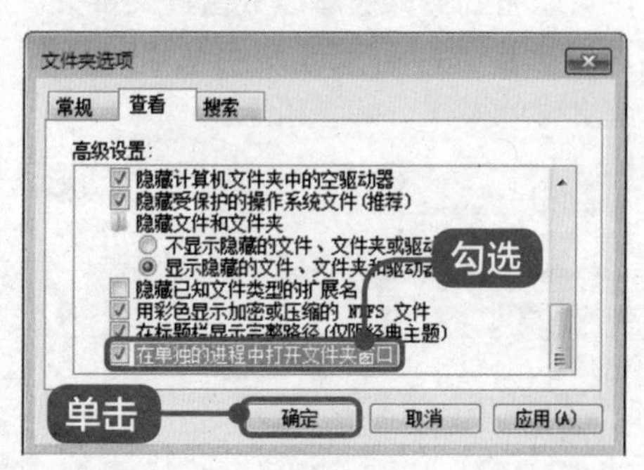

第 17 章

电脑安全与病毒防范

本章视频教学时间 / 6 分钟 7 秒

重点导读

本章主要介绍认识电脑病毒与木马、360 杀毒软件应用、Windows 7 系统备份与还原、使用 Windows 7 防火墙方面的知识与技巧，同时讲解硬盘与系统优化的方法。本章最后针对实际的工作需求，讲解设置最佳性能和调整系统停留启动的时间的方法。通过本章的学习，读者可以掌握电脑安全与病毒防范方面的知识，为深入学习 Office 2016 和五笔输入法知识奠定基础。

本章主要知识点

- ✓ 认识电脑病毒与木马
- ✓ 360 杀毒软件应用
- ✓ Windows 7 系统备份与还原
- ✓ 使用 Windows 7 防火墙
- ✓ 硬盘与系统优化

17.1 认识电脑病毒与木马

本节视频教学时间 / 56 秒

网络在服务大众的同时也带来了电脑病毒。病毒的种类很多。本节将详细介绍防范电脑病毒方面的知识。

17.1.1 电脑病毒与木马的介绍

"电脑病毒"与医学上的"病毒"不同。"电脑病毒"往往不是独立存在的，通常会附在各种类型的文件上隐藏起来。当该文件被运行或复制时，电脑病毒会随着文件一起传播出去。下面详细介绍电脑病毒的特点。

- 隐蔽性：电脑病毒具有很强的隐蔽性。有的病毒可以通过病毒软件检测出来，有的无法检测出来，这类病毒处理起来很困难。
- 寄生性：电脑病毒通常寄生于各种类型的文件或应用程序中。
- 传染性：电脑病毒在一定条件下可以自我复制，能对其他文件或系统进行一系列非法操作，并使之成为一个新的传染源，这是病毒最基本的特征。
- 破坏性：在触发条件满足时，电脑病毒立即对计算机系统的文件、资源等进行干扰破坏。

"木马"程序是目前比较流行的病毒文件。与一般的病毒不同，它不会自我繁殖，也并不"刻意"地去感染其他文件，它通过伪装自身从而吸引用户下载执行。这样黑客就能打开感染木马用户的电脑，任意毁坏、窃取感染用户的文件，甚至远程操控感染用户的电脑。

17.1.2 常用的杀毒软件

目前，网络上的杀毒软件种类繁多，用户可以根据自己的喜好和需要进行选择。本节就使用人数较多的杀毒软件进行简单的介绍。

1．360 杀毒软件

360 杀毒是 360 安全中心出品的一款免费的云安全杀毒软件。该软件具有查杀率高、资源占用少、升级迅速等优点，且零广告、零打扰、零胁迫，一键扫描，就可以快速、全面地诊断系统安全状况和健康程度，并进行精准修复。

2．金山毒霸

金山毒霸是中国的反病毒软件，从 1999 年发布最初版本至 2010 年是由金山软件负责开发及发行；在 2010 年 11 月金山软件旗下安全部门与可牛合并后由合并的新公司金山网络全权管理。金山毒霸融合了启发式搜索、代码分析、虚拟机查毒等技术。经业界证明成熟、可靠的反病毒技术，以及丰富的经验，使其在查杀病毒种类、查杀病毒速度、未知病毒防治等多方面达到世界先进水平。同时金山毒霸具有病毒防火墙实时监控、压缩文件查毒、查杀电子邮件病毒等多项先进的功能。从 2010 年 11 月 10 日 15 点 30 分起，金山毒霸（个人简体中文版）的杀毒功能和升级服务永久免费。

3. 腾讯电脑管家

腾讯电脑管家是腾讯公司推出的一款免费安全软件，能有效预防和解决计算机上常见的安全风险。该软件首创"管

理 + 杀毒”二合一的开创性功能，依托管家云查杀和第二代自研反病毒引擎“鹰眼”，小红伞管家系统修复引擎和金山云查杀引擎，拥有 QQ 账号全景防卫系统，在安全防护及病毒查杀方面的能力已达到国际一流杀软水平，能够全面保障电脑安全。

17.2 实战案例——360 杀毒软件应用

本节视频教学时间 / 1 分钟 11 秒

360 杀毒软件是一款免费杀毒软件，功能非常强大，占用系统资源极低，而且可以实时保护系统安全。本节将详细介绍使用 360 查杀病毒的有关操作方法。

17.2.1 全盘扫描

使用 360 杀毒软件对电脑进行全盘扫描的方法很简单。下面介绍使用 360 杀毒软件对电脑进行全盘扫描的操作方法。

1 启动 360 杀毒软件

启动 360 杀毒软件，在 360 杀毒界面中单击【全盘扫描】按钮，如图所示。

2 单击【立即处理】按钮

开始扫描，扫描完成后单击【立即处理】按钮，如图所示。

3 完成操作

完成处理，显示“已成功处理所有发现的项目！”提示，单击【确认】按钮即可完成 360 杀毒软件的全盘扫描，如图所示。

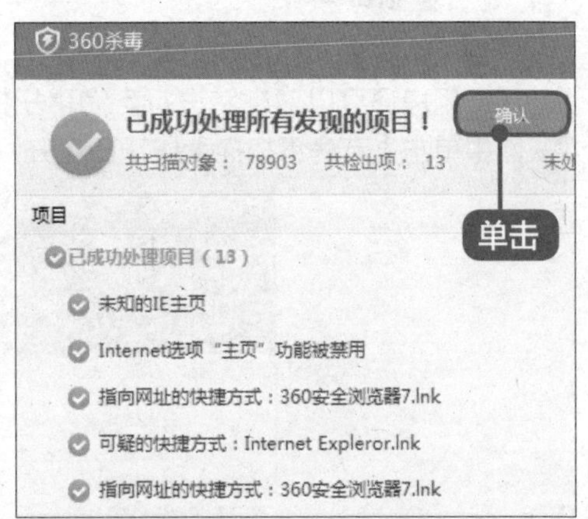

17.2.2 快速扫描

使用 360 杀毒软件的快速扫描功能的方法非常简单。下面详细介绍使用 360 杀毒软件的快速扫描功能的具体操作方法。

1 单击【快速扫描】按钮

启动 360 杀毒软件，在 360 杀毒界面中单击【快速扫描】按钮，如图所示。

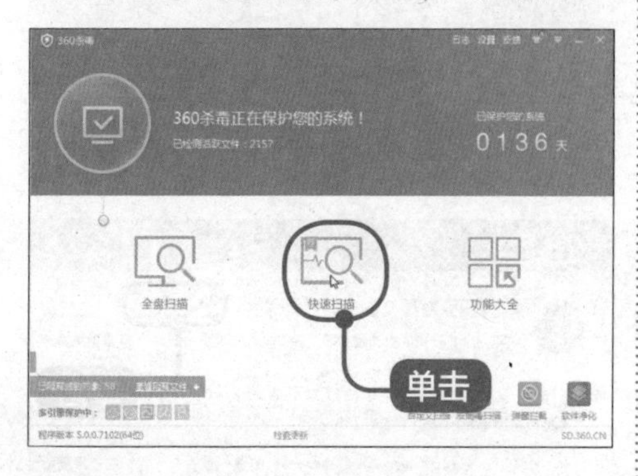

2 单击【立即处理】按钮

开始扫描，扫描完成后出现“本次扫描发现 1 个待处理项！”提示，选中待处理项目，单击【立即处理】按钮，如图所示。

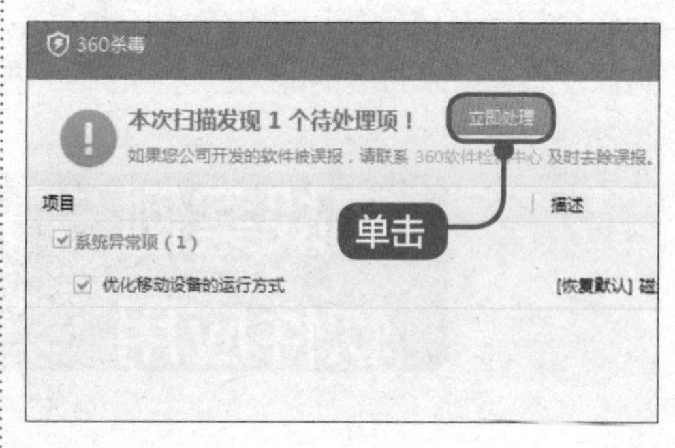

3 完成操作

完成处理，显示“已成功处理所有发现的项目！”提示，单击【确认】按钮即可完成 360 杀毒软件的快速扫描，如图所示。

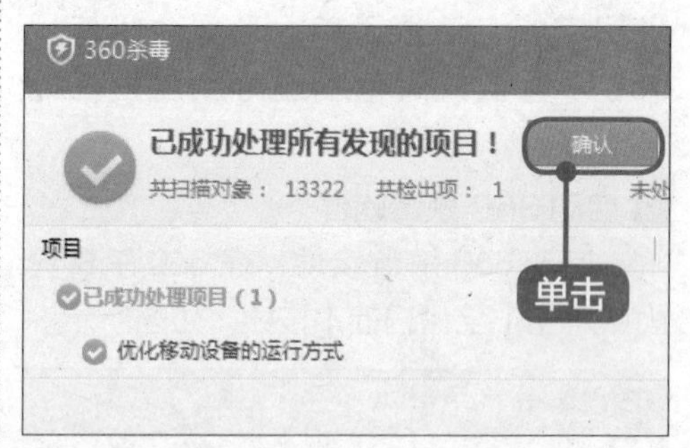

用户还可以对电脑进行宏病毒扫描。启动 360 杀毒软件，在 360 杀毒界面中单击【宏病毒扫描】按钮即可开始对电脑进行宏病毒扫描，如图所示。

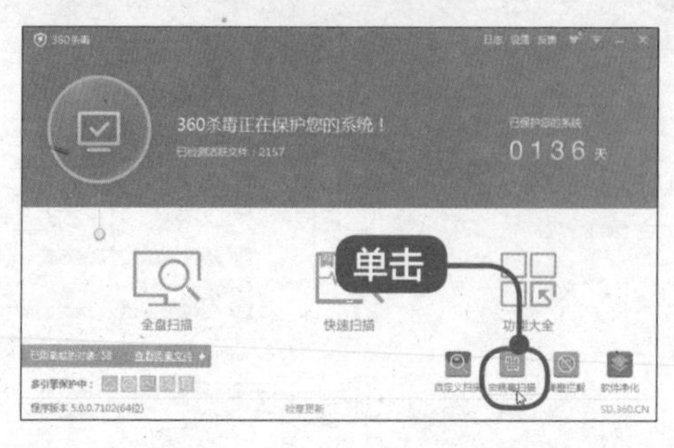

17.3 Windows 7 系统备份与还原

本节视频教学时间 / 1 分钟 33 秒

在计算机的使用过程中，一旦系统出现无法正常工作的情况，可以通过还原系统将系统恢复到以前的状态。本节主要介绍 Windows 7 系统备份与还原的方法。

17.3.1 系统备份

在 Windows 7 操作系统中，为了防止重要数据丢失或损坏，可以通过系统备份的操作来进行数据备份。下面详细介绍系统备份的操作方法。

1 单击【开始】按钮

在电脑桌面中单击【开始】按钮，在弹出的菜单中单击【控制面板】链接，如图所示。

2 弹出【控制面板】窗口

弹出【控制面板】窗口，单击【备份和还原】链接，如图所示。

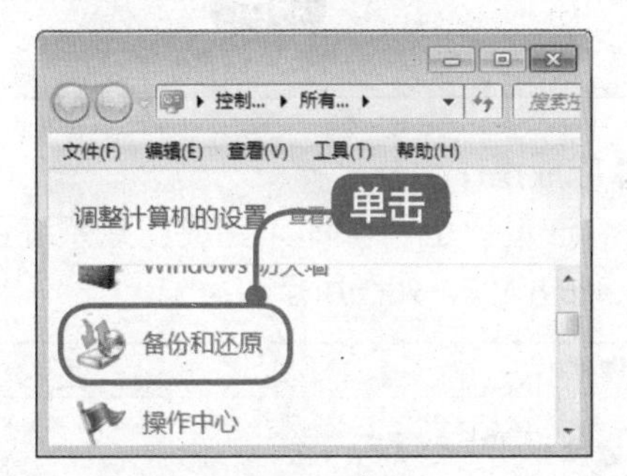

3 弹出【设备与还原】窗口

弹出【设备与还原】窗口，单击【设置备份】超链接，如图所示。

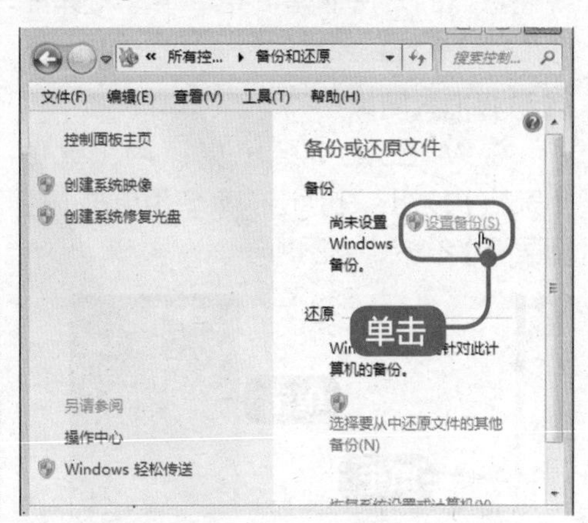

4 弹出【设置备份】对话框

弹出【设置备份】对话框，在【保存备份的位置】区域中选择准备保存位置的磁盘，单击【下一步】按钮，如图所示。

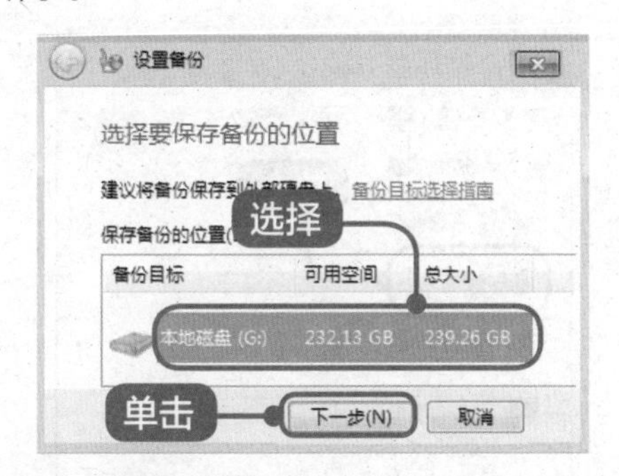

5 完成备份

通过以上步骤即可完成系统备份的操作，如图所示。

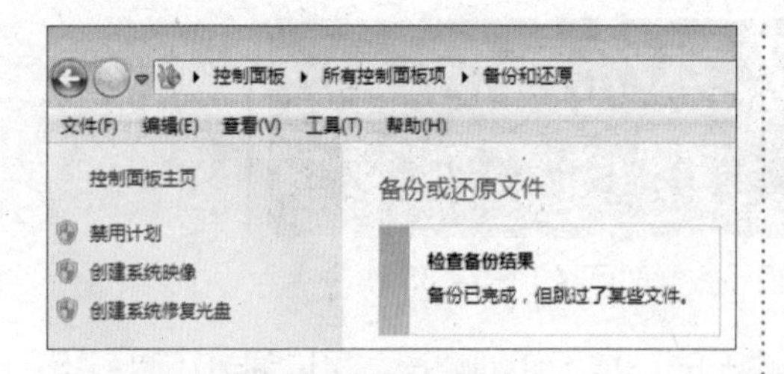

17.3.2 创建系统还原点

在 Windows 7 操作系统中，创建系统还原点的方法非常简单。下面将详细介绍创建系统还原点的具体操作方法。

1 选择插入图片

在 Windows 7 系统桌面中，单击【开始】按钮，在弹出的菜单中单击【控制面板】链接，如图所示。

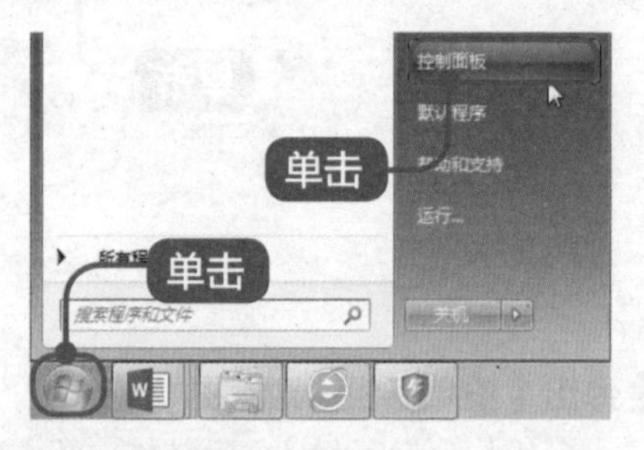

2 弹出插入图片对话框

弹出【控制面板】窗口，单击【系统】链接，如图所示。

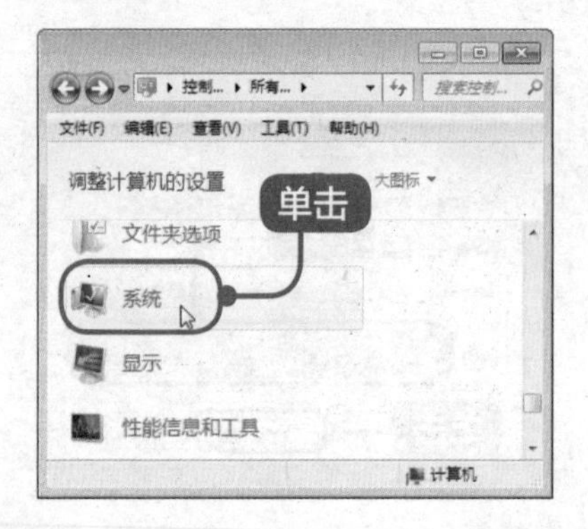

3 弹出【系统】窗口

弹出【系统】窗口，单击【系统保护】超链接，如图所示。

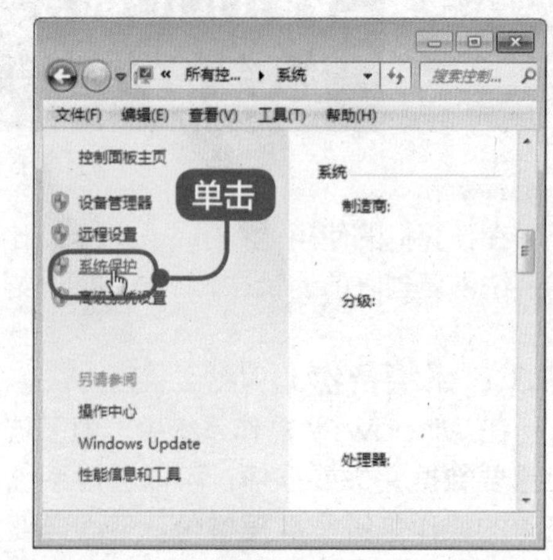

4 弹出【系统属性】对话框

弹出【系统属性】对话框，在【系统保护】选项卡中的【保护设置】区域选择准备保护的磁盘，单击【创建】按钮，如图所示。

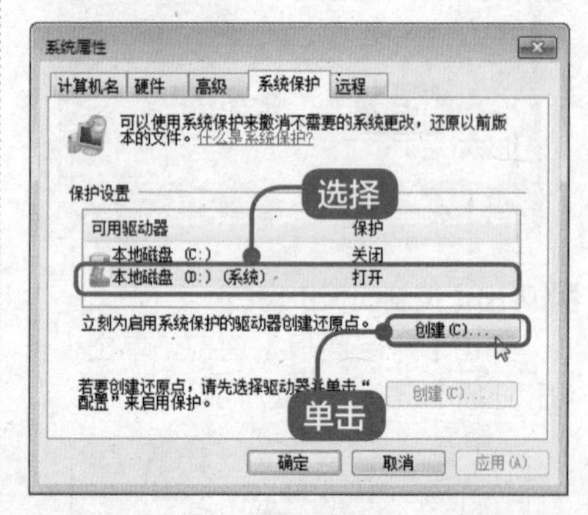

5 完成操作

通过以上步骤即可完成创建系统还原点的操作，如图所示。

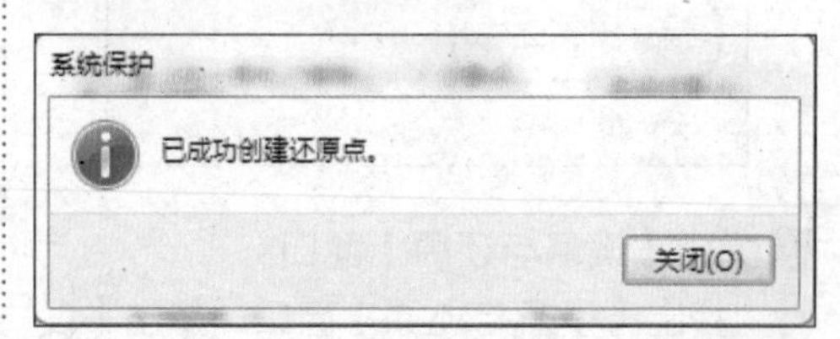

17.4 使用 Windows 7 防火墙

本节视频教学时间 / 1 分钟 17 秒

Windows 7 操作系统内置有防火墙功能。用户可以通过定义防火墙拒绝网络中的非法访问，从而主动防御病毒的入侵。

17.4.1 启用 Windows 防火墙

下面详细介绍启动 Windows 7 防火墙的详细操作步骤。

1 单击【开始】按钮

在 Windows 7 系统桌面中单击【开始】按钮，在弹出的菜单中选择【控制面板】链接，如图所示。

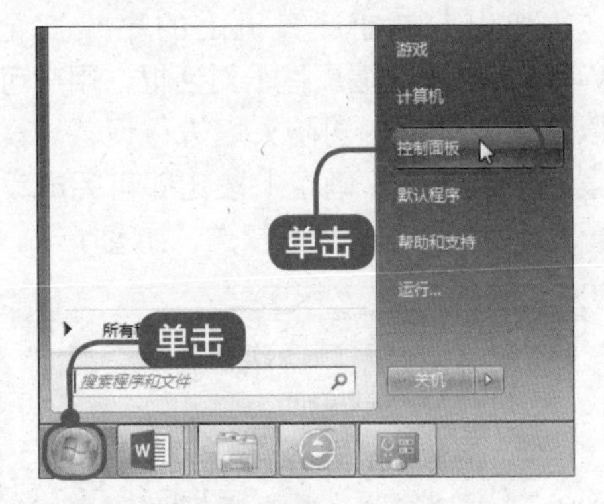

2 弹出【控制面板】窗口

弹出【控制面板】窗口，单击【Windows 防火墙】链接，如图所示。

3 单击【开始】按钮

弹出【Windows 防火墙】窗口，在窗口任务【控制面板主页】窗格中，单击【打开或关闭 Windows 防火墙】链接项，如图所示。

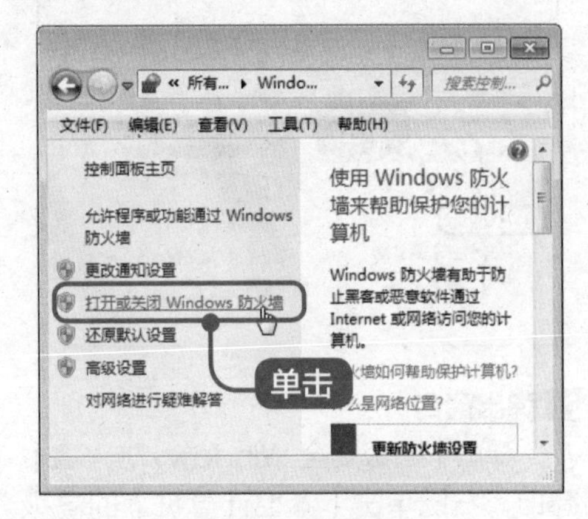

4 弹出的【自定义设置】窗口

弹出的【自定义设置】窗口，单击【启用 Windows 防火墙】单选框，单击【确定】按钮即可完成启用 Windows 防火墙的操作，如图所示。

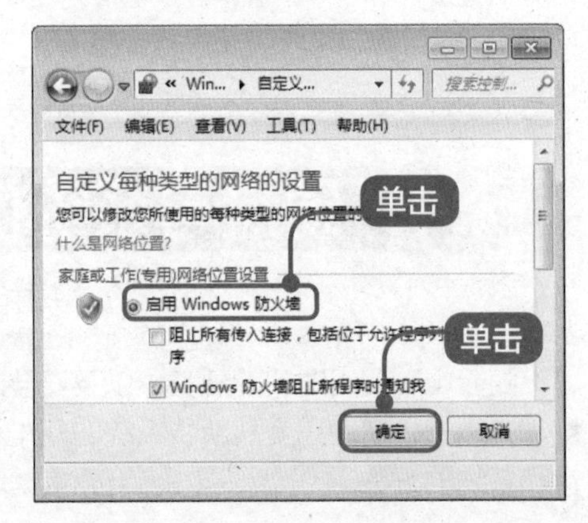

17.4.2 设置 Windows 防火墙

启动 Windows 防火墙后，应该学会如何设置 Windows 防火墙。下面介绍设置 Windows 7 防火墙的操作方法。

1 单击【开始】按钮

打开【Windows 防火墙】窗口，在【控制面板主页】区域中单击【高级设置】链接项，如图所示。

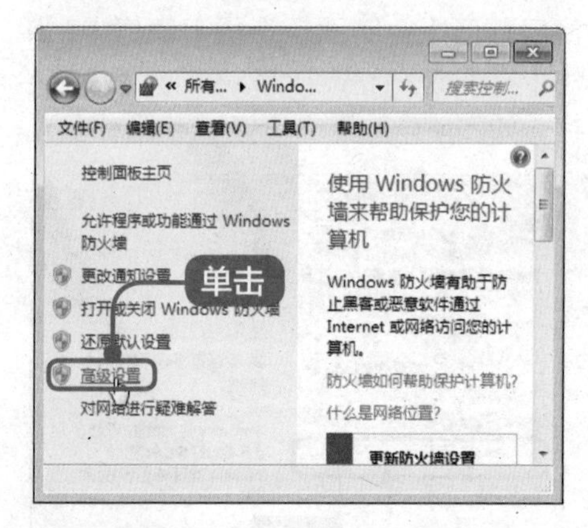

2 弹出窗口

弹出【高级安全 Windows 防火墙】窗口，右键单击【本地计算机上的高级安全 Windows 防火墙】菜单项，在弹出的快捷菜单中选择【属性】菜单项，如图所示。

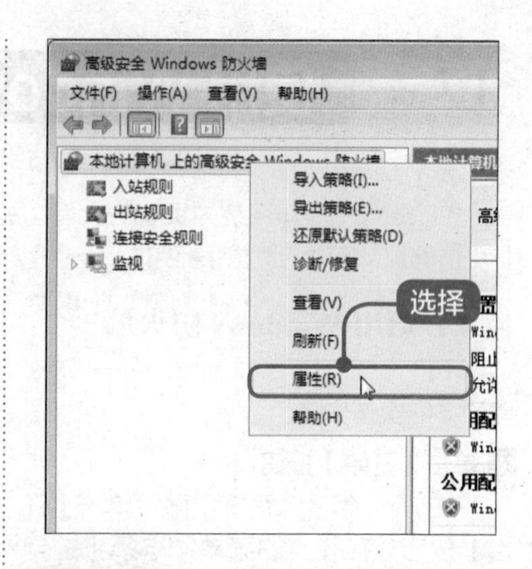

3 完成操作

弹出【本地计算机上的高级安全 Windows 防火墙属性】对话框，用户可以在该对话框中对防火墙进行设置。设置完成后单击【确定】按钮即可完成设置 Windows 防火墙的操作，如图所示。

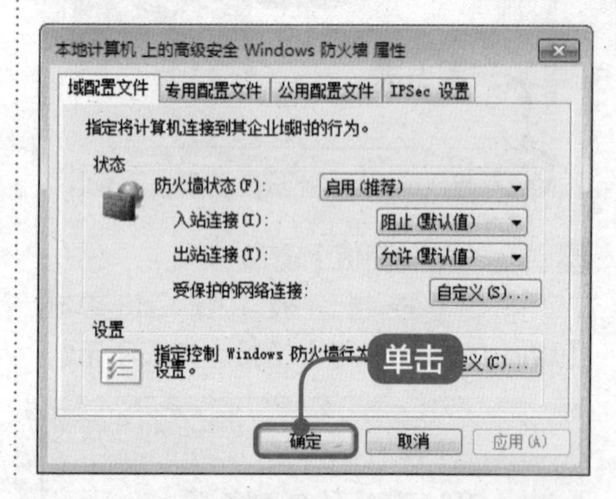

17.5 硬盘与系统优化

本节视频教学时间 / 1 分钟 10 秒

随着电脑使用时间的延长，以及安装的软件越来越多，很多用户会发现电脑的速度越来越慢，启动速度从新装系统的几十秒，不断延长为几分钟。本节将介绍优化硬盘和系统的方法。

17.5.1 整理磁盘碎片

随着使用时间的增加，系统分区所耗用的硬盘空间会越来越大，从而影响系统的运行速度，甚至可能会导致系统出现这样或那样的问题。因此我们有必要对磁盘碎片进行整理，释放磁盘空间，对系统瘦身。

1 单击【开始】按钮

在 Windows 7 系统桌面上单击【开始】按钮，在弹出的菜单中单击【所有程序】按钮，如图所示。

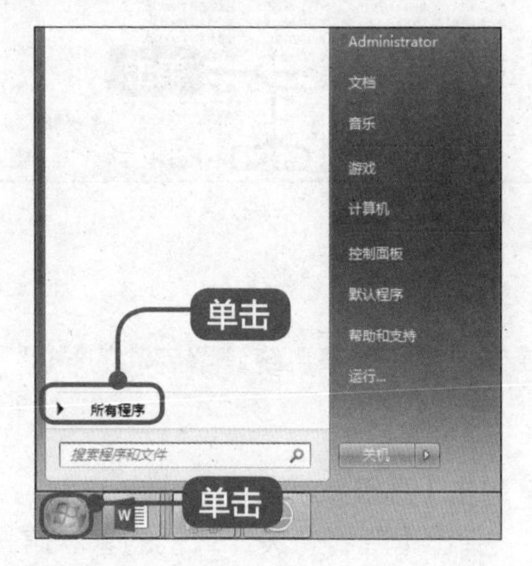

2 单击【附件】文件夹

在展开的【所有程序】菜单中，单击【附件】文件夹，单击【系统工具】文件夹，单击【磁盘碎片整理程序】程序，如图所示。

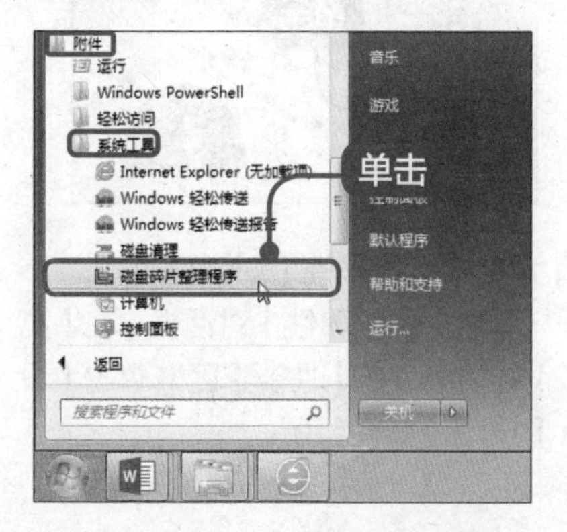

3 弹出【磁盘碎片整理程序】对话框

弹出【磁盘碎片整理程序】对话框，在【当前状态】区域中单击选中准备整理的磁盘，单击【磁盘碎片整理】按钮，如图所示。

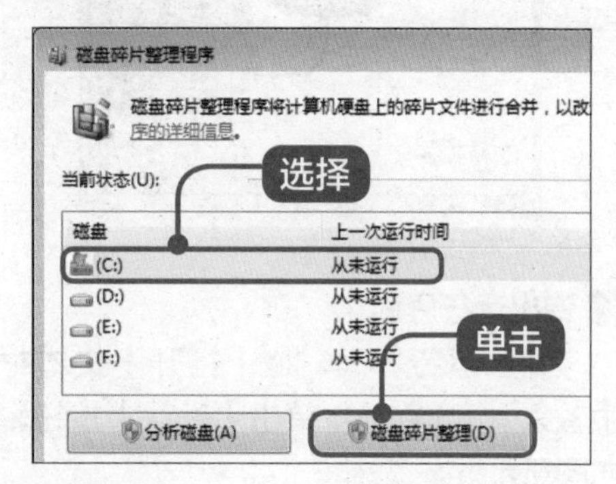

4 完成操作

通过以上步骤即可完成磁盘碎片整理的操作，如图所示。

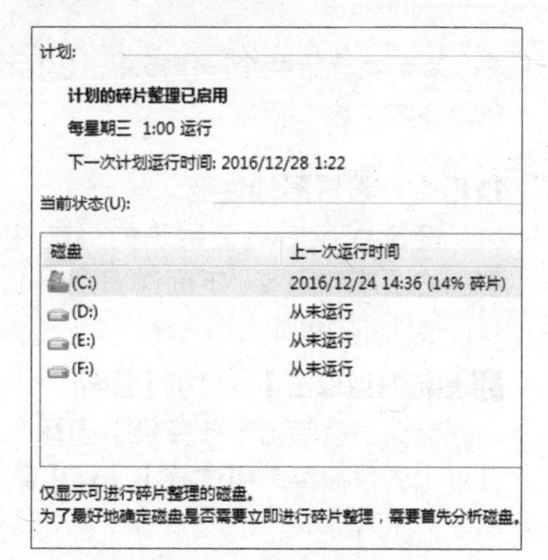

17.5.2 设置开机启动项

用户可以设置开机时的启动项。下面详细介绍设置开机启动项的方法。

1 单击【开始】按钮

在 Windows 7 系统桌面上单击【开始】按钮，在弹出的菜单中单击【运行】按钮，如图所示。

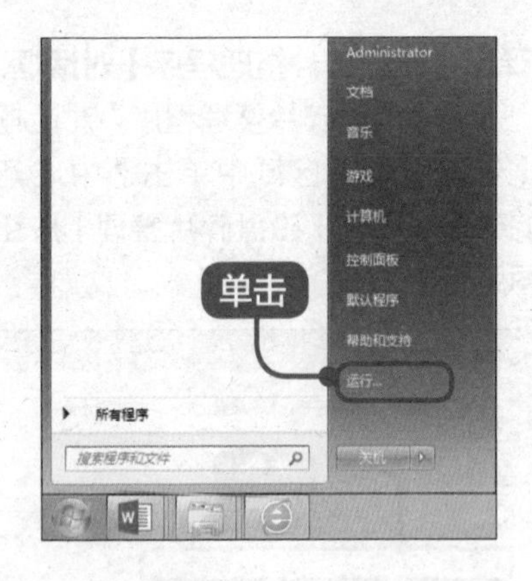

2 弹出运行界面

弹出运行界面，在【打开】文本框中输入 msconfig，单击【确认】按钮，如图所示。

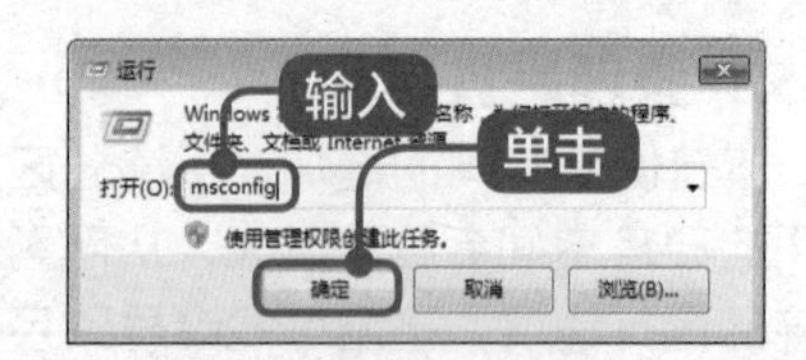

3 签名效果

弹出【系统配置】对话框，在【启动】选项卡中根据需要选择开机启动项，单击【确定】按钮即可完成操作，如图所示。

本节将介绍两个操作技巧，包括设置最佳性能和调整系统停留启动的时间的具体方法。

技巧 1 • 设置最佳性能

设置 Windows 7 系统的最佳性能的方法非常简单。下面详细介绍设置最佳性能的具体操作方法。

1 鼠标右键单击【计算机】图标

鼠标右键单击【计算机】图标，在弹出的快捷菜单中选择【属性】菜单项，如图所示。

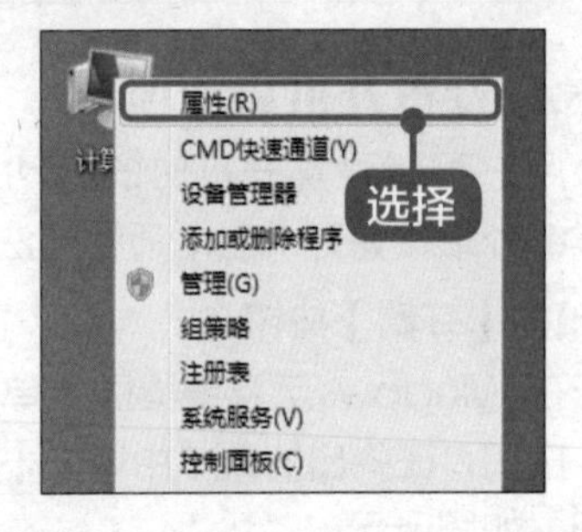

2 单击【高级系统设置】链接

弹出【查看有关计算机的基本信息】界面，单击【高级系统设置】链接，如图所示。

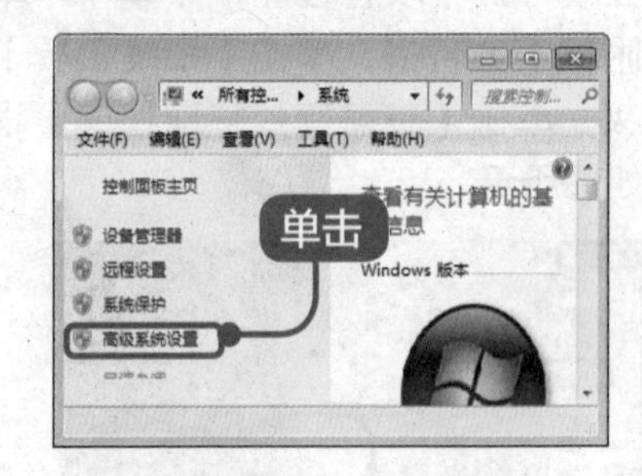

3 弹出【系统属性】对话框

弹出【系统属性】对话框，在【高级】选项卡下的【性能】区域单击【设置】按钮，如图所示。

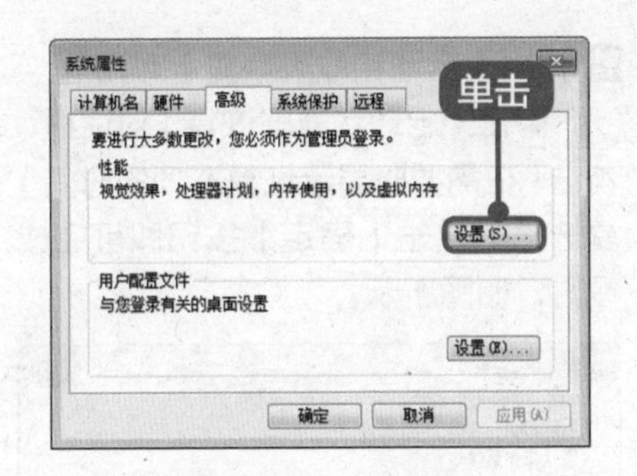

4 弹出【性能选项】对话框

弹出【性能选项】对话框，在【视觉效果】选项卡中单击【让 Windows 选择计算机的最佳设置】单选按钮，如图所示。

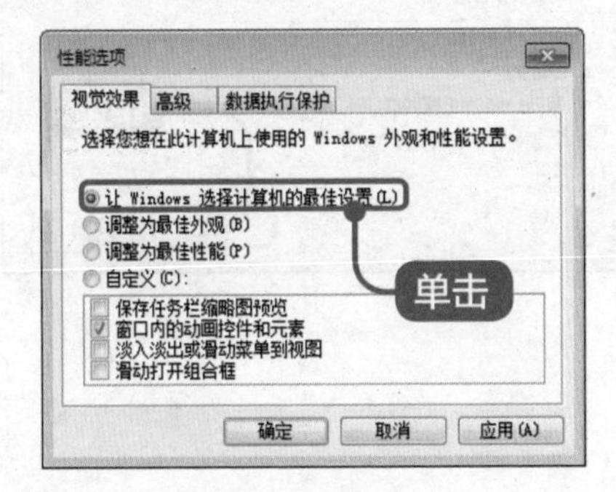

5 选择【高级】选项卡

选择【高级】选项卡，在【虚拟内存】区域单击【更改】按钮，如图所示。

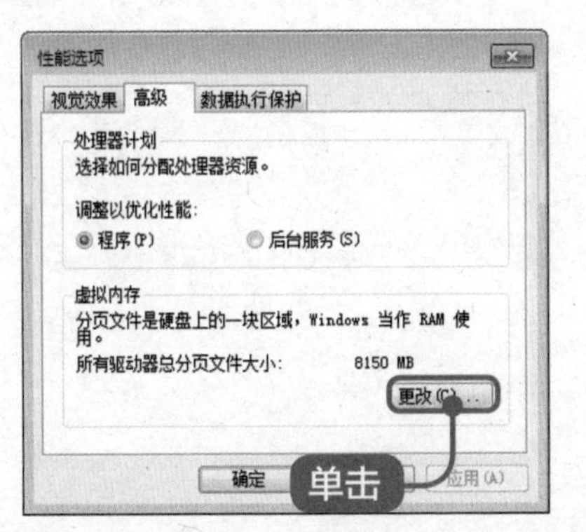

6 弹出【虚拟内存】对话框

弹出【虚拟内存】对话框，在【初始大小】和【最大值】文本框中输入数值，单击【确定】按钮即可完成操作，如图所示。

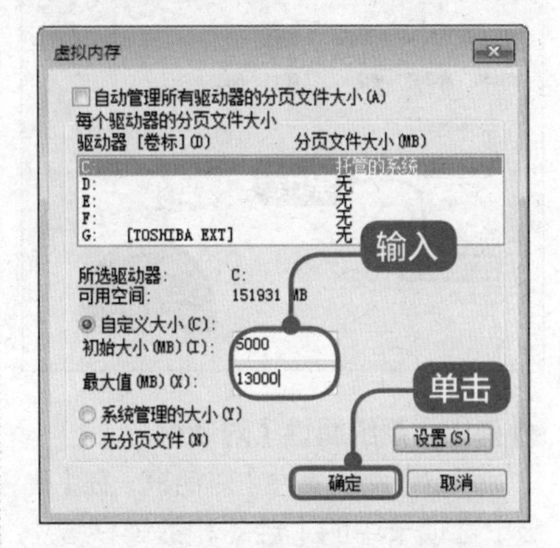

技巧 2 • 调整系统停留启动的时间

在启动操作系统时，用户可以自己调整显示操作系统列表的时间和显示恢复选项的时间。下面详细介绍调整系统停留启动时间的操作方法。

1 鼠标右键单击【计算机】图标

在 Windows 7 系统桌面上鼠标右键单击【计算机】图标，在弹出的快捷菜单中选择【属性】菜单项，如图所示。

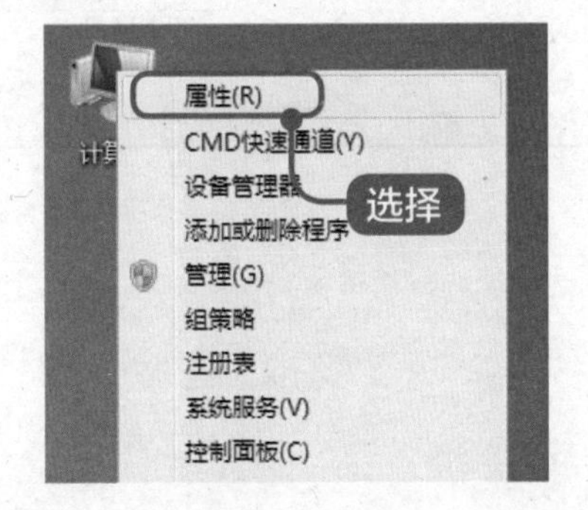

2 单击【高级系统设置】链接

弹出【查看有关计算机的基本信息】界面，单击【高级系统设置】链接，如图所示。

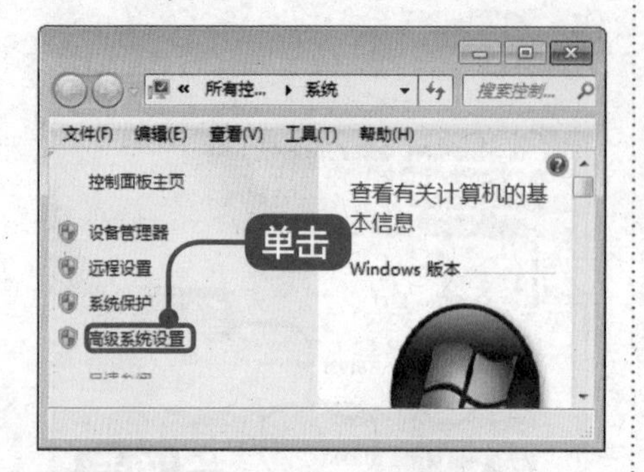

3 弹出【系统属性】对话框

弹出【系统属性】对话框，在【高级】选项卡中的【启动和故障恢复】区域单击【设置】按钮，如图所示。

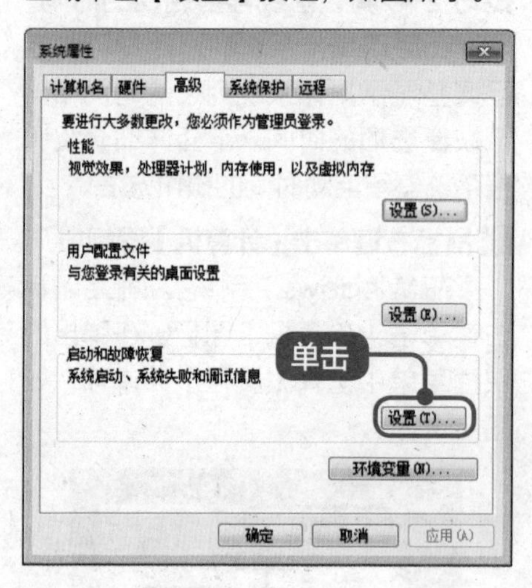

4 弹出【启动和故障恢复】对话框

弹出【启动和故障恢复】对话框，勾选【在需要时显示恢复选项的时间】复选框，单击【确定】按钮即可完成设置，如图所示。

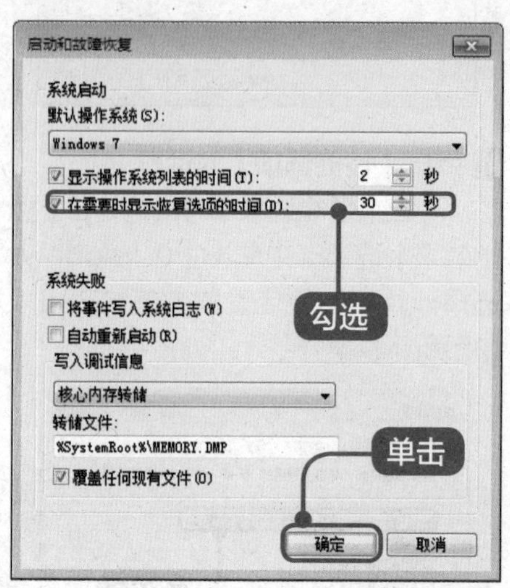